SQL

適用
SQL Server
2022/2019

Server
管理實戰

推薦序

　　我們生活在一個瞬息萬變的時代，資訊科技的創新與變革無時無刻不在推進著世界的前行。然而，即使在這樣的變化中，有一樣東西始終是我們無法忽視的基石，那就是資料庫。

　　從我進入微軟，擔任 SQL Server 的 presales 開始，我就有幸認識了百敬老師。他是我認識的最專業，最有熱情的 SQL Server 專家之一。在資訊科技的海洋中，百敬老師就像是一座燈塔，為我們照亮前方的道路。

　　在台灣，SQL Server 一直是支撐著科技產業發展的重要力量。在這裡，我們每一位工作者的努力，都以 SQL Server 為基礎，建造出壯麗的科技樓宇。而現在，透過百敬老師的新書《SQL Server 管理實戰》，我們有了一把更強大的工具，可以更好地管理和運用這座巨大的基石。

　　這本書不僅是一本技術手冊，更是一本啟示錄。百敬老師用他深厚的學識和豐富的經驗，帶領我們走入 SQL Server 的世界，讓我們看到其深處的奧秘和可能。透過這本書，我們可以精進我們的技術，提升我們的資料庫管理能力，更好地面對未來的挑戰。

　　最後，我希望這本書能對所有的讀者都有所幫助，讓我們一同在 SQL Server 的世界裡探索、學習，並在未來的日子裡創造出更多的可能。

　　感謝百敬老師的付出，感謝所有在這個行業中默默耕耘的人。讓我們一起，用 SQL Server 寫下科技產業的新篇章。

台灣微軟雲端解決方案副總經理　宋明遠

作者序

因應系統相連、巨量資料、服務不停機、安全沒漏洞等需求,資料庫技術蓬勃發展。就企業而言,資料倍增、應用變多、存取量大,人員、流程、技術都在加速整合。

在應用程式群中,SQL Server 有如心臟,若管理者不能熟練地架設、維運與監控,勢必讓整體系統不穩。換言之,企業日益需要更優秀的 DBA,讓系統更大、更穩、更快、更安全。我們 IT 人只有一再地學習、規劃、應用、檢討、改善,但求與時俱進,方能安身立命。

自 1970 年 E. F. Codd 提出關聯理論,並由 IBM 實驗室發展出 SQL 語言至今,成千上萬的菁英在資料庫領域耕耘了 50 多年,其領域知識博大精深。從任何一個面向切入大型的資料庫產品,例如微軟 SQL Server 自 1989 年上市,累積超過了 30 年的進化,已有大量可說明的內容。因此,我們每次在 SQL Server 更版時,都計畫以一系列的書籍來介紹,期待書籍間也有層次架構,建立起研讀的縱深。而本書定位在起步,幫助 SQL Scrver 的入門者可以上手操作。但並非深入的 SQL Server 專項議題,希望能讓讀者按圖索驥。

本書的章節選定有些困難,既然是管理,理當討論建立帳戶,以認證、授權。但這又是安全的基本。應該放在《SQL Server 安全》一書,不能讓你花錢買重複的內容。幸好建帳號不難,因此本書不著墨,將其留待討論安全的專書,讓其理論與操作能一氣呵成。其他的議題,如 T-SQL 語言、開發資料庫內物件、效能調校...等,皆是如此,我們期待為不同主題提供深入的解析。

　　操作型的書很難「十年磨一劍」，畢竟昨是今非/今是昨非更迭快速，少有恆常與經典。但我們仍希望書籍內容能隨著 SQL Server 產品成長，藉由更版先前的著作，讓範例越來越扼要明白，畫面越來越整合，說明越來越清楚，隨著時間累積，能在廣泛的經驗中凝結出通則。並以團隊合作的方式追趕速度，增加廣度。

　　當 SQL Server 2022 版推出時，本以為它玩不出多少新意。沒想到它讓人驚豔，在許多方面都提出改良與增強，以善用當前新的軟硬體。且此版強化的多是針對引擎本體，換句話說，大多數人只要升級，或多或少都有好處，而不需要改寫程式或變更維護流程。

　　玉茹、妙謙、巧玫、英豪與輝瑞浸淫 SQL Server 多年，都任職開發與管理資料庫的工作，有幸結伴，透過文字切磋，一起為所學所知留下註腳，實是幸運。但因自己協同作業不足，所學不夠而有疏漏，須先向你說聲抱歉，感謝你的支持與包容。也同時感謝編輯，有妳們的敦促與校閱，本書才得以即時而正確地面市。

　　匆匆復匆匆，日子輪轉著，悲戚凋零，欣悅後進。有幸攜手同遊，願將努力成果與慧共享。

目錄

Chapter 4 建立與管理使用者資料庫

Chapter 5　備份與還原資料庫

Chapter 6 自動化管理工作

Chapter 7 基礎監控工具

Chapter 8　SQL Server 高可用性

Chapter 9　資料庫複寫

Chapter 10 整合 Azure

▆線上下載

本書範例、附錄電子書請至
`http://books.gotop.com.tw/download/ACD023200` 下載。其內容僅供
合法持有本書的讀者使用，未經授權不得抄襲、轉載或任意散佈。

資料庫管理系統與 SQL Server

在現今多變複雜的企業環境中，傳統僅提供增刪修查的資料庫系統，不足以應付各類的商業需求。儲存十倍於以往的資料量，資料庫系統仍要能讓管理人員輕鬆地執行維護與營運，縮短應用程式的開發時間與成本，還要高可用、安全，讓決策人員能夠鑑古知今，分析資料，進而釋放資料的潛能。

透過標準化與服務導向架構，現今的資訊系統邁向全面地連結整合，手機、平板乃至於各種設備、裝置、個人電腦與伺服器，結合公有/私有雲端後，更強化無所不在的資料應用。而產生與蒐集資料的技術翻新，讓資料處理的質與量需求大增。

據統計，全世界有 10~30% 的資料放在關聯式資料庫，稱之為結構化資料。另有 70~90% 的資料則以不同格式存在資料庫外（不同的機構有不同的統計結果，而之間的落差還蠻大的☺），例如，社群媒體的圖文資料、XML、JSON、地理空間資訊、圖像多媒體資料、設備裝置的專屬紀錄、各種格式的檔案...等。

現今，企業內的程式碼約 40% 會與資料存取有關，而企業每年以 1.5 倍的幾何級數增長資料，同時，不管是記憶體、硬碟乃至於其他存放資

料的硬體成本都大幅滑落，其儲存與處理運算的容量擴增速度大過企業成長，因此架構師、程式設計師等各種工程師與企業主等，將會希望存放更多、更久的資料，以期建立深入的分析應用，和靈活的應變流程。

企業競爭力絕大部分取決於資訊系統，而資訊系統的核心之一是資料庫。當企業體的資料量每年暴增時，資料庫系統所提供的：功能、安裝部署、升級、可擴充性、穩定、安全、整合、易開發、好管理/監控/調校、深入分析、容易獲得等面向，都變得日益重要，也越發困難。因為一切都變多、變大，但，時程卻縮短了。

歷經三十幾年地演進，SQL Server 配合著 PC 伺服器大幅度增強，已可執行在上百顆 CPU、數 Tera 位元組記憶體的伺服器上，管理上百 tera 位元組的資料。各行各業的核心系統都有著它的身影，七天 24 小時不停機地運行著。

除了單一伺服器規模宏大之外，SQL Server 還有另一個其他廠牌企業級資料庫所沒有的情境—「多」。就我們合作過的企業體或機構中，都有著上百台的 SQL Server 散佈在世界各地，最大者達 3 千多台 SQL Server，一個廠、分行、分支機構放著一台以上的 SQL Server。而我們最大的疑問是：資料庫管理師（Database Administrator；DBA）要如何有效地管理大群的 SQL Server？得到的答案往往都是：「不管不重要的，只管重要的」。

企業大部分僅在總部才有 DBA 職缺，他們只管放在總部機房內的數十套 SQL Server，外單位的 SQL Server 就由程式開發人員、網管人員、駐外單位內包山包海的一、兩位資訊人員，或簽約委外廠商…等監管。發生升級移轉、硬碟塞滿、設定錯誤、效能不佳、硬體損毀、人為災難、資料安全疑慮等事件時，總部 DBA 才視狀況參與，遠端提供協助。

話雖如此，DBA 的工作並不輕鬆，因為資料庫是企業系統的核心，他們需維運、監控、分析、預估資料庫系統的營運狀況，在發生問題之前要能提出警告與建議；當效能不佳、遭受攻擊、意外災難發生時，他們要站在第一線解決問題。

曾有企業經理人問我，應徵 SQL Server DBA 的職能需求？我的回答如下：SQL Server DBA 在系統開發與維護兩方面都應該參與，最好有以下的能力。

基本的需求：

- 熟悉關聯式資料庫理論，各種資料類型的基本特性。

- 熟悉 MS SQL Server 不同版本的各種工具，如 Profiler、Management Studio、SSDT、SSIS、RS、sqlcmd、bcp、T-SQL 語言...等。

- 稍懂 XML、JSON、.NET、Windows 系統上的各種工具，如：命令提示列、PowerShell、效能監視器、事件檢視器、網路監管與分析工具、WMI、Active Directory 等，以及跨平台的 Java、Linux 與雲的基本運作。

- 了解作業系統、應用平台、網路架構，畢竟存取資料庫伺服器的大都是不同網段、平台的應用程式，資料庫往往被防火牆保護在特定區域內，套用著平台上的各種安全規範，但這也可能造成存取上的麻煩。

- 有經驗、肯學習...。

- 有耐心了解企業系統基本的領域知識，願意比對與找尋資料間的異常。

在開發時，能夠提供：

- 必要能力：

  □ 提供資料庫設計的建議，如正規化/反正規化、垂直/水平切割資料、建立索引/資料分佈統計、各種資料類型特徵、全文檢索、歸檔（archive）。

  □ 各種基於安全的規畫與作法，如個資分類、認證、授權、加密、稽核、遮罩...等。

  □ 熟悉資料庫物件的撰寫與除錯，如預存程序、檢視、函數、觸發、SQLCLR 等物件，建議應用程式與資料庫物件的分工，哪些運作該以資料庫物件施行，哪些該放在應用服務伺服器。

  □ 把關開發人員所設計的各種資料庫物件，如資料欄位型態、條件約束（Constraint）、T-SQL 語法、交易/鎖定管理、錯誤處理、安全（特別是 SQL Injection）等。

  □ 資料庫物件版本控管，上線/升級/過版/退版流程。

  □ 能夠評估資料量、效能、壓力測試等。

- 選項能力：

  □ 熟悉程式開發語言與技術、架構，方能與開發團隊有效溝通。

  □ 各種硬體的特色，如廠家、32/64 位元、RAID、SAN、iSCSI、NAS 等。

  □ 網路、防火牆等軟硬體設備與各種的作業系統。

在維護時，能夠提供：

- 必要能力：

  □ 建立與熟悉現行資料庫的架構、用途、批次作業、維運流程，如資料庫重整、維護安全（如：認證、授權、稽核、加密、監控、警示、復原...等）、虛擬化、高可用性、備份/還原/驗證機制、

災難復原、複寫、移轉與整合資料（包含異質形資料）等。讓多個系統正確無誤地運行，發生天然或人為災難時，也能臨危不亂、有條不紊地排解。

- □ 軟/硬體版本維護，更新 hot fix/service pack/cu，驗證相容性。

- □ 支援操作人員的疑難排解。

- □ 調校效能，監控效率的演變、使用趨勢，以及早預防可能的容量、效能、安全及其他問題。

- □ 規劃與執行災難演練。

■ 選項能力：

- □ 全年無休地及時趕到現場，需要好的耐心、脾氣，與溝通協調能力。

- □ 完成各種管理、內稽內控、外稽外控的報表。

大家看到這些要求，只有一個問題：這需要一個團隊吧！找得到嗎？那要付多少薪水☺？

DBA 的工作本身就多而雜，又面臨到容量大數量多的企業資料庫系統時，除了善用平台工具外，往往要自行開發順手的工具和平台。

1.1 SQL Server 2022 資料平台新增與強化的功能

微軟 SQL Server 產品以功能豐富、具延伸性、自我管理、整合容易、穩定有效率見長。而 SQL Server 2022 全面強化了資料庫引擎、分析服務，與微軟 Azure 雲端資料庫...等，就我們對歷來改版的印象，此次 2022 算重大改版。以下就管理、應用程式開發和商業智慧（Business Intelligence）等面向，重點式地討論 SQL Server 2022 相較於以往版本新增與強化的功能。

1.1.1 管理新功能

在此介紹 SQL Server 2022 針對高可用性與安全等面向的強化。

❖ 高可用性

連結至 Azure SQL 受控執行個體（Managed Instance link）

「連結至 Azure SQL 受控執行個體」是 Azure 提供的功能，並非地端 SQL Server 的功能。它讓 SQL Server 2017 版後的執行個體可以連線到 Azure SQL 受控執行個體，形成分散式可用性群組（distributed availability groups），SQL Server 2017/2019 版僅能單向容錯移轉到 Azure SQL 受控執行個體。未來，可從 Azure SQL 受控執行個體容錯移轉回 SQL Server 2022 版，但這可能要透過之後發行的 CU 完成，因為當下（2023/1）的正式版尚未支援。

「連結至 Azure SQL 受控執行個體」機制的基本架構如圖 1.1 所示：

連結至 Azure SQL 受控執行個體

圖 1.1 連結至 Azure SQL 受控執行個體架構

圖 1.1 簡單呈現透過「分散式可用性群組」架構，不必搭配 AD、Windows 叢集服務，便可以經由 VPN 建立 SQL Server 與受控執行個體

組成的可用性群組，而透過 SSMS 的精靈可簡易完成「連結至 Azure SQL 受控執行個體」設定。

自主可用性群組

「Always On 可用性群組（availability groups）」由一個以上使用者資料庫所組成，一組資料庫在可用性群組內採同步或非同步模式複製資料。當某個節點失敗，特別是可讀/寫的主要複本節點之 SQL Server 發生問題時，整組資料庫會移至可用性群組中的另一個複本節點。

SQL Server 2022 版後，可用性群組也可加入一組該群組專屬的系統資料庫（master 和 msdb），在副本間複製執行個體層級的物件（例如：登入、許可權、連結伺服器、SQL Agent 作業等），稱此為「自主可用性群組（contained availability group）」。

在「自主可用性群組」內的 master 和 msdb 系統資料庫並非 SQL Server 執行個體的系統資料庫，而是另外建立一組。在可用性群組層級建立使用者、登入、許可權、作業…等，自動在複本之間保持一致。透過 SSMS 的「物件總管」分別連到「自主可用性群組」（圖 1.2 左），或包含可用性群組的執行個體（圖 1.2 右），可以看到「物件總管」僅呈現「自主可用性群組」內的執行個體層級物件（如登入、作業…等），或是包含「自主可用性群組」的外層執行個體之物件：

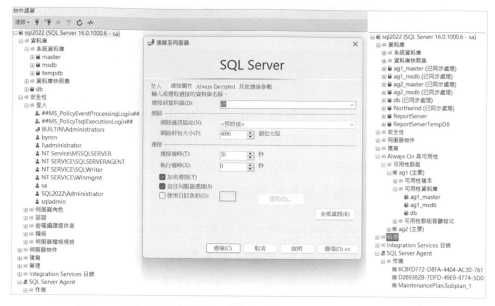

圖 1.2 自主可用性群組可建立屬於群組的執行個體等級物件

　　每個「自主可用性群組」都有自己的 master 和 msdb 系統資料庫，其命名方式為 <可用性群組的名稱_系統資料庫名稱>。例如，在自主可用性群組 ag1 中，會有名為 ag1_master 和 ag1_msdb 的資料庫 。如圖 1.2 右方的物件總管樹狀結構中，有兩組「自主可用性群組」使用的系統資料庫。父執行個體中「系統管理員（sysadmin）」角色內的所有登入都會複製到新的自主可用性群組 master 資料庫，好讓管理者可以登入管理「自主可用性群組」。提醒一點，若要透過 SSMS 的使用者介面建立「自主可用性群組」，需要 19 版之後，才會在「指定可用性群組選項」頁面新增「內含」功能。

改善的備份中繼資料

　　msdb 系統資料庫的「backupset」系統資料表新增「last_valid_restore_time」資料行，傳回上次有效的還原時間。簡單查詢該資料表：

範例程式 1.1：查詢透過交易紀錄備份可完整復原的最後時間

```sql
SELECT bs.database_name,
    backuptype = CASE
        WHEN bs.type = 'D' AND bs.is_copy_only = 0 THEN 'Full Database'
        WHEN bs.type = 'D' AND bs.is_copy_only = 1 THEN 'Full Copy-Only Database'
        WHEN bs.type = 'I' THEN 'Differential database backup'
        WHEN bs.type = 'L' THEN 'Transaction Log'
        WHEN bs.type = 'F' THEN 'File or filegroup'
        WHEN bs.type = 'G' THEN 'Differential file'
        WHEN bs.type = 'P' THEN 'Partial'
        WHEN bs.type = 'Q' THEN 'Differential partial'
        END + ' Backup',
    bs.last_valid_restore_time,
    BackupStartDate = bs.Backup_Start_Date,
    BackupFinishDate = bs.Backup_Finish_Date,
    LatestBackupLocation = bf.physical_device_name,
    backup_size_mb = CONVERT(DECIMAL(10, 2), bs.backup_size / 1024. / 1024.),
    compressed_backup_size_mb = CONVERT(DECIMAL(10, 2),
bs.compressed_backup_size / 1024. / 1024.)
FROM msdb.dbo.backupset bs
LEFT JOIN msdb.dbo.backupmediafamily bf
    ON bs.[media_set_id] = bf.[media_set_id]
INNER JOIN msdb.dbo.backupmediaset bms
    ON bs.[media_set_id] = bms.[media_set_id]
WHERE bs.backup_start_date > DATEADD(MONTH, - 2, sysdatetime()) --only look at last
two months
ORDER BY bs.database_name ASC,
    bs.Backup_Start_Date ;
```

範例程式 1.1 的執行結果如圖 1.3 所示：

database_name	backuptype	last_valid_restore_time	BackupStartDate	BackupFinishDate	LatestBackupLocation
ag1_master	Full Database Backup	NULL	2022-11-13 07:40:03.000	2022-11-13 07:40:03.000	NUL
ag1_master	Full Copy-Only Database Backup	NULL	2022-11-13 07:41:01.000	2022-11-13 07:41:01.000	{C2CEBCA7-A419-43C3-B540-011F05F013B3}
ag1_msdb	Full Database Backup	NULL	2022-11-13 07:40:03.000	2022-11-13 07:40:03.000	NUL
ag2_master	Full Database Backup	NULL	2022-12-17 06:55:44.000	2022-12-17 06:55:45.000	NUL
ag2_master	Full Copy-Only Database Backup	NULL	2022-12-17 06:55:55.000	2022-12-17 06:55:55.000	{E91535AC-0E2C-40BF-9918-B61743B3639E}
ag2_msdb	Full Database Backup	NULL	2022-12-17 06:55:45.000	2022-12-17 06:55:45.000	NUL
db	Full Database Backup	NULL	2022-11-13 07:46:27.000	2022-11-13 07:46:27.000	nul
db	Full Copy-Only Database Backup	NULL	2022-12-06 01:10:37.000	2022-12-06 01:10:40.000	C:\temp\db.bak
db	Transaction Log Backup	2022-12-06 09:20:06.000	2022-12-06 09:20:22.000	2022-12-06 09:20:22.000	C:\Program Files\Microsoft SQL Server\MSSQL16.MS...
db	Transaction Log Backup	2022-12-06 09:20:24.000	2022-12-06 09:23:01.000	2022-12-06 09:23:01.000	C:\Program Files\Microsoft SQL Server\MSSQL16.MS...
db	Transaction Log Backup	2022-12-06 09:23:01.000	2022-12-06 09:23:55.000	2022-12-06 09:23:55.000	C:\Program Files\Microsoft SQL Server\MSSQL16.MS

圖 1.3 查詢已執行備份的集合裡各資料庫可完整還原到的特定時間點

因透過交易紀錄備份才能還到特定時間點，所以就交易紀錄備份的紀錄；其 last_valid_restore_time 資料行有內容。另外，圖 1.3 的範例紀錄也呈現了透過 SSMS 精靈建立自主可用性群組時，自動對資料庫做的備份。

❖ 安全性

限於篇幅，在此僅能概略介紹，深入的說明將留待《SQL Server 安全》一書

整合微軟 Azure 雲端的 Defender

搭配微軟 Azure 提供的「Defender 服務」保護 SQL Server。這在安裝時，需要啟用「適用於 Azure 的 SQL Server 擴充功能」。Defender 服務包含探索與緩和潛在資料庫弱點的功能，以及偵測可能威脅資料庫的異常活動。

總帳（Ledger）

「總帳」功能在企業資料庫中提供紀錄的變更歷程，並針對歷程資料加上辨識竄改的功能。可透過密碼編譯的方式向其他對象（例如：稽核單位、其他上下游企業乃至於終端使用者）證明：企業資料更新歷程未遭竄改。這並非保護企業內資料不遭外部駭客攻擊，而是讓企業外的人相信企業內的資料可追溯，不會掩蓋真相隱瞞弊案。

SQL Server「總帳」的基本原理是正常操作系統時，為所有交易保留不可變更的歷史紀錄。再為每個交易計算摘要（Digest）雜湊（SHA-256），因為一筆交易可能包含多筆紀錄變更，因此為該筆交易算摘要雜湊時，需以特殊的 Merkle Tree 二元樹結構計算，形成代表該交易的唯一雜湊值 HRoot。其結構如圖 1.4：

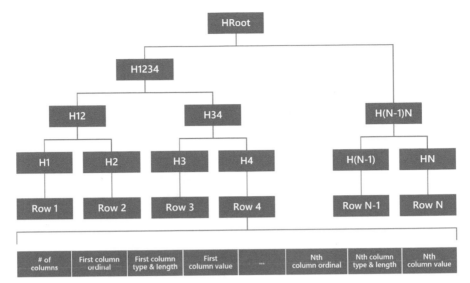

圖 1.4　計算單一交易內包含可驗證每筆紀錄正確性與整個交易正確性的 Merkle Tree 結構

　　並以如下的原則，將不定數量的交易組成區塊。形成區塊的時機與邏輯如下：

■ 設定資料庫為「自動資料庫摘要儲存體」，大約每 30 秒將這時段內的交易形成一個區塊並計算摘要。

■ 使用者手動執行 sys.sp_generate_database_ledger_digest 系統預存程式，產生區塊並計算資料庫摘要。

■ 累計達到十萬筆交易時。

　　形成區塊後，再度以 Merkle Tree 二元樹的方式計算區塊內的多筆交易雜湊值，再加上前一個區塊的雜湊值，形成此區塊的摘要雜湊值。因為包含了前區塊的雜湊，也就讓驗證的能力橫跨區塊串聯起來。最後再將區塊的摘要雜湊值儲存在安全而不可竄改的地方，供第三方日後驗證。

整體的架構如圖 1.5 所示：

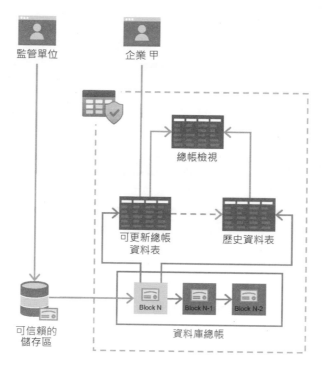

圖 1.5 SQL Server 總帳架構

「驗證程序」會掃描所有總帳和歷程紀錄資料表，重新計算 SHA-256 資料列的雜湊，並將其與傳遞給驗證預存程序的資料庫摘要檔比較，以確認所有的歷程紀錄未經竄改。也因為總帳驗證要重新計算資料庫中所有交易的雜湊，若資料量大，將耗用很多資源。為降低驗證成本，可選擇驗證個別總帳資料表，或只驗證某個總帳資料表的部分紀錄。

操作示範可以檢視以下的網址：https://www.youtube.com/watch?v=YkchtwFvxig

Azure Active Directory 驗證

使用「Azure Active Directory（Azure AD）」驗證來登入 SQL Server，較以往的 AD 網域/Windows 帳戶和 SQL Server 自己的帳戶，2022 版後多了一種身分定義來源，可以信任與整合 AAD 帳戶。

強化「一律加密（Always encrypted）」搭配的「安全記憶體保護區（secure enclave）」

記憶體保護區支援 JOIN、GROUP BY 和 ORDER BY 運算，以及在機密查詢中使用 UTF-8 定序的文字欄位。

許可權與伺服器角色存取控制

新的「細微許可權（granular permission）」可強化對「最低許可權原則（Principle of Least Privilege）」的遵循。簡單以「view server state」細化成「view server security state」和「view server performance state」權力為例：

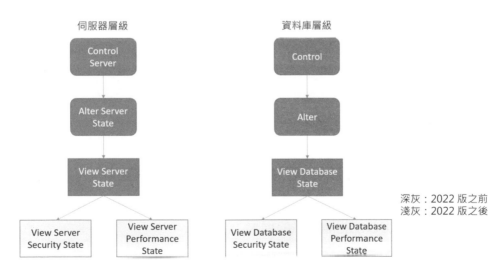

圖 1.6 比較 SQL Server 2022 版與之前授權的細緻度差異

　　圖 1.6 呈現的是權力階層架構，在上層的權力（如 control server）就包含了下層的權力，若使用者有 control server 的權力，就有其下所有層級的權力。

　　以往要觀察 SQL Server 執行個體當下狀況，以分析效能問題，可能需要查詢 sys.dm_os_wait_stats、sys.dm_os_waiting_tasks...等動態管理物件（Dynamic Management Object）或系統檢視：

```
create login l with password='P@ssw0rd'

exec('select * from sys.dm_exec_sessions') as login='l'   --只能看到自己的狀態
exec('select * from sys.dm_os_waiting_tasks') as login='l' --錯誤
exec('select * from sys.dm_os_wait_stats') as login='l' --錯誤
```

　　在 SQL Server 2019 前需要賦予「view server state」（或「view database state」，端看查詢資訊所屬的階層）權力給登入帳號，該登入帳號才能查詢：

```
grant view server state to l
```

　　否則會有如下的錯誤訊息：

```
訊息 300，層級 14，狀態 1，行 1
資料庫 'master'，物件 'server' 沒有 VIEW SERVER STATE 權限。
訊息 297，層級 16，狀態 1，行 1
使用者沒有執行此動作的權限。
```

　　在 SQL Server 2022 的錯誤訊息改成僅需要「view server performance state」或「view database security state」權限，限縮到單純賦予查詢效能相關資訊的權限：

```
訊息 300，層級 14，狀態 1，行 4
資料庫 'master'，物件 'server' 沒有 VIEW SERVER PERFORMANCE STATE 權限。
訊息 297，層級 16，狀態 1，行 4
使用者沒有執行此動作的權限。
```

SQL Server 2022 版後除了可以直接授予特殊權力,也可以加入新的伺服器角色:

```
grant view server performance state to 1   --可以看到與效能相關的資訊
revoke view server performance state to 1 --移除權限
alter server role [##MS_ServerPerformanceStateReader##] add member 1   --可以看到
與效能相關的資訊
alter server role [##MS_ServerPerformanceStateReader##] drop member 1   --移除角
色
```

這讓管理者可以僅給負責調校的人適合之權限,不至於洩漏機敏資訊。而在類似的概念下,SQL Server 2022 版後新增可設定的細微權限如下:

伺服器層級的設定:

- VIEW ANY SECURITY DEFINITION

- VIEW ANY PERFORMANCE DEFINITION

- VIEW SERVER SECURITY STATE

- VIEW SERVER PERFORMANCE STATE

- VIEW ANY CRYPTOGRAPHICALLY SECURED DEFINITION

資料庫層級的設定:

- VIEW DATABASE SECURITY STATE

- VIEW DATABASE PERFORMANCE STATE

- VIEW SECURITY DEFINITION

- VIEW PERFORMANCE DEFINITION

- VIEW CRYPTOGRAPHICALLY SECURED DEFINITION

除了直接授權外，SQL Server 2022 也同時增加了對應權力的角色，讓管理者可以 grant 授權，也可以將登入或使用者加入到對應的角色內，其角色列表如圖 1.7：

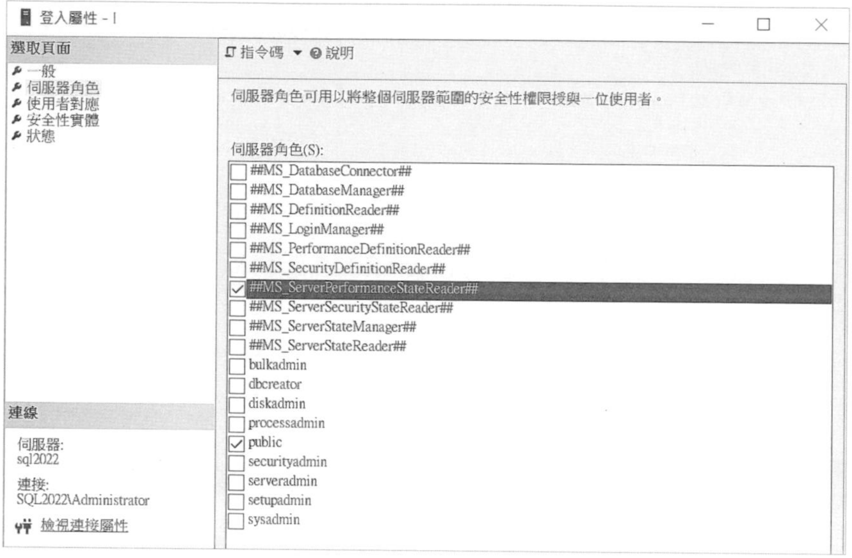

圖 1.7　將登入加入##MS_ServerPerformanceStateReader##伺服器角色，以檢視相關的效能資訊

這些角色命名直觀，就不費篇幅對照前述授權的語法。相關資訊可以參考如下網址：https://techcommunity.microsoft.com/t5/azure-sql-blog/revamped-sql-permission-system-for-principle-of-least-privilege/ba-p/3639399

動態資料遮罩

若資料欄位有機敏資訊，例如個資。可以在資料欄位直接定義「遮罩（mask）」規則，則 select ＜欄位＞時，有遮罩定義的欄位會以遮罩後的結果回傳，若要檢視原始資料，需要有「unmask」權力。

以往 unmask 權力只能賦予在資料庫層級，有 unmask 權力的人可以看到所有未遮罩的資料，無權者看到的資料全被遮罩了。這在實務上不好用，因為不同角色需要遮罩的資料表和欄位不同，需要各自賦予。SQL Server 2022 後，動態資料遮罩的 unmask 許可權可以細緻地設定，分別針對「資料庫」、「schema」、「資料表」和「欄位」授權。範例語法如下：

```
--Grant 欄位層級 UNMASK 權限
GRANT UNMASK ON 資料表(欄位) TO <角色|使用者>

-- Grant 資料表層級 UNMASK 權限
GRANT UNMASK ON 資料表 TO <角色|使用者>

-- Grant schema 層級 UNMASK 權限
GRANT UNMASK ON SCHEMA::<schema> TO <角色|使用者>

--Grant 資料庫層級 UNMASK 權限
GRANT UNMASK TO <角色|使用者>
```

這可以讓管理者設計不同的角色，而後給予不同角色組合不同的資料欄位遮罩。簡單範例如下：

範例程式 1.2：授予使用者特定欄位的 unmask 權力

```
create user u without login
go
drop table if exists tb
go
create table tb (
  pk int identity(1,1) primary key ,
  fullname varchar(100) masked with (function = 'partial(1, "x", 1)'),
  birthday date masked with(function='default()'),
  phone varchar(12) masked with (function = 'default()'),
  email varchar(100) masked with (function = 'email()'))
go
insert tb(fullname,birthday,phone,email) values('byron
hu','20000101','123456789','byron.hu@mentortrust.com')
go
grant unmask on tb(phone,email) to u;
```

```
grant select on tb to u;
exec('select * from tb') as user='u'
```

由於範例程式 1.2 賦予使用者 u 可以看到 phone 和 email 欄位的原始資料，所以回傳的這兩個資料行並未被遮罩，但其他有賦予遮罩定義的資料行則維持遮罩：

	pk	fullname	birthday	phone	email
1	1	bxu	1900-01-01	123456789	byron.hu@mentortrust.com

圖 1.8　檢視遮罩後的紀錄內容

圖 1.8 中的 birthday 欄位在輸入紀錄時，賦予值 2000-01-01，但查詢回傳的是 1900-01-01，就是遮罩後的結果。

支援 PFX 憑證和提高密碼強度

PFX 是 Windows 作業系統用來交換憑證的格式，但 SQL Server 2019 版以前，匯出/入憑證或非對稱金鑰，只支援舊的 PVK/DER 格式檔案。相關說明可以參考網址：https://learn.microsoft.com/zh-tw/troubleshoot/sql/database-engine/security/use-pfx-formatted-certificates

SQL Server 2022 版後支援 PFX 格式，可完成如下的作業：

■　匯入和匯出 PFX 檔案格式的憑證和私密金鑰

■　備份/還原主要金鑰至 Azure Blob 儲存體

■　產生的憑證預設採 3072 位元大小的 RSA 金鑰

■　新增備份還原對稱金鑰：BACKUP SYMMETRIC KEY 和 RESTORE SYMMETRIC KEY。

支援 MS-TDS 8.0 通訊協定

SQL Server 2022 後提供新的「表格式資料流程通訊協定（Tabular Data Stream Protocol）」MS-TDS 8.0，其特徵如下：

- 強制加密。

- MS-TDS 與 HTTPS 保持一致，讓網路設備可以管理額外的安全性。

- 移除 MS-TDS/TLS 自訂交握，並啟用 TLS 1.3 和後續 TLS 通訊協定版本。

這需要前端應用程式也採用新的驅動程式，才能以新協定存取 SQL Server 2022：

- ODBC Driver for SQL Server 18.1.2.1 版或更高版本

- OLE DB Driver for SQL Server 19.2.0 版或更高版本

相關內容可以參閱網址：https://learn.microsoft.com/zh-tw/sql/relational-databases/security/networking/tds-8-and-tls-1-3?view＝sql-server-ver16

1.1.2 開發新功能

接下來以 T-SQL 語法和效能兩個面向，簡單說明 SQL Server 2022 版後對應用程式開發強化的能力。

❖ T-SQL 語法、功能

SQL Server 2022 版針對 T-SQL 強化既有語法、函數的功能，也有新增的函數，在此僅簡單描述，深入的說明將留待《SQL Server T-SQL》一書。

加入資料表條件約束「可暫停與繼續（resumable）」

ALTER TABLE ADD CONSTRAINT 作業支援暫停和繼續。在資料庫的維護、容錯移轉期間或系統失敗後，能繼續執行這類作業。

CREATE INDEX

在 SQL Server 2014 版後，重建索引（alter index...rebuild）語法提供搭配「Online」的「WAIT_AT_LOW_PRIORITY」選項，或是修改資料表分割（partition）時，也可以用此選項，避免索引重建完畢後，或維護分割時，因為要下「schema modification lock(LCK_M_SCHE_M)」鎖定，這與任何操作資料表行為都互斥。可能當下該資料表有許多其他的操做正在持續進行，而造成前述想要修改結構者須等待獲得 LCK_M_SCH_M 鎖定，落入被鎖定的狀態。但被鎖定的 LCK_M_SCH_M 又會鎖住在本身作業啟動後；所有其他使用者才執行的作業。

例如：

- 某甲下了一個修改資料的交易，但無法在短暫時刻結束交易。

- DBA 下了線上重建索引的指令，而索引已經重建完畢，但要更新資料表中繼資料以標註可以使用新的索引，因無法取得對資料表的 LCK_M_SCH_M 鎖定而被鎖定（block）。

- 所有在 LCK_M_SCH_M 被鎖定後才要執行的作業，例如某乙要對該資料表新增一筆紀錄，都要等待 LCK_M_SCH_M 釋放（也就是設定好資料表可以用新的索引）而形成等待鏈結。

遇到此類問題可以透過 WAIT_AT_LOW_PRIORITY 選項，設定等待一段時間後，系統自動解掉此種鎖定的做法。而 SQL Server 2022 後，可以對建立索引（create index）語法也搭配 WAIT_AT_LOW_PRIORITY 選項。

CREATE STATISTICS

新增 AUTO_DROP 選項，讓手動對欄位建立的統計資訊不會卡住修改該欄位，範例如下：

範例程式 1.3：手動建立欄位的統計資訊

```
use tempdb
drop table if exists t
go
create table t(c1 int identity,c2 varchar(50))
go
create statistics sta on t(c2)
go
select s.name as statistics_name
      ,c.name as column_name
      ,sc.stats_column_id
from sys.stats as s
inner join sys.stats_columns as sc
    on s.object_id = sc.object_id and s.stats_id = sc.stats_id
inner join sys.columns as c
    on sc.object_id = c.object_id and c.column_id = sc.column_id
where s.object_id = object_id('t');
go
alter table t drop column c2
```

範例中，未先移除手動建立的統計，最後直接移除資料行 c2 時會有如下的錯誤訊息：

```
訊息 5074，層級 16，狀態 1，行 18
統計資料 'sta' 與 資料行 'c2' 相依。
訊息 4922，層級 16，狀態 9，行 18
ALTER TABLE DROP COLUMN c2 失敗，因為有一個或多個物件存取此 資料行。
```

在 SQL Server 2022 後於 create statistics 語法可以搭配「auto_drop」選項，在刪除該欄位時會一併刪除使用者自建的統計，而不會發出依存錯誤：

```
--2022 後可以搭配 auto_drop 選項，在刪除欄位時，自動先刪除自建的統計
create statistics sta on t(c2) with auto_drop = on
```

透過「sys.stats」系統檢視新增的「auto_drop」欄位，可以觀察那些自建統計可以隨著欄位一併刪除。

搭配 WINDOW 子句

當要針對區段資料彙總時，例如計算：累計到今、遞移平均、同期比較…等，T-SQL 可以搭配 windowing 語法，語法特徵是加上 over 子句。彙總函數的 windowing 寫法是在 over 子句中定義資料列集的分割和排序。範例如下：

範例程式 1.4：參照 window 子句，以省略重複的資料分割與排序定義

```
-- 沒有 WINDOW 子句
select * from (
select salesorderid, productid, orderqty
    ,sum(orderqty) over (partition by salesorderid order by salesorderid,
productid ) as total
    ,avg(orderqty) over (partition by salesorderid order by salesorderid,
productid) as "avg"
    ,count(orderqty) over (partition by salesorderid order by salesorderid,
productid) as "count"
from sales.salesorderdetail
where salesorderid in(43659,43664)) t where [count]<6
go

-- 搭配 window 子句，需要資料庫相容性調到 160
select * from (
select salesorderid, productid, orderqty
    ,sum(orderqty) over win1 as total
    ,avg(orderqty) over win1 as "avg"
    ,count(orderqty) over win1 as "count"
from sales.salesorderdetail
where salesorderid in(43659,43664)
window win1 as (partition by salesorderid order by salesorderid, productid ))
t where [count]<6
```

範例的上半段是以往的寫法，下半段則是 SQL Server 2022 後，可以「window」關鍵字定義一個邏輯名稱，代表特定的資料分割與排序，在 select 欄位引用該邏輯名稱，避免重複相同的定義，上下兩段語法的執行結果都如圖 1.9：

salesorderid	productid	orderqty	total	avg	count
43659	709	6	6	6	1
43659	711	4	10	5	2
43659	712	2	12	4	3
43659	714	3	15	3	4
43659	716	1	16	3	5
43664	714	1	1	1	1
43664	716	1	2	1	2
43664	771	3	5	1	3
43664	772	1	6	1	4
43664	773	1	7	1	5

圖 1.9 搭配 window 子句計算遞移彙總

IS [NOT] DISTINCT FROM

SQL Server 2022 後新增 is [not] distinct from 語法，比較兩個值是否相等，distinct 是不等，not distinct 則是相等。

以應用情境說明：若需判斷是否為 null，並回傳 true 或 false 值，以往要透過 is 運算子，並搭配 and、or 運算子組合其他條件，完成布林運算。現在可以單純憑 distinct 判讀，範例語法如下：

範例程式 1.5：透過 is [not] distinct from 比較兩個值是否相等

```
-- is distinct from 指兩個值不同，把 null 都納入比較，就不用再分出 is null 或 is not null
declare @v int=null
;with c(listValue)
as
(select * from (values(1),(null),(2)) t(listValue))
select N'distinct 非...值(NULL)',* from c where listValue is distinct from @v
union all
select N'not distinct 是...值(NULL)',* from c where listValue is not distinct from @v
union all
```

```
select N'= (無法與 NULL 比較,全 false 無法回傳)',* from c where listValue = @v
union all
select N'<> (無法與 NULL 比較,全 false 無法回傳)',* from c where listValue <> @v
```

1,2 都非 NULL,所以比對 is distinct from NULL 結果為 true。此外,紀錄值為 NULL 時,is not distinct from NULL 為 true,執行結果如圖 1.10:

	(沒有資料行名稱)	listValue
1	distinct 非...值(NULL)	1
2	distinct 非...值(NULL)	2
3	not distinct 是...值(NULL)	NULL

圖 1.10 以 IS [NOT] DISTINCT FROM 比對是否為 NULL

由於 null 無法透過「等於（＝）」、「不等於（＜＞）」比較,透過前述兩個運算子與 null 比對時,一律為 false,所以變數 @v 是 null 時,最後兩句話不會回傳紀錄。而透過 distinct 比較,不管變數 @v 值為何,都可以採用相同的比較方式,且執行計畫會採用索引來搜尋。

時間序列函式

可以使用時間範圍來分析、彙總和篩選。相關的函數如下:

■ DATE_BUCKET:函數的使用語法如下:

```
DATE_BUCKET (datepart, number, date [, origin ] )
```

從 origin 參數所定義的時間戳記為起點,傳回對應至每個日期/時間「值區」的開始日期,如果未指定「起點（origin）」參數,則「起點」預設值為 1900-01-01 00:00:00.000。

以如下的範例查詢:

```
select date_bucket(day,2,cast('20230103' as date),cast('20230101' as date))
select date_bucket(day,2,cast('20230103' as date),cast('20230102' as date))
```

回傳結果分別是

```
2023-01-03
2023-01-02
```

第一個查詢以 2023-01-01 為「起點」，值區為 2 天，所以 2023-01-03 是落在第二個值區（2023-01-03~2023-01-04），該值區的起始日期是 2023-01-03。

第二個查詢以 2023-01-02 為起點，值區為 2 天，所以 2023-01-03 是落在第一個值區（2023-01-02~2023-01-03），該值區的起始日期是 2023-01-02。

- GENERATE_SERIES：在指定的間隔內產生一連串的數列值。使用者定義數列值之間的間隔。

date_bucket 函數傳回對應至每個日期/時間值區的起始值，使用上述函數的範例程式如下：

範例程式 1.6：透過 date_bucket 將時間歸到分群的邊界值

```
declare @date datetime = '2023-01-04 13:30:05';
select 'now' as [bucketname], @date as [datebucketvalue]
union all
select 'year', date_bucket (year, 1, @date)
union all
select 'quarter', date_bucket (quarter, 1, @date)
union all
select 'month', date_bucket (month, 1, @date)
union all
select 'week', date_bucket (week, 1, @date)
union all
select 'day', date_bucket (day, 1, @date)
union all
select 'hour', date_bucket (hour, 1, @date)
union all
select 'minutes', date_bucket (minute, 1, @date)
union all
select 'seconds', date_bucket (second, 1, @date);
```

以第一句查詢為例，2023-01-4 13:30:05 該日期取 1 年（year）為邊界，故第一天是 2023 年 1 月 1 號：

```
select 'year', date_bucket (year, 1, @date)
```

若是取 2 年為邊界；

```
select 'year', date_bucket (year, 2, @date)
```

第一天就會是 2022 年 1 月 1 號，因為是落在 1900-01-01 開始，以兩年為值區範圍，則 2023-01-04 是落在 2022-01-01～2023-12-31 這個值區，而該值區的起始值為 2022-01-01。

整體執行結果如圖 1.11：

	bucketname	datebucketvalue
1	now	2023-01-04 13:30:05.000
2	year	2023-01-01 00:00:00.000
3	quarter	2023-01-01 00:00:00.000
4	month	2023-01-01 00:00:00.000
5	week	2023-01-02 00:00:00.000
6	day	2023-01-04 00:00:00.000
7	hour	2023-01-04 13:00:00.000
8	minutes	2023-01-04 13:30:00.000
9	seconds	2023-01-04 13:30:05.000

圖 1.11　依區段單位擷取時間邊界值

搭配 generate_series 函數，在指定的間隔內產生一連串的數列，並定義數列值之間的間隔，以如下範例：

```
generate_series(0, 96,12)
```

產生 0,12,24...96 類推 9 個值的數列，以 value 為欄位名稱的單欄資料表，以此產生日期資料表來測試 date_bucket 函數，測試範例如下：

範例程式 1.7：將資料表內紀錄依時間區段單位區隔

```
;with tbDate(datetimevalue) --日期資料表，每 12 小時一筆，共 5 天
as
(
select dateadd(hour, value, datetimefromparts(2023,1,1,0,50,20,5))
from generate_series(0, 96,12)
)
select distinct 'year' [時間段單位], date_bucket (year, 1, datetimevalue) [時間值]
from tbDate
union all
select distinct 'quarter', date_bucket (quarter, 1, datetimevalue) from tbDate
union all
select distinct 'month', date_bucket (month, 1, datetimevalue) from tbDate
union all
select distinct 'week', date_bucket (week, 1, datetimevalue) from tbDate
union all
select distinct 'day', date_bucket (day, 1, datetimevalue) from tbDate
union all
select distinct 'hour', date_bucket (hour, 1, datetimevalue) from tbDate
union all
select distinct 'minutes', date_bucket (minute, 1, datetimevalue) from tbDate
```

　　data_bucket 函數依第一個參數 datepart 所定範圍，第三個參數 date 所屬範圍回傳其範圍第一個值。範例中故意搭配 distinct，則可以看到透過 generate_series 函數產生的數個日子分屬在年、季、月、週、日...等週期內的起始日期/時間為何，結果畫面很長，僅擷取部分紀錄如圖 1.12：

時間段單位	時間值
year	2023-01-01 00:00:00.000
quarter	2023-01-01 00:00:00.000
month	2023-01-01 00:00:00.000
week	2022-12-26 00:00:00.000
week	2023-01-02 00:00:00.000
day	2023-01-01 00:00:00.000
day	2023-01-02 00:00:00.000
day	2023-01-03 00:00:00.000
day	2023-01-04 00:00:00.000
day	2023-01-05 00:00:00.000
hour	2023-01-01 00:00:00.000
hour	2023-01-01 12:00:00.000
hour	2023-01-02 00:00:00.000
hour	2023-01-02 12:00:00.000
hour	2023-01-03 00:00:00.000
hour	2023-01-03 12:00:00.000

圖 1.12 將不同的時間紀錄歸到特定的時間區段內

下列 T-SQL 函數新增了 IGNORE NULLS 和 RESPECT NULLS 的支援：

- FIRST_VALUE：傳回已排序值集中的第一個值

- LAST_VALUE：傳回排序值集的最後一個值

搭配 windowing 的 over 語法後，可用以填補遺漏值（值為 null），範例如下：

範例程式 1.8：透過 ignore nulls 填補遺漏值

```
select c1,c2,
first_value(c2) ignore nulls over(order by c1 rows --取後一個非 null 值
                between current row and unbounded following) [後非 null],
last_value(c2) ignore nulls over(order by c1 ) [前非 null]--取前一個非 null 值
from
(values(1,1),(2,null),(3,3),(4,null),(5,null),(6,6)) t(c1,c2)
```

執行結果如圖 1.13：

	c1	c2	後非 null	前非 null
1	1	1	1	1
2	2	NULL	3	1
3	3	3	3	3
4	4	NULL	6	3
5	5	NULL	6	3
6	6	6	6	6

圖 1.13　在整個序列中，利用最接近的非 null 值取代本筆的 null 值

使用的方式可以參照線上說明：https://learn.microsoft.com/zh-tw/azure/azure-sql-edge/imputing-missing-values

JSON 函數

新增處理 json 格式字串的函數，簡單說明如下：

■ ISJSON：測試字串是否包含有效的 JSON。

■ JSON_PATH_EXISTS：測試指定的 SQL/JSON 路徑是否存在於輸入的 JSON 字串中。

■ JSON_OBJECT：從零或多個運算式建構 JSON 物件文字。

■ JSON_ARRAY：從零或多個運算式建構 JSON 陣列文字。

程式碼範例如下：

範例程式 1.9：以 json 的陣列或物件格式轉換欄位值，傳回大型文字結果

```
SELECT session_id, host_name, program_name,
JSON_ARRAY(session_id,host_name, program_name) jsonArray,
JSON_OBJECT('sessionId': session_id, 'hostName': host_name,
'programName':program_name) as jsonObject
FROM sys.dm_exec_sessions
WHERE is_user_process = 1;
```

範例中，簡單將 sys.dm_exec_sessions 系統檢視的多個欄位值組成 json「陣列」或「物件」表示法，以大型文字型態回傳：

session_id	host_name	program_name	jsonArray	jsonObject
55	SQL2022	Microsoft SQL Server Management Studio	[55,"SQL2022","Microsoft SQL Server Management S...	{"sessionId":55,"hostName":"SQL2022","programNam...
57	SQL2022	Microsoft SQL Server Management Studio - 查詢	[57,"SQL2022","Microsoft SQL Server Management S...	{"sessionId":57,"hostName":"SQL2022","programNam...
58	SQL2022	Microsoft SQL Server Management Studio - 查詢	[58,"SQL2022","Microsoft SQL Server Management S...	{"sessionId":58,"hostName":"SQL2022","programNam...
64	SQL2022	Microsoft SQL Server Management Studio - 查詢	[64,"SQL2022","Microsoft SQL Server Management S...	{"sessionId":64,"hostName":"SQL2022","programNam...
66	SQL2022	SQLServerCEIP	[66,"SQL2022","SQLServerCEIP"]	{"sessionId":66,"hostName":"SQL2022","programNam...
68	SQL2022	Microsoft SQL Server Management Studio - 查詢	[68,"SQL2022","Microsoft SQL Server Management S...	{"sessionId":68,"hostName":"SQL2022","programNam...
69	SQL2022	Microsoft SQL Server Management Studio - 查詢	[69,"SQL2022","Microsoft SQL Server Management S...	{"sessionId":69,"hostName":"SQL2022","programNam...
73	SQL2022	Microsoft SQL Server Management Studio - 查詢	[73,"SQL2022","Microsoft SQL Server Management S...	{"sessionId":73,"hostName":"SQL2022","programNam...
75	SQL2022	Microsoft SQL Server Management Studio - 查詢	[75,"SQL2022","Microsoft SQL Server Management S...	{"sessionId":75,"hostName":"SQL2022","programNam...

圖 1.14 以 json 的陣列或物件格式轉換欄位值，傳回大型文字結果

近似彙總函式

- APPROX_PERCENTILE_CONT：根據百分位數值和排序規則，從群組中的值傳回近似的內插（interpolated）值。由於這是近似函式，因此輸出會位於特定信賴度的排名錯誤範圍內。此函式傳回的百分位數值是以資料行值的連續分佈為基礎，且結果會內插。因此，輸出的可能不是原資料集中的值。此函式常見的使用案例是避免資料極端值。相較於回應時間緩慢的精確百分位數值，此函式可用來替代大型資料集的 PERCENTILE_CONT，回應速度較快，但其中具有或可忽略的錯誤。

- APPROX_PERCENTILE_DISC：根據提供的百分位數和排序規格，從群組中的一組值傳回值。由於這是近似函式，因此輸出會以特定信賴度在順位型錯誤範圍內。由於此近似百分位數是以資料行值的離散分佈為基礎，因此輸出值會等於資料行中的其中一個特定值。相較於回應時間緩慢的精確百分位數值，此函式可用來替代大型資料集的 PERCENTILE_DISC，回應速度較快，但其中具有或可忽略的錯誤。

T-SQL 函式

■ GREATEST：從一或多個運算式清單中傳回最大值

```
--取各種型別隱含轉型比較後的最大值
select GREATEST(6.5, 3.5, 7) as greatest_of_numbers;
```

回傳結果：7

■ LEAST：從一或多個運算式清單中傳回最小值

```
select LEAST(6.5, 3.5, 7) as least_of_numbers;
```

回傳結果：3.5

■ STRING_SPLIT：根據指定的分隔符號字元，將字串分割成子字串資料列，在 2022 版多了第三個參數，指定是否要回傳紀錄的序號。

```
select * from STRING_SPLIT(N'a,b,c', N',', 1)
```

2022 版後多了最後的 ordinal 欄位，賦予 0（false）、1（true），若未指定，預設為 0 或 NULL，代表不傳回序號欄位，執行結果如下：

	value	ordinal
1	a	1
2	b	2
3	c	3

圖 1.15 拆解字串組成多筆紀錄後，再賦予流水號

■ DATETRUNC：將輸入的日期依指定之 datepart 截斷。

範例如下：

```
--除了指定的日期單位，其他部分都歸到起始點
declare @d date = '2023-05-14';
select DATETRUNC(year, @d);
```

因為截斷在年，回傳結果：2023-01-01

- LTRIM：從字串開頭移除空白，SQL Server 2022 版後可以指定移除其他字元。

- RTRIM：從字串結尾移除空白，SQL Server 2022 版後可以指定移除其他字元。

- TRIM：移除字串的開頭和結尾空白或其他指定字元。SQL Server 2022 版後可選擇性地從字串開頭、結尾或兩側移除空白或其他指定的字元。

範例如下：

```
select TRIM(LEADING '*' from '**abc**') as leadingString
,TRIM(TRAILING '*' from '**abc**') as trailingString
,TRIM(BOTH '*' from '**abc**') as bothStrings
,LTRIM('**abc**', '*') as leftTrimmed
,RTRIM('**abc**', '*') as rightTrimmed
```

執行結果如下：

leadingString	trailingString	bothStrings	leftTrimmed	rightTrimmed
abc**	**abc	abc	abc**	**abc

圖 1.16 透過 trim 系列函數移除字串首位的特定字元

位元操作函數

- LEFT_SHIFT：採用兩個參數，傳回第一個參數依第二個參數指定的位數左移位元。

- RIGHT_SHIFT：採用兩個參數，傳回第一個參數依第二個參數指定的位數右移位元。

- BIT_COUNT：傳回參數中 bit 為 1 之位元數量。

- GET_BIT：兩個參數，傳回第一個參數位在第二參數指定位置之位元值。

■ SET_BIT：設定參數於指定位置的位元值。

範例如下：

```
select left_shift(1,4) [x2^3],cast(left_shift(0xFFFF,4) as int) [清掉最左邊四個，
右邊補 0]
,right_shift(16,4) [/2^4],cast(right_shift(0xFFFF,4) as int) [清掉最右邊四個，左邊
補 0]

select bit_count(0xF0) [1111 的 1 數量],bit_count(0xFFF0) [FFF 三倍的 1111]

select set_bit(0xF,0,0)[第一個 bit 設 0],set_bit(0xFF,4,0)[第五個 bit 設
0],set_bit(0xF,4,1)[第五個 bit 設 1]
```

執行結果如下圖：

圖 1.17 透過處理 bit 的系列函數運算

以上的位元運算，需要各位溫習一下計算機概論了☺

❖ 效能

系統頁面閂鎖並行增強功能

資料表配置/解除「資料頁（data page）」和「範圍（extent）」時，需要存取「全域配置對應（Global Allocation Map GAM）」頁面（page）和「共用全域配置對應（Shared Global Allocation Map SGAM）」頁面。多人同時存取，會造成「頁面閂鎖（page latch）」競爭。SQL Server 2022 改變演算法可減少此種競爭，這適用於所有資料庫，特別對 tempdb 系統資料庫有益。因為多使用者對各資料庫的增

/刪/修/查，都可能存取 tempdb 系統資料庫，造成大量動態配置與刪除暫存物件，也就要配置與刪除資料頁和範圍。

緩衝集區平行掃描

利用多個 CPU 核心平行掃描「緩衝集區（buffer pool）」，改善具備大量記憶體的伺服器效能。

已排序的叢集資料行存放區索引與改善的資料行存放區區段消除

已排序的「叢集資料行存放區索引（Clustered Columnstore Index CCI）」在索引產生器將資料壓縮成索引區段之前，先排序記憶體中現有的資料，然後再壓縮放入區段。查詢時，可更有效率掃描區段，降低從磁片讀取的區段數目。

資料行存放區是由「資料行區段（column segment）」組織紀錄。每個區段都有中繼資料，記載該區段所存欄位的最大/最小值、筆數...等，可在掃描資料時，快速跳過不含目標紀錄的區段，稱之為「區段消除（segment elimination）」。

在 SQL Server 2022 版之前，區段消除適用於數值、日期和時間資料類型，以及小數位數小於或等於二的 datetimeoffset 資料類型。SQL Server 2022 版後，區段消除功能延伸到字串、二進位、guid 資料類型，以及整個 datetimeoffset 資料類型，不再侷限於有限的小數位數。

要提醒的是：區段消除不適用於 LOB 資料類型，例如 varchar(max) 或 nvarchar(max)。雖然支援 LIKE '字串%'。但不支援 LIKE '%字串'。

簡單範例說明如下：

範例程式 1.10：建立未經排序而資料散落在不同區段的叢集資料行存放區索引

```
drop table if exists tbTest
go

select top(100*1024*1024)
row_number() over(order by (select null)) id, a.name,d.value
into tbTest
from GENERATE_SERIES(1, 100) d,sys.objects a,sys.objects b,sys.objects c

create clustered columnstore index  cciIdx on tbTest
--with (drop_existing=on,maxdop=1)

SELECT
    partitions.partition_number,
    column_store_segments.segment_id,
    column_store_segments.min_data_id,
    column_store_segments.max_data_id,
    column_store_segments.row_count
FROM sys.column_store_segments
INNER JOIN sys.partitions
ON column_store_segments.hobt_id = partitions.hobt_id
INNER JOIN sys.indexes
ON indexes.index_id = partitions.index_id
AND indexes.object_id = partitions.object_id
INNER JOIN sys.tables
ON tables.object_id = indexes.object_id
INNER JOIN sys.columns
ON tables.object_id = columns.object_id
AND column_store_segments.column_id =
     columns.column_id
WHERE columns.name = 'value'
ORDER BY column_store_segments.segment_id;

set statistics io,time on
/*
```

資料表 'tbTest'。掃描計數 12，邏輯讀取 0，實體讀取 0，頁面伺服器讀取 0，讀取前讀取 0，頁面伺服器讀取前讀取 0，LOB 邏輯讀取 78065，LOB 實體讀取 0，LOB 頁面伺服器讀取 0，LOB 讀取前讀取 0，LOB 頁面伺服器讀取前讀取 0。

資料表 'tbTest'。區段會讀取 68，略過區段 41。

```
  SQL Server 執行次數:
 ,CPU 時間 = 982 ms,經過時間 = 3760 ms。
 */
select * from tbTest where value=1
```

產生大量測試資料時,故意利用 SQL Server 2022 新增的函數 GENERATE_SERIES(1, 100)回傳 1 到 100 的序列資料表,而後乘上 sys.objects 資料表三次,再透過 top(100*1024*1024)限制回傳約 1 億筆紀錄(取 1 到 100 每個值都有 1 百萬筆紀錄)。但這乘開後的紀錄未以 1 到 100 排序,所以此欄位值是散在各個區段內,下圖 1.18 的上半張截圖呈現的資料分布即為此狀況。

當僅要回傳 value 欄位值為 1 的一百萬筆紀錄時:

```
select * from tbTest where value=1
```

從執行統計可以看到叢集資料行存放區共有 109 個區段,而此次掃描了 68 個區段:

```
資料表 'tbTest'。區段會讀取 68,略過區段 41。
```

接下來,透過 SQL Server 2022 建立資料行存放區索引時,可搭配的「order(欄位)」選項,並指定僅以一條執行緒建置索引,避免多條執行緒各自排序與建置不同的區段,依然會讓資料散在不同的區段。範例程式如下:

範例程式 1.11:建立叢集資料行存放區索引時指定排序欄位,並限制以一條執行緒完成

```
--https://www.brentozar.com/archive/2022/07/columnstore-indexes-are-finally-so
rted-in-sql-server-2022/
--要用一條執行緒,且記憶體要夠,否則部分資料先寫入,也就無法整體都排序才寫入
create clustered columnstore index cciIdx on tbTest order(value)
with (drop_existing=on,maxdop=1)
```

```
/*
資料表 'tbTest'。掃描計數 12，邏輯讀取 0，實體讀取 0，頁面伺服器讀取 0，讀取前讀取 0，頁面
伺服器讀取前讀取 0，LOB 邏輯讀取 15620，LOB 實體讀取 0，LOB 頁面伺服器讀取 0，LOB 讀取前
讀取 0，LOB 頁面伺服器讀取前讀取 0。
資料表 'tbTest'。區段會讀取 12，略過區段 88。

 SQL Server 執行次數：
，CPU 時間 = 796 ms，經過時間 = 3480 ms。
*/
select * from tbTest where value=1
```

在範例程式 1.10 與範例程式 1.11 中，如下的查詢語法上方都附註了
執行時的 IO 和 Time 統計資訊：

```
select * from tbTest where value=1
```

這次看到排序過的資料讓相同的紀錄集中在一起，因此跳過不存在
該紀錄的區段，減少 CPU 和 IO 的耗用，最終「區段會讀取」的數量較
少，「略過區段」的數量較多，執行時間自然也較短。

範例中透過「sys.column_store_segments」等系統檢視分析兩種區
段資料分布的狀況如圖 1.18 所示：

	partition_number	segment_id	min_data_id	max_data_id	row_count
93	1	92	3	100	1048576
94	1	93	26	28	33557
95	1	94	7	93	214374
96	1	95	1	100	1048576
97	1	96	24	98	321779
98	1	97	82	84	33548
99	1	98	3	84	437085
100	1	99	1	100	437075
101	1	100	8	94	445518
102	1	101	1	100	512135
103	1	102	1	100	1048576
104	1	103	63	65	33548
105	1	104	4	100	610008

已成功執... sql2022 (16.0 RTM) SQL2022\Administrator ... db 00:00:55 109 資料列

	partition_number	segment_id	min_data_id	max_data_id	row_count
1	1	0	1	18	1048576
2	1	1	18	28	1048576
3	1	2	28	38	1048576
4	1	3	38	46	1048576
5	1	4	46	55	1048576
6	1	5	55	65	1048576
7	1	6	65	73	1048576
8	1	7	73	83	1048576
9	1	8	83	93	1048576
10	1	9	1	100	1048576
11	1	10	2	11	1048576

已成功執行查詢。 sql2022 (16.0 RTM) SQL2022\Administrator ... db 00:00:00 100 資料列

圖 1.18 以單一執行續建立排序過的叢集資料行存放區索引

　　在上方圖形呈現的叢集資料行存放區索引資料分布，可以看到有 109 個區段。然而，依預設每 1048576(1024*1024) 筆紀錄會壓縮並儲存到一個區段，但因為多執行緒一起取資料並各自完成壓縮計算，所以並未能每個區段都塞滿 1048576 筆紀錄，形成剛好是 100 個區段。下方改以一條執行緒建置，雖然耗時比較長，但可以工整地產生 100 個區段。如此，在儲存時可以使用較少的空間，查詢時損耗較少的時間。

　　此外，即使指定了排序，在下方圖仍看到有相同資料散到不同區段，雖然每個區段的值域較少重疊，造成查值為 1 的紀錄還是跨了 12 個區段，雖然比未排序且多執行緒產生的索引要掃描 68 個區段好很多，但照

原埋應該剛好一個區段放這一百萬筆紀錄，所以只要掃瞄一個區段即可。據以下這篇網誌的說法：

https://www.brentozar.com/archive/2022/07/columnstore-indexes-are-finally-sorted-in-sql-server-2022/

是因為在記憶體內未有足夠的空間排序這麼大量的紀錄，所以將部分讀出且已經排序好的資料直接寫入區段的結果。

記憶體內部 OLTP（In-Memory OLTP）管理

改善大型記憶體伺服器的記憶體管理，以減少使用 In-Mcmory OLTP 造成記憶體不足的狀況。

虛擬紀錄檔成長

在舊版的 SQL Server 中，如果交易紀錄檔要求成長的空間超過目前紀錄檔大小的 1/8，而成長總量小於 64MB，會建立四個 Virtual log file VLF。在 SQL Server 2022 版後，如果成長總量小於或等於 64 MB，且超過目前紀錄大小的 1/8，則只會建立一個 VLF，避免過多的 VLF 讓啟動資料庫、備份/還原交易紀錄、讀取交易式複寫紀錄…等作業變慢。而實際建立 VLF 的規則要參考如下網址：https://learn.microsoft.com/zh-tw/sql/relational-databases/sql-server-transaction-log-architecture-and-management-guide?view＝sql-server-ver16#virtual-log-files-vlfs

交易紀錄檔成長的立即檔案初始化

當 SQL Server 的服務帳號擁有「執行磁碟區維護工作」權力時，若要配置或擴增資料檔（.mdf、ndf），作業系統會直接把磁碟上標示可用的區域給 SQL Server，而不會先抹除磁碟上的資料。若沒有此權力，則

要先抹除資料後再給,這有傷效率。直接給空間的作法,稱為「立即檔案初始化(Instant File Initialization IFI)」。

一般而言,交易紀錄檔不採用「立即檔案初始化」。SQL Server 2022 版後,若自動成長量為 64 MB(預設值),交易紀錄成長採用「立即檔案初始化」。大於 64 MB 的交易紀錄檔自動成長量無法用「立即檔案初始化」。

執行緒管理

■ ParallelRedoThreadPool:所有執行「重做(redo)」工作的資料庫;共用執行個體層級的執行緒集區。每個資料庫都可以利用「平行重做(Parallel Redo)」的優點。其限制為該集區最多產生 100 條執行緒。

■ 平行/批次重做:批次重做交易紀錄檔內紀錄時,會僅以一個閂鎖(latch)提升速度。可改善復原、攔截重做和損毀復原重做等作業的效率。

降低緩衝集區 I/O 升級

減少從硬碟儲存體讀取資料進緩衝集區時,從單一資料頁升級為八頁的事件,導致不必要的 I/O。預先讀取機制可以更有效率地填入緩衝集區。

增強的微調鎖定演算法

「微調鎖定(spinlock)」在引擎內維持多個執行緒的一致性,影響廣而深。資料庫引擎在 2022 後的調整可讓微調鎖定更有效率。

❖ 查詢存放區和智慧型查詢處理

SQL Server 2022 繼續強化 SQL Server 2016 版後新增的「查詢存放區（Query Store）」功能，且讓「智慧型查詢處理（Intelligent Query Processing IQP）」與其結合。

在此先簡單說明一下「查詢存放區（Query Store）」。查詢存放區自動擷取查詢、執行計劃和執行階段統計資料的歷程紀錄，並將其保留在系統資料表供 SQL Server 自行分析，並找尋更佳的執行方式。

也提供管理者檢閱以分析瓶頸，瞭解 SQL Server 選擇的查詢計劃和執行效能，協助找出查詢計劃變更所造成的效能差異，藉此簡化效能疑難排解。其記載的資料搭配存取時間、可供管理者查看前端存取資料庫的模式，並了解何時在伺服器上發生查詢計劃變更。

從 SQL Server 2017 版後，陸續增加與強化「智慧型查詢處理」功能，期望使用者透過稍許變更就能改善現有工作負載的效能。各版本逐次強化的功能如圖 1.19：

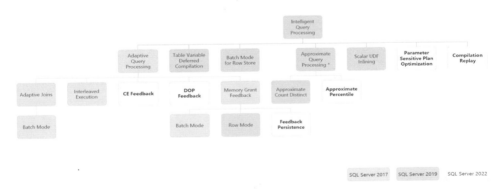

圖 1.19 智慧型查詢處理家族

上述各類的智慧型查詢處理功能簡略說明如表 1.1：

表 1.1 「智慧型查詢處理」功能列表

IQP 功能	開始支援版本	說明
自適性聯結（批次模式）Adaptive Joins (Batch Mode)	2017	在執行階段，依據實際輸入列而機動選取聯結類型：「雜湊聯結」或「巢狀迴圈聯結」。
近似的相異計數 Approximate Count Distinct	2019	為巨量資料案例提供約略的 COUNT DISTINCT，享有高效能及低磁碟使用量的好處。
近似百分位數 Approximate Percentile	2022	使用可接受的排名型誤差界限，快速計算大型資料集的百分位數，以協助使用近似百分位數彙總函式做出快速決策。
資料列存放區上的批次模式 Batch Mode on Rowstore	2019	為耗用大量 CPU 的關聯式 DW 工作負載提供批次模式，且不需要資料行存放區索引。
基數估計回饋（CE）Cardinality estimation (CE) feedback	2022	自動調整重複查詢的基數估計值，優化效率不佳的 CE 估算模型。CE 回饋會識別並使用更符合指定查詢和資料散發的模型假設，以改善查詢執行計畫品質。
平行處理原則程度（DOP）回饋 Degrees of Parallelism (DOP) feedback	2022	自動調整重複查詢的平行處理原則程度，優化不佳的平行處理原則可能導致的效能問題。需要啟用查詢存放區。
交錯執行 Interleaved Execution	2017	使用第一次編譯時遇到的「多重語句資料表值函式」的實際基數，而不是固定猜測。
記憶體授與回饋（批次模式）Memory grant feedback (Batch Mode)	2017	若批次模式查詢有作業會溢出到磁碟，將授與更多記憶體以防執行效能不佳。反之，如果查詢浪費了配置給它的記憶體 50%以上，將減少連續執行的記憶體授與大小。

IQP 功能	開始支援版本	說明
記憶體授與回饋（資料列模式）Memory grant feedback (Row Mode)	2019	查詢採用資料列模式時，也可以做到如上「記憶體授與回饋（批次模式）」之能力
記憶體授與回饋 (Percentile) Memory grant feedback (Percentile)	2022	藉由合併過去查詢執行來精簡回饋，解決記憶體授與回饋的現有限制。
記憶體授與、CE 和 DOP 回饋持續性 Memory Grant, CE, and DOP feedback persistence	2022	透過查詢存放區保存記憶體授與回饋、CE 和 DOP 回饋。需針對資料庫啟用查詢存放區並採 READ_WRITE 模式。
最佳化強制執行計劃 Optimized plan forcing	2022	減少重複強制查詢的編譯負荷。
純量使用者定義函數（UDF）內嵌 Scalar UDF Inlining	2019	純量 UDF 會被轉換成「內嵌」在呼叫查詢中的對等 T-SQL 運算，這通常可提升效能。
參數敏感度計劃最佳化 Parameter Sensitivity Plan Optimization	2022	解決參數化查詢的單一快取計畫用於所有可能的傳入參數值，有助於不平均的資料分布造成誤用執行計畫之問題。
資料表變數延後編譯 Table Variable Deferred Compilation	2019	使用第一次執行時遇到的資料表變數實際基數，而不是採固定的猜測值。

　　智慧型查詢處理的功能很多，在不同版本所強化的功能可以參考以下網址：https://learn.microsoft.com/zh-tw/sql/relational-databases/performance/intelligent-query-processing?view=sql-server-ver16

在此，僅就 2022 版新增的功能稍作說明：

可用性群組次要複本上的查詢存放區（Query Store on secondary replicas）

在可用的次要複本上，啟用相同的「查詢存放區」功能。會將儲存在本身查詢存放區中的執行資訊傳送回主要複本，讓主要複本擁有多份次要複本的查詢統計資訊，並再同步回各次要複本，以此共享累積到的查詢執行狀況。需要提醒的是，這仍是預覽功能，必須先啟用追蹤旗標 12606，才能為次要複本啟用查詢存放區。

查詢存放區提示（Query Store hints）

SQL Server 2022 版後可以搭配「查詢存放區提示（hint）」，指定「查詢存放區」儲存的查詢語法要搭配的「提示」，藉此改變實際執行該語法時的執行計劃，而不需變更應用程式程式碼。其執行方式如圖 1.20 所示：

使用查詢存放區提示

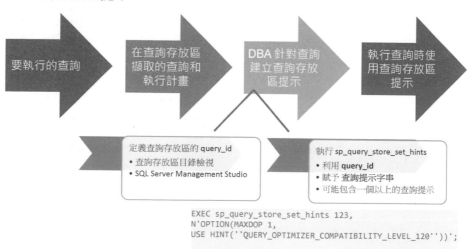

圖 1.20 搭配查詢存放區提示，改變原查詢語法使用執行計畫的方式

簡單的使用範例如下：

範例程式 1.12：準備符合條件之資料筆數差異大的範例資料表，以套用查詢存放區提示

```
--create database queryStoreHint

alter database queryStoreHint set query_store clear; --清掉 query store 所有內容
alter database current set query_store = on;
alter database current set query_store  (query_capture_mode = all);
GO

use queryStoreHint

-- 應該是 READ_WRITE
select actual_state_desc from sys.database_query_store_options;
go

--一開始清空了，此處應該沒有任何 hint
selectquery_hint_id,
        query_id,
        query_hint_text,
        last_query_hint_failure_reason,
        last_query_hint_failure_reason_desc,
        query_hint_failure_count,
        source,
        source_desc
from sys.query_store_query_hints;
go
/*
drop table if exists tb
--建立測試資料
create table tb(pk int identity primary key,
c2 int,
c3 datetime2(7) default(sysdatetime()))
go
insert tb(c2) values(1)
go
insert tb(c2) select c2 from tb
go 12 --不能超過百萬，否則會造成參數敏感性計畫優化
--要先 insert 再建索引才會統計到 2 這筆紀錄
insert tb(c2) values(2)
create index idx on tb(c2)
```

```
select count(*) from tb
go
create or alter proc sp @c2 int
as
    select * from tb where c2=@c2
go
*/


-- 1 有 4 千筆，2 有 1 筆
selecthist.range_high_key as [agentid],
        hist.equal_rows
from sys.stats as s
cross apply sys.dm_db_stats_histogram(s.[object_id], s.stats_id) as hist
where s.name = 'idx'
go


-- 執行前點選呈現執行後執行計畫，檢視使用的執行計畫差異
-- 叢集索引掃描
exec sp 1;

--alter database scoped configuration clear procedure_cache;
-- 應該用 index seek 後以 key bookmark lookup，若不清空執行計畫，就會沿用舊的
exec sp 2;
```

範例程式 1.12 一開始清掉查詢存放區所有內容，避免重複執行測試時，舊有的設定造成誤判：

```
alter database queryStoreHint set query_store clear;
```

透過 SSMS 工具列的「包括實際執行計畫」功能，呈現在範例程式 1.12 最後重複執行預存程序時，因為重用快取執行計畫，導致搭配參數值 2 時，不找使用索引搜尋的最佳執行計畫，依然沿用快取的執行計畫，採叢集索引掃描，如圖 1.21 所示：

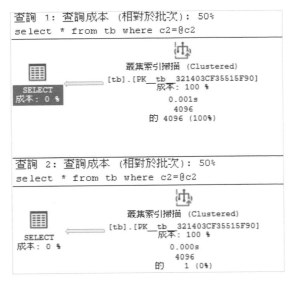

圖 1.21　參數值 2 沿用先前呼叫相同預存程序，但參數值 1 時找到的執行計畫，放棄搜尋更佳的執行計畫

　　藉由「sp_query_store_set_hints」系統預存程序設定查詢存放區特定 query id 使用查詢提示，在此，透過「option(recompile)」提示要求執行該語法時，一律重新編譯，不用快取的執行計畫，就不會在使用者查詢時，因為不同的參數落在數量差異很大的值區時，仍使用相同的執行計畫：

```
declare @query_id int
select @query_id=q.query_id
from sys.query_store_query_text qt
inner join sys.query_store_query q on
    qt.query_text_id = q.query_text_id
where query_sql_text like N'%select * from tb%' and query_sql_text not like
N'%query_store%';

select query_sql_text, q.query_id
from sys.query_store_query_text qt
inner join sys.query_store_query q on
    qt.query_text_id = q.query_text_id
where query_sql_text like N'%select * from tb%' and query_sql_text not like
N'%query_store%';
/*
    要以上一段查詢回的 query_id 設定此處的 @query_id
```

```
*/
exec sp_query_store_set_hints @query_id=@query_id, @value = N'option(recompile)';
```

設定提示完畢後，查詢「sys.query_store_query_hints」系統檢視，可以看到已經存放的提示定義，如圖 1.22 所示：

query_hint_id	query_id	query_hint_text	last_query_hint_failure_reason	last_query_hint_failure_reason_desc	query_hint_failure_count	source	source_desc
5	8	option(recompile)	0	NONE	0	0	User

圖 1.22 查詢 sys.query_store_query_hints 系統檢視呈現提示的相關設定

一旦設定了查詢提示後，可再次以符合條件紀錄數分別是少量和大量的參數查詢：

```
exec sp 1;
exec sp 2;
```

這次可看到分別採用不同的執行計畫，而不沿用前次快取的執行計畫，如圖 1.23：

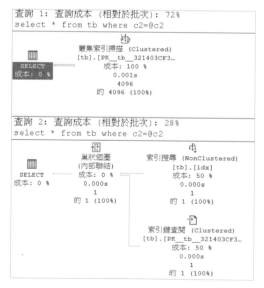

圖 1.23 透過 option(recompile)提示要求執行該語法時，一律重新編譯，不用快取的執行計畫

因為「查詢存放區提示」可強制改變執行計劃，這不僅讓 DBA 可在不影響應用程式碼的情境下，改變 SQL Server 執行 T-SQL 語法的方式，也可以讓 SQL Server 自己嘗試配置不同的提示。在多次重複執行相同語法時，SQL Server 自己一再嘗試不同的提示，逐漸找出最佳的提示，而後再儲存起來供往後重複使用。當執行效能再度變差時，也再次啟動找尋最佳提示的流程。

記憶體授與回饋

「記憶體授與回饋（memory grant feedback）」會根據先前的執行統計調整下次執行相同查詢時，配置的記憶體大小。SQL Server 2022 版後引進百分位數和持續性模式「記憶體授與回饋」。這需要啟用「查詢存放區」。

■ 持續性：保存快取計畫之記憶體授與回饋在查詢存放區中，以便因某些原因，執行計畫快取區移除該計畫後，下次執行相同查詢時仍能使用先前回饋的定義。例如：SQL Server 重啟後，或是因記憶體不足而清掉快取區內的執行計畫，「持續性」可讓「記憶體授與回饋」[1]，在相同查詢再次執行時，直接套用從回饋學到的最佳設定。

■ 百分位數：自動調校最怕前後兩次的查詢行為互相顛倒，上次查詢小量資料，下次查大量資料，再下次又變成小量，如此週期反覆。而自動調校每次都根據前一次的行為調整，導致剛好違反當下這次的需求，反而造成永遠陷在最差的作法中。新的演算法可改善此種具有忽大忽小記憶體需求的多次查詢，使用來自數個先前執行查詢的記憶體授與資訊，算其總量的百分位數當作調校值，而不只是來自緊接在某次查詢執行後的記憶體授與。這也需要啟用查詢存放區。

---

[1] 還有 SQL Server 2022 版後新增的「DOP」和「CE」等回饋功能，都可以透過查詢存放區而保有持續性。

以簡單的範例說明「記憶體授與回饋」，延續上個範例，但先產生百萬筆紀錄以耗用記憶體，且故意讓資料分布統計錯誤：

範例程式 1.13：因為資料分布統計錯誤而配置錯記憶體量，但連續執行將觸發「記憶體授與回饋」修正記憶體配置

```
use queryStoreHint

alter database querystorehint set query_store clear all;
go
alter database scoped configuration clear procedure_cache;
go

/*
--讓資料量更大一下
insert tb(c2) select c2 from tb
go 9
*/
--故意讓統計錯誤，使 sql server 配錯記憶體
update statistics tb with rowcount = 1;
GO

--呈現執行後執行計畫，spill 造成大量的 workfile 或 worktable
set statistics io,time on
/*
資料表 'Worktable'。掃描計數 0，邏輯讀取 0，實體讀取 0，頁面伺服器讀取 0，讀取前讀取 12219，
頁面伺服器讀取前讀取 0，LOB 邏輯讀取 0，LOB 實體讀取 0，LOB 頁面伺服器讀取 0，LOB 讀取前讀
取 0，LOB 頁面伺服器讀取前讀取 0。
資料表 'tb'。掃描計數 1，邏輯讀取 6520，實體讀取 0，頁面伺服器讀取 0，讀取前讀取 0，頁面伺
服器讀取前讀取 0，LOB 邏輯讀取 0，LOB 實體讀取 0，LOB 頁面伺服器讀取 0，LOB 讀取前讀取 0，
LOB 頁面伺服器讀取前讀取 0。

(1 個資料列受到影響)

 SQL Server 執行次數：
,CPU 時間 = 719 ms，經過時間 = 934 ms。
*/
SELECT count(*),sum(c2),c3 from tb group by c3
```

　　針對擁有大量紀錄但統計資訊錯誤的資料表；執行簡單彙總查詢。第一次執行時，因為統計錯誤，導致配置的記憶體量過小，因此大量寫入到暫存資料表，執行後的執行計畫會在運算子上以驚嘆號提醒：

圖 1.24　為實際執行語法配置的記憶體不足，導致須將查詢所需的資料寫入到暫存檔或暫存資料表

　　第二次執行時，SQL Server 根據前次執行的統計而自動配置較大的記憶體，因此提升效能：

　　以往，若執行計畫快取從記憶體的快取區移除後，再次執行相同語法就會重蹈覆轍。SQL Server 2022 後，會將此種依據前次回饋的執行計

畫提示存放到查詢存放區，因為這是存到系統資料表內，因此就算 SQL Server 重啟，也可以重用這些提示。

```
--執行第二次就因為記憶體授與回饋而不再 spill
/*
(12 個資料列受到影響)
資料表 'Worktable'。掃描計數 0，邏輯讀取 0，實體讀取 0，頁面伺服器讀取 0，讀取前讀取 0，頁
面伺服器讀取前讀取 0，LOB 邏輯讀取 0，LOB 實體讀取 0，LOB 頁面伺服器讀取 0，LOB 讀取前讀取
0，LOB 頁面伺服器讀取前讀取 0。
資料表 'tb'。掃描計數 1，邏輯讀取 6520，實體讀取 0，頁面伺服器讀取 0，讀取前讀取 0，頁面伺
服器讀取前讀取 0，LOB 邏輯讀取 0，LOB 實體讀取 0，LOB 頁面伺服器讀取 0，LOB 讀取前讀取 0，
LOB 頁面伺服器讀取前讀取 0。

(1 個資料列受到影響)

 SQL Server 執行次數:
,CPU 時間 = 500 ms，經過時間 = 522 ms。
*/
SELECT count(*),sum(c2),c3 from tb group by c3
```

查詢「sys.query_store_plan_feedback」系統檢視可以看到已經存放的回饋提示：

```
--執行第二次觸發調整記憶體後，也自動將 Memory Grant Feedback 放入 Query store 讓下次重
啟 SQL Server 或清空 plan cache 後，仍可以重複使用這個 feedback 的結果
SELECT qpf.feature_desc, qpf.feedback_data, qpf.state_desc, qt.query_sql_text,
(qrs.last_query_max_used_memory * 8192)/1024 as last_query_memory_kb
FROM sys.query_store_plan_feedback qpf
JOIN sys.query_store_plan qp
ON qpf.plan_id = qp.plan_id
JOIN sys.query_store_query qq
ON qp.query_id = qq.query_id
JOIN sys.query_store_query_text qt
ON qq.query_text_id = qt.query_text_id
JOIN sys.query_store_runtime_stats qrs
ON qp.plan_id = qrs.plan_id;
GO

--要確定有 hint，似乎也有可能重複執行幾次，有快取 plan，但沒有存 hint
--清空 plan cache 後，仍可以重複使用 feedback 的結果，依然不會 spill
```

```
--但執行後執行計畫的 select operator 的
MemoryGrantInfo/IsMemoryGrantFeedbackAdjusted 屬性不再出現,
--因為是採用 Query Store 的 hint 而非 Cached plan 內參考的 Memory grant feedback
ALTER DATABASE SCOPED CONFIGURATION CLEAR PROCEDURE_CACHE;
```

查詢 sys.query_store_plan_feedback 系統檢視回傳結果如下：

feature_desc	feedback_data	state_desc	query_sql_text	last_query_memory_kb
Memory Grant Feedback	[{"NodeId":"2","AdditionalMemoryKB":"168912"}]	FEEDBACK_VALID	SELECT count(*),sum(c2),c3 from tb group by c3	169424

圖 1.25 呈現查詢存放區內的回饋提示

確認查詢存放區已經存在該查詢語法的記憶體回饋提示後,可以清空執行計畫快取存放區：

```
ALTER DATABASE SCOPED CONFIGURATION CLEAR PROCEDURE_CACHE;
```

再執行一次相同的查詢,可以檢視該語法是否正確配置記憶體。

參數敏感性計畫優化

當使用者的查詢條件導致符合的紀錄數忽多忽少時,如同範例程式 1.12 以不同的參數呼叫同一個預存程序,符合參數值 1 的有 4 千筆,而參數值 2 只有 1 筆紀錄。這時快取的執行計畫會適合部分的情境,但讓另外的參數查詢使用到相同但不適合的執行計畫。範例程式 1.12 的作法是利用提示,強制每次都重找執行計畫。但找執行計畫是最耗 CPU 的作業之一,也並非好的解法。

SQL Server 2022 版後提供「參數敏感性計畫優化（Parameter Sensitive Plan optimization PSP）」,會自動啟用單一參數化語句的多個作用中快取計畫。快取的執行計畫會根據客戶提供的執行參數值,依據可能符合的紀錄筆數採用不同的執行計畫。

其作法是在初始編譯期間,資料行統計資料會識別非平均分佈（也就是某些值域的紀錄數很多,而另一些值域的紀錄數很少）。評估最有

風險的 where 子句參數化述詞，在所有可用的述詞中最多分成三個區域。換句話說，如果相同查詢內的多個述詞符合準則，PSP 優化會選擇前三名，以限制評估的述詞數目，避免計畫快取和查詢存放區（如果啟用了查詢存放區）存放太多計畫。

針對合格的計畫，初始編譯會產生「調度器計畫（dispatcher plan）[2]」，其內包含 PSP 優化邏輯的「調度器運算式（dispatcher expression）」。調度器計畫會根據基數（cardinality）範圍界限值述詞選擇「查詢變體（query variant）」。

簡單解釋上一句話中，各專有名詞的意思：

- 調度器運算式：根據執行期間參數值評估述詞的基數，選取不同的查詢變體。

- 調度器計畫：系統針對使用者查詢而快取的執行計畫，內含調度器運算式。基本上是選取資料範位的述詞集合，包含資料範圍的中繼資料，例如述詞條件所落在的高低邊界值與統計資料。

- 查詢變體：當調度器計畫根據執行參數值來評估述詞的基數時，會產生個別的子查詢來編譯執行計畫並執行。這些子查詢稱為「查詢變體」，會放入快取與查詢存放區。下次查詢遇到相同值域的參數值時，可直接取用。

2　微軟線上說明將 dispatcher 翻譯為「發送器」，但我們覺得「調度器」這個翻譯或許比較貼合。因為是依參數所落在的值域調度接下來要採用的執行計畫。

其架構示意圖如圖 1.26：

圖 1.26　透過資料分布統計，針對不同範圍的資料量建立對應的執行計畫

　　執行查詢時，根據參數值來評估每個述詞的基數。調度器在編譯時期將基數值分成三個述詞基數範圍。例如，分別建立代表小、中、大三個基數的範圍，當使用者查詢賦予的值落在某個範圍，若該範圍的查詢變體子計畫尚未產生，就立時建立、編譯並快取，若已經存在於快取，就直接採用。

　　以範例程式 1.12 為例，SQL Server 2022 後可能選擇的執行方式如圖 1.27：

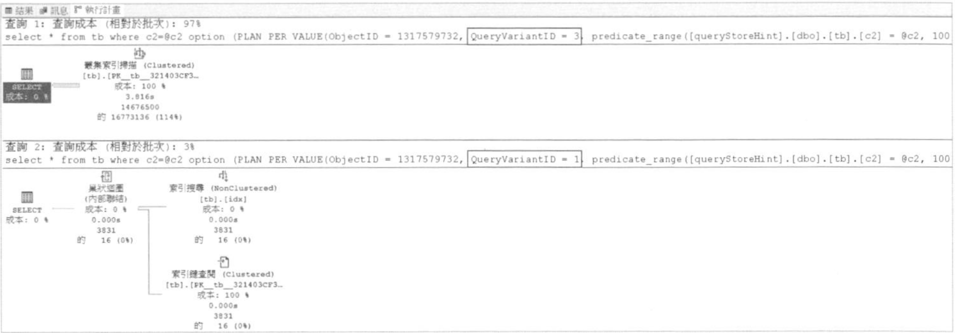

圖 1.27　因參數值落在不同值域，採用不同的執行計畫

目前 PSP 優化尚有許多限制，例如 where 述詞只能用等號比較。相關限制可以參考以下網址：https://learn.microsoft.com/zh-tw/sql/relational-databases/performance/parameter-sensitive-plan-optimization?view=sql-server-ver16

DOP（degree of parallelism 平行處理原則的程度）回饋

當 SQL Server 以平行執行計畫多條執行緒執行查詢時，比較怕過多的 CPU 彼此等待，不但未提升查詢效能，反而浪費在空等，也不處理其他使用者同時需要處理的工作。但要為某句查詢語法找尋多少顆 CPU 一起執行最適合，這很麻煩。一般的作法是重複執行相同的語法，但遞增 CPU 數量，測試加到多少平行數時，總 CPU 使用時間增加，總執行時間卻不再減少。

新的資料庫範圍設定[3]選項「DOP_FEEDBACK」會自動調整平行處理原則的程度，重複執行相同查詢時，自動調整平行的數量，從系統指定的最大平行數量遞減，並統計執行所耗用的時間，藉以優化平行處理可能導致工作負載的效能問題。這需要啟用「查詢存放區」。

每次重複執行相同查詢時，搭配不同的平行數重新編譯，SQL Server 透過回饋來比較本次與先前編譯之查詢的執行時間統計。如果效能未能更好，就清除本次 DOP 回饋，重回前次比較好的平行運算方式。

---

[3] 若要知道總共有哪些資料庫範圍選項設定，可以查詢「sys.database_scoped_configurations」系統檢視，或參考以下網址：https://learn.microsoft.com/zh-tw/sql/t-sql/statements/alter-database-scoped-configuration-transact-sql

基數估計回饋

「基數估計（Cardinality Estimation CE）」是查詢最佳化引擎建立查詢計劃時，評估每個層級所處理的資料列總數。基數估計主要是靠建立索引或統計時所取得的「紀錄分布」（有時候，SQL Server 也會搭配條件約束等其他資訊）。由於統計是以單欄的資料內容建立，但若過濾條件是複合多欄，則猜測符合過濾條件的紀錄數；會依不同的 SQL Server 版本有不同的資料分布模型。其他如 Join、Top...等語法，也會因為估計模型的不同而有所差異。

當這些問題是由不正確的估計模型假設造成時，SQL Server 2022 也會嘗試如同前述找最佳 DOP 的方式，在重複執行相同查詢時修正執行計畫。因此，這也需要啟用查詢存放區。

最佳化強制執行計劃

複雜語法的最佳執行計畫存於查詢儲存區後，管理者可考慮透過「sp_query_store_force_plan」系統預存程序，設定此計畫為該語法的強制執行計畫。SQL Server 2022 後，除了存放計畫定義外，還包含二進為格式的編譯腳本（compilation script）。藉由預先存放計畫的編譯步驟，可改善強制計畫的編譯時間。

1.1.3 商業智慧新功能

適用於 SQL 的 Azure Synapse Link

取得交易系統搭配的 SQL Server 2022 內資料，以近乎即時的方式同步到 Azure Synapse Analytics 的「專用 SQL 集區（dedicated SQL pools）」中。Azure Synapse Link for SQL 可針對交易資料及時分析，或進一步搭配商業智慧和機器學習案例...等。且採用新的 change feed 技術，以減少對來源資料庫的效能傷害。

　　SQL Server 2022 版的新功能簡單介紹到此，最後要提醒一點，SQL Server 2022 開始，透過「SQL Server 設定管理員」將 SQL Server 服務的「啟動模式」設為「自動」時，即使「啟動模式」顯示為「自動」，服務仍採「自動（延遲啟動）」模式啟動。從 Windows「機碼值」和「服務」都看得出 SQL Server 服務採「自動（延遲啟動）」模式：

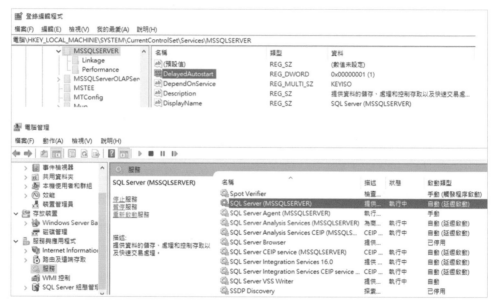

圖 1.28　透過 Windows 作業系統的工具檢視 SQL Server 服務的啟動模式

　　但由於「SQL Server 設定管理員」未能呈現「自動（延遲啟動）」模式，可能導致管理員疏忽這個差異：

圖 1.29 SQL Server Configuration Manager 無法呈現「自動（延遲啟動）」模式

一旦服務採「延遲啟動」，將等所有自動啟動的服務都啟動完，再等 2 分鐘才啟動要「延遲啟動」的服務。所以 SQL Server 2022 後，Windows 重啟都要等一下才能存取 SQL Server 2022，不要以為 SQL Server 服務有問題。

以上討論的 SQL Server 2022 新功能，相關範例除了可以查看本章所附的檔案，也可以參考微軟提供線上的範例：https://github.com/microsoft/bobsql/tree/master/demos/sqlserver2022

1.2 本書導覽

本書並未討論 T-SQL、開發 SQL Server 內物件（如預存程序、函數、檢視…等），或是關於安全的議題。因為實體書的篇幅有限，上述這些內容我們都將推出專書，以更有條理、深入的方式說明。

此外，尚有四個附錄透過電子書的方式提供。在選擇撰寫章節時，我們以大家常用的功能為主。畢竟本書若備在辦公室的案頭，除了幫助 DBA 熟悉與管理 SQL Server 外，也可能是讓協助的同仁（非 DBA）可以了解維護 SQL Server 經常碰到的工作，在需要時參考本書。四個電子

版的附錄可深入管理 SQL Server，但使用頻率相對其他章節較低，也就不以紙面方式提供。

以下簡單介紹本書各章節所著墨的重點：

第 2 章：安裝與基本管理

一般而言，安裝微軟發行的軟體是容易的事，圖形化安裝精靈讓初學者可以輕鬆地架設 SQL Server。但是，因應企業多變需求與環境，有些安裝選項若能事先在規劃階段就設計好，就不用在系統安裝完成後，才來修正與調整，干擾已經上線的系統。甚至必須重新安裝來解決問題。

本章將介紹 SQL Server 各個版本的功能與特性；安裝的軟體、硬體環境之需求；選擇適當的服務與元件、服務帳戶。選擇適當的定序；設定系統的驗證模式，並設定管理帳戶的密碼；了解多重執行個體的意義與使用方式，設定網路協定…等。因應企業的需求，按部就班地安裝 SQL Server。

安裝完成後，你可以檢視各項紀錄檔資料，了解所選用的功能與服務已經正確地安裝與運行，並學習數種啟動與停止 SQL Server 服務的方法。

第 3 章：認識管理工具

SQL Server 提供了直觀好用的圖形化管理工具，讓你可以輕鬆駕馭它。在本章中，將先介紹 SQL Server Management Studio（SSMS），這是整合了多項功能，透過圖形化介面來管理整個伺服器的大部分功能，是日常用的管理工具。例如，在 SSMS 內的「物件總管」，可用來

管理資料庫內物件,或是利用 SQL 編輯器搭配 IntelliSense 撰寫 T-SQL 語法[4]。SSMS 整合的各種功能,將在其後的章節深入介紹。

若你需要重新啟動 SQL Server、變更服務的啟動帳戶與密碼、設定 SQL Server 的網路通訊協定、賦予憑證啟用 TLS…等時,請利用「SQL Server 組態管理員」來完成。若要在命令提示列視窗作業,或是背景排程執行維護作業時,可以使用 sqlcmd 公用程式,一些日常營運維護的工作,可以搭配 sqlcmd 公用程式去執行 T-SQL 陳述式來完成作業。

第 4 章:建立與管理使用者資料庫

用來存放資料庫檔案的磁碟子系統規格,雖然有倍數的空間成長(例如,單顆硬碟容量成長到數 TB,儲存子系統動輒數十到上百 TB),但是其執行效能卻未能倍數成長。所以在設計資料庫檔案時,要避免將資料檔案與交易記錄檔案存放在同一個硬碟。雖然資料庫仍可運作,但是很容易造成存取模式混用、磁碟競爭(Disk Contention),而衍生出效能不佳等問題。

本章介紹 SQL Server 資料庫的資料檔案與交易紀錄檔案的結構與特性,讓你在選用磁碟系統與設計資料庫檔案的存放地點時,考量最佳磁碟效能用法。

本章的後段,介紹設計資料表的注意事項,例如,資料類型、條件約束(Constraint)…等,其設計優劣會直接影響資料的正確性、容量,以及存取效能。另外,利用「資料庫圖表」,可以視覺化的方式,設計與觀察多個資料表,以及其間的關連性。

---

[4] 若要單步除錯 T-SQL 腳本,則需要 SSDT。

第 5 章：備份與還原資料庫

　　資料庫存放了企業每日營運必須的資料，一旦發生意外，例如：檔案損毀、磁碟壞軌、資料意外被刪除或修改、遭駭...等。將造成企業無法量化的損失，所以備份資料庫是管理人員要留意並週期性批次執行的工作。計畫完善的備份/還原策略，可協助保護資料庫免於因各種失敗造成損毀而遺失資料。藉由還原備份和復原資料庫來測試備份/還原策略，讓你能有效地面對各類災難事件，或執行日常的檢驗。

　　除了在本地端存放備份內容，為了因應災難復原，往往需要將備份存一份在異地，避免備份與線上資料一起毀於災難。在 SQL Server 2012 版已提供將資料庫備份至 Azure 儲存體的功能，讓使用者能輕鬆地建立資料庫異地備份。2016 版更強化了備份至 URL 的設計，除原有的利用 Azure 儲存體帳戶資訊建立存取的認證之外，在安全性方面也新增支援「共用存取簽章」功能。另外，以往備份至 URL 時，備份媒體是以分頁 (Page)Blob 格式儲存，2016 版新增「區塊(Block)Blob」格式，並支援備份至多個區塊 Blob，且備份大小上限也提高至 12.8TB。

　　本章除了說明透過 URL 備份到 Azure 儲存體，也同時說明了「受管理的備份」，讓小型系統免除需要管理者參與備份。

　　有了完善的備份後，在發生任何狀況時，需要沉著地回復。若不是測試、演練，而是真發生意外，在復原資料庫時，往往是在高壓的氛圍中，這時需要熟練的作業，並因應各種臨時意外隨機應變。因此，平時要練習復原，除了確認備份的內容正確可用外，也確認還原時間、環境、技術、流程...等面向都可行。本章除了說明備份資料庫的作法，同時解釋還原的選項與流程，讓你了解整個備份與還原作業。

第 6 章：自動化管理工作

讓資料庫系統自動化地自我管理，將可大幅縮減資料庫管理師要耗費的心力，SQL Server 提供相當完善的自動化自我管理機制，管理人員應該熟悉相關技巧與組態方式，將管理工作交由 SQL Server Agent 服務代勞，在發生問題時自動先通知資料庫管理師，甚至自我解決問題。如此一來，管理 SQL Server 資料庫系統才事半功倍。

本章先介紹 SQL Server 自動化管理的運作機制，建置 Database Mail，利用 sp_send_dbmail 系統預存程式，寄送 HTML 格式的郵件。使用「作業」與「排程」，定期執行所需的作業，簡化繁瑣的系統維護流程。

若是系統因故發生問題，可以利用「警示」來回應系統潛在問題，讓 SQL Server 主動通知管理人員，或是執行預先定義的作業。善加利用「警示」，將能減輕管理人員的負擔。

SSMS 還有一個方便的好幫手「SQL Server 維護計畫精靈」，讓你輕鬆設定：檢查資料庫完整性、壓縮資料庫、重新組織與重建索引、更新統計資料、執行各類資料庫的備份作業、清除紀錄與維護清除工作…等。透過精靈設計好定期維護的排程工作後，將作業流程以 SSIS 封裝存到 MSDB 系統資料庫，再經由 Agent Job 定期呼叫執行。

第 7 章：基礎監控工具

資料庫效能牽涉層面極廣，妥善的架構與正確的調校方法，是維持效能的必要條件。想要了解 SQL Server 運作狀況，或是需要透過效能基準線來判斷好或壞的趨勢，評估各種硬體效能是否遇到瓶頸等，就必須持續地監控資料庫主機，並產出相關數據分析。當問題發生時，才可能知道真正的效能瓶頸點在那，並採取合宜的行動來解決問題。持續監控資料庫使用資源狀況，有助於評估伺服器的執行效能。

當應用程式與 SQL Server 溝通有問題時，如需要處理錯誤、調校效能，或想要做安全監控，當多人同時上線時所引發的複雜關聯，抑或是觀察某些應用程式如何使用 SQL Server，都可以透過 SQL Server Profiler 工具程式定義追蹤，或以 SSMS 建立擴充事件追蹤，藉由錄製 SQL Server 所觸發的事件來分析。這裡的事件指得是 SQL Server 引擎所執行的各種動作，如使用者登入、登出，執行 SQL 語法...等，有非常多的事件。擷取每個事件的相關資料，並將資料儲存至檔案或資料表，以供分析。

SQL Server 2016 版後新增「查詢存放區（Query Store）」功能，它可以記錄資料庫中執行的查詢，其執行計劃變更所造成的效能相關的資料，藉此協助效能的優化及問題的排解。查詢存放區主要有兩個部分組成：一是執行計劃，就是為每次查詢所產生的執行計劃儲存在查詢存放區中，如果計劃更改，也將儲存新計劃；另一部分是效能指標，包含執行階段統計與等候統計資料，就是為每次查詢所耗用的 CPU、讀取和寫入等資源的歷程紀錄資訊。SQL Server 2022 後，大幅擴增與強化「查詢存放區」，除了讓其自動啟用記錄外，更搭配強制套用提示，化被動分析執行後的統計為主動調整執行計畫，再看調整的方向是否更好。

本章除了介紹常用的 SQL Server Profiler 工具程式和擴充事件外，也說明如何透過 Windows 作業系統提供的效能計數器分析整體效能，以及透過資源管理員控管伺服器上的硬體資源之使用。

第 8 章：SQL Server 高可用性

本章先討論資訊系統「可用性」的需求及規劃，進而說明 SQL Server 所提供「高可用性」的解決方案及相關技術。

SQL Server 提供的高可用性技術多樣，例如 SQL Server「容錯移轉叢集」、「資料庫鏡像」、「可用性群組」，以及「交易紀錄傳送」。現今業界中若需要及時容錯移轉，普遍常用的是 SQL Server「容錯移

轉叢集」和「可用性群組」，若需要較便宜的解法則多用「交易紀錄傳送」。

本章概略介紹何謂可用性後，花了較大篇幅在解釋可用性群組，讓你可以實作出此種架構後，因為了解其運作原理，而能在日常維運中，釐清與排除常見的問題。

第 9 章：資料庫複寫

企業內會有許多資料庫伺服器，可能是不同版本的 SQL Server，也可能是 Oracle 等其他廠牌的資料庫產品。各個資料庫存放著不同系統的資訊。或是相同的系統但分散在各地，可能是不同的分公司，也可能是不同廠區。使用者會需要在一個系統內參考到其他系統的資料，或是除了本地資料外，也需要取得其他區域的資料。

當要持續載入不同資料庫的物件與資料到某個資料庫時，SQL Server 一般會有數種作法：

- 高可用性群組
- 交易紀錄傳送
- 複寫
- ETL

若要針對部分資料，持續且即時地將變動從一個資料庫帶到另一個資料庫，資料內容大約一致，靠設定就可以完成整體架構，包含權限、修改物件結構、初始化、自動同步、衝突處理、監控、警示...等，不需客製化開發，則最適合的機制是「複寫（Replication）」。可用性群組和交易紀錄傳送是針對整個資料庫，而 ETL 是批次同步，且需要客製化開發。

複寫是為某些資料產生複本，然後傳送到其他地方。當資料來源被更改，只要重新傳送（稱為資料同步），就可以讓來源與目的資料維持一致。反之，如果未進行資料同步，來源與目的地就會發生「時間延遲」問題。如何規範合理的時間延遲也是實作複寫機制要考慮的重點之一，不要誤以為資料同步可以立刻、即時地完成，畢竟這與系統整體效能有關，可能時快時慢。

複寫因架構設計、使用需求可大分為「快照式（snapshot）」、「交易式（transactional）」、「合併式（merge）」。而交易式複寫又衍生出「點對點（peer-to-peer）」。此外，串起這些複寫流程的是多個「代理程式（agent）」：「快照集（snapshot snapshot.exe）」、「紀錄讀取器（log reader logread.exe）」、「散發（distribution distrib.exe）」、「合併（merge replmerg.exe）」、「佇列讀取器（queue reader qrdrsvc.exe）」。而參與複寫的多個 SQL Server 執行個體將分別扮演「發行者（publisher）」、「散發者（distributor）」和「訂閱者（subscriber）」角色。而散發代理程式在散發者執行稱為「push 模式」，在訂閱者執行，則為「pull 模式」。

本章將解釋上述概念與名詞，搭配練習實作 SQL Server 不同類型的複寫。

第 10 章：整合 Azure

本書介紹的是 SQL Server，並非微軟 Azure 雲端提供的「受管理 SQL 服務」，而本章是輔助了解本書其他章節 SQL Server 延伸對 Azure 平台的功能為主。因為要說明這些功能，必須先介紹 Azure 上相關的架構與技術。然而微軟 Azure 雲的功能浩繁且變動極快，不僅是功能內容、名稱乃至於入口網站首頁與管理畫面，都有可能隨時變動。因此本章僅是

通則概念，實際用法仍要靠你自行參考相關書籍、線上說明並至雲上探索。

　　Azure 提供了多種 SQL 服務，本章以「Azure SQL 資料庫」為主，「受控執行個體」為輔，未談及如虛擬機內的 SQL Server 或用於資料倉儲的「Azure Synapse」。簡單介紹 Azure 上的備份與高可用性、基本的安全規劃、紀錄與監控，以及自動化作業。由於 Azure 上有極多樣化的服務，而前述這些基本架構並不僅要滿足 SQL 服務，還要支援 Azure 其他的各種服務，因此，可能有些用法並不直觀。本章盡量地解釋這些基本架構的概念與用法，希望提供入門之效。

附錄 A：認識系統資料庫與系統物件

　　SQL Server 在設計時，採取的是一組管理資訊來管理多個使用者資料庫，相關的管理資訊，存放在系統資料庫內，例如：登入帳戶與密碼、稽核、連結伺服器的定義、系統端點、追蹤與事件、執行定期資料庫維護作業、系統執行運算時的暫存資料…等。

　　本章將討論各類系統資料庫所扮演的角色與其所存放的資料。此外，系統資料庫 Tempdb 是用來存放系統運行時的暫存資料，為了增進整體的執行效能，建議你將 Tempdb 移到存取速度較快的磁碟子系統，並且設計與 CPU 核心數目相同的等大資料庫檔案，在 SQL Server 2016 版後的安裝精靈會自動設定，但之前的版本就要靠自己設定了。

　　在 SQL Server 2005 版本之後，將系統資料表（System Table）隱藏起來，取而代之的是大量的系統檢視（System View），如「目錄檢視（Catalog View）」和「動態管理檢視/函數（Dynamic Management View DMV/Dynamic Management Function DMF 合稱 Dynamic Management Object DMO）」，這些系統物件可以讓你取得現行資料庫伺服器上的各

類資訊,作為日常維護管理之用。本章會列舉常用的系統檢視與 DMO,說明其用途。

附錄 B:檢視日常營運報表

除了方便的圖形化管理工具,SQL Server 也透過 SSMS 提供了豐富的系統營運報表,讓你可以輕鬆檢視,快速取得系統過去與現行的運行紀錄。利用這些資料作為錯誤處理、效能調校的依據、可預測系統回應時間,與隨時間遞移的使用趨勢。也能讓管理人員觀察、分析與比較系統的運行狀況。

本章將先介紹系統內建的標準報表,讓你可以檢視執行個體、登入、資料庫、SQL Server Agent…等各層級與物件的相關報表,以表格/圖形方式提供有用的資訊。讓管理人員可以即時直觀地了解系統運行現況。而後再進一步說明如何開發 Reporting Services 的 rdl 自訂報表,SSMS叫用該報表時,以 SQL Server 執行個體/資料庫相關資訊當作參數,讓管理者可以依自己的特殊需求,開發日常管理所需的自訂報表。

若企業環境內有多台的 SQL Server,SQL Server 2008 版本開始提供的「資料收集器(Data Collector)」可自動收集企業內各伺服器的效能資料,並提供相關的報表查詢,讓管理人員專注在分析效能資料上,減少逐台設定收集效能的工作負載。資料收集器整合了 SQL Server Agent 服務與 SSIS 服務,並且提供了方便的精靈操作介面,讓管理人員輕鬆地建置收集效能資料的方案。

附錄 C:原則式管理

對位於核心系統的 SQL Server,須認真看待安全、高可用性、營運管理、系統維護、效能、擴充性…等需求,可制定營運規範來管理資料庫伺服器。舉例來說,禁用某些功能、遵循標準作業程序、符合物件命

名原則、安全規範、效能要求、物件設計規範（例如：資料表、預存程序、使用者自訂函數…）等。面對這些需求，資料庫管理師該如何處理呢？

SQL Server 2008 版開始提供「以原則為基礎的管理（Policy-Based Management；PBM）」，這項新功能類似於 Windows 作業系統上的群組原則，讓管理人員如同設定群組原則來規範 SQL Server 所需的管理原則。

本章包括的主題有：

■ 瞭解以原則為基礎的管理

■ 核心元件之說明

■ 設計以原則為基礎的管理

■ 原則的評估模式

■ 建置「以原則為基礎的管理」的程序

■ 原則的存放與 SQL Server 最佳作法

■ 檢視執行評估原則後的歷史紀錄

■ 搭配使用警示

■ 管理原則的安全性

■ 介面區組態與 Facet

■ 搭配使用中央管理伺服器

本章的後半部將說明中央管理伺服器。當企業規模達到一定程度，管理 SQL Server 時，所面對的是一大群機海。在過往，若需要將共通的 T-SQL 程式部署到企業內的資料庫時，可能需要逐一地執行 SSMS 管理工具；或是將撰寫好的程式，利用 SQLCMD 命令提示列工具來部署。但

這些作法都不方便,常需要額外撰寫輔助程式。在 SQL Server 2008 版本開始可以利用中央管理伺服器,較輕鬆地管理這群機海。

本章包括的主題有:

- 認識中央管理伺服器
- 認識本機伺服器群組
- 支援的功能
- 使用上的安全考量

附錄 D:整合 Windows PowerShell

Windows PowerShell 是微軟為 Windows 作業系統開發的殼層(shell)及腳本語言(scripting languages),它強化了 Windows 與 Azure 系統管理的控制與自動化能力。PowerShell 整合數種系統管理工具,以簡易且一致的語法,讓管理者處理日常工作,如存取檔案系統、登錄資料庫(Registry)、Active Directory、查詢各種服務、日誌、WMI…等。微軟的伺服器產品大多支援 PowerShell,SQL Server 2008 後導入此項功能,SQL Server 2016 增加更多的功能與應用,且伺服器與 SSMS 各自提供不同的模組。

本章包括的主題有:

- SQL Server 與 PowerShell 的整合。
- 結合各種物件、函式庫示範 PowerShell 腳本語言,並提供綜合應用的例子。

安裝與基本管理

Microsoft SQL Server 的安裝及組態與市面上各大關聯式資料庫相較算是簡易，即使是初學者也可使用圖形化安裝精靈輕鬆架設 SQL Server 資料庫伺服器。然而，部分資料庫管理師雖能藉由 SQL Server 管理工具駕馭資料庫日常維護工作，但仍不瞭解 SQL 組態的意義。比方不知道「資料庫定序（Collation）」對於程式開發有何影響，也不敢任意變更 SQL Server 預設組態；甚至有些資料庫管理師在 SQL Server 發生異常故障時，只要找不出問題原因，便直接重啟或重新安裝 SQL Server！若以這種方式來管理 SQL Server，線上系統維運的持續性與穩定性著實讓人擔心。

事實上，一般人不太可能全面熟悉 SQL Server 的所有設定，但是某些重要選項要瞭解其意義與組態方式，尤其是在安裝 SQL Server 時就需要組態的選項。本章將說明 SQL Server 2022 各項安裝步驟，以及重要的安裝選項。此外，也會介紹 SQL Server 2022 的基本管理技巧，做為後續章節的熱身。

2.1 重要安裝選項與意義

本節將說明 SQL Server 2022 在進行安裝作業之前需要注意的事項，包括：

■ 可選購的版本

■ 軟體、硬體的基本需求

■ 多重執行個體

■ 定序

■ 驗證模式與 SQL Server 管理員

■ 可安裝的服務與元件

■ 認識服務啟動帳戶

2.1.1 可選購的版本

在準備使用 SQL Server 2022 前，應當要了解選購的 SQL Server 2022 版本所支援的功能與其特性。目前 SQL Server 2022 提供以下數種版本可供使用：Enterprise、Standard、Web、Developer、Express、以及 Evaluation 等版本。另外，自 SQL Server 2016 版後已不再支援 32 位元，僅支援 64 位元。

參見表 2.1，可對於各個版本的功能與特性有一初步的認識。至於各版本所支援的功能細節，建議參考線上叢書 https://learn.microsoft.com/zh-tw/sql/sql-server/editions-and-components-of-sql-server-2022?view=sql-server-ver16 說明。

表 2.1　各版本的主要功能說明

版本	主要功能說明
Enterprise	提供完整的高階資料中心功能，而且具備快速效能、不受限制的虛擬化以及豐富的商業智慧分析，為關鍵任務負載提供最高的服務等級，並且讓使用者洞察資料。
Standard	針對部門和小型組織提供基本的資料管理與商業智慧，以執行應用程式並且支援內部部署和雲端的一般開發工具，以最少的 IT 資源提供最有效率的資料庫。
Web	是以商業工作負載為目標，對於網站服務提供者而言是一個整體擁有成本低的選擇。可針對小型到大型規模的 Web 需求，提供可擴充、負擔輕鬆而且管理方便的功能。
Developer	可讓開發人員建立任何類型的應用程式。包含 Enterprise 版的所有功能，但是只授權做為開發和測試系統使用，而不能用在實際線上系統。SQL Server Developer 提供免費下載，是應用程式開發和測試人員的理想選擇。
Express	免費提供入門級的服務，適合用來學習及建置桌上型電腦和小型伺服器資料驅動應用程式。這個版本是獨立軟體廠商、開發人員及建置用戶端應用程式的最佳選擇。但儲存體的大小有 10GB 上限、記憶體 1.4G 和 CPU 1 socket/最多 4 核的限制，且無法使用 SQL Server Agent 服務，如果需要更進階的資料庫功能，SQL Server Express 可以順利地升級為其他更高階的 SQL Server 版本，並與 Microsoft Azure SQL Database 相容。 SQL Server Express LocalDB 是 SQL Server 輕量版 Express，其中包含所有程式設計功能，但是以使用者模式執行，並配備快速的零設定安裝，所需必要條件很少。
Evaluation	此為試用版軟體，這套功能完整的試用版軟體在六個月後自動過期，也就是僅提供 180 天的試用期。功能與 Enterprise 版本相同。

❖ **各個版本所支援的最大處理器數目與核心數量**

　　SQL Server 2012 之前的版本都是採取實體處理器的方式來設計，但是 SQL Server 2012 版本後，加入了以「核心（Core）」授權與支援的方式。若是以 SQL Server、作業系統、應用程式或驅動程式的觀點來看，「執行緒（thread）」或「邏輯處理器（logical processor）」都是單一邏輯運算引擎。

所謂的一個「核心」：

- 是指一個「處理處理器單元（processor unit）」，可能是由一或多個「邏輯處理器」組成。

- 一個「實體處理器（physical processor）」可能是由一或多個核心組成。

其中，實體處理器與「處理器封裝（processor package）」或「插槽（socket）」都是相同的引用單位。

若是在配置多顆實體處理器的系統，或是在實體處理器內擁有「多核心（multiple cores）」、或「超執行緒（hyperthreads）」的系統上，就可以讓作業系統同時執行多項工作，而每條執行緒都會顯示成邏輯處理器。舉例來說，在配有兩顆四核心的實體處理器之伺服器上，若再啟用「超執行緒」後，則總計會有 16 顆邏輯處理器。計算方式如下：

2 顆實體處理器 × 4 個核心（每顆實體處理器）× 2 條超執行緒（每個核心）= 16 個邏輯處理器。

雖然在這個系統上，可以使用到 16 顆邏輯處理器，但若是以「核心」數量來看，則僅有 8 個核心。以下表列各版本所支援的最大處理器數目與核心數量：

表 2.2 各版本所支援的最大處理器數目與核心數量

版本	支援的處理器上限
Enterprise	作業系統的最大值。
Standard	支援 4 個 CPU 插槽或是最多使用 24 個核心。
Web	支援 4 個 CPU 插槽或是最多使用 16 個核心。
Developer	作業系統的最大值。
Express	支援 1 個 CPU 插槽或是最多使用 4 個核心。
Evaluation	作業系統的最大值。

上述這些限制，都是以 SQL Server 單一執行個體可使用的計算容量上限，不會約束到安裝在同一台伺服器上的其他執行個體。也就是說，在同一部伺服器上，安裝多個 SQL Server 執行個體，每個執行個體都是可以實際地使用各自版本所支援的處理器容量上限，從 SQL Server 2016 至今各種版本對於多執行個體的支援上，目前都已經支援到 50 個。而且在 SQL Server 2012 版本開始，其支援兩種計算處理器容量的限制作法如下：

■ 「插槽（Sockets）」的數目上限（也就是指：實體處理器、插槽或是處理器封裝等稱呼方式）。在軟體授權模式上，稱為：「伺服器＋用戶端存取使用權（Server＋Client Access License (CAL)）」。

■ 作業系統所報告的「核心（Cores）」數目上限。在軟體授權模式上，稱為：「核心架構（Core-based）」。

在 SQL Server 2022 主要版本支援的授權模式如下：

■ 企業版（Enterprise）：核心架構授權。

■ 標準版（Standard）：可選擇核心架構授權或伺服器＋CAL 授權。

若你使用的環境是虛擬化或私有雲的環境，關於這部分的說明以及 SQL Server 版本的授權模式，請參考 SQL Server 虛擬化指南：

https://download.microsoft.com/download/3/d/4/3d42bdc2-6725-4b29-b75a-a5b04179958b/microsoftservervirtualization_licensemobility_vlbrief.pdf

❖ **支援的記憶體容量**

表 2.3 列出 SQL Server 2022 Database Engine 各個版本所能支援的記憶體上限。

表 2.3　Database Engine 各版本所支援的最大記憶體

版本	支援的最大記憶體
Enterprise	作業系統最大值
Standard	128GB
Web	64GB
Developer	作業系統最大值
Express	1410MB
Evaluation	作業系統的最大值。

2.1.2　軟體、硬體的基本需求

表 2.4 整理出安裝和執行 SQL Server 2022 各版本的最低軟體與硬體之需求。

表 2.4　各版本的最低軟體與硬體之需求

元件	需求
作業系統	• Windows Server 2016 或更新版本。 • Windows 10 TH1 1507 或更新版本，僅支援 Developer、Standard、Express。
.NET Framework	• 最低作業系統包括最低 .NET Framework。
處理器	• 最低需求：1.4 GHz 的 x64 處理器。 • 一般建議：2.0 GHz 處理器或更快的處理器。 • 支援的處理器： x64（64 位元）。 AMD Opteron、AMD Athlon 64、具有 Intel EM64T 支援的 Intel Xeon、具有 EM64T 支援的 Intel Pentium IV。
記憶體	• 最低需求： Express 版本：512 MB。 其他版本：1 GB。 • 一般建議： Express 版本：1 GB。 其他版本：最少 4 GB，並應依據資料庫大小增加記憶體以確保有較佳效能。

元件	需求
	另外安裝 Data Quality Server 元件所需的最小記憶體是 2 GB RAM。
磁碟空間需求	磁碟空間需求會根據所安裝的 SQL Server 元件而不同，即使將 SQL Server 元件安裝至非預設的磁碟機，建議至少必須有 6 GB 可用空間。需注意 SQL Server 無法在唯讀、網路磁碟機或壓縮的磁碟機上進行安裝。 另外建議 SQL Server 元件應安裝於 NTFS 檔案系統，因為比起 FAT32 檔案系統，NTFS 檔案系統有較好的安全性以及磁碟自動修復功能。

但是實際上所需要的硬碟空間，需視系統組態和要安裝的功能而定。下表整理了 SQL Server 各元件的磁碟空間需求：

表 2.5　各軟體元件的磁碟空間需求

功能	磁碟空間需求
Database Engine 和資料檔、複寫、全文檢索搜尋和 Data Quality Services	1480 MB
Analysis Services 和資料檔	698 MB
Reporting Services 和入口網站	967 MB
Integration Services	306 MB
Master Data Services	280 MB
Data Quality Client	121 MB
用戶端工具連接性	328 MB
用戶端元件（不含 SQL Server 線上叢書元件和 Integration Services）	445 MB
SQL Server 線上叢書元件，可用來檢視並管理說明內容	27 MB[1]
所有功能	8030 MB

---

[1] 下載 SQL Server 線上叢書內容需 200M 磁碟空間。

另外，SQL Server 安裝程式還會自動安裝該產品所需要的軟體如下：

- SQL Server Native Client
- SQL Server 安裝程式支援檔案

建議在安裝 SQL Server 2022 之前，應先執行 Windows Update 更新作業，讓系統保持到最新的更新狀態後，才安裝 SQL Server 2022。

2.1.3 多重執行個體

所謂的「執行個體（Instance）」是指 SQL Server 支援在單一作業系統上，安裝多套獨立的 SQL Server，每套 SQL Server 即是一個執行個體。每個 SQL Server 執行個體都是由一組不同的服務所組成，這些服務可選擇定序與其他選項。而且每個執行個體，都擁有完整獨立的識別碼區隔，包含目錄結構、登錄檔結構與服務名稱等。而從 SQL Server 2000 開始，即可在一個作業系統上安裝多套 SQL Server，這種機制稱為「多重執行個體（Multiple Instance）」，如圖 2.1 所示。

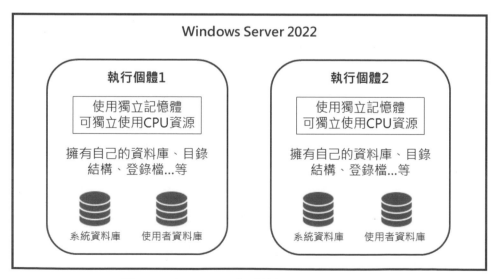

圖 2.1 SQL Server 多重執行個體的系統架構

　　上圖每個 SQL Server 執行個體會使用獨立的記憶體空間，可以設定共用或單獨使用哪幾顆 CPU 的資源，也擁有各自的系統資料庫（master、msdb…等）。不僅如此，各執行個體的 SQL Server 可以安裝不同版本，如 SQL Server 2019、SQL Server 2022 可以安裝在同一台 Windows 伺服器，且能同時安裝 Enterprise、Standard、Develper…等不同版本，對於前端使用者而言，就像架設了多台 SQL Server。

　　而執行個體機制又可以分為：預設執行個體（Default Instance）與具名執行個體（Named Instance）兩種。在多重執行個體環境中，通常第一個安裝的 SQL Server 稱為預設執行個體（Default Instance），其名稱與 Windows 伺服器名稱相同，所以應用程式要與其連線時，連線字串直接使用伺服器名稱即可。

　　安裝第二個（含）以上 SQL Server 執行個體時，需指定執行個體的名稱，稱為「具名執行個體（Named Instance）」。應用程式要連線至具名執行個體時，需使用以下的格式輸入伺服器及具名執行個體名稱（伺服器名稱與具名執行個體名稱之間，要輸入反斜線）[2]：

伺服器名稱\具名執行個體名稱

　　舉例來說，有一台名為 SQL2022 的 Windows 伺服器，如果另外安裝兩個 SQL Server 執行個體，其名稱分別為 MSSQLSERVER01 與 SQLEXPRESS，對於應用程式而言，可視為架設了三台 SQL Server。其連線字串所需使用的伺服器名稱如下：

```
--預設執行個體
SQL2022
```

---

[2] 連接若採用此種執行個體名稱，則需要透過 SQL Server Browser 服務來解析名稱，以傳回 IP 和埠號碼，故 SQL Server Browser 服務要啟動，且防火牆不可攔阻 UDP 1434 埠。

```
--具名執行個體：MSSQLSERVER01
SQL2022\MSSQLSERVER01
--具名執行個體：SQLEXPRESS
SQL2022\SQLEXPRESS
```

在作業系統中，不同的 SQL Server 執行個體會有自己的專屬資料夾
存放相關檔案，如下圖所示。

圖 2.2　每個 SQL Server 執行個體皆有自己的安裝資料夾

每一不同的執行個體，皆可視為獨立的 SQL Server 資料庫伺服器。
因此，使用者可以在 SQL Server Management Studio 內註冊所有執行個
體，以執行其管理工作。

圖 2.3　利用 SQL Server Management Studio 管理多個執行個體

以作業系統來看，預設的 SQL Server 執行個體之「服務」名稱是「MSSQLSERVER」，而具名執行個體的名稱之格式則為：

MSSQL$執行個體名稱

例如 MSSQL$MSSQLSERVER01，或是 MSSQL$SQLEXPRESS。

下表以伺服器名稱 SQL2022 為例，上面安裝了預設執行個體以及兩個具名執行個體，具名執行個體名稱分別為 MSSQLSERVER01 及 SQLEXPRESS：

表 2.6　以伺服器名稱 SQL2022 為例，所使用的連線名稱與服務名稱

執行個體的類型	與伺服器連線的連線名稱	作業系統的服務名稱
預設執行個體	SQL2022	MSSQLSERVER
具名執行個體	SQL2022\MSSQLSERVER01	MSSQL$MSSQLSERVER01
具名執行個體	SQL2022\SQLEXPRESS	MSSQL$SQLEXPESS

❖ 多重執行個體的應用情境

在實際商業環境中，多重執行個體機制適用於下列情況：

資料庫系統虛擬化與應用程式服務提供者

資料庫系統虛擬化讓使用者可以在一台 Windows 伺服器上安裝多套資料庫系統。每個資料庫系統各自獨立，可用以整合資料庫系統或提供應用程式的測試環境，同時減少硬體成本、機房空間、冷氣、水電...等費用支出。在 SQL Server 軟體授權上，若是採用處理器的核心授權模式時，將依據處理器的核心數量來計算費用，與作業系統上所安裝的執行個體之數量無關。

如果你的公司是一個「應用程式服務提供者（Application Service Provider；ASP）」，為了提供企業客戶各自獨立的應用系統與資料庫，或許要耗費鉅資建置多套 Windows 伺服器設備，然後再針對各企業量身訂製應用程式與資料庫系統。不難想像，光是管理大量的 Windows 虛擬或實體伺服器就不容易了。此時，多重執行個體便可派上用場，因為 SQL Server 2016 可以在同一台 Windows 伺服器上安裝多達 50 個 SQL Server 執行個體！若服務的企業客戶有 200 家，那麼最少只需建置 4 部 Windows 伺服器，便能運作 200 套 SQL Server 資料庫系統，且所有客戶的資料庫系統各自獨立，兼顧擴充性與安全性。如此一來，資料庫的建置費用或是硬體維護成本都可以大幅降低 [3]。

應用系統升級測試

不同版本的 SQL Server 執行個體，可以並存在同一台 Windows 伺服器上。即使資料庫伺服器已經安裝了 SQL Server 2019 或其他版本，

---

[3] 但要小心雞蛋放在同一個籃子的風險。

還是可在此伺服器再安裝 SQL Server 2022，這種組態不會影響原來的 2019 或其他版本的資料庫。此外，未來微軟推出服務套件（service pack）時，也可以個別測試，確認更新服務套件不影響既有的應用程式系統後，再全面更新。

提升資料庫管理安全性

在規劃資料庫安全性時，有時會將大型資料庫切割為數個小型資料庫，並指定不同的資料庫管理者。舉例來說，使用者可以建置 DB_hsinchu 與 DB_kaoshiung 兩個資料庫，分別存放新竹與高雄分公司的資料。此時資料雖然分開存放，但是 SQL Server 系統管理者擁有這兩個資料庫的管理權限。這裡要說明的是：伺服器管理者（擁有 sysadmin 權限）不同於資料庫擁有者（擁有 db_owner 權限），前者可以管理與變更整台 SQL Server 的系統組態與所有資料庫，後者只能管理個別的資料庫。

此時，如果在 Windows 伺服器上安裝兩個 SQL Server 執行個體（如 Lab\hsinchu 與 Lab\kaoshiung），各分公司就可以自行管理與組態資料庫系統。這種建置的優點在於 Lab\hsinchu 執行個體的管理者無法管理 Lab\kaoshiung 執行個體，反之亦然。因此，多重執行個體機制可讓使用者在安全性的規劃上更為嚴謹。若有效能問題，要切到不同的虛擬或實體機器也較為方便。

2.1.4 定序

使用者必須能夠以有意義的方式處理字元資料，而「定序（Collation）」可讓使用者根據自己的慣例，排序和比較字串[4]。定序是建立和管理資料

---

[4] 定序決定字元間的大於、等於和小於關係。以中文字為例，「一」與「丁」哪一個字大？若定序採用的是筆劃順序則「丁」大；若定序採用的是ㄅㄆㄇㄈ則「一」大。又如英文的「a」與「A」是否相等？若定序區分大小寫則不相等，反之則相等。

的重要部分，在 SQL Server 中，定序用來規範文字資料的儲存與排序方式，包含了：排序規則、大小寫和區分腔調字屬性等。受影響的資料類型有：char、varchar、text、nchar、nvarchar，或 ntext 等文字類型。

定序可以包含下列任一個或是全部的特性：

- 區分大小寫（_CS）
- 區分腔調字（_AS）
- 區分假名（_KS）
- 區分全半形（_WS）
- 區分變化選取器（_VSS）

在安裝 SQL Server 執行個體、還原資料庫備份、或是將伺服器連接至用戶端資料庫時，請務必了解即將使用之資料的地區設定需求、排序、是否區分大小寫與腔調字、有無採用 UTF-8 編碼。SQL Server 支援的兩種定序組態：

- Windows 定序
- SQL 定序（與舊版 SQL Server 相容）

在 SQL Server 2022 中，可在以下各種層級內設計定序：

表 2.7 SQL Server 的定序層級

定序層級	說明
伺服器層級	伺服器層級的定序是在 SQL Server 安裝期間設定，因此也會成為系統資料庫的「預設定序」。 在完成安裝 SQL Server 作業後，若是想要變更伺服器層級的定序，且其下資料庫內所有文字欄位都要變更，需要先匯出所有資料庫物件和資料後，重建 master 資料庫，然後再匯入所有資料庫物件和資料，這是相當繁瑣的作業。

定序層級	說明
	對於應用程式端存取資料而言，可以在建立新的資料庫或是資料行時，指派所需的定序即可。但要小心與暫存資料表間的計算，原因說明於下一項。可考慮建立部分自主資料庫，但不一定能解決所有跨資料庫間的定序差異問題。
資料庫層級	當建立資料庫時，可以使用 CREATE DATABASE 陳述式的 COLLATE 子句來指定資料庫定序。如果未指定任何定序，資料庫就會被指派 model 資料庫的預設定序。而 model 資料庫的定序與 SQL Server 執行個體的定序相同（也就是伺服器層級的定序）。除非變更伺服器的定序，否則無法變更系統資料庫的定序。
	使用者資料庫的定序可以 ALTER DATABASE 陳述式來變更，但此陳述式不會變更現有使用者自訂資料表中的資料行定序。
	資料庫定序是用於資料庫中的所有中繼資料，而且是在資料庫中使用之所有字串資料行、暫存物件、變數名稱和任何其他字串的預設值。
	請注意：如果變更使用者資料庫的定序，則在資料庫中查詢存取暫存資料表時，可能會發生定序衝突。暫存資料表一律儲存在 tempdb 系統資料庫中，也就是使用執行個體伺服器層級的定序。如果使用者資料庫與 tempdb 系統資料庫兩邊的定序不一致，可能會導致定序評估字元資料發生衝突，則比較使用者資料庫與 tempdb 間之字元資料的查詢可能會失敗。若要解決此問題，可以在查詢中指定 COLLATE 子句。或在建立暫存資料表時，於文字型欄位後加上 collate database_default，指定採用使用者資料庫的定序，而非 tempdb 系統資料庫的定序。
資料行層級	當建立資料表時，可以使用 CREATE TABLE 陳述式的 COLLATE 子句來指定每個字元資料行的定序。若未指定任何定序，資料行使用資料庫的預設定序。
	資料行的定序可以使用 ALTER TABLE 陳述式來變更。
運算式層級	運算式層級定序是在執行 T-SQL 陳述式時指定，將會影響傳回結果集的方式。例如：可利用 ORDER BY 子句搭配 COLLATE，將回傳結果依據特定地區的需求來進行排序。

如果伺服器之間的定序設定不 致，可能造成許多伺服器對伺服器活動失敗，或是不一致的結果。而且，若要變更伺服器層級的定序，則

必須要重建 master 資料庫，這是複雜的作業。若要避免此狀況，建議應以企業、組織為單位，進行整體規範，使用相同的伺服器層級定序。

如果伺服器與資料庫的定序不一致，在宣告暫存資料表或資料表變數時也需要特別注意。因其結構是建立在 tempdb 系統資料庫上，而 tempdb 系統資料庫會依伺服器定序來建立這些暫存物件，導致原本資料庫的物件連結（Join）暫存物件失敗，或是對暫存物件的比較、排序等結果非使用者所期待。

在安裝 SQL Server 2022 時，安裝精靈會自動掃描 Windows 作業系統語系。以繁體中文版的 Windows Server 2022 為例，安裝精靈將選擇定序為 Chinese_Taiwan_Stroke_CI_AS，其意義如下：

■ 支援台灣地區繁體中文。

■ 排序方式以中文筆劃（stroke）為基準。

如下圖所示。

圖 2.4 設定伺服器層級的定序：預設定序

在上圖選擇的 Chinese_Taiwan_Stroke 是 Windows 定序名稱，SQL Server 所對應的定序名稱會加上：「區分大小寫」，以及「區分腔調字」等排序特性，例如：Chinese_Taiwan_Stroke_CI_AS 的 CI 代表 Case Insensitive（不區分大小寫），AS 代表區分腔調字（Accent Sensitive）。請參見下表的說明。

表 2.8　Windows 定序的排序順序之選項

排序順序（後置詞）	描述
二進位（ _BIN ）	依據每個字元定義的位元模式來排序和比較 SQL Server 資料表中的資料。二進位比較會區分大小寫和區分腔調字，是最快的排序順序。 如果未選取這個選項，SQL Server 會遵照相關聯語言或字母字典所定義的排序和比較規則。
二進位-字碼指標（ _BIN2 ）	依據 Unicode 資料的 Unicode 字碼指標來排序和比較 SQL Server 資料表中的資料。對於非 Unicode 資料，二進位碼指標將使用與二進位相同的比較。 使用二進位碼指標排序順序的好處，就是在比較已排序 SQL Server 資料之應用程式中的資料不需要重新排序。因此，二進位碼指標排序順序可簡化應用程式的開發並提升效能。
區分大小寫（ _CS ）	區分大寫和小寫字母。如果選取此選項，排序時小寫字母先於大寫字母；如果未選取這個選項，在比較時，SQL Server 會將字母大寫和小寫的版本視為相同。
區分腔調字（ _AS ）	區分有腔調和無腔調字元。例如，'a' 不等於 'á'。如果未選取這個選項，在比較時，SQL Server 會將有腔調和無腔調字母的版本視為相同。
區分假名（ _KS ）	區分日文的平假名和片假名。如果未選取這個選項，在比較時，SQL Server 會將平假名和片假名字元視為相同。
區分全半形（ _WS ）	區分單一位元組字元和雙位元組字元表示的相同字元，如中文的全/半型。如果未選取這個選項，在比較時，SQL Server 會將單一位元組和相同字元的雙位元組表示法視為相同。

❖ 二進位定序的說明

　　二進位定序是依據地區設定和資料類型所定義的編碼值順序來排序資料，並且會區分大小寫。SQL Server 的二進位定序定義要使用的地區設定和 ANSI 字碼頁，並強制使用二進位排序次序。與其他定序比較起來相對簡化，所以二進位定序在改善應用程式效能方面有幫助。以下是二進位定序的相關資料：

■ 如果是非 Unicode 資料類型，資料比較是依據 ANSI 字碼頁中所定義的字碼指標。

■ 如果是 Unicode 資料類型，資料比較則是依據 Unicode 字碼指標。

■ 如果是 Unicode 資料類型的二進位定序，在資料排序時不會考量地區設定。

　　例如：Latin_1_General_BIN 和 Japanese_BIN 用於 Unicode 資料時會產生相同的排序結果。

　　SQL Server 原本的二進位定序（BIN）對於 Unicode 資料的字碼指標比較不完整，在原本的 SQL Server 二進位定序（BIN）中，是以 WCHAR 比較第一個字元，之後再逐一比較位元組。為了與舊版相容，現有的二進位定序語意不變。

　　在 SQL Server 2016 版新的二進位-字碼指標（BIN2）定序則包括一組純字碼元素比較定序。應用程式可以選擇移轉到二進位-字碼指標（BIN2）定序，以利用真正的字碼元素來進行比較。二進位-字碼指標（BIN2）定序會識別實作字碼元素定序語意的定序名稱。此外，還有對應至新的二進位-字碼指標（BIN2）定序之比較旗標可供使用。

　　上述針對定序進行說明，假設目前的 SQL Server 伺服器定序為 Chinese_Taiwan_Stroke_CI_AS（建立資料庫與資料表時也沒有變更定

序），那查詢資料時將不會區分大小寫。以 table1 資料表為例，執行以下的程式碼：

```
SELECT * FROM table1 WHERE EName = 'MentorTrust'
```

上述的程式碼，將傳回以下的 3 筆資料列：

EID	EName
1	MentorTrust
2	MENTORTRUST
3	Mentortrust

然而，如果 SQL Server 伺服器定序為 Chinese_Taiwan_Stroke_CS_AS（在建立資料庫與資料表的欄位時也沒有變更定序），執行同一段程式碼：SELECT * FROM table1 WHERE EName = 'MentorTrust'，只會傳回第 1 筆資料列。

附帶一提，除了 Chinese_Taiwan_Stroke，與繁體中文有關的定序還有另一項 Chinese_Taiwan_Bopomofo。不妨念念看結尾的 Bopomofo，不要懷疑，就是ㄅㄆㄇㄈ！若是將 SQL Server 定序設定為：Chinese_Taiwan_Bopomofo_CI_AS，代表是：中文的資料是以ㄅㄆㄇㄈ作為排序依據！

若想測試一下自己是否已了解定序，可以考驗能否正確說出其下語法的執行結果：

```
SELECT * FROM (VALUES ('a'),('A'),('b'),('B')) t(c1)
ORDER BY c1 COLLATE Chinese_Taiwan_Stroke_CS_AS;

SELECT * FROM (VALUES ('a'),('A'),('b'),('B')) t(c1)
ORDER BY c1 COLLATE Chinese_Taiwan_Stroke_CI_AS;

SELECT * FROM (VALUES ('a'),('A'),('b'),('B')) t(c1)
ORDER BY c1 COLLATE Chinese_Taiwan_Stroke_BIN;
```

執行結果如下圖。

圖 2.5　不同定序對資料排序的影響

❖ SQL Server 定序的說明

SQL Server 定序（SQL_*）會提供與舊版本 SQL Server 之間的排序次序相容性。非 Unicode 資料的字典排序規則與 Windows 作業系統提供的任何排序常式不相容。不過，Unicode 資料的排序與 Windows 排序規則的特定版本相容。因為 SQL Server 定序對非 Unicode 和 Unicode 資料使用不同的比較規則，所以相同資料的比較有不同的結果，這取決於基礎資料類型而定。

若是想要檢視 SQL Server 所支援的定序之清單，請使用下列 fn_helpcollations()內建函數：

```
--傳回 SQL Server 所支援之所有定序的清單。
SELECT * FROM fn_helpcollations()
```

2.1.5 驗證模式與 SQL Server 管理員

在 SQL Server 安裝期間，必須選取 SQL Server 登入帳戶的驗證模式。有兩種可選用的驗證模式：「Windows 驗證模式」和「混合模式（SQL Server 驗證與 Windows 驗證）」，如下圖所示。

圖 2.6 設定 SQL Server 登入帳戶的驗證模式

下表說明 SQL Server 所提供的兩種驗證模式。

表 2.9 SQL Server 提供的兩種驗證模式

Windows 驗證模式	僅啟用 Windows 驗證模式的登入帳戶並且停用 SQL Server 驗證模式的登入帳戶。也就是說,只有合法的 Windows 使用者可以登入 SQL Server(必須先在 SQL Server 上建立相對應的登入帳戶)。
	在 Windows 驗證模式下,安裝程式雖然也會建立 SQL Server 驗證模式所內建的系統管理員帳戶(sa),但是此登入帳戶是停用的。如果之後變更為混合模式驗證且想使用 sa 帳戶,就必須手動啟用 sa 登入帳戶,並且重新啟動 SQL Server 服務。

混合模式（Windows 驗證 或 SQL Server 驗證）	會同時啟用 Windows 驗證和 SQL Server 驗證。除了合法的 Windows 使用者，擁有 SQL Server 登入帳戶的使用者也可以在通過驗證後登入 SQL Server。 選取混合模式驗證，就必須為內建的 SQL Server 系統管理員帳戶（sa），提供強式密碼來保護此系統管理員帳戶，一般也會重新命名 sa 帳戶。系統管理員帳戶（sa）可使用 SQL Server 驗證進行連接。

❖ 採用 Windows 驗證進行連接

當使用者透過 Windows 帳戶連接時，SQL Server 會使用作業系統中的 Windows 主體 Token 來驗證帳戶名稱和密碼。這表示 Windows 會確認使用者識別，SQL Server 不會要求使用者輸入密碼，而且不會識別驗證。

Windows 驗證是預設驗證模式，並且比 SQL Server 驗證更安全。Windows 驗證可以使用 Kerberos 安全性通訊協定[5]、提供密碼原則規範強式密碼的複雜性、提供對帳戶鎖定的支援，而且支援密碼逾期。使用 Windows 驗證所建立的連接也稱為信任連接（trust connection），因為 SQL Server 信任 Windows 所提供的認證資訊。於應用程式開發上，不需在連線字串內存放登入帳戶與密碼，這是較安全的作法。

❖ 使用 SQL Server 驗證進行連接

使用 SQL Server 驗證時，其使用者名稱和密碼都是事先建立於 SQL Server；且儲存在 SQL Server 中。SQL Server 自行驗證連接的使用者，必須在每次連接時提供認證（登入帳戶以及密碼）。使用 SQL Server 驗

5　Kerberos 協定採用三向認證，協定本身就比一般採雙向認證的協定安全。

證時，必須針對所有 SQL Server 帳戶設定強式密碼。以下是使用 SQL Server 驗證的優點與缺點之說明。

表 2.10 SQL Server 驗證模式的優點與缺點

缺點	優點
• 如果使用者是 Windows 網域使用者，則仍然必須提供其他（SQL Server）登入和密碼才能連接。維護多個帳戶和密碼對於許多使用者而言麻煩。此外，每次連接至資料庫就必須提供 SQL Server 認證可能造成困擾。 • SQL Server 驗證無法使用 Kerberos 安全性通訊協定。 • Windows 驗證帳戶密碼之功能，多於 SQL Server 驗證帳戶。 • 可能要於程式中某處存放帳密。	• 可讓 SQL Server 支援需要 SQL Server 驗證的舊版應用程式，以及協力廠商所提供的應用程式。 • 可讓 SQL Server 支援具有混合作業系統的環境（例如：來自 Linux 乃至於其他 OS 的存取），適用於 Windows 網域無法驗證所有使用者之情境。 • 可讓使用者從未知或未受信任的網域連接。 • 因應企業本身對應用程式的開發規範。

❖ 謹慎設定與使用 sa 帳戶

由於 sa 帳戶是已知且經常成為惡意使用者的攻擊目標，除非應用程式一定需要使用系統管理員帳戶來開發，否則，不應該讓任何應用程式使用此系統管理員帳戶！此外，絕對不可以將系統管理員帳戶的密碼，設定空白或是弱式密碼，請務必將設定密碼為「增強式密碼」。以下是增強式密碼的基本作法：

表 2.11 增強式密碼的基本作法

基本原則	說明
請勿設定以下的密碼	請勿設定以下的密碼：空白、「NULL」、「Password」、「Admin」、「Administrator」、「sa」、「sysadmin」等等。另外，像是這類的密碼，也請勿使用：「P@ssw0rd」、「Pa$$word」、「!QAZxsw2」等常用密碼組合。

基本原則	說明
不要使用與安裝的伺服器有任何關連相關的詞彙	例如:目前登入機器的使用者名稱、伺服器名稱…等。任何與伺服器、專案、公司、部門…等易於猜測的相關詞彙,都不建議作為密碼。
強式密碼的長度必須為 8 個字元以上,且滿足右列準則:	• 必須包含大/小寫字母。 • 必須包含文/數字、符號。

如果是用在 OLE DB 或 ODBC 連接字串中,則登入或密碼中不能包含下列字元:[ ] { } ( ) , ; ? * ! @。因為這些字元都是用來初始化連接或分隔連接值。

使用強式密碼的好處在於,不容易被惡意人士猜到密碼,即便是使用字典攻擊這類的駭客程式破解,也需要耗費不少功夫。

❖ 指定 SQL Server 系統管理員

在 SQL Server Express 中,預設會將 Windows 群組「BUILTIN\Users」加入到登入帳戶,所以 Windows 使用者會授與連接權限。如下圖所示。

在下圖可以觀察到在 SQL Server Express 版本上,已經將 Windows 群組「BUILTIN\Users」加入到登入帳戶內,配置到伺服器層級角色「Public」內,僅具備連接 SQL Server 的權限。

圖 2.7　SQL Server Express 版本，預設已經加入 Windows 群組「BUILTIN\Users」
　　　　且配置到伺服器層級角色「Public」

　　在安裝 SQL Server 2022 其他版本時，應該對此執行個體，設定適
合的 Windows 登入帳戶，作為預設的 SQL Server 系統管理員。如下圖。

圖 2.8　指定 SQL Server 系統管理員

若是刻意不指定 SQL Server 系統管理員，將遭遇到以下的錯誤訊息，如下圖所示。

圖 2.9 若未指定系統管理員帳戶之錯誤

2.1.6 可安裝的服務與元件

至於需要安裝那些服務與軟體元件，應該依據應用程式、專案與企業的需求來決定。使用 SQL Server 安裝精靈可選取要裝的服務與軟體元件，如下圖所示。

圖 2.10　檢視可以安裝的軟體元件與功能

安裝 SQL Server「執行個體功能（一個 Windows 可以安裝多個執行個體）」選項說明如下：

- SQL Server Database Engine：SQL Server Database Engine 是用以儲存、處理及保護資料安全的核心服務，並提供複寫、機器學習服務和語言延伸模組、搜尋的全文檢索和語意擷取、Data Quality Services（DQS）伺服器以及外部資料的 PolyBase 查詢服務。

- Analysis Services：Analysis Services 包括用來建立及管理商業模型，以滿足線上分析（OLAP）的需求。

除了上述「執行個體功能」，安裝程式所列的「共用功能（一個 Windows 只能安裝一次）」說明如下：

■ Data Quality Client：使用獨立工具來執行資料品質作業，以建立知識庫、執行資料品質專案，以及執行管理工作，此功能可與 Data Quality Server 安裝在相同的主機。

■ Integration Services：Integration Services 是一組圖形化工具和可程式化物件，用來整合、移動、複製和轉換資料。一個 Scale Out Master 和一個以上 Scale Out Worker 組合成為 SQL Server Integration Services (SSIS) Scale Out 架構，可將封裝分散到多部電腦執行，以提高 SSIS 執行的效能。

■ Master Data Services：Master Data Services (MDS) 是用於主資料管理的 SQL Server 方案。MDS 可設定為管理任何網域（產品、客戶、帳戶）且包含階層、更細微的安全性、交易、資料版本控制和商務規則，以及用來管理資料且執行於 Excel 的增益集。

此外，可依規劃自微軟網站下載安裝的項目：

■ SQL Server Management Studio (SSMS)：提供對 SQL Server 執行個體和資料庫的設定、監視及管理等，安裝完成後除了 SSMS 外，另有 SQL Server Profiler、Database Engine Tuning Advisor、Analysis Services Deployment Wizard...等工具程式。

■ SQL Server Data Tools (SSDT)：可建立關聯式資料庫、Analysis Services (AS) 資料模型、Integration Services (IS) 封裝和 Reporting Services (RS) 報表等開發專案。

■ SQL Server Reporting Services (SSRS)：包括伺服器和用戶端元件，可用來建立、管理和部署表格、矩陣、圖形和自由形式報表。Reporting Services 是可延伸的平台，可用來開發報表應用程式。

　　依預設值，SQL Server 安裝精靈沒有選取樹狀結構中的任何功能，請自選安裝所需要的功能。當然，也可在安裝完成之後，未來發現需要時，再利用安裝精靈裝載尚未選用的服務與工具。

　　下表說明安裝的服務與執行主程式之對應：

表 2.12　檢視 SQL Server 各項服務與執行主程式之對應

服務元件	執行主程式
SQL Server Database Services	SQL Server 關聯式資料庫引擎服務。其執行主程式為： `<drive>: \Program Files\MicrosoftSQL Server\MSSQL16.` `<執行個體名稱>\MSSQL\Binn\sqlservr.exe`。
SQL Server Agent	執行作業、監控 SQL Server、觸發警示，以及將某些管理工作自動化。雖然在安裝 SQL Server Express 版本後，仍可以檢視到其所配置的 SQL Server Agent 服務存在，但是在 SQL Server Express 執行個體上是停用的，而且也無法使用。其執行主程式為： `<drive>: \Program Files\MicrosoftSQL Server\MSSQL16.` `<執行個體名稱>\MSSQL\Binn\sqlagent.exe`。
Analysis Services	提供商業智慧的線上分析處理（OLAP）模型和資料採礦功能。其執行主程式為： `<drive>: \Program Files\Microsoft SQL Server\MSAS16.` `< 執行個體名稱>\OLAP\bin\msmdsrv.exe`。
Integration Services	支援部署和管理 Integration Services 封裝。其執行主程式為： `<drive>:\Program Files\Microsoft SQL Server\160\DTS\Binn\MSDtsSrvr.exe`

SQL Server Browser	提供 SQL Server 連接資訊給用戶端電腦的名稱解析服務。其執行主程式為：
	`<drive>:\Program Files (x86)\Microsoft SQL Server\90\`
	`Shared\sqlbrowser.exe`

服務元件	執行主程式
全文檢索搜尋 （MSSQLFDLauncher）	可以快速地在結構化和半結構化資料的內容與屬性上，建立全文檢索索引，以針對 SQL Server 提供文件篩選和斷詞。其執行主程式為： `<drive>: \Program Files\MicrosoftSQL Server\MSSQL16.<執行個體名稱>\MSSQL\Binn\fdlauncher.exe。`
SQL 寫入器 （SQLWriter）	允許備份與還原應用程式在磁碟區陰影複製服務（VSS）架構中操作。其執行主程式為： `<drive>: \Program Files\MicrosoftSQL Server\90\Shared\sqlwriter.exe。`
SQL Server PolyBase 引擎	提供外部資料源的分散式查詢功能。其執行主程式為： `<drive>: \Program Files\MicrosoftSQL Server\MSSQL16.<執行個體名稱>\MSSQL\Binn\mpdwsvc.exe。`
SQL Server PolyBase 資料移動	啟用 SQL Server 和外部資料源之間的資料移動，以及在 PolyBase 向外延展群組中的 SQL 節點之間移動。其執行主程式為： `<drive>: \Program Files\MicrosoftSQL Server\MSSQL16.<執行個體名稱>\MSSQL\Binn\mpdwsvc.exe。`
Reporting Services	管理、執行、建立、排程和傳遞報表。其執行主程式為： `<drive>: \ Microsoft SQL Server Reporting Services\SSRS\ReportServer\bin\ReportingServicesService.exe`

2.1.7 認識服務啟動帳戶

在安裝 SQL Server 2022 時，需要指定 SQL Server Database Engine 與 SQL Server Agent 服務的啟動帳戶，或安裝之後再使用「SQL Server 2022 設定管理員」來設定「服務啟動帳戶（service startup account）」，如圖 2.11 及 2.12 所示。

圖 2.11 安裝 SQL Server 時,需要設定各項服務所使用的啟動帳戶、密碼以及啟動
類型

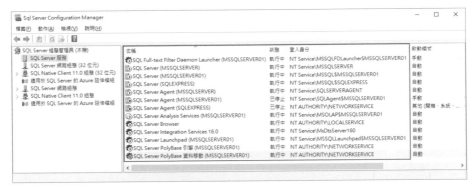

圖 2.12 使用「SQL Server 組態管理員」檢視「預設執行個體」的服務啟動帳戶

選擇 SQL Server 2022 各項服務的啟動帳戶，可分為以下的數種類型：

- 作業系統「內建的系統帳戶（built-in system accounts）」
- 指定的使用者帳戶
- 受管理的服務帳戶（managed service accounts）
- 虛擬帳戶（virtual accounts）

❖ 使用「內建的系統帳戶」

在 Windows Server 作業系統上，可選擇以下數種「內建的系統帳戶」，請參見表 2.13 的說明以及圖 2.13 所示。

表 2.13　Windows Server 作業系統上的「內建的系統帳戶」

帳戶類型	說明
「本機系統（Local System）帳戶」	帳戶名稱是「NT AUTHORITY\SYSTEM」。此帳戶可不受限制地存取所有本機系統資源。它在本機系統上具有延伸的權限，並可當作網路上的電腦運作。 「本機系統」具備過多 SQL Server 各項服務所不需要的權限。為了安全且符合「最小權限原則（Least Privilege）」，建議避免使用「本機系統帳戶」來啟動 SQL Server 各項服務。
「本機服務（Local Service）帳戶」	帳戶名稱是「NT AUTHORITY\LOCAL SERVICE」。本機服務帳戶存取資源和物件的權限層級與使用者群組的成員相同。本機服務帳戶的權限因有所限制，因此對於系統安全有較高的保護。另外，以本機服務帳戶執行的服務會以不含認證（Credentials）的 null 工作階段來存取網路資源。
「網路服務（Network Service）帳戶」	帳戶名稱是「NT AUTHORITY\NETWORK SERVICE」。此帳戶對於資源和物件所擁有的存取權，是高於使用者群組的成員。並且使用「電腦帳戶（Computer Account）」的認證來存取網路資源，（格式為 <domain_name>\<computer_name>$）。

　　上述的帳戶在作業系統上一般是共用服務採用的帳戶，若 SQL Server 或 Agent 服務採用這些帳戶當作服務帳戶，而這兩個服務的帳戶又會被加入 SQL Server 的 sysadmin 固定伺服器角色，也就是 SQL Server 的管理者帳戶。則所有以此帳戶執行的其他 Windows 服務都能透過此帳戶存取 SQL Server，將造成安全漏洞。因此上述 Windows 內建的系統帳戶都不適合當作 SQL Server 或 SQL Server Agent 的啟動帳戶。

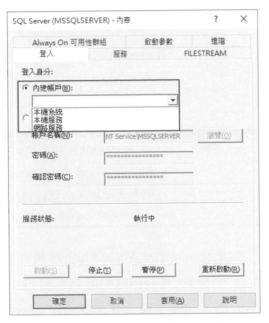

圖 2.13　檢視可以使用的「內建帳戶」

❖ 指定的使用者帳戶

　　若是採取指定的「本機使用者帳戶（Local User Account）」或是「網域使用者帳戶（Domain User Account）」來執行 SQL Server 各項服務，則在安裝期間，SQL Server 安裝程式會自動指派以下的權限給此使用者登入帳戶，請參見表 2.14 的說明以及圖 2.14 所示：

表 2.14 SQL Server 安裝程式會賦予服務啟動帳戶的權限

SQL Server 服務	需要有的權限
SQL Server Database Engine	• 以服務方式登入（SeServiceLogonRight） • 取代處理序層級 Token（SeAssignPrimaryTokenPrivilege) • 略過周遊檢查（SeChangeNotifyPrivilege） • 調整處理程序的記憶體配額（SeIncreaseQuotaPrivilege） • 啟動 SQL Writer 的權限 • 讀取 Windows 事件紀錄檔的權限 • 讀取遠端程序呼叫的權限
SQL Server Agent	• 以服務方式登入（SeServiceLogonRight） • 取代處理程序等級權杖（SeAssignPrimaryTokenPrivilege） • 略過周遊檢查（SeChangeNotifyPrivilege） • 調整處理程序的記憶體配額（SeIncreaseQuotaPrivilege）

上表說明了 SQL Server Database Engine 與 SQL Server Agent 兩項服務，限於本主題的特性，其他相關的服務（例如：SSAS、SSIS 等）請參考 SQL Server 線上叢書主題：《設定 Windows 服務帳戶與權限》（ https://learn.microsoft.com/zh-tw/sql/database-engine/configure-windows/configure-windows-service-accounts-and-permissions?redirectedfrom=MSDN&view=sql-server-ver16 ）。

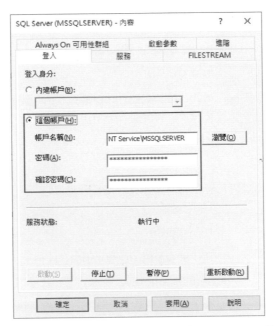

圖 2.14　設定使用指定的帳戶來啟動 SQL Server 服務

此外，SQL Server 安裝程式也會對當作服務啟動帳戶的使用者登入帳戶，賦予以下的檔案系統權限（access control lists；ACL），請參見下表的說明。

表 2.15　SQL Server 安裝程式會設定服務啟動帳戶對於檔案系統的權限

服務帳戶	檔案及資料夾	所需的存取權限
SQL Server Database Engine	Instid[6]\MSSQL\backup	完全控制
	Instid\MSSQL\binn	讀取、執行
	Instid\MSSQL\data	完全控制
	Instid\MSSQL\FTData	完全控制
	Instid\MSSQL\Install	讀取、執行
	Instid\MSSQL\Log	完全控制

---

[6] 此處 instid 表示執行個體識別碼

服務帳戶	檔案及資料夾	所需的存取權限
	Instid\MSSQL\Repldata	完全控制
	160\shared	讀取、執行
	Instid\MSSQL\Template Data（僅針對 SQL Server Express 版本）	讀取
	Instid\MSSQL\binn	完全控制
	Instid\MSSQL\Log	讀取、寫入、刪除、執行
SQLServerAgent	160\com	讀取、執行
	160\shared	讀取、執行
	160\shared\Errordumps	讀取、寫入
	ServerName\EventLog	完全控制

❖ Windows 7 以及 Windows Server 2008 R2 提供新的服務啟動帳戶

在 Windows 7 以及 Windows Server 2008 R2 版後，作業系統提供了兩種新的服務啟動帳戶類型，分別是：「受管理的服務帳戶（Managed Service Account；MSA）」和「虛擬帳戶（Virtual Account）」。

這兩種新的服務啟動帳戶是用來提供給應用程式（例如：SQL Server），讓其能夠隔離開使用者登入帳戶與服務啟動帳戶。而且，簡化了相關的組態作業，讓資料庫管理師不需要額外手動管理「服務主要名稱（SPN）」與帳/密。

SQL Server 從 2012 版本開始，對各項服務提供了「個別服務 SID（per-service SID）」，藉此提供更高的安全性，隔離使用者登入帳戶與服務啟動帳戶。每個「個別服務 SID」都是屬於特定服務所專用。舉例來說，Database Engine 服務的「個別服務 SID」之名稱，可能的格式是：NT Service\MSSQL$<InstanceName>。這樣的設計方式，讓系統可以

用更低的權限來執行服務與提供資源，而不需要過高的使用者帳戶來執行，降低系統的安全性。而在 Windows 7 以及 Windows Server 2008 R2 作業系統上，「個別服務 SID」可以是服務使用的「虛擬帳戶」。

❖ 認識「虛擬帳戶」

在 Windows 7 以及 Windows Server 2008 R2 版後，作業系統上的「虛擬帳戶（Virtual Account）」是指「受管理的本機帳戶（Managed Local Account）」，提供以下功能來簡化服務的管理工作：

■ 「虛擬帳戶」是由系統自動管理，可在網域環境中存取網路資源。若服務使用「虛擬帳戶」執行，將利用電腦帳戶的身分來存取網路資源，其格式：<domain_name><computer_name>。

■ 如果在 Windows Server 2008 R2 或 Windows 7 上安裝 SQL Server 時，在服務啟動帳戶頁面使用預設值的組態，則系統將會以「執行個體名稱」做為服務名稱的「虛擬帳戶」，其格式為：NT SERVICE\<SERVICENAME>。

■ SQL Server 安裝程式使用「虛擬帳戶」時，無須指定密碼，請讓密碼空白。

■ 「虛擬帳戶」無法使用於 SQL Server 容錯移轉叢集的環境，這可能是因為「虛擬帳戶」在每個叢集節點上使用的服務 SID 不同。

下表列出「虛擬帳戶」名稱與 SQL Server 服務的對應關係之範例。

表 2.16 「虛擬帳戶」名稱與 SQL Server 服務的對應關係之範例

服務	虛擬帳戶名稱
Database Engine 服務的預設執行個體	NT SERVICE\MSSQLSERVER
Database Engine 服務的具名執行個體名稱為：MSSQLSERVER01	NT SERVICE\MSSQL$MSSQLSERVER01

服務	虛擬帳戶名稱
SQL Server Agent 服務的預設執行個體	NT SERVICE\SQLSERVERAGENT
SQL Server Agent 服務的具名執行個體名稱為：MSSQLSERVER01	NT SERVICE\SQLAGENT$MSSQLSERVER01

❖ 認識「受管理的服務帳戶」

「受管理的服務帳戶（Managed Service Account；MSA）」是網域帳戶，由網域控制站所建立與管理。以下說明此類網域帳戶的特性：

■ 網域系統管理員必須先在 Active Directory 中建立 MSA 網域帳戶，SQL Server 安裝程式才能將它用於 SQL Server 服務。

■ MSA 網域帳戶可以指派給執行服務的單一成員電腦來使用。

■ MSA 網域帳戶的密碼是由網域控制站所自動管理。

■ 使用者無法以 MSA 網域帳戶登入，但電腦可以用 MSA 網域帳戶啟動 Windows 服務。

■ MSA 網域帳戶能夠在 Active Directory 上註冊與設定服務主要名稱（SPN）。

■ MSA 網域帳戶的命名包含 $ 後置詞，舉例來說：DOMAIN\ACCOUNTNAME$。

■ SQL Server 安裝程式在指定 MSA 網域帳戶為服務啟動帳戶時，無須輸入密碼。

有關建立與組態「受管理的本機帳戶」、「虛擬帳戶」部分，已屬於管理作業系統，建議參考：受管理的服務帳戶的新功能 https://learn.microsoft.com/zh-tw/services-hub/health/kb-running-assessments-with-msas。

❖ **服務啟動帳戶的安全性**

以下整理了在選擇服務啟動帳戶上，建議的安全作法：

■ 使用最低使用者權限來執行 SQL Server 服務。如果可能的話，使用「受管理的本機帳戶」或是「虛擬帳戶」。

■ 如果無法使用「受管理的本機帳戶」或是「虛擬帳戶」，請使用特定低權限的使用者帳戶或網域帳戶。

■ 針對不同的 SQL Server 服務設計使用個別的服務啟動帳戶，不要使用一個帳戶來啟動各項 SQL Server 服務。

■ 請勿將其他或過高的權限授與 SQL Server 服務帳戶或群組。

■ 建議將權限透過群組成員資格授與，或直接授與服務 SID（如果支援服務 SID）。

❖ **重要注意事項**

請一律用「SQL Server<版本>設定管理員（SQL Server Cofiguration Manager)）來變更 SQL Server 或 SQL Server Agent 服務所用的帳戶，或變更登入其帳戶用的密碼。

除了變更帳戶名稱外，「SQL Server 設定管理員」也會執行其他組態，舉例來說：設定 Windows 登錄中的權限，使新的帳戶能夠讀取 SQL Server 設定、更新 Windows 本機安全存放區，這是用來保護 Database Engine 的服務主要金鑰。

如果使用其他工具，例如 Windows 作業系統的服務控制管理員，雖然也能夠變更帳戶名稱，但無法變更相關設定。如果服務無法存取登錄的 SQL Scrvcr 部分，服務可能無法適當啟動。

2.2　按部就班安裝 SQL Server 2022

自微軟官方網站下載並執行安裝程式如下圖，可以選取「基本(B)」立即執行 SQL Server 資料庫引擎的基本安裝、選擇安裝元件的「自訂(C)」安裝，或是透過「下載媒體(D)」取得安裝程式的 ISO 或 CAB 檔案後，再進行安裝。

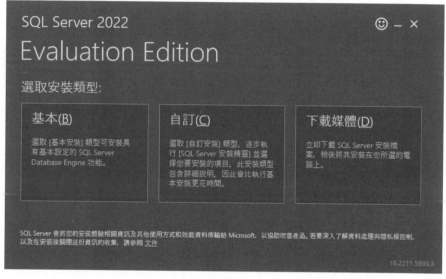

圖 2.15　安裝 SQL Server Database Engine 或下載安裝媒體

本節下載 ISO 安裝檔後安裝 SQL Server 2022。在安裝之前，請先閱讀本書的《第 2.1.2 節：軟體、硬體的基本需求》，確認所準備的作業系統、軟體等環境可以安裝 SQL Server 2022。

2.2.1　安裝 SQL Server 2022 Developer 版本

本節的安裝準備環境如下：

- 作業系統：Windows Server 2022 標準中文版。

- SQL Server 版本：SQL Server 2022 Developer 中文版。

在安裝之前，建議先執行 Windows Update 後，再安裝 SQL Server 2022，以減少更新部分軟體元件的時間。

預期完成目標：安裝 SQL Server 2022 預設執行個體。

step01　請先使用具備系統管理者的身份登入作業系統，使用檔案總管開啟 SQL Server 2022 安裝媒體，執行 SETUP.EXE。若使用.iso 檔案，但是安裝程式沒有自動執行，請利用檔案總管，手動執行位於掛接光碟的根資料夾中之安裝程式：setup.exe。

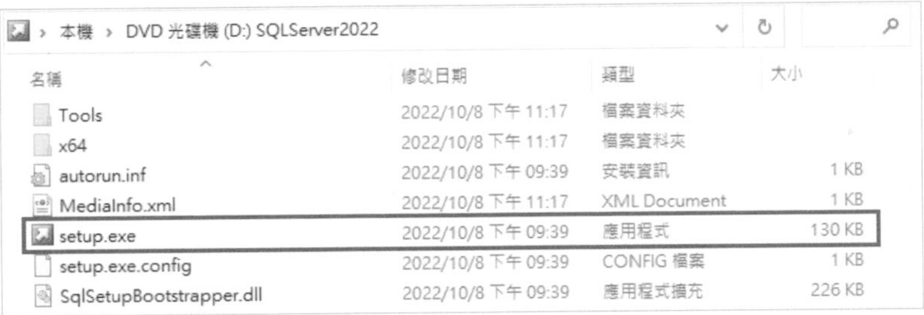

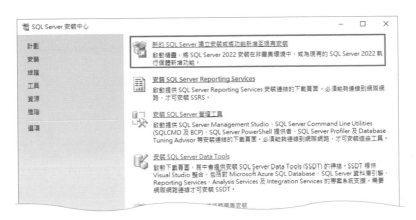

圖 2.16　檢視 SQL Server 2022 安裝媒體，手動執行 setup 安裝程式

step02　在「SQL Server 安裝中心」視窗，點選「安裝」頁籤，再點選「新增 SQL Server 獨立安裝或將功能加入現有安裝」，如下圖。

圖 2.17　點選執行新增 SQL Server 獨立安裝或將功能加入現有安裝

step**03** 在「版本」頁面上,於「指定免費版本」區塊,選取「Developer」,點選「下一步」。在「授權條款」頁面上,閱讀授權合約後,勾選「我接受授權條款」,再點選「下一步」,如下圖所示。

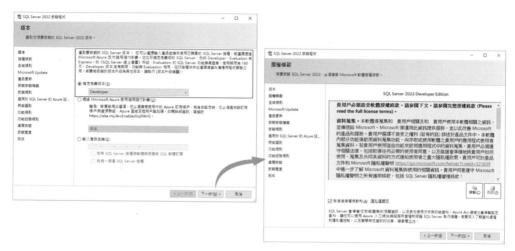

圖 2.18 選擇要安裝的 SQL Server 版本後,勾選「我接受授權條款」

step**04** SQL Server 2022 安裝程式會檢查並下載最新的更新程式。

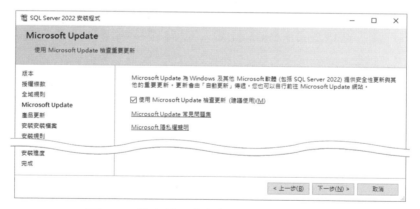

圖 2.19 檢查並下載與安裝最新的更新程式

step**05** 安裝程式會檢查「安裝規則」，對此 伺服器上執行相關的探索
作業，檢查其軟、硬體環境是否符合需求。此時，可以點選「顯
示詳細資料」或是「檢視詳細資料報表」 來檢視其報告。若是
沒有任何問題，點選「下一步」，如下圖所示。

圖 2.20 檢查「安裝規則」可透過「顯示詳細資料」或是「檢視詳細資料報表」 來
檢視其報告

step**06** 會看到以往沒有的「適用於 SQL Server 的 Azure 延伸模組」。
提供地端 SQL Server 用到 Azure 平台所提供的 Defender、
Purview 與 Azure Direcory 等功能所需之延伸模組。可以依照
實際使用狀況來決定，若用不到這些 Azure 上的延伸功能，可
取消勾選適用於 SQL Server 的 Azure 延伸，若要使用，可選
擇使用 Azure 登入或是直接輸入現有 Azure 服務主體相關資訊
來進行介接。

圖 2.21 「適用於 SQL Server 的 Azure 延伸模組」，提供地端 SQL Server 和 Azure 平台所需的延伸模組安裝

step07 在「特徵選取」視窗，選取所需要安裝的 SQL Server「執行個體功能」與「共用功能」後，點選「下一步」。選取功能名稱後，每項功能的描述就會出現在右手邊的窗格中。

此外，若要變更「執行個體根目錄」的安裝路徑，可以在視窗底部的方塊輸入目錄路徑。關於可選擇安裝的「執行個體功能」與「共用功能」，請參見《第 2.1.6 節：可安裝的服務與元件》之說明。

為了配合本書的內容，建議至少安裝以下的「執行個體功能」的「資料庫引擎服務」、「SQL Server 複寫」與「共用功能」的「Integration Services」項目。當然也可以之後再利用安裝精靈，安裝尚未選用的「執行個體功能」與「共用功能」，如下圖所示。

圖 2.22 在特徵選取視窗，選取需要安裝的 SQL Server「執行個體功能」與「共用功能」

step08 在「執行個體組態」視窗，點選「預設執行個體」，再點選「下一步」，如下圖所示。

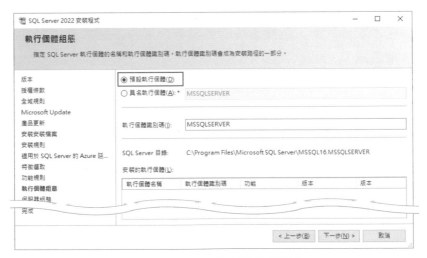

圖 2.23 選取安裝預設執行個體

以下為「執行個體組態」頁面的選項說明：

■ 執行個體識別碼：根據預設，此執行個體名稱會作為執行個體識別碼之後置詞來使用。用來識別 SQL Server 執行個體的安裝目錄和登錄機碼，呈現在目錄名稱的結尾。如果是預設執行個體，執行個體名稱和執行個體識別碼後置詞將會是：MSSQLSERVER。除非要自訂執行個體的識別碼，否則建議使用預設值。

■ 執行個體根目錄：根據預設，執行個體根目錄為：C:\Program Files\Microsoft SQL Server\。

■ 安裝的執行個體：此區域顯示執行安裝程式之電腦上，所偵測到的 SQL Server 執行個體。

關於「執行個體」的討論與說明，請參見《第 2.1.3 節：多重執行個體》的說明。

step09 在「伺服器組態」視窗，點選「服務帳戶」頁籤。在「服務帳戶」頁面，可以設定各項服務的啟動帳戶、密碼以及啟動類型等。設定方式大致分為：為每個服務設定適當的啟動服務帳號、使用本機的內建帳戶來啟動、使用網域帳戶來啟動等方式。

在本次練習中，依據預設的虛擬帳戶與系統帳戶來啟動各項服務，如下圖所示。

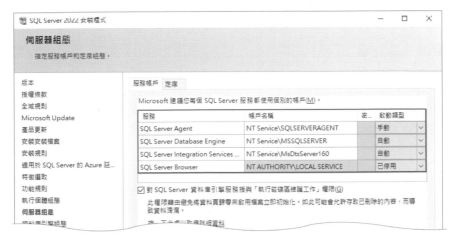

圖 2.24 設定各項服務所使用的啟動帳戶、密碼以及啟動類型

關於驗證模式與 SQL Server 管理員的討論，請參見《第 2.1.7 節：認識服務啟動帳戶》。

自 SQL Server 2016 開始，此步驟除了 SQL 服務帳戶的設定外，可勾選「執行磁碟區維護工作」選項，它賦予資料庫檔案立即初始化的權力，當建立大型資料庫、還原資料庫或是資料庫自動成長時，會先略過清空資料檔（填入 0）的初始化作業，而是在新資料寫入檔案時，將磁碟內容複寫為新資料，以提升 IO 效能。

step 10 在「伺服器組態」視窗，點選「定序」頁籤。在「定序」頁面設定「資料庫引擎」服務所使用的定序。

依據預設值，SQL Server 安裝程式會自動偵測 Windows 伺服器的語系設定，並自動選擇適合的定序。以作業系統 Window Server 2022 中文版為例，SQL Server 安裝程式會自動選取定序「Chinese_Taiwan_Stroke_CI_AS」。

在本次練習中請使用預設值，然後點選「下一步」，如果需要調整定序，請點選「自訂」鍵，在「自訂 SQL Server 2022 資料庫引擎定序」視窗設定適當的定序，如下圖所示。

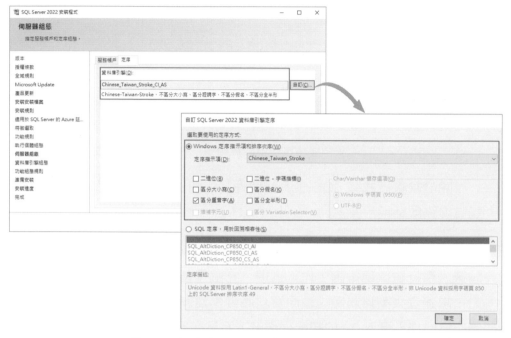

圖 2.25　設定資料庫引擎執行個體所使用的定序

關於定序的討論，請參見《第 2.1.4 節：定序》的說明。

step11　在「資料庫引擎組態」視窗，點選「伺服器組態」頁籤。設定以下的參數：

- 在「伺服器組態」頁面「驗證模式」區域，點選「混合模式（SQL Server 驗證與 Windows 驗證）」。

- 在「指定 SQL Server 系統管理員帳戶的密碼」區域，輸入管理員帳戶的密碼。這裡要再次強調：請設為強式密碼。

■ 在「指定 SQL Server 管理員」區域，點選「加入目前使用者」，
　 如下圖所示。

圖 2.26　設定驗證模式與指定 SQL Server 管理員

　　關於驗證模式與 SQL Server 管理員的討論，請參見《第 2.1.5 節：驗證模式與 SQL Server 管理員》的說明。

step12　在「資料庫引擎組態」視窗，點選「資料目錄」頁籤。在「資料目錄」頁籤可以針對各項功能，設定所要安裝的目錄路徑，包含有：資料根目錄、使用者資料庫目錄、使用者資料庫記錄檔目錄、暫存資料庫目錄、暫存資料庫記錄檔目錄以及備份目錄等。

在本次練習中請先採用預設的安裝的路徑，如下圖所示。

圖 2.27 設定資料庫引擎執行個體的各項功能之安裝目錄

step13 在「資料庫引擎組態」視窗，點選「TempDB」頁籤。自 SQL 2016 版後，安裝流程新增多重 TempDB 資料庫檔案設定，以降低配置爭用，可設定 TempDB 的檔案數目、初始大小、自動成長及資料目錄等選項。若作業系統邏輯處理器數目小於或等於 8，TempDB 資料檔數目預設會與邏輯處理器相同；若邏輯處理器數目大於 8，則 TempDB 的資料檔案數目預設會為 8。在本次練習中請先使用預設值，如下圖所示。

圖 2.28　多重 TempDB 設定

step14 在「資料庫引擎組態」視窗，點選「MaxDOP」頁籤。自 SQL Server 2019 後在安裝過程中新增「平行處理原則的角度上限」的設定，安裝程式會自動偵測伺服器的核心數目，並建議 MaxDOP 設定值。然而，「平行處理原則程度」針對每個平行執行計劃設定可用的處理器數目，這要看 SQL Server 的使用情境而定。在本次練習中先使用建議值，如下圖所示。

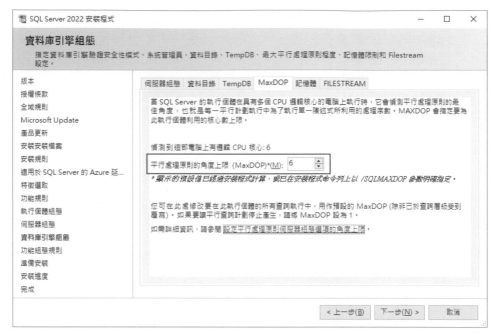

圖 2.29 平行處理原則的角度上限的設定

step15 在「資料庫引擎組態」視窗，點選「記憶體」頁籤。自 SQL 2016
版後，安裝程式會根據安裝時可用的系統記憶體百分比，為 SQL
Server 的「最小伺服器記憶體（MB）」與「最大伺服器記憶體
（MB）」提供建議[7]；另可勾選「按一下這裡可接受 SQL Server
資料庫引擎的建議記憶體組態」。在本次練習中請先使用建議
值，如下圖所示。

---

[7] 安裝程式的最大伺服器記憶體（MB）的建議值約為主機可用系統記憶體的 75%，除了在安裝過程
進行設定外，可透過 SSMS 的界面在「伺服器屬性」視窗的「記憶體」頁面的進行「最小伺服器記
憶體」和「最大伺服器記憶體」變更設定，或使用 T-SQL 語法進行變更設定。若該系統上僅執行一
個 SQL Server 執行個體，一般最大伺服器記憶體會調大到 90%以上。

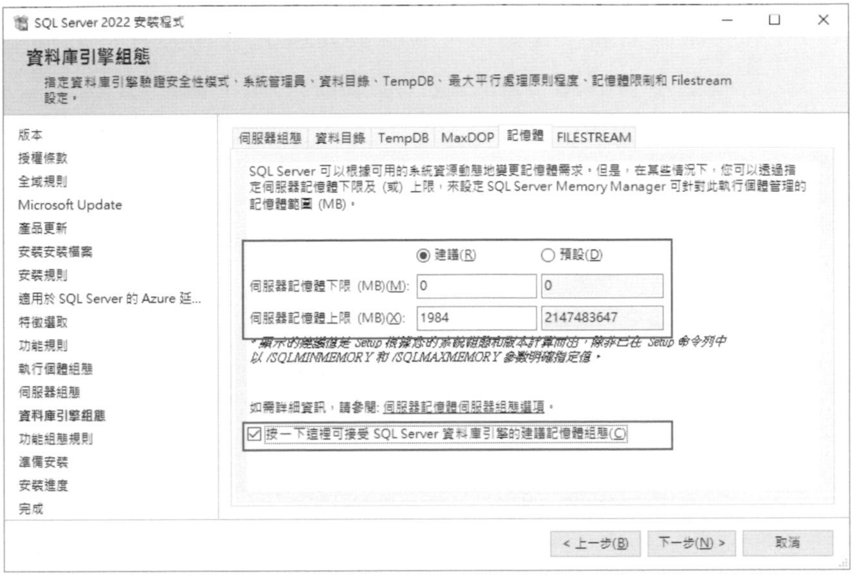

圖 2.30　SQL Server 資料庫引擎的建議記憶體組態

step**16**　在「資料庫引擎組態」視窗，點選「FILESTREAM」頁籤。在「FILESTREAM」頁面，選擇是否要在安裝期間一併啟用 FILESTREAM，讓 SQL Server 啟用此項功能。

　　在本次練習中請直接點選「下一步」，先不需啟用 FILESTREAM（之後可以利用「SQL Server 設定管理員」來啟用此項功能）。如下圖所示。

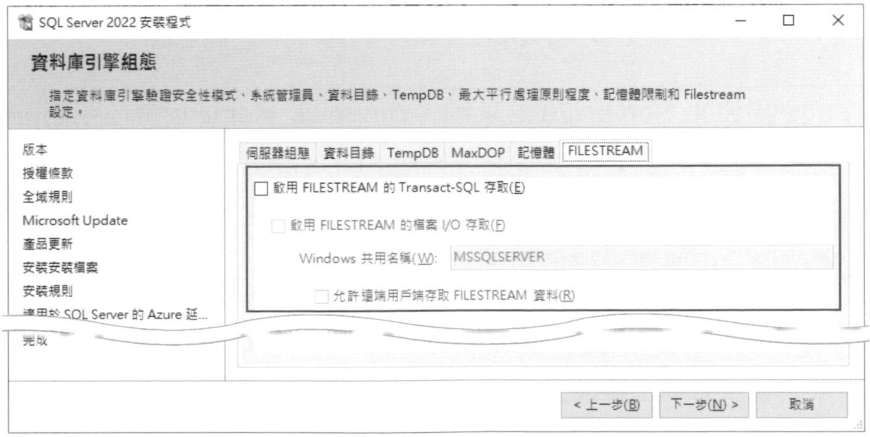

圖 2.31　選擇是否要啟用 FILESTREAM 功能

step**17** 在「準備安裝」頁面，可檢視要安裝的服務與元件之摘要資訊。
若確認沒有問題，請點選「安裝」，如下圖所示。

圖 2.32　檢視所要安裝的服務與元件之摘要資訊

安裝 SQL Server 2022 期間，Windows Installer 會在系統磁碟機上
建立暫存檔。在安裝程式安裝或升級 SQL Server 之前，確認系統磁碟機
上至少有 6.0 GB 的可用磁碟空間。即使將 SQL Server 元件安裝到非預
設磁碟機，仍要滿足這項需求。

step**18** 在執行安裝期間，「安裝進度」頁面會提供狀態，以監視進度。
在「完成」頁面上，可以點選摘要記錄檔的連結，以檢視安裝結
果，如下圖所示。

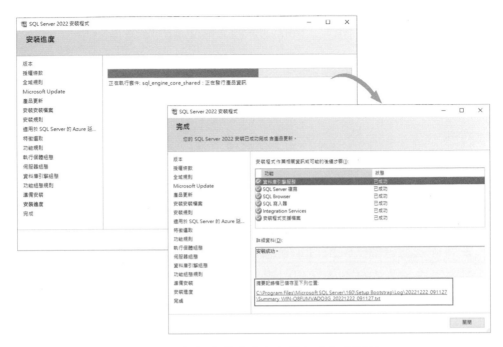

圖 2.33 檢視安裝進度與安裝程式完成頁面

摘要記錄檔約略如下圖所示。

圖 2.34 完成安裝後的摘要記錄

最後，按下「關閉」完成安裝 SQL Server，然後再關閉 SQL Server 安裝中心。經過上述步驟，完成安裝 SQL Server 2022 預設執行個體。

2.2.2 驗證 SQL Server 安裝

完成安裝 SQL Server 後，有數種方式可以檢視是否已經裝好。

❖ 檢視 SQL Server 安裝程式記錄檔

如果在 SQL Server 安裝期間遇到任何問題，可以參考 SQL Server 安裝程式記錄檔。SQL Server 安裝程式記錄檔會詳實記錄安裝期間每個動作，若是在安裝期間遇到問題，也會寫入此檔案中。SQL Server 安裝程式記錄檔可分成兩部分：主要記錄檔、詳細的安裝記錄檔。

最新一次的主要記錄檔之存放路徑是：

```
<磁碟機>:\Program Files\Microsoft SQL Server\160\Setup Bootstrap\Log\Summary.txt
```

每次執行 SQL Server 安裝程式都會產生新的時間戳記資料夾，名稱格式為「YYYMMDD_hhmmss」。詳細的安裝程式記錄檔，位於下列位置（參見圖 2.35）：

```
<磁碟機>:\Program Files\Microsoft SQL Server\160\Setup Bootstrap\Log\
```

圖 2.35 最新一次的主要記錄檔，以及詳細的安裝記錄檔案

　　詳細安裝程式記錄檔內的資料，包含了安裝元件的代碼資料，並不容易閱讀，但可以提供給微軟技術部門，請求技術支援與協助。

❖ 使用 SQL Server Management Studio 連接 SQL Server

step01 　點選「開始」→「Microsoft SQL Server Tools 19」→「Microsfot SQL Server Management Studio」，或是直接搜尋「SSMS」並執行。

step02 　在「連接到伺服器」視窗的「伺服器名稱」方塊，手動輸入需要連線的伺服器名稱，在「驗證」方塊，選擇：「Windows 驗證」，再點選「連接」，如下圖所示。

圖 2.36 手動輸入伺服器名稱

step03 　另一個連線到伺服器的方式是：在「連接到伺服器」視窗的「伺服器名稱」方塊，點選下拉符號，選擇「瀏覽其他...」。在「瀏覽伺服器」視窗，點選「本機伺服器」頁籤，展開「資料庫引擎（Database Engine)」節點，選擇欲連接的 SQL Server 執行個體而不用手動輸入名稱，然後再點選「確定」。

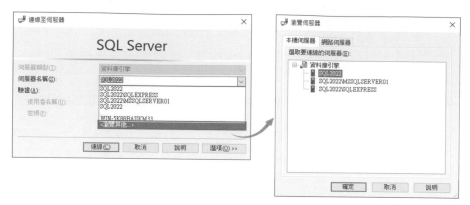

圖 2.37 使用「瀏覽伺服器」來選取欲連線的伺服器

step04 當連接到 SQL Server 執行個體後，使用者可以利用「物件總管」來管理 SQL Server 安全性、SQL Server Agent、複寫和 Database Mail...等。

❖ 使用 sqlcmd 連接 SQL Server

step01 開啟命令提示字元，然後輸入 sqlcmd -S SQL2022 -E，如下圖所示。

圖 2.38 使用 sqlcmd 連接 SQL Server

連接字串參數說明[8]：

■ 伺服器：-S，指定要連接的 SQL Server 執行個體。

■ 信任連線：-E，使用信任連接登入 SQL Server。

8
　可先輸入 sqlcmd -? 來看看 sqlcmd 提供哪些功能。

step02 直接輸入 select @@version 取得資料庫的版本資訊，如下圖
所示。

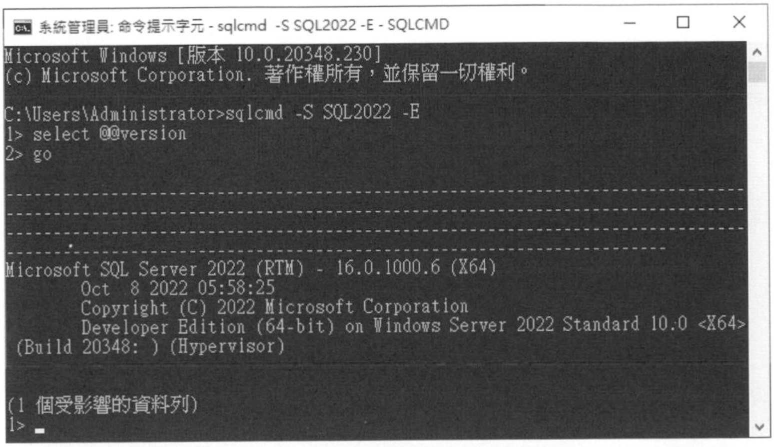

圖 2.39 輸入 select @@version 取的資料庫的版本資訊

2.3 初探管理 SQL Server 2022 服務

到目前為止，我們已經學會如何安裝 SQL Server 2022。接下來在探
討各種資料庫管理技術前，應該先熟悉下列動作：

- 啟動與停止 SQL Server 服務。

- 設定 SQL Server 網路組態。

- 註冊其他 SQL Server 執行個體。

2.3.1 啟動與停止 SQL Server 各種服務

在 Windows 作業系統中，SQL Server 是以服務（Service）的形式
運作，透過「SQL Server 2022 設定管理員」來啟動、停止、暫停/繼續
或重新啟動 SQL Server Database Engine、SQL Server Agent 或 SQL
Server Browser…等服務。此外，也可以透過 SQL Server Management

Studio（SSMS）、命令提示字元執行 net start 與 net stop 指令、PowerShell 腳本，或使用作業系統的「電腦管理」介面...等方式來啟動/停止 SQL Server 服務。列舉幾個範例作法如下：

❖ 使用「**SQL Server 2022 設定管理員**」

「SQL Server 2022 設定管理員」，是專門用來管理 SQL Server 各項服務的工具，使用方式如下：

step01 在「開始」→「Microsoft SQL Server 2022」→執行「SQL Server 2022 設定管理員」。

step02 在「Sql Server Configuration Manager」視窗，點選左上角的「SQL Server 服務」節點，然後在右邊的「名稱」區域，選取 SQL Server 預設執行個體「SQL Server(MSSQLSERVER)。」

step03 在「Sql Server Configuration Manager」視窗上方的工具列圖示，可以對各服務進行啟動、暫停、停止或重新啟動服務等功能。參見以下的圖示說明：

圖示	說明
▶	啟動服務
ⅠⅠ	暫停服務
■	停止服務
↻	重新啟動服務

step04 在服務執行個體上按滑鼠右鍵，也可以選擇對此服務進行：「啟動」、「停止」、「暫停」、「繼續」或「重新啟動」服務等功能，如下圖所示。

圖 2.40 使用「SQL Server 2022 設定管理員」設定此服務的服務狀態

step05 在執行個體以滑鼠右鍵選擇「內容」，在「SQL Server
（MSSQLSERVER）內容」視窗的「登入」頁籤，可以變更啟
動服務用的帳戶與密碼，如下圖所示。

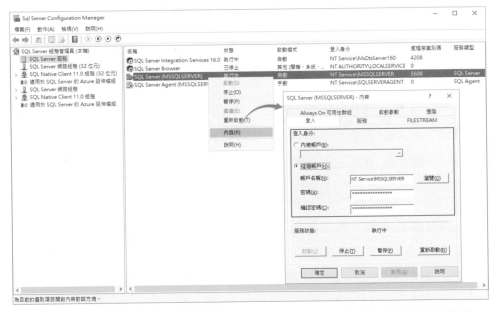

圖 2.41 使用「SQL Server 2022 設定管理員」，變更啟動的服務帳戶與密碼

❖ 使用 SQL Server Management Studio（SSMS）

SQL Server Management Studio 是 SQL Server 主要的管理工具（在第三章將詳細介紹其用途），也可以利用 SSMS 管理工具的「物件總管」來啟動／停止 SQL Server 執行個體，如下圖所示。

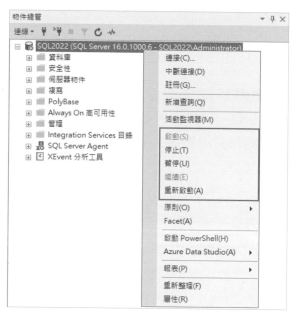

圖 2.42 使用 SSMS 管理工具，來啟動與停止 SQL Server 執行個體

雖然 SQL Server Management Studio 可以用來停止與啟動 SQL Server 執行個體，但無法設定執行個體的服務之屬性，例如：啟動帳戶、變更密碼、服務的啟動模式（自動、停止、手動...）等。若需要這些功能，請改用「SQL Server 2022 設定管理員」。

❖ 命令提示字元執行 net start 與 net stop 指令

接下來要介紹 Windows 作業系統的 net 指令，例如：net start 指令可以啟動某個 Windows 服務；而 net stop 指令則是停止某個 Windows 服務。在命令提示列視窗下，執行以下的範例程式：

範例程式 2.1：使用 net start / net stop 啟動與停止 SQL Server 執行個體

```
---- 啟動 SQL Server 預設執行個體
net start MSSQLSERVER

---- 停止 SQL Server 預設執行個體
net stop MSSQLSERVER

---- 啟動 SQL Server 具名執行個體
net start MSSQL$具名執行個體名稱

---- 停止 SQL Server 具名執行個體
net stop MSSQL$具名執行個體名稱
```

圖 2.43 使用 net start 與 net stop 指令，來啟動與停止 SQL Server 執行個體

❖ 使用 Transact-SQL 停止資料庫引擎

　　使用 T-SQL 只能停止 SQL Server 服務無法啟用，畢竟 SQL Server 都停了，也就不會接受啟動指令。使用 SHUTDOWN 或 SHUTDOWN WITH NOWAIT 陳述式停止資料庫引擎，如下圖所示。

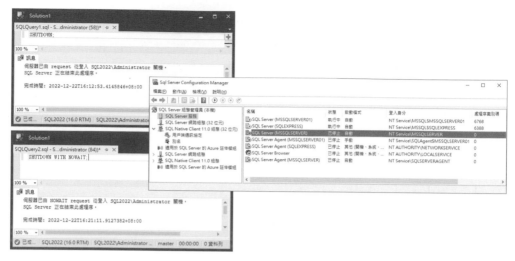

圖 2.44 使用 SHUTDOW 停止資料庫引擎

　　SHUTDOWN 權限會指派給 sysadmin 和 serveradmin 固定伺服器角色的成員，且無法轉讓。當重新啟動 SQL Server 時，使用 SHUTDOWN 語句可以最大限度地減少所需的自動恢復工作量。

❖ 使用 SQL Server PowerShell

　　在命令提示字輸入 sqlps 啟動 SQL Server PowerShell 後，執下列命令重啟預設執行個體或是具名執行個體：

範例程式 2.2：使用 SQL Server PowerShell 啟動與停止 SQL Server 執行個體

```
#  "SQL2022"為電腦名稱
CD SQLSERVER:\SQL\SQL2022
$Wmi = (get-item .).ManagedComputer
#取得 Database Engine 預設執行個體的參考
#$DfltInstance = $Wmi.Services['MSSQLSERVER']
#取得 Database Engine 具名執行個體的參考
$DfltInstance = $Wmi.Services['MSSQL$MSSQLSERVER01']
#取得 Database Engine 預設執行個體的參考
#$DfltInstance = $Wmi.Services['MSSQL$instancename']
#停止 Database Engine 服務
$DfltInstance.Stop();
#啟動 Database Engine 服務
```

```
$DfltInstance.Start();
#顯示 Database Engine 服務狀態
$DfltInstance
#取得具名執行個體的 Agent 服務
$DfltInstance = $Wmi.Services['MSSQL$MSSQLSERVER01']
#啟動具名執行個體的 Agent 服務
$DfltInstance.Start();
```

使用 SQL Server PowerShell 啟動與停止 SQL Server 執行個體的執行方式，如下圖所示。

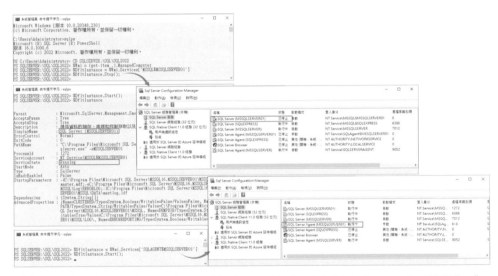

圖 2.45　使用 SQL Server PowerShell，來啟動與停止 SQL Server 具名執行個體

2.3.2　開啟對外連線：啟動 TCP/IP 通訊協定

為了強化安全性，SQL Server 伺服器必須啟用網路通訊協定，用戶端的電腦才能連接到資料庫引擎。對於部分的 SQL Server 版本而言，預設網路協定預設是停用的。必須先啟用伺服器網路協定後，才能從其他電腦連接到 SQL Server，否則只能從本機存取。如果是新安裝的執行個體，預設啟用的通訊協定請參見下表。

表 2.17 SQL Server 各個版本，預設所啟用的通訊協定

版本	共用記憶體	TCP/IP	具名管道
Enterprise	已啟用	已啟用	啟用本機連接，停用網路連接
Standard	已啟用	已啟用	啟用本機連接，停用網路連接
Web	已啟用	已啟用	啟用本機連接，停用網路連接
Developer	已啟用	已停用	啟用本機連接，停用網路連接
Evaluation	已啟用	已停用	啟用本機連接，停用網路連接
Express	已啟用	已停用	啟用本機連接，停用網路連接

也就是說，以下的版本依據預設值僅能採取本機登入連線方式：Express、Developer、Evaluation。若要讓這些版本能夠藉由 TCP/IP 方式存取，可使用「SQL Server 2022 設定管理員」來啟用執行個體的 TCP/IP 通訊協定，如下圖所示。（有關於各個通訊協定的更進一步討論與使用，請參見本書《第 3.2 節：SQL Server 組態管理員》）：

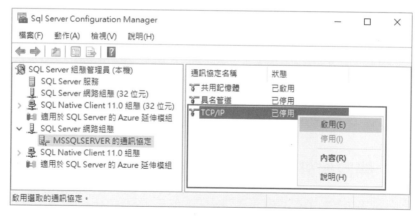

圖 2.46 啟用 TCP/IP 通訊協定

請注意，啟用或是停用某個通訊協定後，SQL Server 服務都必須重新啟動後才會生效。

2.3.3 移除 SQL Server 具名執行個體

假設 Windows 作業系統已經安裝多個 SQL Server 執行個體,為了某些原因要移除某個執行個體,無論是預設執行個體或是具名執行個體都建議使用「控制台」中的「程式和功能」來解除安裝。在本次練習中,將移除先前安裝的 SQL Server 具名執行個體「MSSQLSERVER01」。

step01 點選「開始」→「控制台」,執行「程式集」裡的「解除安裝程式」,如下圖所示。

圖 2.47 使用「解除安裝程式」來移除指定的執行個體

step02 在「解除安裝或變更程式」視窗的「名稱」區域,選取程式名稱「Microsoft SQL Server 2022(64 位元)」,再點選「解除安裝/變更」後,在「SQL Server 2022」視窗,選擇「移除」,如下圖所示。

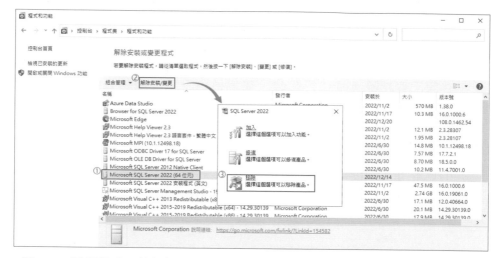

圖 2.48 選擇程式，執行解除安裝或變更程式後，選擇「移除」SQL Server 作業

step03 SQL Server 安裝程式會執行相關檢查，先確認目前伺服器的系統狀態，如果檢查沒有問題會自動跳至下一步驟。若「全域規則」檢查發現安裝「SQL Server 安裝程式支援檔案」時有問題，可以點選「顯示詳細資料」或「檢視詳細資料報表」查看原因。

step04 在「選取執行個體」視窗的「要從中移除功能的執行個體」方塊，下拉選擇先前安裝的 SQL Server 具名執行個體「MSSQLSERVER01」，再點選「下一步」，如下圖所示。

圖 2.49 選擇要移除的 SQL Server 執行個體

step05 在「選取功能」頁面上，僅需勾選在「MSSQLSERVER01」節點下的「資料庫引擎服務」，再點選「下一步」，如下圖所示。

圖 2.50 選擇要移除的功能

step06 SQL Server 安裝程式會繼續檢查系統是否符合移除的規則。若是沒有任何問題，安裝程式會直接跳至下一步驟。

step07 在「準備移除」視窗檢視要移除的相關摘要資訊，確認後點選「移除」。如下圖所示。

圖 2.51 檢視移除的摘要資訊，並確認執行移除作業

step**08** 等待完成移除作業後，在「完成」視窗有提供摘要記錄檔之連結，可以點選檢視此檔案。最後按下「關閉」，完成 SQL Server 執行個體的移除程序。

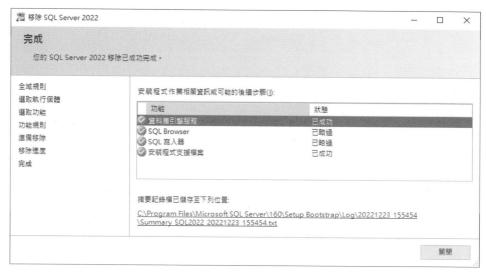

圖 2.52　SQL Server 2022 完成移除畫面

2.4　結語

本章說明 SQL Server 2022 重要的安裝選項（可選購的版本、軟體、硬體的基本需求、多重執行個體、定序、驗證模式與 SQL Server 管理員、可安裝的服務與元件等等），也介紹了 SQL Server 基本管理技巧，並練習了建置 SQL Server 具名執行個體。至於本章用來測試連線的 SQL Server Management Studio，是 SQL Server 主要的管理工具之一，此工具的使用與設定方式將在第 3 章介紹及說明。

認識管理工具

SQL Server 包含了多種服務，當然也提供了不同的管理工具。例如 SQL Server Management Studio（以下簡稱 SSMS）及 SQL Server 組態管理員，可用來管理、監控及調整伺服器與資料庫的各種屬性設定。熟悉並善用這些管理工具，將可輕鬆管理 SQL Server 2022 的各種服務：

- SQL Server Management Studio：整合多項資料庫管理及開發功能的圖形化管理介面，是資料庫管理者及開發者經常使用的管理工具。

- SQL Server 組態管理員（SQL Server Configuration Manager）：管理 SQL Server 的相關服務、設定 SQL Server 的網路通訊協定以及管理 SQL Server 用戶端電腦的網路連接組態等。

- SQL Server Database Tuning Advisor：根據使用者所指定的資料庫分析工作負載，提供資料庫結構設計建議。例如建議建立索引、資料分割或是檢視等以增進查詢效能。

- sqlcmd 公用程式：從命令提示字元執行 Transact-SQL 陳述式、系統程序和指令碼檔案的工具。

- ssbdiagnose 公用程式：報告 Service Broker 交談或 Service Broker 服務組態中的問題。可以針對兩個服務或單一服務進行組態檢查。

■ SQL Server Profiler：用來建立或管理追蹤資料庫事件，監控的事件
會儲存在追蹤檔案裡，有利於問題診斷時的分析或是用於重新執行
某些步驟。

（SQL 追蹤和 SQL Server Profiler 已停止支援，未來的 SQL Server
版本可能移除這項功能。https://learn.microsoft.com/zh-tw/sql/
tools/sql-server-profiler/sql-server-profiler?view＝sql-server-ver16）

上述每一工具程式皆會因應新版資料庫引擎而增加或調整項目，例
如 SSMS 自 SQL Server 2016 開始改為獨立安裝，儘管 SQL Server 安裝
中心的 "安裝" 頁籤裡仍有「安裝 SQL Server 管理工具」選項，但只是
導引使用者至微軟官網的下載頁面。使用者必須先下載該工具安裝程式
後，才能進行 SSMS 的安裝作業：

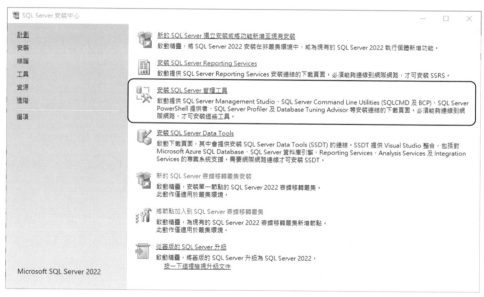

圖 3.1 「安裝 SQL Server 管理工具」會連結至官網的 SSMS 工具程式下中心

　　另外還有 SQL Server Data Tools（SSDT），用來開發 SQL Server 資料庫專案、設計 Analysis Services 資料庫、Integration Services 封裝及 Reporting Services 報表。SSDT 在 SQL Server 2012 版本前稱為 SQL Server Business Intelligence Development Studio，簡稱 BIDS。不論是 SSDT 或 BIDS，其實都是 Visual Studio 及 SQL Server 團隊所共同開發的設計環境。

　　本章將以管理工具為主統整介紹，其他章節裡若有管理工具相關的使用與操作，也會再進一步說明。

3.1　SQL Server Management Studio 環境介紹

　　SQL Server Management Studio（SSMS）是以 Microsoft Visual Studio 為基礎的圖形化資料庫管理介面，因介面與 Visual Studio 開發環境相似，透過一致性的管理與開發環境可讓管理人員及開發人員在操作上更加得心應手。每一主版本的 SSMS 版本皆為獨立安裝，新舊版本可並行安裝，但無法直接從舊版升級至新版，例如無法從 SSMS 17.x 升級至 SSMS 18.x。本章節撰寫時，最新發行的 SSMS 版本號碼為 18.12.1，另有 SSMS 19 的預覽版（Preview）[1]，可至下列網址下載：

https://learn.microsoft.com/zh-tw/sql/ssms/download-sql-server-management-studio-ssms?view=sql-server-ver16

---

[1] 本章以正式的版本介紹操作方式，在其他章節介紹 SQL Server 2022 特定功能時，可能以 SSMS 19 的預覽版說明。

SSMS 的主要功能包含：

■ 組態與管理 SQL Server、Analysis Services 資料庫、SQL Server Integration Services、Reporting Services、Azure 儲存體和 SQL Azure 等。

■ Azure Data Studio 整合安裝，SSMS 18 版本開始一併安裝 Azure Data Studio。

■ 撰寫 T-SQL、XMLA、MDX 與 DMX 陳述式。

■ 建立 SQL Server 與 Analysis Services 指令碼專案與方案，以管控這些程式碼。

另外，以下功能自 SSMS 18.0 版起已淘汰並移除：

■ T-SQL 偵錯工具（若要單步偵錯，需採用 SSDT）

■ 資料庫圖表

■ 不再隨附安裝 sqlcmd.exe, bcp.exe, OSQL.exe, DReplay.exe, SQLdiag.exe, SSBDiagnose.exe

■ Configuration Manager 工具，SQL Server 組態管理員和報表伺服器 Configuration Manager 不再屬於 SSMS 設定。

■ 物件總管中的「維護→舊版」節點已刪除，因此無法再存取舊版的「資料庫維護計劃」與「SQL Mail」。

初使用 Management Studio 管理 SQL Server 時，建議先熟悉下列視窗：

■ 物件總管

■ 方案總管

■ SQL 編輯器

■ 已註冊的伺服器

■ 屬性視窗

　　在 Management Studio，從上方頁籤「檢視」展開各視窗後的畫面如圖 3.2，預設「物件總管」及「已註冊的伺服器」會在左側，「方案總管」、「屬性視窗」、「範本總管」會在右側。本章節將以此環境說明介面的操作方式（例如：如何開啟、配置視窗）。待熟悉介面操作方式後，再個別介紹各視窗所提供的管理功能。

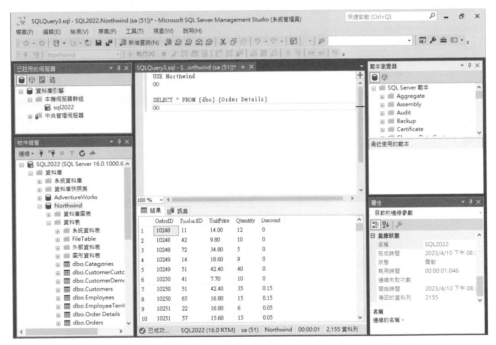

圖 3.2　SQL Server Management Studio 常用的管理視窗

3.1.1　開啟／關閉各項工具與視窗

　　在 Windows Server 2022 環境裡，啟動 Management Studio 的步驟如下：

step**01** Windows 點選「開始」→「Microsoft SQL Server Tools 18」 →「Microsoft SQL Server Management Studio 18」。

step**02** 「連接至伺服器」視窗內的「伺服器類型」選項請使用預設值： 「資料庫引擎」，指定欲登入的「伺服器名稱」以及驗證方式 「Authentication」後按下「連線」，如圖 3.3。

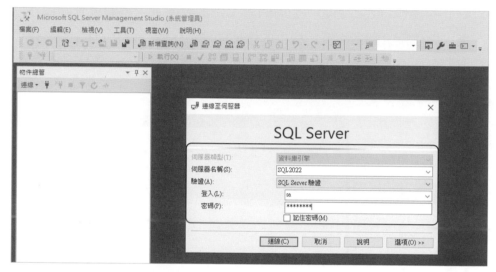

圖 3.3 SQL Server Management Studio 連接至伺服器

成功登入 SQL Server 後，Management Studio 環境內預設只會開啟 「物件總管」視窗。雖然 SSMS 提供多項管理工具與程式碼編輯器，若 全部預設為開啟會讓管理介面過於複雜。再者，並非每一視窗都適用於 使用者當下的需求，建議瞭解各視窗所提供的功能後，再決定要開啟哪 些視窗。

3.1.2 調整各管理工具的停駐位置

經由主選單的「檢視」所提供之子選項可以開啟（或關閉／隱藏） Management Studio 各項管理工具與視窗，如圖 3.4。

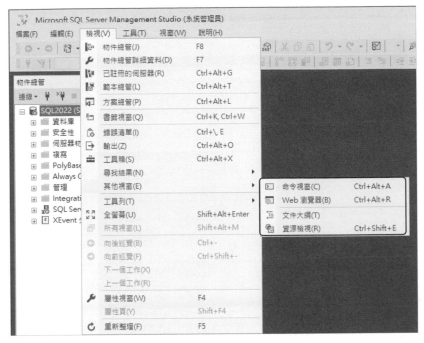

圖 3.4　從「檢視」選單中開啟各項管理工具

　　所有管理視窗都是可停駐的視窗，使用者可隨時改變各工具視窗在 Management Studio 內所停駐的位置。

❖ 以獨立視窗顯示

　　以下幾種方式可將視窗調整成浮動的獨立視窗：

- 在管理工具的視窗標題列點選滑鼠右鍵，選取「浮動」。

- 使用滑鼠左鍵拖曳「屬性」視窗，變成單一獨立的視窗（如圖 3.5）。

- 使用滑鼠左鍵點選視窗標題列，拖曳到空白處。若該視窗底下有重疊多個視窗，則拖曳時會將重疊的視窗變成一組獨立的浮動視窗。

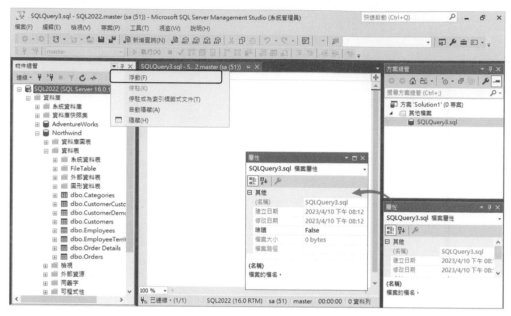

圖 3.5 將「屬性」拖曳出來成為獨立視窗

　　若視窗的屬性設定為「浮動」，則無法將視窗停駐到主視窗邊緣；反之，視窗屬性必須為「停駐」，才可將視窗任意配置於各個區域中。

圖 3.6 「物件總管」為「停駐」時才可置於主畫面左邊緣

主選單下方的「工具列」，也可依需要調整至主畫面的四周。在 右下角
按下滑鼠右鍵→「自訂」→選取要調整的「工具列」後，選擇「位置」
→按下「關閉」：

圖 3.7　調整工具列位置至主畫面下方

❖ 顯示垂直相鄰視窗

拖曳管理工具時，如果滑鼠恰好移到其他管理視窗內，會出現 、
 等圖示，這些圖示代表該視窗可以停駐的位置。如圖 3.8，當拖曳
「方案總管」時將滑鼠停留在 ，這時會出現灰色陰影顯示視窗將配置
的位置。

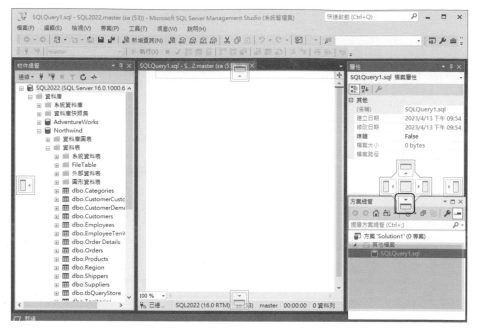

圖 3.8　將屬性移到方案總管視窗下方

圖 3.8，當滑鼠停留在 ⬚ 時放開左鍵，方案總管就會停駐在「屬性」視窗下方，如圖 3.9。

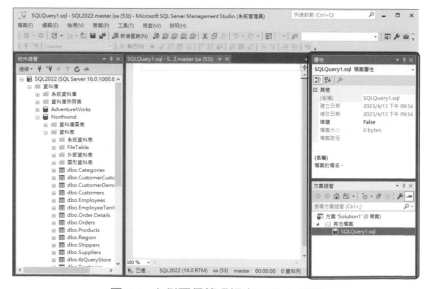

圖 3.9　右側兩個管理視窗可垂直相鄰

❖ 水平併排視窗顯示

第三種管理視窗顯示方式為水平併排。如圖 3.10，以滑鼠左鍵點選「方案總管」頁籤標題後拖曳，接著停留在 [插圖] 圖示後放開滑鼠左鍵，「方案總管」視窗將會水平併排停駐在「屬性」左側。

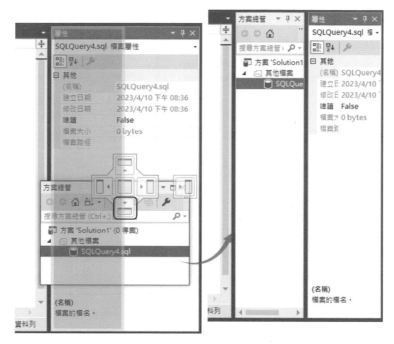

圖 3.10 將「方案總管」視窗拖曳到「屬性」左側

❖ 以頁籤方式顯示

管理工具的停駐方式除了垂直相鄰與水平併排，也可以設定為頁籤形式。如圖 3.11，原本「方案總管」視窗位於「屬性」左側，將它拖曳至屬性視窗內停留在 [插圖] 圖示後放開滑鼠左鍵，「方案總管」視窗將以頁籤形式呈現，「屬性」及「方案總管」兩個管理工具會佔用同一個視窗，須透過頁籤切換。

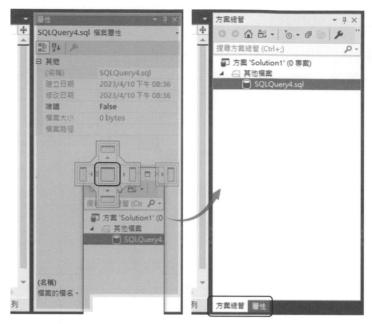

圖 3.11 將兩個管理工具合併為同一個視窗,以頁籤切換其內容

🔊 **TIP** ···

利用滑鼠左鍵拖曳頁籤名稱可調整頁籤顯示順序,例如:將「屬性」頁籤移到「方案總管」左側。

❖ **自動隱藏**

　　假如一次開啟太多管理視窗,每個視窗的顯示範圍會變小,畫面也顯得較為複雜。此時可點選視窗右上角的 X,將暫時不用的管理工具關閉或隱藏。不過,若要再次開啟該視窗,需透過主選單的「檢視」開啟。若不想重複這個動作,也可以將視窗設定為「自動隱藏」,當滑鼠移到隱藏在左側的頁籤時,視窗就會自動滑出並陳列;當滑鼠離開「自動隱藏」的視窗,則視窗會自動收合,只在主視窗邊緣顯示頁籤名稱。

要設定視窗為「自動隱藏」，可在視窗標題列點選滑鼠右鍵，然後選擇快捷選單內的「自動隱藏」選項（如圖 3.12 所示），或點選視窗右上角的大頭針 ‖ 符號。

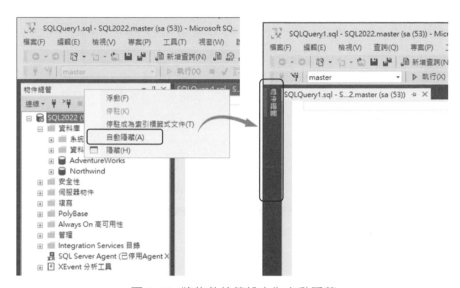

圖 3.12　將物件總管設定為自動隱藏

圖 3.12，將視窗隱藏後可以試著將滑鼠移到「物件總管」的頁籤名稱按下左鍵，或在「物件總管」字樣範圍按一下，就會展開或收合該視窗。

❖ 將管理工具排列成「索引標籤式文件」

另一種方式是將管理工具排列成索引標籤，如圖 3.13，將所有管理工具的停駐方式更改為「停駐成為索引標籤式文件」時，工具視窗會陳列於 Management Studio 工具的中心位置。若要切換不同管理工具，使用滑鼠點選頁籤標題即可。

圖 3.13 將管理工具的停駐方式設定為「索引標籤式文件」

> 🔊 **TIP** ••
>
> 如果視窗排列紊亂，要還原預設的 Management Studio 環境組態，可使
> 用主選單工具列的「視窗（W）」→「重設視窗配置（R）」，將視窗還原
> 為預設的配置環境。

　　將各視窗設為「浮動」後，可以跨螢幕拖曳。若有雙螢幕或更多的
工作螢幕時，便可以將視窗拖曳到其他螢幕。

3.1.3　物件總管

　　SQL Server Management Studio 中的「物件總管」可管理資料庫
內所有物件，「物件總管」採用階層式樹狀架構分類各種資料庫物件，
使用滑鼠左鍵可展開及收合各物件所包含的項目。若以滑鼠右鍵選取不
同的資料庫物件，可開啟快捷選單呈現物件相對應的管理項目，如圖
3.14。

圖 3.14 「物件總管」提供資料庫及資料表管理項目

　　「物件總管」也可用來檢視伺服器執行個體的相關屬性設定。在 SQL Server 執行個體名稱按下滑鼠右鍵，選擇快捷選單內的「屬性」即可開啟「伺服器屬性」視窗，如圖 3.15。「伺服器屬性」視窗裡有多個頁籤，可變更／查詢 SQL Server 伺服器組態。例如：「一般」頁面可查詢目前的 SQL Server 版本；「記憶體」頁面則可以設定 SQL Server 最小及最大伺服務器記憶體。

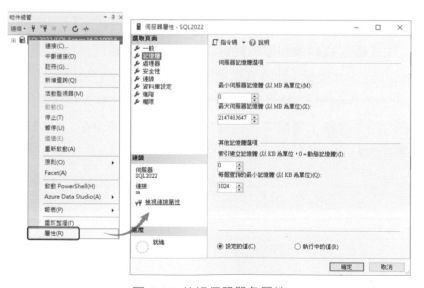

圖 3.15 檢視伺服器各屬性

「伺服器屬性」視窗所提供的功能及主要用途列表如下（表 3.1）：

表 3.1 「伺服器屬性」視窗提供的管理功能

功能項目	主要用途
一般	顯示作業系統、平台、SQL Server 版本、語言、記憶體、處理器、根目錄、伺服器定序…等相關資訊。
記憶體	設定 SQL Server 能夠使用的最大與最小記憶體數量、索引建立過程中排序作業所用的記憶體數量，以及執行查詢時可配置的最小記憶體數量。
處理器	在多處理器的環境下可指定欲啟用的處理器，以及最大工作者執行緒。
安全性	設定伺服器驗證模式、登入稽核及伺服器 Proxy 帳戶等。
連線	設定並行連線的最大數目、指定預設的連線選項、是否允許遠端伺服器連接、設定遠端查詢逾時時間等。
資料庫設定	設定預設索引填滿因素值、備份與還原的磁帶等候時間、預設備份媒體保留天數、啟用壓縮備份、設定復原間隔時間及資料庫資料檔、記錄檔、備份檔的預設路徑。
進階	設定 FILESTREAM、自主資料庫、平行處理原則、預設語言、網路封包大小、遠端登入逾時及各種其他進階設定。
權限	設定各種登入帳號與角色的權限。

除了管理資料庫引擎的物件之外，「物件總管」也可用來管理不同的 SQL Server 服務：關聯式資料庫引擎、Analysis Services、Integration Services、Reporting Services 與 SQL Azure。如圖 3.16，在「物件總管」視窗內的「連線」選單中，選擇伺服器類型後便可在「物件總管」新增管理項目。

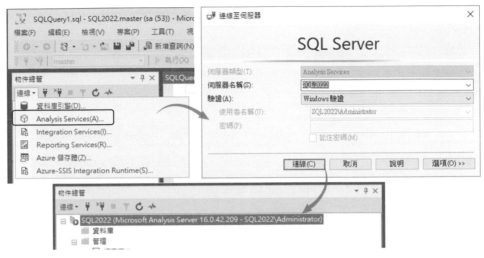

圖 3.16　從物件總管連線至 Analysis Services

　　圖 3.16 中的「連線至伺服器」視窗，按下「伺服器名稱」右邊的 ▽，便可在下拉選單中看見曾經登入過的伺服器名稱，如果勾選下方的「記住密碼」，SQL Server 也會記住登入的密碼資訊。若要刪除這些資訊，在下拉選單內選取執行個體名稱後按下鍵盤的 Delete 鍵，便可以清除該執行個體的紀錄。

　　除了前面介紹的幾種管理用途，「物件總管」還可執行下列幾個常見的工作：

■　建置與管理資料庫。

■　查詢與修改資料庫屬性。

■　產生 SQL 指令集（可用來重新建立資料庫或執行個體等級/資料庫內物件）。

■　建立資料來源。

■　管理使用者權限。

■　設定資料庫複寫機制。

■ 管理 SQL Server Agent 與自動化工作。

■ 建立及設定 Always On 可用性群組。

3.1.4 方案總管

自 SQL Server 2005 版開始，可利用 Microsoft Visual Studio 開發環境所提供的「方案總管」，將開發中的指令碼依不同的功能／類別分組成不同的指令碼「專案」，並透過同個「方案」一起管理，也可以透過原始碼控管機制進行版本控管。

如圖 3.17，在「方案總管」中建立一個 ERP 方案，其包含 HR、Sales 兩個專案。每個專案可建立與管理多個 SQL Server 連接、SQL 指令碼以及其他相關檔案。

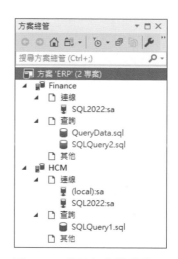

圖 3.17 利用方案總管管理
SQL Server 連接與指令碼

使用「方案總管」建立 SQL Server 指令碼專案的基本步驟如下：

❖ **步驟 1：建立新專案**

step01 在 Management Studio 的主選單選取「檔案」→「新增」→「專案」。

step02 在「新增專案」視窗，選擇「SQL Server 指令碼」類型。

step**03** 指定專案名稱、位置與方案名稱,如圖 3.18。

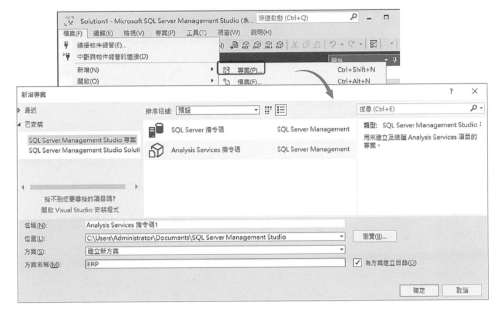

圖 3.18 新增方案及專案

step**04** 按下「確定」回到 Management Studio,新建立的專案及方案
會顯示在「方案總管」中,且「方案總管」會將新增的專案自動
包含在方案裡。

step**05** 在方案按下滑鼠右鍵→「加入」→「新增專案」。

step**06** 在開啟的「新增專案」視窗裡指定專案名稱後按下「確定」,
即可在既有的方案裡新增其他專案,如圖 3.19。

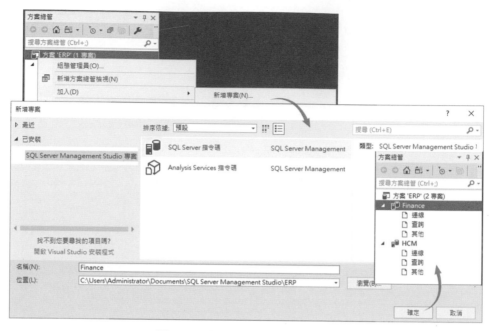

圖 3.19　在既有方案裡新增專案

❖ 步驟 2：建立資料庫連線

step01　以滑鼠右鍵在專案內點選「連線」資料夾→選擇快捷選單的「新增連接」，如圖 3.20。

step02　在「連接至伺服器」視窗確認連線的伺服器名稱與驗證方式。

step03　按下「確定」，新建立的資料庫連線會顯示於方案總管的「連線」節點內。

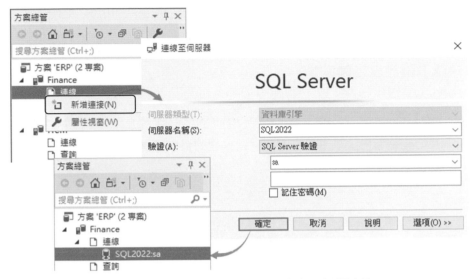

圖 3.20 在 SQL Server 指令碼專案內新增連接

❖ 步驟 3：撰寫與執行 SQL 指令碼

step01 在 SQL Server 指令碼專案內，展開「連線」節點。

step02 選取已建立的資料庫連線，按下滑鼠右鍵後執行「新增查詢」，新建立的 SQL 指令碼檔案會顯示在「查詢」節點中，並自動開啟 SQL 編輯器。

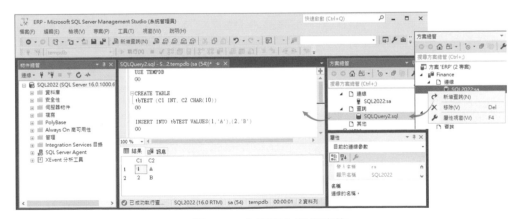

圖 3.21 在專案內新增查詢

在 SQL 編輯器內撰寫 SQL 陳述式後可點選工具列的「執行」按鈕，執行結果將會顯示於 SQL 編輯器下方。（也可按【F5】快速鍵或按【Alt＋X】執行 SQL 陳述式。）

> **◁)) TIP** ···
>
> 在方案總管內，以滑鼠左鍵雙擊連線裡的資料庫連線名稱也可以新增「查詢」。

存檔後可透過 Management Studio 主選單的「檔案」→「關閉方案」選項關閉方案/專案（若未存檔，在關閉方案時也會出現「要儲存下列項目的變更嗎？」提醒使用者儲存檔案）。當然，也可選擇主選單的「檔案」→「開啟」→「專案/方案」選項，在「開啟專案」視窗選擇欲開啟的方案檔（.ssmssln），再次開啟方案與專案。如圖 3.22。

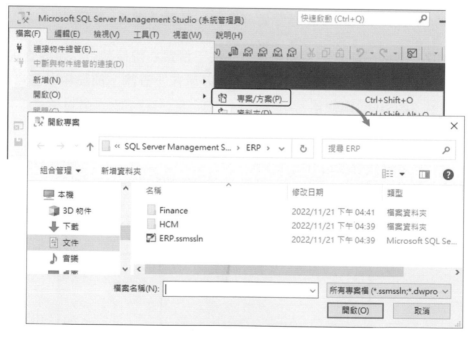

圖 3.22 開啟方案/專案

3.1.5 **SQL 編輯器**

　　「SQL 編輯器」是 Management Studio 內建的 SQL 編輯環境，提供實用的編輯特性：

- 以不同顏色標示 SQL 關鍵字。

- 客製化輸出執行結果。

- 針對 SQL 陳述式產生「執行計劃」。

- 可透過「查詢設計師」撰寫 SQL 陳述式。

- 以 IntelliSense 提供即時的語法提示。

- 透過快捷鍵「Ctrl+Shift+V」可以將先前多次複製到系統剪貼簿的內容循環貼到編輯器內。

- 按住 Ctrl 鍵，透過滑鼠的滾輪可放大／縮小編寫的 T-SQL 文字比例；或直接從編輯視窗左下角的縮放比例選單設定顯示比例[2]。

- 按住 Alt 鍵，以滑鼠拖曳矩形區域，可以一次編輯多行文字。

　　SQL 編輯器除了提供令人激賞的 SQL 程式編輯功能，也擁有極佳的客製化能力。可依個人習慣更改 SQL 關鍵字的顏色、快速鍵定義，甚至是查詢指令回傳的資料列數目。透過主選單的「工具」→「選項」，開啟 SQL 編輯器的「選項」視窗（如圖 3.23），在「字型和色彩」設定頁可以更改程式碼字型與大小以及 SQL 關鍵字的顯示顏色。此外，在「選項」視窗左上角的搜尋功能，可以讓使用者快速找到要檢視的選項設定。

---

[2] 透過滑鼠滾輪調整文字呈現的大小比例後，若要將比例回復為 100%，可直接選擇文字編輯視窗左下角的縮放比例選單。

圖 3.23 透過 SQL 編輯器的「選項」視窗設定各編輯功能的字型

在 Management Studio 點選工具列的「新增查詢」按鈕即可開啟 SQL 編輯器。若「方案總管」內有開啟的專案,也可以滑鼠左鍵雙擊某個資料庫連接名稱,或以滑鼠左鍵雙擊欲編輯的 *.sql 檔案,也同樣能開啟 SQL 編輯器。

在 SQL 編輯器撰寫查詢語法並點選執行按鈕 ▶ 執行(X) ,查詢結果視窗會將查詢的輸出顯示在 SQL 編輯器下方,如圖 3.24:

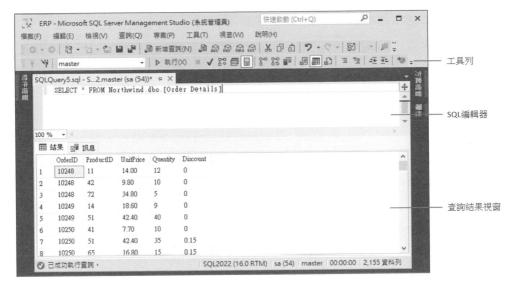

圖 3.24　在 SQL 編輯器裡撰寫與執行 SELECT 陳述式

📢 **TIP** ···

若需要更多空間來輸入查詢,可按下【Shift+Alt+Enter】鍵切換成全螢幕
模式,再次按下【Shift+Alt+Enter】鍵則可以切換回原來的模式。按下
【Ctrl+R】可關閉查詢結果視窗,再次按下【Ctrl+R】便可再次顯示查詢
結果視窗。

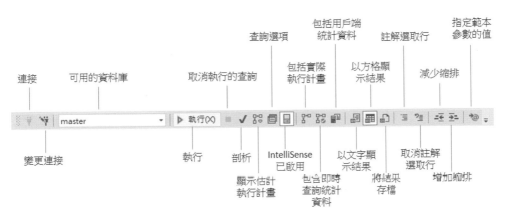

圖 3.25　SQL 編輯器提供的工具列選項

各圖示所對應的功能名稱與用途列表如 3.2。熟悉每一工具的使用方式，將可提升撰寫 SQL 指令碼的效率：

表 3.2 SQL 編輯器的工具列圖示說明

工具名稱	說明
連接	開啟 SQL 編輯器目前資料庫連線。
變更連接	變更 SQL 編輯器目前的資料庫連線。
可用的資料庫	切換 SQL 編輯器目前所在的資料庫。
執行	執行 SQL 編輯器內被選取的（或全部）SQL 陳述式。
取消執行的查詢	取消目前正在執行的 SQL 陳述式。
剖析	檢查 SQL 編輯器內被選取的（或全部）SQL 陳述式語法是否正確。
顯示估計執行計畫	以圖形介面顯示 SQL 陳述式所預估的執行計畫。（SQL 陳述式語法並不會執行）
查詢選項	指定程式碼執行時的相關屬性。例如：指定傳回的最大資料列數目，設定執行逾時秒數，指定進階執行設定，設定結果的輸出格式...等。
IntelliSense 已啟用	SQL 編輯器內的 IntelliSense 預設為開啟，可提升程式撰寫效率及 SSMS 的可用性。
包括實際執行計畫	SQL 陳述式語法執行完成後會開啟另一個「執行計劃」頁籤，內含 SQL 執行計劃。
包含即時查詢統計資料	執行查詢時，以圖形化介面即時呈現查詢執行時期所收集的相關統計資料如查詢進度、資料列數目、耗用時間、運算子進度等，有助於效能問題的偵錯。 即時查詢統計資料會使用以下動態管理檢視： • sys.dm_exec_requests • sys.dm_exec_sql_text • sys.dm_exec_query_memory_grants • sys.dm_exec_query_plan • sys.dm_exec_query_profiles

工具名稱	說明
包括用戶端統計資料	SQL 陳述式語法執行完成後會開啟另一個「用戶端統計資料」頁籤，內含 SQL 執行階段的統計資料（例如：用戶端統計資料、處理時間、交易數目...等）。
以文字顯示結果	以文字型式呈現查詢結果，方便將結果 copy／paste 到其他地方。
以方格顯示結果	以表格型式呈現查詢結果，適用於查詢欄位較多的情況。
將結果存檔	將查詢結果直接儲存成檔案（存檔類型預設為.rpt 報表檔案）。
註解選取行	將選取的文字標示為註解。
取消註解選取行	在選取的文字上移除註解。
減少縮排	對選取的文字減少縮排（每次縮排會左移 4 個字元）。
增加縮排	對選取的文字進行縮排（每次縮排會右移 4 個字元）。
指定範本參數的值	開啟「指定範本參數的值」視窗。可用來指定「範本總管」所提供各種預存程序或函數...等範本內預設的參數值。

❖ 調整工具列的圖示

SQL 編輯器的工具列圖示預設會全顯示，但並非所有圖示都經常使用，建議保留常用的圖示即可。如需執行未顯示在工具列上的功能，可從 Management Studio 主選單的「查詢」找到該功能後直接執行。

若需新增或刪除 SQL 編輯器工具列圖示，可參見下列步驟：

step01　點選「SQL 編輯器」工具列最右邊的向下箭頭，選擇「新增或移除按鈕」，「SQL 編輯器」選單會列出所有功能以及相對應的圖示，如圖 3.26。

step02　勾選（或移除勾選）欲設定的工具列圖示。

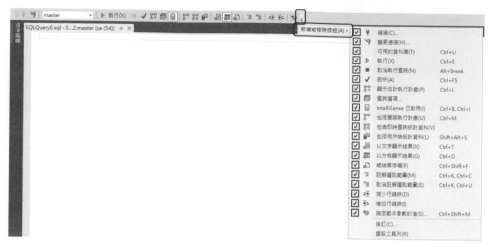

圖 3.26 新增或移除 SQL 編輯器上的工具列圖示

以下是幾種常用的 SQL 編輯器使用技巧。

❖ 改變輸出結果的顯示方式

SQL 編輯器提供三種顯示方式來呈現 SQL 陳述式的執行結果：

■ 以文字顯示結果。

■ 以方格顯示結果。

■ 將結果存檔。

在執行查詢語法前可切換 ▦ 或 ▣ 圖示，以比較查詢結果（如圖 3.27）。

圖 3.27 比較以文字顯示及以方格顯示的查詢結果

如果要將查詢結果直接存成檔案，可點選工具列的 📄 圖示，執行 SQL 陳述式時便會跳出「儲存結果」視窗，指定檔名後查詢結果會直接輸出至.rpt 報表檔案。此類型檔案可以任何文字編輯器開啟（參見圖 3.28）。

```
Categories.rpt - 記事本                                          —    □
檔案(F)  編輯(E)  格式(O)  檢視(V)  說明
CategoryID  CategoryName   Description
----------  ------------   -----------
1           Beverages      Soft drinks, coffees, teas, beers, and ales
2           Condiments     Sweet and savory sauces, relishes, spreads, and seasonings
3           Confections    Desserts, candies, and sweet breads
4           Dairy Products Cheeses
5           Grains/Cereals Breads, crackers, pasta, and cereal
6           Meat/Poultry   Prepared meats
7           Produce        Dried fruit and bean curd
8           Seafood        Seaweed and fish

(8 個資料列受到影響)
```

圖 3.28 以「記事本」開啟.rpt 檔案

> **⊏∜› TIP** ∙∙
>
> SQL 編輯器的部分工具項目，也可在主選單的「查詢」中找到相對應的
> 選項。

❖ 註解與縮排

撰寫 SQL 陳述式時建議適時縮排並加上註解說明，讓程式碼容易閱
讀與維護。必要時，也可以使用滑鼠選取部分程式碼並點選工具列上的
「註解」功能，將暫時不用的程式碼段落標示為註解。

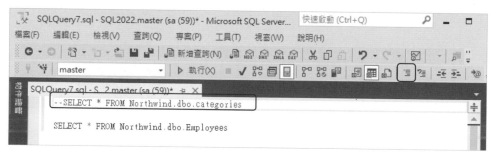

圖 3.29 將程式碼標示為註解文字

增加/減少縮排的操作方式也大致類似，利用滑鼠將欲增加/減少縮
排的程式碼反白後，再點選功能選單即可。也可以從 Management
Studio 主選單的「工具」→「選項」，在「選項」視窗進入「定位點」
設定頁面更改「縮排大小」之設定值，便可自行設定縮排的字元數。如
圖 3.30。

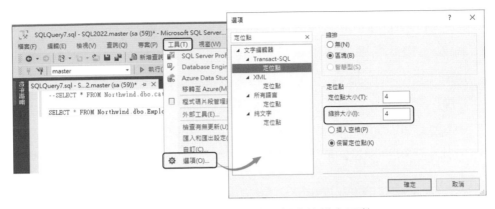

圖 3.30 在「選項」視窗內設定縮排字元數

❖ IntelliSense

IntelliSense 是 SQL Server 2008 在 T-SQL 編輯器內新增的輔助功能，對於撰寫程式碼時大有助益。SQL Server 執行個體內包含眾多物件，像是資料庫、資料表、檢視、預存程序、函式、索引...等等，隨著 SQL Server 支援愈來愈多的功能，自動提示與檢驗語法的 IntelliSense 更顯重要。圖 3.31 可看到 IntelliSense 會在錯誤語法下方呈現紅色波浪線，並會及時跳出下拉選單讓使用者選取可用的物件。

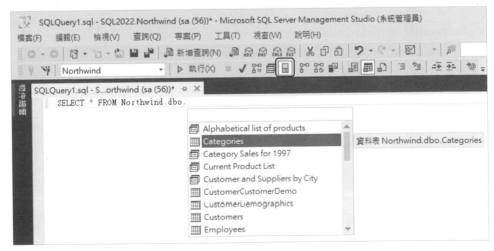

圖 3.31 透過 IntelliSense 讓撰寫 T-SQL 語法變得容易

在 SQL Server 2008 撰寫指令碼時，IntelliSense 只會依照使用者輸入的物件名稱順序提供符合的物件，而 SQL Server 2012 強化了 IntelliSense 的搜尋功能，可自動列出含有輸入字串樣式的提示。例如 SELECT * FROM sys.stat 會列出 dm_xtp_transaction_stats、extgov_attribute_sync_state、fn_virtualfilestats... 等物件，並且會 focus 在符合 stats 開頭的物件。

若不想使用 IntelliSense 功能或擔心 IntelliSense 詢問 SQL Server 資料庫內物件會損耗 SQL Server 執行個體的效能，可點選圖 3.31 上方工具列的「IntelliSense 已啟用」按鈕，停用 IntelliSense 功能。另外，在主選單「編輯」→「IntelliSense」選項下，也有許多關於 IntelliSense 的子選項，如圖 3.32。

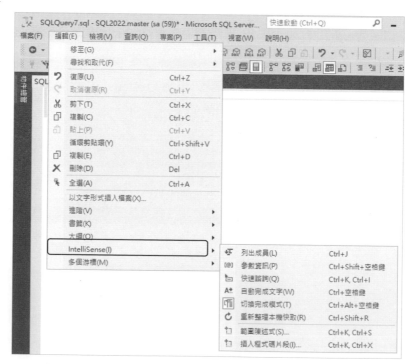

圖 3.32 Management Studio 所提供的 IntelliSense 功能

編寫 T-SQL 時，多數使用者會使用鍵盤而不希望再透過滑鼠去選取某項提示或啟動某項功能，因此，熟悉各選項所標示的熱鍵組合是善用 IntelliSense 的開始。例如，撰寫程式時發現 IntelliSense 尚未更新快取 SQL Server 新建立或修改的物件結構，可按下快速鍵【Ctrl＋Shift＋R】來更新快取，會比使用滑鼠選取「重新整理本機快取」選項更為便捷。

另外，透過主選單「工具」→「選項」選項，呼叫出「選項」視窗，可以設定 IntelliSense 的相關內容，如圖 3.33。

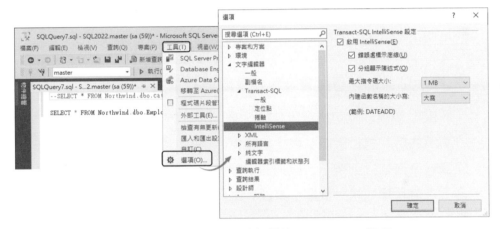

圖 3.33　T-SQL 編輯環境提供的 IntelliSense 選項

在「文字編輯器」→「Transact-SQL」→「IntelliSense」的設定中，可設定是否啟動 IntelliSense，也可設定程式碼撰寫錯誤時是否要標示底線，以及是否使用加號、減號將程式碼分組，呈現展開/收合的效果。

如果指令碼內容很大，啟動 IntelliSense 持續檢查其中的錯誤可能會很耗資源，此時可設定指令碼總量超過「最大指令碼大小」，T-SQL 編輯器將會自動停止 IntelliSense 檢查語法正確性的功能。最後，若透過 IntelliSense 自動完成系統的物件名稱時，可統一用全「大寫」或「小寫」的方式加入，也可以設定「內建函數名稱的大小寫」。

> **◁》 TIP** ···
>
> SQL Server 線上說明對 IntelliSense 功能的詳細說明：
> https://learn.microsoft.com/zh-tw/sql/ssms/scripting/intellisense-sql-se
> rver-management-studio?view=sql-server-ver16

❖ 陳述式單步除錯

自 SSMS 17.9.1 版本已不再支援除錯，若需使用單步除錯功能
請參考線上文件：https://learn.microsoft.com/zh-tw/sql/ssms/scripting/
enable-disable-and-delete-breakpoints?view=sql-server-ver16

❖ 顯示估計的執行計畫及包括實際執行計畫

SQL 編輯器除可撰寫與執行 SQL 陳述式外，還有一項特別的功能：
「顯示估計的執行計畫」與「包括實際執行計畫」。圖 3.34 的 SELECT
陳述式，在執行前按下工具列的「顯示估計執行計劃」圖示，SQL 編輯
器下方會新增「執行計劃」頁籤。此頁籤會以圖形介面繪製 SQL 陳述式
所對應的執行計劃。

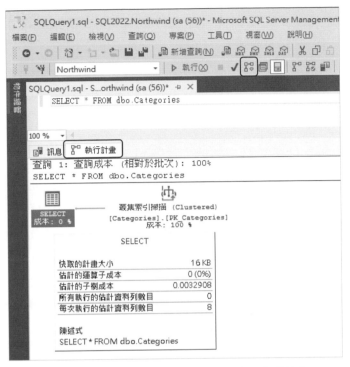

圖 3.34　執行計劃頁籤提供查詢語法運作的資訊

　　圖形計畫使用不同的圖示表示執行計劃內的運算子。以滑鼠選取各圖示時，會條列出各執行細節的估計成本，是效能調校不可或缺的工具之一。

　　「顯示估計的執行計劃」是在還未執行 SQL 語法前最佳化程式所做的執行計劃，此時所呈現的統計資訊如資料筆數、執行次數等都是根據資料庫內的統計資訊而來，並非實際資料表內的資料數目，所以有可能並不精準。若要知道真實執行後正確的資料筆數（關於資源評估的統計數字依然是預估的），請啟用「包括實際執行計劃」選項，在執行完 SQL 語法後，結果視窗欄位會增加「執行計劃」頁籤。各圖示的相關說明可參考 SQL 線上說明：

https://learn.microsoft.com/zh-tw/sql/relational-databases/perform
ance/display-and-save-execution-plans?redirectedfrom=MSDN&view=
sql-server-ver16

❖ 包含即時查詢統計資料

「包含即時查詢統計資料」是 SQL Server 2016 版本新增的功能，
使用者可透過 SSMS 的圖形化介面即時查看執行時期中的統計資料，
如經過時間、運算子的處理進度、估計及實際的資料列數與 CPU 使用
率等，此功能有助於效能調校或找出長時間執行之查詢的問題癥結。執
行 SQL 查詢前，先按下 啟用 "包含即時查詢統計資料"，接著執
行 SQL 查詢時，下方的查詢結果視窗便會多出 "即時查詢統計資料"
頁面，如圖 3.35：

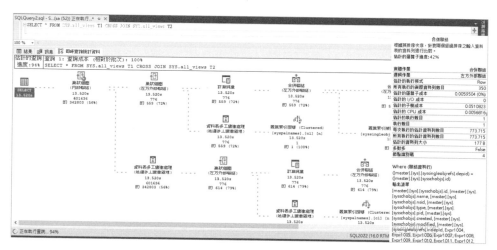

圖 3.35 包含即時查詢統計資料

"即時查詢統計資料" 頁籤裡可看到查詢所用到的運算子，以及每
個運算子處理進度的百分比，頁面的左上角也會顯示整體的處理進度。
另外，也可將滑鼠移至運算子查看運算子的 I/O 成本、CPU 成本、資料
列數等詳細資料。

當 SQL 查詢還在執行時，可切換到「活動監視器」，從下方「使用中的費時查詢」滑鼠右鍵選擇「顯示即時執行計畫」，也可以查看即時統計資料：

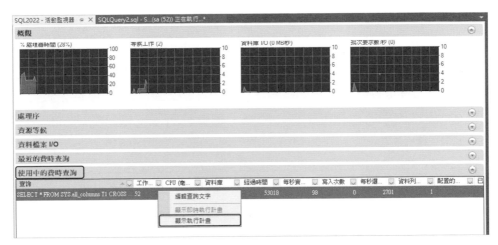

圖 3.36 從活動監視器查看即時統計資料

「包含即時統計資料」功能其實是 SQL Server 2014 版新增的動態檢視 sys.dm_exec_query_profiles 的圖形化介面，所以在 SQL Server 2014 版也可以使用這項新增功能，只要更新至 SP1 並搭配 SSMS 18/19 版管理介面即可。即時統計資料運用了以下動態檢視所搜集的統計資料：

- sys.dm_exec_requests
- sys.dm_exec_sql_text
- sys.dm_exec_query_memory_grants
- sys.dm_exec_query_plan
- sys.dm_exec_query_profiles

使用者須具有伺服器等級的 VIEW SERVER STATE 權限及資料庫層級的 SHOWPLAN 權限，或在 SQL Server 2022 將「登入」加入 ##MS_ServerStateReader## 角色，便可查看即時統計資料。

❖ 查詢存放區

　　「查詢存放區」功能可讓 DBA 比較執行計畫的異動對伺服器效能所產生的差異，進而選擇適當的執行計畫以簡化效能調校。查詢存放區功能會自動擷取查詢、計劃以及執行階段統計的記錄，並依據組態設定值保留這些記錄以供檢閱，讓使用者可以獲取查詢計劃的變更歷程。在 2022 版後大幅強化查詢存放區的功能，搭配執行記錄與提示（hint）可以動態分析最佳的記憶體與 CPU 資源使用方式，或是記載這些最佳化的方式讓系統重啟或執行計畫區快取清除後，最佳執行某句查詢的方式仍可保留到下次執行。

　　查詢存放區功能在 SQL 2022 預設已改為開啟。以往的版本預設則為關閉，可執行下列 T-SQL 語法對資料庫啟用查詢存放區：

```
USE [master]
GO
ALTER DATABASE [Northwind] SET QUERY_STORE = ON (OPERATION_MODE = READ_WRITE);
```

　　也可在 SSMS 執行下列步驟啟用查詢存放區：

step 01　在物件總管選取資料庫→以滑鼠右鍵選取「屬性」→開啟資料庫屬性視窗。

step 02　切換至「查詢存放區」頁籤

step 03　在右上窗格的「作業模式（要求）」欄位，選取「讀寫」

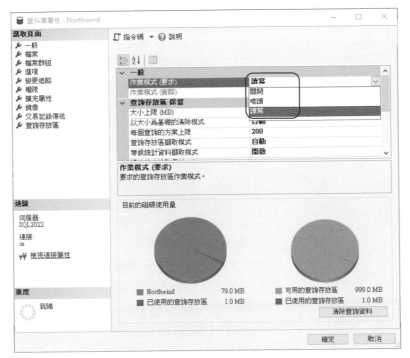

圖 3.37 啟用資料庫查詢存放區

圖 3.37 查詢存放區的各組態選項說明如下：

表 3.3 查詢存放區的組態選項說明

組態選項	說明
作業模式	• 關閉：SQL Server 無法寫入執行語法的相關資料，也不提供查詢。SSMS「物件總管」在資料庫節點下的「查詢存放區」子節點也會隱藏。 • 唯讀：僅提供查詢，不記錄執行查詢的相關資料。「物件總管」在資料庫節點下的「查詢存放區」的子節點會標註 READ_ONLY。 • 讀寫：記錄執行查詢的相關資料也提供查詢。（此為預設值）

組態選項	說明
大小上限（MB）	設定查詢存放區的大小上限，SQL 2016 及 SQL 2017 預設為 100MB，SQL2019（含）起預設為 1G。 當查詢存放區將資料寫入磁碟時，系統才會檢查儲存體大小，當查詢存放區中的資料到達了 MAX_SIZE_MB 限制，作業模式便會自動從讀寫狀態變更為唯讀，並會停止收集新的資料。
以大小為基準的清除模式	設定當查詢存放區總資料量達到大小上限時，是否啟用資料清除。 當工作負載較高時，查詢存放區清除並不保證會持續維持所設定的大小限制，且自動資料清除可能會落後，並可能會暫時切換為唯讀模式。 • 關閉：不進行資料清除。 • 自動：自動進行資料清除（此為預設值）。
每個查詢的方案上限[3]	設定每個查詢所維護的方案上限。若設為 0 代表無上限，預設值為 200。
查詢存放區擷取模式	• 全部：擷取所有查詢 • 自動：依據資源取用量擷取查詢（自 SQL2019 開始，此為預設值） • 無：停止擷取新查詢的程序 • 自訂：可允許額外控制及微調資料收集原則的功能
等候統計資料擷取模式	• 開啟：可擷取等候統計資料（此為預設值） • 關閉：停止擷取等候統計資料
過時的查詢臨界值（天）	保留查詢存放區執行階段統計資料的時間，預設為 30 天。
執行 CPU 時間總計（毫秒）	查詢在評估期間所用的已耗用執行 CPU 時間總計。
執行計數	評估期間執行查詢的次數。

---

[3] 此處沿用 SSMS 的中文翻譯，但英文是 MAX_PLANS_PER_QUERY，其中 plan 是執行計畫。也就是每個查詢最多可保留多少不同的執行計畫。

組態選項	說明
過時的閥值	以時間為基礎的清理原則，可控制保存執行階段統計資料和非使用中查詢的保留期限。
編譯 CPU 時間總計（毫秒）	查詢在評估期間已耗用編譯 CPU 時間總計。
統計資料收集間隔	設定收集執行階段統計資料的資料粒度層級，預設為 1 小時。
資料排清間隔（分鐘）	設定將收集執行階段統計資料儲存到磁碟的頻率，預設為 15 分鐘。

　　啟用了查詢存放區功能之後需要時間搜集工作負載的資料，需有足夠的資料才可準確提供資源耗用量以解析效能，建議依系統的使用週期搜集一天或一週等。當查詢存放區啟用後，在 SSMS「物件總管」的「資料庫」節點下的「查詢存放區」即會出現 7 個檢視：

圖 3.38　查詢存放區檢視

每一個檢視適用的時機說明如下：

表 3.4　查詢存放區的檢視說明

檢視	說明
迴歸查詢	找出最近執行計畫效能迴歸的查詢。 可將應用程式中觀察到需要調整的效能問題與實際查詢相互關聯。
整體資源耗用量	針對所有的執行計量分析資料庫的整體資源耗用量。 可用來識別資源的運用模式及最佳化資料庫整體耗用量。
資源耗用量排名在前的查詢	分析在某一時間間隔裡前幾名耗用資料庫資源的執行計量。 可用來找出最耗用資料庫資源的查詢。
強制計劃的查詢	列出先前的強制計畫。 可快速存取目前的強制計畫。
高變化的查詢	分析高執行變化的查詢與任何可用維度的關聯，例如特定時間間隔的持續時間、CPU 時間、IO 和記憶體使用量。 可用來識別含廣泛變化效能的查詢。
查詢等候統計資料	分析資料庫中常用的等候類別，以及哪些查詢最常參與所選取的等候類別。 可用來分析等候統計資料。 SQL 2017 開始才有此檢視，並需搭配使用 SSMS 18.0 以上的版本。
追蹤的查詢	即時追蹤查詢的執行計畫。 這個檢視可用來確定查詢效能是否穩定，比方確定強制執行計畫的效能。

下列的程式碼將使用應用 "資源耗用量排名在前的查詢" 檢視強制執行計畫：

範例程式 3.1：應用 "資源耗用量排名在前的查詢" 檢視強制執行計畫

```
--啟用查詢存放區
USE [Northwind]
GO
```

```
--建立測試資料表
CREATE TABLE tbQueryStore (C1 INT, C2  CHAR(10))
go
--新增測試資料
INSERT INTO tbQueryStore
select [value], CAST([value] AS CHAR(10)) from generate_series(1,10000) --sql 2022
新增的函數
go
--建立索引
CREATE INDEX idx_C1 on tbQueryStore (C1)
go
--建立預儲程序
CREATE OR ALTER PROC sp_QueryStore @v1 int
AS
BEGIN
   SELECT * FROM tbQueryStore WHERE C1 < @v1
END
go
--清除 query store 已經存放的執行計畫
ALTER DATABASE CURRENT SET QUERY_STORE CLEAR ALL;
--顯示 IO 統計資料
SET STATISTICS IO ON
go
--第一次執行預儲程序 select 大量資料，執行計畫使用"資料表掃描"
EXEC sp_QueryStore 10000
/*(9999 個資料列受到影響)
資料表 'tbQueryStore'。掃描計數 1，邏輯讀取 30，實體讀取 0，頁面伺服器讀取 0，讀取前讀取 0，
頁面伺服器讀取前讀取 0，LOB 邏輯讀取 0，LOB 實體讀取 0，LOB 頁面伺服器讀取 0，LOB 讀取前讀
取 0，LOB 頁面伺服器讀取前讀取 0。
*/


--第二次執行預儲程序 select 少量資料，執行計畫仍使用"資料表掃描"
EXEC sp_QueryStore 10
/*(9 個資料列受到影響)
資料表 'tbQueryStore'。掃描計數 1，邏輯讀取 30，實體讀取 0，頁面伺服器讀取 0，讀取前讀取 0，
頁面伺服器讀取前讀取 0，LOB 邏輯讀取 0，LOB 實體讀取 0，LOB 頁面伺服器讀取 0，LOB 讀取前讀
取 0，LOB 頁面伺服器讀取前讀取 0。
*/


--清除計畫快取
DBCC FREEPROCCACHE


--清除計畫快取後，第一次執行預儲程序 select 少量資料，執行計畫使用"索引搜尋"
```

```
EXEC sp_QueryStore 10
/*
(9 個資料列受到影響)
資料表 'tbQueryStore'。掃描計數 1，邏輯讀取 11，實體讀取 0，頁面伺服器讀取 0，讀取前讀取 0，
頁面伺服器讀取前讀取 0，LOB 邏輯讀取 0，LOB 實體讀取 0，LOB 頁面伺服器讀取 0，LOB 讀取前讀
取 0，LOB 頁面伺服器讀取前讀取 0。
*/


--清除計畫快取後，第二次執行預儲程序 select 大量資料，執行計畫使用"索引搜尋"。
--因為執行計畫錯誤，造成大量的邏輯讀取
EXEC sp_QueryStore 10000
/*
(9999 個資料列受到影響)
資料表 'tbQueryStore'。掃描計數 1，邏輯讀取 10024，實體讀取 0，頁面伺服器讀取 0，讀取前讀
取 0，頁面伺服器讀取前讀取 0，LOB 邏輯讀取 0，LOB 實體讀取 0，LOB 頁面伺服器讀取 0，LOB 讀
取前讀取 0，LOB 頁面伺服器讀取前讀取 0。
*/
--查詢已經擷取的執行計畫
select * from sys.query_store_plan
```

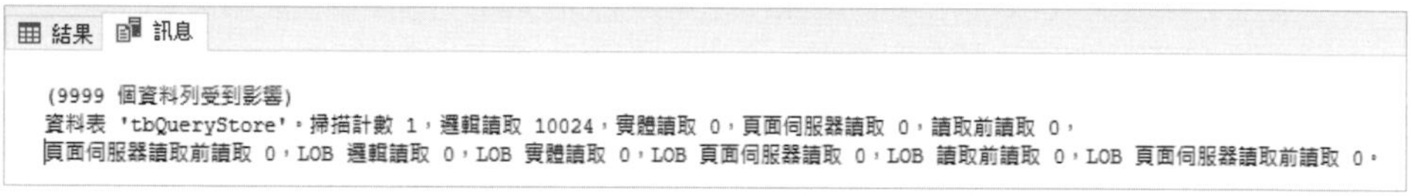

圖 3.39　錯誤的執行計畫導致大量邏輯讀取

　　範例程式 3.1 在清除計畫快取後，第一次執行預儲程序因為 select 少量資料，執行計畫會使用索引搜尋以提高搜尋效能。但之後再執行預儲程序 select 大量資料時，可發現仍沿用快取的執行計畫；以索引來搜尋資料表裡的大量資料，造成邏輯讀取從原來的 30 提高至 10024。此時可以透過 SSMS「物件總管」裡資料庫項下的「查詢存放區」，以滑鼠雙擊「資源耗用量排名在前的查詢」，設定「強制執行計畫」使用資表料表掃描以減少邏輯讀取：

圖 3.40 透過"資源耗用量排名在前的查詢"檢視強制執行計畫

強制使用某個執行計畫後，SQL Server 處理後續相同的語法時便會沿用該指定的執行計畫，除非使用者選擇「取消強制執行計畫」。

❖ 包括用戶端統計資料

「包括用戶端統計資料」也是效能調校時常用的工具。當此功能啟用之後，執行 SQL 指令碼時會在結果視窗新增「用戶端統計資料」的頁籤（如圖 3.41），可快速而簡易地提供應用程式執行時的統計資料，不需再執行「SQL Profiler」、「效能監視器」等其他應用程式，便可立即對該批次執行的各個面向有所了解。此功能提供的資訊包含了在批次中執行了多少次新增、修改、刪除和查詢的動作、各影響了多少筆紀錄、平均的執行時間、累計的執行時間、網路封包量等。無論批次執行中呼叫了許多預存程序或設定了複雜的執行邏輯，使用者只要透過這些統計值便可對執行的規模有清晰的概念。

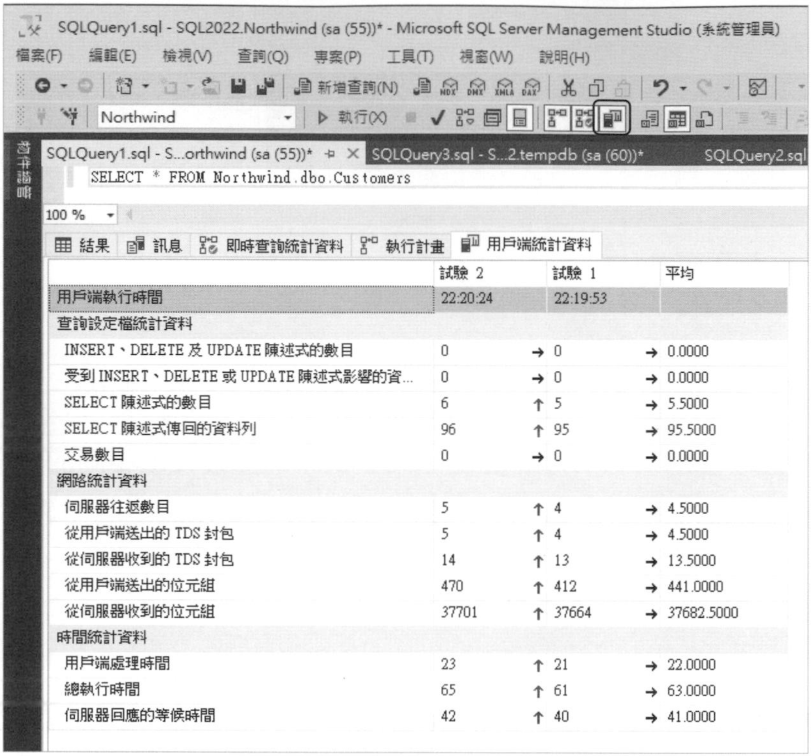

圖 3.41 以不同的頁籤呈現各種執行資訊

3.1.6 查詢設計工具

　　查詢資料時大多需要同時參照兩個以上的資料表。有 T-SQL 語法撰寫經驗的人，或許可輕易地在 SQL 編輯器中使用 JOIN 關鍵字建立查詢指令並檢視查詢結果。例如，查詢 Northwind 資料庫的訂單與訂單明細表的內容時，就可以使用下列查詢語法：

```
USE Northwind
GO

SELECT d.OrderID, d.ProductID, d.Quantity, d.unitPrice,
       d.Discount, o.OrderDate, o.ShippedDate
FROM [dbo].[Order Details] d
INNER JOIN [dbo].[Orders] o
```

```
ON d.OrderID = o.OrderID
GO
```

　　對於不熟悉資料表定義與關聯性或是 T-SQL 語法的使用者，則可以利用 SQL 編輯器內建的「查詢設計工具」，來輔助撰寫較複雜的 SELECT 陳述式。接著，藉由以下的練習來熟悉操作介面。

　　使用「查詢設計工具」前，請先確定 SQL 編輯器內所連線的資料庫已連到 Northwind 資料庫。點選主選單的「查詢」→「在編輯器中設計查詢」選項，進入「查詢設計工具」前，會先跳出「加入資料表」視窗詢問要查詢的資料表，請選取「Order Details」及「Orders」兩個資料表後按下「加入」鈕，然後按下「關閉」以關閉視窗，如圖 3.42。

圖 3.42　查詢設計工具的「加入資料表」對話窗

被加入的資料表會顯示在「查詢設計工具」上方區域，如圖 3.43。在「查詢設計工具」內勾選要顯示的資料欄位，並按下「確定」。接著，透過「查詢設計工具」自動產生的 SELECT 陳述式即會顯示於 SQL 編輯器裡：

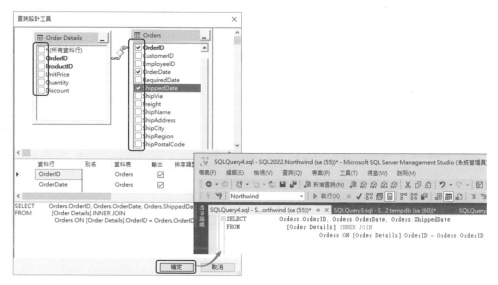

圖 3.43 利用查詢設計工具產生 SELECT 陳述式

只要資料庫內的資料表有建立關聯性條件約束，資料表與資料表之間便會建立連線的圖示，並且自動加入 JOIN 子句。透過查詢設計工具來建立查詢語法，可讓資料庫初學者學習如何撰寫基本的指令碼。

3.1.7 物件總管詳細資料

透過主選單「檢視」→「物件總管詳細資料」選項（或按【F7】快捷建），呼叫出「物件總管詳細資料」頁籤（此頁籤的功能須與「物件總管」視窗搭配），如圖 3.44 所示：

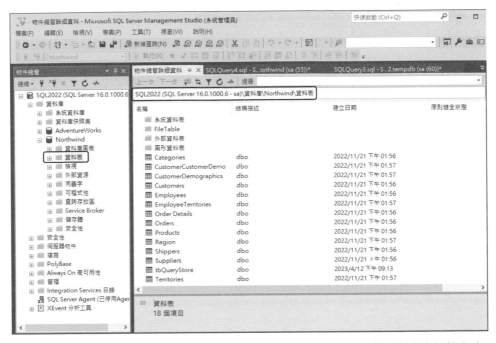

圖 3.44 透過「物件總管詳細資料」呈現「物件總管」視窗所點選節點的細節內容

圖 3.44 中，點選「物件總管」內 Northwind 資料庫的「資料表」項目，「物件總管詳細資料」會列出「資料表」節點下所有的物件，並呈現詳細的資料如結構描述、建立日期…等。

「物件總管詳細資料」工具列的「搜尋」功能會以「物件總管」視窗內所點選的節點為範圍，搜尋該節點項下的子節點。另外，也可針對整個 SQL Server 服務執行個體找尋名稱符合某條件的物件。如圖 3.45，點選「物件總管」的 Northwind 資料庫，接著在搜尋功能中輸入 emp% 字串後按下【Enter】鍵，可列出 Northwind 資料庫裡物件名稱開頭包含 emp 字串的項目。

圖 3.45 在整個 SQL Server 執行個體內搜尋所有名稱以 emp 開頭的物件

找到相似名稱的物件後，可以使用滑鼠右鍵選擇快捷選單上的「同步處理」，Management Studio 會在左方「物件總管」視窗樹狀結構內展開並呈現該物件節點。

3.1.8 已註冊的伺服器

隨著應用程式需求多樣化、系統數量持續增加、新的裝置搭配分散式系統而讓分散在異地的資料大增、分析資料持續擴大…，都將考驗資料庫管理師面對大量資料庫伺服器的管理能力。簡化管理工作一直是 SQL Server 的強項及力求的目標，先前版本的 SQL Server 針對管理早已下了很大的工夫[4]，並強化了對大量資料庫伺服器自動管理的能力。透過組態伺服器（Configuration Server）、原則管理（Policy-Based Management）

---

[4] 例如：SQL Server Agent 服務、DDL Triggers、Event Notifications、Service Broker、原則管理、Best Practices Analyzer 工具程式、資料層應用程式…等，以及透過這些功能或工具再搭配自行撰寫 PowerShell 或程式來輔助管理

和集中的蒐集、存放與分析效能資訊等，大幅簡化資料庫管理師對資料庫的管理工作。

許多企業內往往有數十至數百台的 SQL Server 執行個體，若要同時設定或監控多台伺服器，得分別連線至每一伺服器，或搭配 SQL Server 所提供的 Linked Server 功能，藉由相關函數撰寫分散式查詢，或是自行撰寫應用程式才能完成設定。而這些繁複的工作都可利用「已註冊的伺服器」視窗內之「本機伺服器群組」功能，集中註冊與管理 SQL Server 執行個體伺服器群組。資料庫管理師可利用「已註冊的伺服器」視窗內所建立好的連接資訊，迅速地對每一伺服器建立連線後再個別進行設定。例如，以滑鼠右鍵點選「本機伺服器群組」節點，在快捷選單內選擇「新增伺服器註冊」，便可將常用的伺服器連接資訊保留在工具視窗中，如圖 3.46。

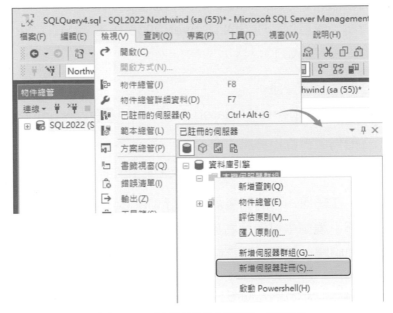

圖 3.46 「已註冊的伺服器」對話窗

若註冊的伺服器太多，也可使用「新增伺服器群組」將註冊的伺服器分類管理。另外，可從節點上的圖示立即判斷註冊的伺服器是否在執行中，如果要重新編輯註冊中的伺服器，可使用滑鼠右鍵點選節點，選擇快捷選單中的「屬性」進入編輯視窗。更多關於如何建立和管理已註冊的伺服器可參考線上說明：

https://learn.microsoft.com/zh-tw/sql/ssms/register-servers/register-servers?redirectedfrom＝MSDN&view＝sql-server-ver16

註冊伺服器之後，便可透過 Management Studio 自動傳遞 T-SQL Script 到多台伺服器，同時執行相同的 T-SQL Script。也就是可針對群組內的多台伺服器執行相同指令和原則（Policy）設定。

另一個「中央管理伺服器」的作法是以一台 SQL Server 執行個體當作組態伺服器，在 MSDB 系統資料庫存放多台其他 SQL Server 執行個體的連接資訊（也可以註冊 SQL Server 2005 版本的 SQL Server 執行個體）。資料表說明如下：

■ 已註冊伺服器資訊：

dbo.sysmanagement_shared_registered_servers_internal

■ 已註冊伺服器群組資訊：

dbo.sysmanagement_shared_server_groups_internal

如此，在任何一台前端機器上執行 Management Studio→在「已註冊的伺服器」視窗中以滑鼠右鍵點選「中央管理伺服器」→選擇「註冊中央管理伺服器」選項註冊該執行個體，就可以從 msdb 中讀回設定。

也可以在「中央管理伺服器」下建立伺服器群組（Server Group），再依群組註冊多台 SQL Server 執行個體。之後便可以連接到群組，對該群組下的某一 SQL Server 執行個體單獨執行 SQL Script。例如，從

「新增伺服器註冊」視窗，在「伺服器名稱」下拉選單中選擇或輸入要用來當作中央管理伺服器的 SQL Server 執行個體名稱（用伺服器的完整名稱，或用「.」、「(local)」代表本機預設執行個體的別名），再於下方「已註冊的伺服器名稱」填入要給中央管理伺服器的名稱（不需與原 SQL Server 執行個體名稱相同）便可完成設定，如圖 3.47 所示：

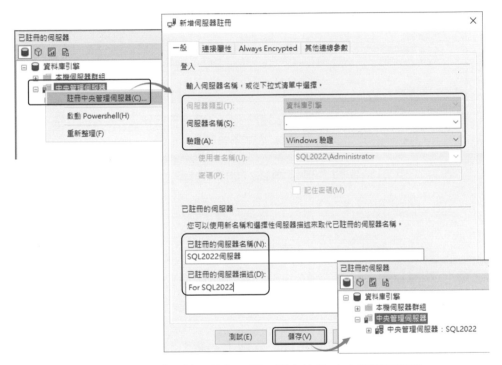

圖 3.47 透過「已註冊的伺服器」視窗註冊 中央管理伺服器

接著回到「已註冊的伺服器」視窗，以滑鼠右鍵點選註冊好的中央管理伺服器，在快捷選單中選擇「新增伺服器註冊」選項，然後在「新增伺服器註冊」視窗中註冊其他 SQL Server 執行個體。

設定完畢後，就可以滑鼠右鍵點選已註冊的中央管理伺服器，選擇「新增查詢」選項，在 Management Studio 新開啟的 SQL 編輯器中執行查詢語法，如圖 3.48。

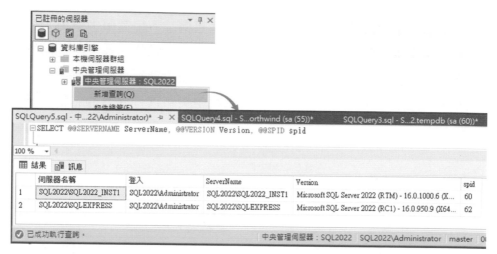

圖 3.48 透過 Management Studio 連結到中央管理伺服器後，執行的 SQL 語法將會
直接送至多台 SQL Server 執行個體執行

在「SQL 編輯器」環境中執行如下的語法：

```
SELECT @@SERVERNAME ServerName, @@VERSION Version, @@SPID spid
```

語法中要求各執行個體傳回伺服器名稱、版本以及登入連接的
SPID，而 Management Studio 的查詢執行環境會整合從多個執行個體取
回的結果，一併呈現在圖 3.48 下方的「結果」視窗中。

另外 Management Studio 管理工具程式也可設定整合多執行結果，
透過主選單「工具」→「選項」，點選「查詢結果」→「SQL Server」
→「多伺服器結果」節點，可以設定執行結果是否要同時呈現登入帳號、
伺服器名稱，以及將所有結果合併在一個 Grid 中。圖 3.48 中，因三個選
項都設為 True（如圖 3.49），因此結果中會多出左方的兩個欄位：「伺
服器名稱」和「登入」。

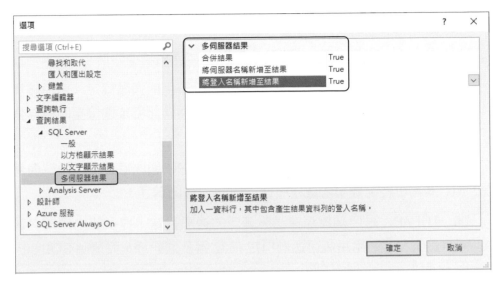

圖 3.49　設定多伺服器的查詢結果

3.2　SQL Server 組態管理員

　　SQL Server 組態管理員是以 Microsoft Management Console（MMC）為基礎的管理介面，其用途為管理各項 SQL Server 服務，以及 SQL Server 的網路組態。要開啟「SQL Server 組態管理員」可從 Windows 作業系統點選「開始」→「應用程式」→「Microsoft SQL Server 2022」→「Microsoft SQL Server 2022 設定管理員」。

　　「SQL Server 組態管理員」包含三個管理項目：

■　SQL Server 服務。

■　SQL Server 網路組態。

■　SQL Native Client 組態。3.2.1　管理 SQL Server 伺服器網路組態

啟用 SQL Server 的網路通訊協定可以讓網路上的其他電腦連線至 SQL Server。SQL Server 2022 支援以下三種網路通訊協定[5]：

■ Shared Memory：為 SQL Server 預設啟用的通訊協定。用戶端需與 SQL Server 位在同一台電腦上，才能透過此協定連接至同一台伺服器上的 SQL Server。

■ Named Pipes：專為區域網路設計的 IPC 通訊協定，用戶端與伺服器端可經由專屬處理程序進行單向或雙向溝通。

■ TCP/IP：是目前網際網路最廣泛的通訊協定，提供路由標準與較高的安全性。用戶端可透過指定 IP 位置及通訊埠，與遠端 SQL Server 連接。

要啟用或停用通訊協定，請參見下列方式：

step01 選取要設定的 SQL Server 執行個體。

如果 SQL Server 上安裝多個執行個體，需注意所設定的網路組態是針對預設執行個體或具名執行個體。如圖 3.50，「SQL Server 網路組態」節點下顯示的「MSSQLSERVER 的通訊協定」與「SQL2022_INST2 的通訊協定」分別為預設執行個體及具名執行個體。

step02 在右側窗格選擇欲設定的通訊協定，按下滑鼠右鍵後執行啟用（或停用）。

---

[5] SQL Server 2012 起已不再支援 Virtual Interface Adapter（VIA）協定。

圖 3.50 設定 SQL Server 伺服器網路組態

以上三種協定中，TCP/IP 是比較重要的網路通訊協定。SQL Server 預設監聽 TCP/IP 通訊埠號 1433，以安全性為考量，建議更換成其他通訊埠號。方式如下：

step01 雙擊 TCP/IP 通訊協定，開啟「TCP/IP 內容」視窗。

step02 切換至「IP 位址」頁籤。

step03 將「TCP 通訊埠」改為 1433 以外的通訊埠號碼，例如圖 3.51 中的 12345。

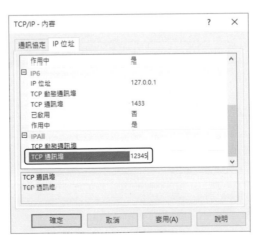

圖 3.51 設定 SQL Server 使用的 TCP/IP 通訊埠號

當執行個體指定了固定通訊埠號後，伺服器名稱可以透過如下的格式連接：

```
tcp:<伺服器名/IP>,<埠號碼>
```

例如：

```
tcp:SQL2022,12345
```

若 SQL Server Browser 服務有啟動，連線至非預設的執行個體時便不需指定埠號，由 SQL Server Browser 服務來解釋該執行個體的動態埠號碼（但防火牆需要開啟 UDP 協定埠號 1434，才能存取 SQL Server Browser 服務。）：

```
<伺服器名稱>\<執行個體名稱>
```

另外，SQL Server 記錄檔裡也會記錄所監聽的 TCP/IP 通訊埠號：

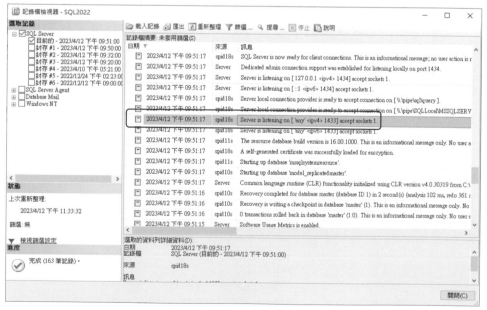

圖 3.52 從 SQL Server 記錄檔檢視監聽的 TCP/IP 通訊埠號

　　SQL developer 版本的 TCP/IP 通訊協定預設為停用，需手動啟用並重啟 SQL server 才能生效。

3.2.1　管理 SQL Native Client 組態

　　「SQL Server Configuration Manager」中的「SQL Native Client 組態」可設定用戶端程式如何連接遠端 SQL Server，以及用戶端使用的通訊協定優先順序。這主要是針對 SQL Native Client(sqlncli x.x) 驅動程式，而 SQL Server 自 2022 版本（sqlncli 11.x）後，就不再更新此驅動程式。預設空機安裝 SQL Server 2022 後不再安裝此驅動程式，而是改成讓前端程式透過「Microsoft OLE DB Driver 19 for SQL Server」存取 SQL Server，因此相關設定畫面會全空而無法運作。若要照本小節接下來的說明，設定使用者端程式透過 SQL Native Client 組態存取 SQL Server，需自行從微軟網站下載並安裝 sqlncli。當有多台機器執行前端應用程式，如果要修改預設的連線方式，除了更改連線字串外也可安裝此工具程式來修改連到 SQL Server 執行個體的方式。

　　如圖 3.53，已啟用的通訊協定優先順序為 Shared Memory、TCP/IP、Named Pipes，但我們可透過「用戶端通訊協定屬性」視窗來重新調整各協定的順序[6]。

---

[6]　若啟用 Shared Memory 通訊協定，此協定的優先順序會自動設定為第一位。

圖 3.53 設定用戶端通訊協定的優先順序

若是 32 位元的應用程式，請從「SQL Native Client 11.0 組態（32 位元）」節點設定。

❖ 設定 SQL Server 伺服器別名

某些情況下可能無法直接以 SQL Server Management Studio 註冊或連接遠端 SQL Server，比方沒有 DNS 提供名稱解析服務，且兩台電腦位於不同的網段時。假設 A 電腦為用戶端（IP 為 10.0.1.100），B 電腦為 SQL Server 伺服器（IP 為 10.0.2.99），只要在 A 電腦上執行 SQL Server Native 11.0 組態；為 B 電腦定義一個別名（例如：SQL2022BI），用戶端的 OLE DB/ODBC 或 SqlClient 等程式存取介面便可以經由 SQL2022BI 別名連接至 B 電腦的 SQL Server。

設定 SQL Server 伺服器別名的方式為：

step01 切換至「SQL Server Native 11.0 組態」的「別名」頁面，在右側窗格點選滑鼠右鍵→「新增別名」。

step02 在「別名－新增」視窗內，設定遠端 SQL Server 的連接資訊。以 TCP/IP 通訊協定為例，必須指定伺服器 IP、別名名稱與通訊埠編號。

step03 按下「確定」，新定義的別名將顯示於 SQL Server Native 組態的「別名」頁面。

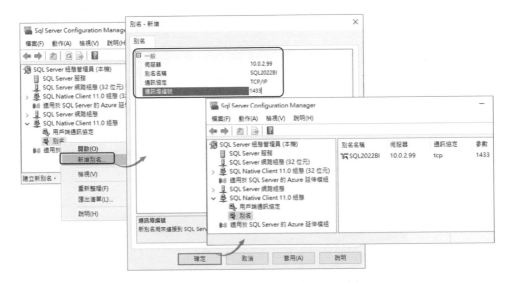

圖 3.54 設定 SQL Server 伺服器別名

請注意，這些設定都是存放在 Windows 的註冊機碼內，因而有分 32/64 位元的差異。若應用程式是 32 位元，例如 SSMS，則別名也要設在「SQL Native Client 11.0 組態（32 位元）」節點。

3.3 sqlcmd 公用程式

SQL Server 提供許多命令列工具程式，例如大量輸出/入資料的 bcp.exe、分析效能的 dta.exe、與 SSIS 相關的 dtexec.exe、dtutil.exe、與 Reporting Services 相關的 rs.exe、rsconfig.exe、rskeymgmt.exe ...

等等。以下將介紹與資料庫管理相關的命令提示字元公用程式 –
「SqlCmd 公用程式」。

雖然圖形化介面的 Management Studio 提供完整的資料庫管理功
能,但某些時候可能無法利用它來進行管理工作或執行 T-SQL 指令,例
如需在非上班時間執行的資料轉檔批次作業。常見的作法可先將 T-SQL
陳述式儲存為.sql 檔案,再以作業系統的排程功能自動執行。

SqlCmd 可透過 OLE DB 資料存取介面與 SQL Server 資料引擎溝
通,讓使用者互動地執行 SQL 語法或是執行 T-SQL 指令碼檔案。一些日
常營運維護的工作便可藉此方式,週期性地在背景批次執行。

也可以在命令提示列輸入語法 SqlCmd/? 取得如圖 3.55 的參數說明
畫面:

圖 3.55 檢視 SqlCmd 工具程式所提供的多種參數

需注意 SqlCmd 工具程式裡的參數大小寫有別，完整的說明請參照線上說明：https://learn.microsoft.com/zh-tw/sql/tools/sqlcmd/sqlcmd-utility?view=sql-server-ver16

以下列舉幾個常用的參數說明：

表 3.5　sqlcmd 批次模式的命令列參數

sqlcmd 命令列參數	用途
-?	列出 sqlcmd 所有命令列參數。
-L[c]	列出本機伺服器，以及在網路上廣播的伺服器名稱。
-U 登入帳號 [-P 密碼]	指定使用者登入帳戶與密碼。
-E	使用信任連接登入 SQL Server。
-S 伺服器名稱[\執行個體]	指定要連接的 SQL Server 執行個體。
-H 主機名稱	指定 SQL Server 所在的電腦名稱，預設為本機電腦名稱。
-d 資料庫名稱	指定使用者登入後的初始資料庫名稱。
-l 連線逾時秒數	指定 sqlcmd 登入 OLE DB Provider 逾時前的秒數。
-t 查詢逾時秒數	指定命令或 SQL 陳述式逾時前的秒數。
-h 標頭資訊	指定資料行標頭之間應列印的資料列數目。
-s 欄位間隔字元	指定資料行分隔字元。（預設為空格）
-w 欄位寬度	指定輸出的螢幕寬度。
-a 封包大小	設定資料封包大小（需介於 512~32767）。
-e	將輸入指令碼列印在標準輸出裝置（stdout）。
-I	將 QUOTED_IDENTIFIER 連接選項設為 ON。
-c 命令結束字元	指定批次命令結束字元；預設為"GO"。
-q "SQL 查詢"	啟動 sqlcmd 時執行 SQL 查詢；查詢完成時，sqlcmd 不會結束。
-Q "SQL 查詢"	啟動 sqlcmd 時執行 SQL 查詢；查詢完成時，sqlcmd 會立刻結束。

sqlcmd 命令列參數	用途
-m 錯誤層級	自訂錯誤訊息的顯示畫面。嚴重性在指定層級以上的錯誤，會顯示訊息編號、狀態和錯誤層級。
-r [0|1]	將錯誤訊息輸出至標準錯誤裝置（Stderr）。
-i 輸入檔案[, 檔案 2 . . .]	指定包含 SQL 陳述式或預存程序的輸入檔案。
-o 輸出檔案[, 檔案 2 . . .	指定執行結果之輸出檔案。
-p	列印結果集的效能統計資料。
-b	發生錯誤時中止批次作業。
-u	以 unicode 形式輸出資料。
-R	使用客戶端地區設定來轉換貨幣、日期與時間資料。
-v 變數名稱=變數值 [變數名稱=變數值 . . .]	定義 sqlcmd 指令碼變數。
-A	利用專用管理員連接（DAC）登入 SQL Server。
-V 安全性層級	指定 sqlcmd 報告的最低嚴重性層級。
-W	從資料行移除尾端的空格字元。

接下來將透過範例說明如何使用「sqlcmd 公用程式」以互動模式與批次模式執行 T-SQL 陳述式。

3.3.1 sqlcmd 互動模式

在 Windows 命令提示字元執行 sqlcmd.exe 即可進入互動模式，在此模式下可執行 SQL 或 T-SQL 陳述式。

在 sqlcmd 互動模式環境，撰寫 T-SQL 陳述式以後按下 Enter 鍵並不會立刻執行，如圖 3.56，在第 1 行 USE Northwind 子句後按下 Enter 鍵，游標只會下移到第 2 行。這是因為 sqlcmd 支援批次處理，所以可在同一批次作業內撰寫多句 T-SQL 陳述式，然後同時遞交給 SQL Server 處理。預設以 GO 作為批次結尾字串，如此，便可分辨每個批次包含了哪些 T-SQL 陳述式。

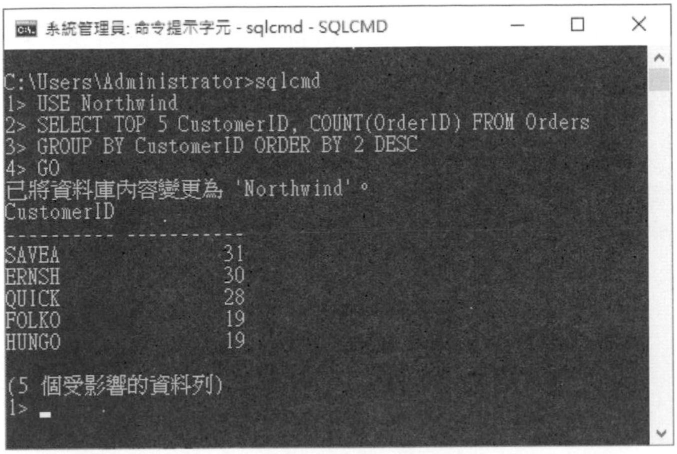

圖 3.56 在 sqlcmd 互動模式下執行 SQL 陳述式

圖 3.57 在同一批次內遞交兩句 T-SQL 陳述式,鍵入 GO 之後,SQL Server 便會同時執行這兩句 T-SQL 陳述式,然後回傳執行結果:

圖 3.57 在同一個批次裡執行兩個 SQL 陳述式

除了 GO，sqlcmd 互動模式還提供多種控制指令，各控制指令的用途請參見表 3.6。

表 3.6 sqlcmd 互動模式的控制指令

控制指令	用途
GO	代表批次結束，立即執行批次內所有 SQL 陳述式。
RESET	清除之前存入快取記憶體的 SQL 陳述式。
ED	啟動文字編輯器，可編輯快取記憶體存放的 SQL 陳述式。由於預設的 edit.com 編輯器在一些作業系統上找不到了，執行 ED 指令可能會傳回錯誤訊息：「'edit.com' 不是內部或外部命令、可執行的程式或批次檔。」 ExecProcess 發生內部錯誤）原因: 檔案名稱、目錄名稱或磁碟區標籤語法錯誤。） 透過 Windows 系統環境變數 SQLCMDEDITOR 可以告知 ED 指令要啟動的文字編輯器，例如在進入 sqlcmd 編輯器前，於命令提示列執行指令： `set SQLCMDEDITOR=notepad.exe` 或是直接在 Windows 的「進階系統設定」建立 SQLCMDEDITOR 環境變數。 以上範例的設定，執行 ED 指令後會將最後一個批次執行的 SQL 陳述式帶到 Notepad 內，讓使用者可在 Notepad 內繼續編輯，當編輯後按下存檔並不會真的存到硬碟檔案中，而是帶回到 sqlcmd 裡。
!!指令名稱	執行 Windows 作業系統命令。
QUIT	結束 sqlcmd 作業。
EXIT	結束並關閉 sqlcmd 工具程式。
:r 檔案名稱	將檔案內的 T-SQL 陳述式與 sqlcmd 命令進行剖析，並存入快取記憶體。
:ServerList	列出本機伺服器，以及在網路上進行廣播的伺服器名稱。
:List	列印 SQL 陳述式快取內容。
:Listvar	列出目前已設定的指令碼變數。

控制指令	用途
:Error 檔案名稱 | STDOUT | STDERR	將錯誤訊息導向至某檔案。
:Out 檔案名稱 | STDOUT | STDERR	將輸出結果導向至某檔案。
:Connect 伺服器[\執行個體] [timeout] [登入帳號 [密碼]	連接至 SQL Server 執行個體。
:On Error [exit | ignore]	定義指令碼或批次發生錯誤時應執行的動作。
:SetVar 變數名稱 變數值	定義 sqlcmd 指令碼變數。
:Help	列出 sqlcmd 命令與摘要說明。

　　可試著直接在 SqlCmd 的提示字元後輸入表 3.6 的各種命令，SqlCmd 將會立刻執行。

3.3.2　sqlcmd 批次模式

　　如果在 Windows 命令提示字元下執行 sqlcmd.exe 時，直接指定命令列參數，便會以批次模式執行，例如：

```
sqlcmd -d Northwind -q "SELECT * FROM dbo.Orders;"
```

　　-d 參數指定登入後預設資料庫名稱；-q 參數指定 SQL 查詢陳述式。（請參照表 3.5 所列出各種命令列參數的用途）

　　一般而言，批次模式適合用於自動化排程工作（例如：資料匯入或匯出），或是一次要執行多個 SQL 陳述式。下列範例使用 Windows 2022 作業系統示範自動匯出資料的設定流程：

^{step}**01** 將下列 SQL 陳述式儲存為 C:\Temp\query.sql。

```
USE Northwind
GO
SELECT TOP 10 LastName,count(OrderID) as 'OrderCount' FROM Orders
JOIN Employees ON Orders.EmployeeID=Employees.EmployeeID
GROUP BY LastName ORDER BY 2 DESC
GO
```

^{step}**02** 將下列 sqlcmd 指令儲存為 C:\Temp\export.cmd 檔案：

```
sqlcmd -i c:\Temp\query.sql -o c:\Temp\result.txt
```

^{step}**03** 利用 Windows 作業系統的「工作排程器」定義排程工作，方式如下：

- 點選「開始」→「windows 系統管理工具」→「工作排程器」，啟動「工作排程器」後，點選右側「建立基本工作」開啟「建立基本工作精靈」，如圖 3.58。

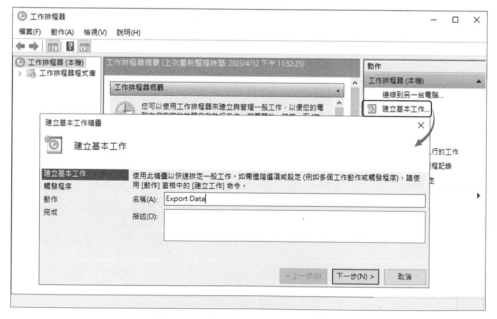

圖 3.58 建立 Windows 排程工作

■ 接著定義欲觸發的週期。如圖 3.59，設定每日下午 08:57 要
執行定義的程式。

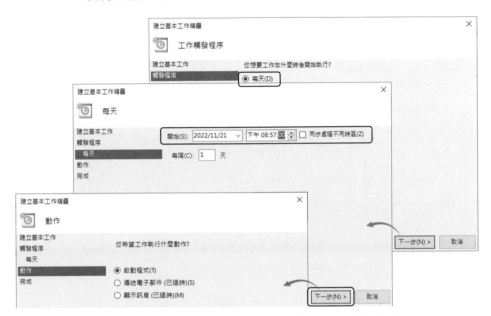

圖 3.59 設定 Windows 排程工作的觸發程序啟動程式

在「啟動程式」頁籤內指定指令碼所在位置，如圖 3.60：

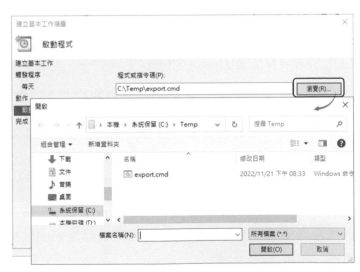

圖 3.60 設定 Windows 排程工作

最後設定完成如圖 3.61，export.cmd 被設定為每天下午 08:57 執行一次。經由 SqlCmd 可以在指定的時間，自動將 query.sql 的查詢結果匯出至 c:\Temp\result.txt。

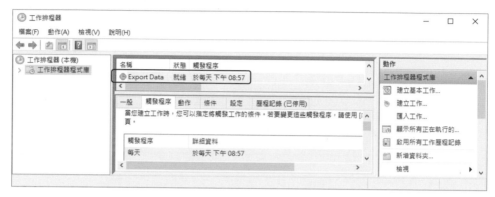

圖 3.61　完成的 windows 排程

3.4　說明檢視器

SQL Server 在 2012 版時新增了「說明檢視器」取代舊版的 Books Online，透過「說明檢視器」可以檢視已下載的產品說明文件或連到網際網路檢視線上文件。可由下列兩種方式開啟 Help 檢視器：

1. 從 SQL Server Management Studio 工具列→「說明」→「檢視說明」

2. 在 SQL Server Management Studio 環境裡按下【F1】快速鍵

SSMS 18.x 預設會在瀏覽器中啟動說明，必須在網際網路連線狀態下才能使用。從 SQL Server Management Studio 工具列→「說明」→「設定說明偏好」可更改使用線上或離線文件。若改為「在說明檢視器中啟動」時尚未下載任何線上叢書，便會跳出「下載內容」視窗讓使用者下載線上叢書至本機，按下「是」之後說明檢視器會列出已安裝或可下載的線上叢書，如圖 3.62。

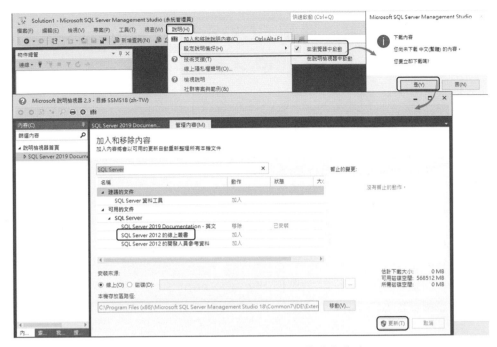

圖 3.62 在「說明檢視器」下載線上叢書

　　將要下載的線上叢書「加入」並按下右下角的「更新」，即會開始
安裝。SSMS 18.x 中文版在本章節撰寫時僅可下載舊版（SQL Server
2012）的中文線上叢書，SSMS 18.x 英文版也僅可下載 SQL Server 2019
的英文線上叢書。

　　但「說明檢視器」並不會自動更新已下載的文件內容，所以使用者
日後需自行檢查線上文件是否有更新，以維持本機端參考文件與線上文
件的一致性。更多關於說明檢視器說明請參閱 https://learn.microsoft.
com/zh-tw/visualstudio/help-viewer/overview?view＝vs-2022。

3.5 實作練習：使用 SQL Server Management Studio 與 sqlcmd 工具程式

在實作 3.1 與 3.2 中，我們將練習以下技巧：

■ 使用「物件總管」瀏覽資料庫內容。

■ 使用 sqlcmd 工具程式。

■ 使用 SQL Server 文件集。

實作 3.1：使用「物件總管」

本實作將帶領使用者操作 Management Studio 的「物件總管」，熟悉一些常用的功能。

❖ 步驟 1：開啟物件總管，連接至 SQL Server 2022

請依照下列步驟開啟 Management Studio 的「物件總管」：

step01 從 Windows 2022 作業系統，點選「開始」→「應用程式」→「Microsoft SQL Server Tools 18」→「Microsoft SQL ServerManagement Studio 18」，開啟「連線至伺服器」視窗。

step02 設定 SQL Server 連接資訊：

■ 伺服器類型：Database Engine。

■ 伺服器名稱：（local）或是其他 SQL Server 主機名稱。

■ 驗證：Windows 驗證（或 SQL Server 驗證與登入的帳號密碼）。

step03 按下「連線」按鈕，成功登入後將開啟 Management Studio。

圖 3.63 連線至伺服器

❖ **步驟 2：檢視資料庫結構**

依照下列步驟檢視 SQL Server 的資料庫列表與組態資訊：

step01 從主選單的「檢視」→「物件總管詳細資料」開啟「物件總管詳細資料」視窗，如圖 3.64。在「物件總管」內選取「資料庫」節點，右側視窗會列出 SQL Server 所有資料庫名稱。

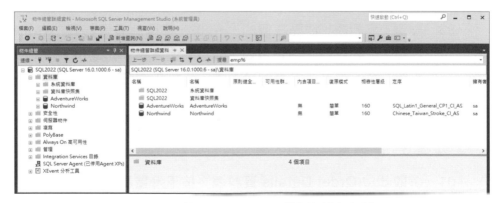

圖 3.64 檢視 SQL Server 所有資料庫名稱

step02 點選「資料庫」節點左側的「+」號，展開所有資料庫列表。試著點選某資料庫，「物件總管詳細資料」視窗的顯示資訊會跟著改變。如圖 3.65 選取 Northwind 資料庫以後，「物件總管詳細資料」視窗會顯示資料庫的物件種類，例如：資料庫圖表、資料表、檢視...等。當滑鼠選取「資料表」節點時，右邊的物件總管詳細資料視窗會列出所有資料表。

圖 3.65　檢視資料庫元件種類

step03 點選「資料表」節點左側的「+」號，展開所有資料表（Tables）名稱。試著選取某個資料表，觀察右側窗格所呈現的資料行、索引鍵、條件約束...等幾個資料夾，可在此處管理資料表的結構或更改定義。

❖ 步驟 3：編輯資料表的內容，以及資料行定義

step01 選取 dbo.Order Details 資料表，按下滑鼠右鍵，執行「選取前 1000 個資料列」。這個動作會列出資料表裡前 1000 筆資料並顯示 SELECT 指令碼。

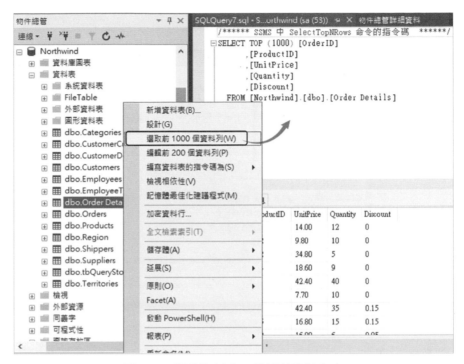

圖 3.66 開啟資料表,檢視其資料內容

step02 選取 dbo.Categories 資料表→按下滑鼠右鍵點選「設計」。若出現「此後端版本不支援設計資料庫圖表或資料表」訊息如圖 3.67,是因為 SSMS 版本低於 SQL Server 版本。使用更新版的 SSMS(v19.x)即可成功開啟資料表設計視窗如圖 3.68,右側窗格會顯示 Categories 資料表裡所有資料行以及各資料行的屬性設定,「屬性」視窗也會同步呈現該資料表的相關屬性。

圖 3.67 若 SSMS 版本低於 SQL Server 版本時,無法開啟資料表設計視窗

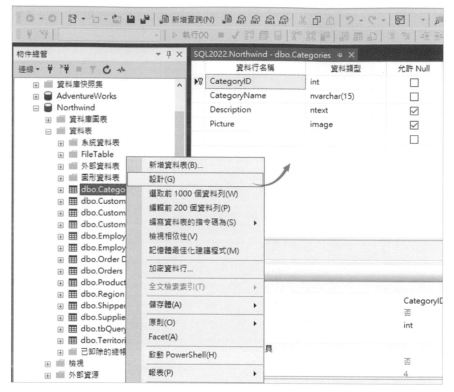

圖 3.68 編輯 Categories 資料表的資料行定義

❖ 步驟 4：檢視資料庫檔案配置資訊

step01 在「物件總管」內選取 Northwind 資料庫→按下滑鼠右鍵後選擇「屬性」→開啟「資料庫屬性」視窗。

step02 在右側「選取頁面」內點選「檔案」→右側視窗會顯示此資料庫裡資料庫檔案:資料檔與記錄檔、檔案的初始大小、自動成長／大小上限與實體路徑等資訊。

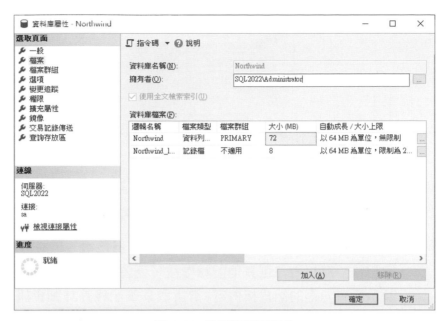

圖 3.69　檢視資料庫屬性

❖ **步驟 5：檢視 SQL Server 伺服器記錄檔**

「物件總管」除了用來管理資料庫組態，還可以執行其他伺服器管理工作，包括：安全性管理、資料庫維護計劃、資料庫複寫、AlwaysOn 高可用性…等。此外，也可以在「物件總管」內檢視 SQL Server 伺服器記錄檔，以排查 SQL Server 運作過程是否曾發生異常狀況。檢視方式如下：

step01　在物件總管內展開「管理」下的「SQL Server 記錄檔」，下方會顯示所有 SQL Server 伺服器記錄檔。

step02　選取某個記錄檔，或是參見圖 3.70，選取「SQL Server 記錄檔」後按下滑鼠右鍵，執行「檢視」→「SQL Server 記錄檔」，開啟記錄檔檢視器。

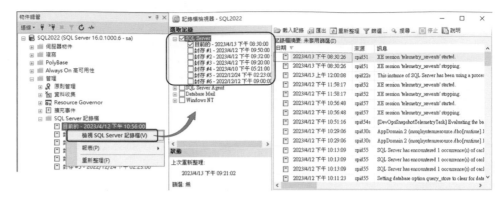

圖 3.70 檢視 SQL Server 伺服器記錄檔

step03 「記錄檔檢視器」內預設只顯示最新的記錄檔,若在左側「選取記錄」窗格內勾選其他記錄檔後,便會在右側「記錄檔摘要」顯示所有勾選的記錄檔內容。當選取某筆記錄其詳細資訊也在顯示在下方窗格。每一次 SQL Server 重新啟動時會建立新的記錄檔,SQL Server 預設保留 7 份記錄檔(含目前的記錄檔)。若要增加保留份數或限制檔案大小,可在「SQL Server 記錄檔」按右鍵選取「設定」,設定「記錄檔計數」及「記錄檔大小」。

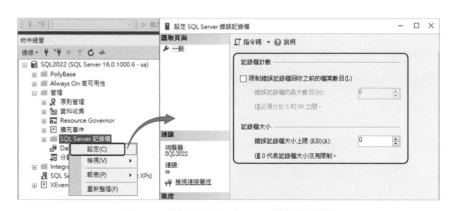

圖 3.71 設定 SQL Server 錯誤記錄檔

另外,在「SQL Server 記錄檔」按右鍵選取「檢視」→「SQL Server 與 Windows 記錄檔」,Windows NT 項目下的各種記錄檔(應用程式、安全性、系統...)會自動被勾選並一起顯示在記錄檔檢視器裡:

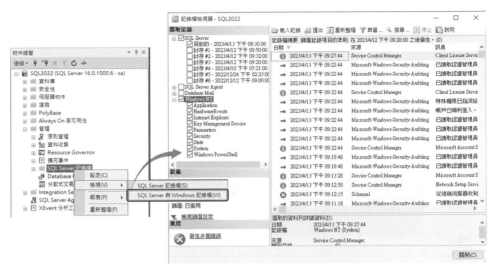

圖 3.72 SQL Server 與 Windows 錯誤記錄檔

實作 3.2：使用 sqlcmd 工具程式

以 sqlcmd 工具程式執行 SQL 陳述式，並將查詢結果輸出為文字檔。

❖ 步驟 1：建立 SQL 指令檔

使用任何文字編輯器撰寫一個 SQL 指令檔，儲存檔名為 C:\Temp\0302.sql，內容如下：

```
USE Northwind
GO
SELECT *
FROM dbo.[Orders Qry]
WHERE OrderDate between '1997-01-01' AND  '1997-06-30'
```

❖ 步驟 2：執行 sqlcmd 批次模式

以 sqlcmd 批次模式執行 SQL 指令檔：

step01 以滑鼠點選「開始」後，用鍵盤鍵入 cmd.exe，開啟 Windows
命令提示字元視窗。

step02 在命令提示字元視窗執行下列指令：

```
sqlcmd -i C:\Temp\0302.sql -o C:\Temp\0302_output.txt
```

這裡使用了 -i 與 -o 選項，分別代表輸入檔名與輸出檔名，因此執行 0302.sql 的 SQL 陳述式以後，會將執行結果輸出至 0302_output.txt。

圖 3.73 以 sqlcmd 批次模式執行 SQL 指令檔

❖ **步驟 3：確認輸出檔案內容**

開啟 C:\Temp\0302_output.txt，內容應如圖 3.74。

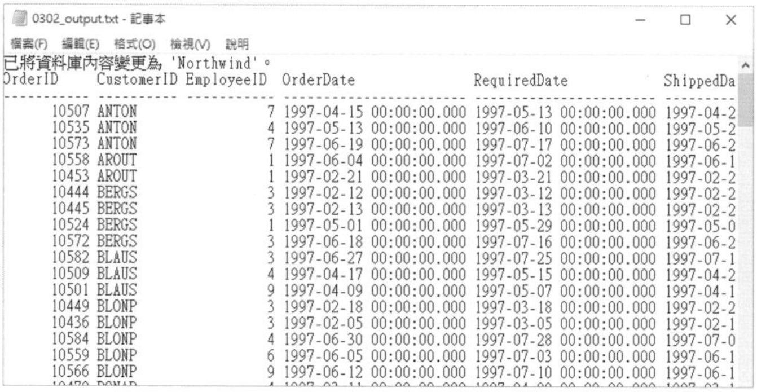

圖 3.74 0302_output.txt 的內容

3.6 結語

本章內容介紹了 SQL Server Management Studio 常用的物件總管、方案總管與 SQL 編輯器等功能，也說明如何利用「SQL Server Configuration Manager」設定網路組態、「sqlcmd」工具程式的兩種執行模式以及「說明檢視器」的基本設定方式。

建立與管理
使用者資料庫

SQL Server 的管理與學習門檻都較業界其他資料庫簡易，因 SQL Server 提供功能強大且操作簡易的圖形化管理工具。例如 SQL Server Management Studio（SSMS），使用者即使不完全瞭解 SQL Server 資料庫的組成架構，也能透過 SSMS 輕鬆建立資料庫。

但未完善設計與規劃的資料庫往往是大型或高重要性系統安全與效能的隱憂，例如將資料檔（data files）與記錄檔（log files）存放在同一個硬碟裡，資料庫雖可運作但大量負載的交易處理卻可能導致效能問題，因讀寫資料與交易記錄的動作若同時發生，便容易產生磁碟競爭（disk contention），I/O 效率不佳交易速度也跟著不好。

避免日後的管理或效能問題，建議在建置與管理 SQL Server 資料庫前，仔細研究資料庫的組成架構與運作原理，以及瞭解 SQL Server Management Studio 各種工具與選項的意義與使用時機。

本章將介紹 SQL Server 資料庫的組成及如何建置使用者自訂的資料庫。

4.1　資料庫的組成

大多數剛接觸 SQL Server 的使用者常以為資料庫只是「儲存資料的地方」，但是否了解資料存放最小單位與空間配置方式，以及 SQL Server 資料庫如何儲存資料呢？

SQL Server 的資料庫分為**系統資料庫**和使用者自行建立的**使用者資料庫**兩種，對於 SQL Server DBA 而言，日常的管理工作絕大部分都是針對使用者資料庫，比方建置資料庫、變更資料庫組態與其內的物件、備份與還原資料庫、監控與管理、效能調效⋯等等。以下章節將從資料庫的邏輯結構與實體檔案的組成來分析 SQL Server 的資料儲存機制，並更進一步探討各資料庫管理項目。

4.1.1　資料庫的邏輯與實體結構

資料庫內含許多物件，包括：資料表、檢視、索引、函數、預存程序⋯等，當使用者執行資料庫應用程式，就使用了這些資料庫物件，而 DBA 管理資料庫時也需視情況建立或修改某個資料庫物件。比方想存放公司所有產品資料，可以在資料庫新增 Products 資料表及其相關資料表，並建立資料表與資料表間的約束條件。為提升產品資料的搜尋效率，可在 Products 資料表建立索引。或是為了處理產品資料的商業邏輯，再進一步建立預存程序、自訂函數、觸發程序⋯等。最後，整個使用者資料庫的內容將變得豐富如圖 4.1：

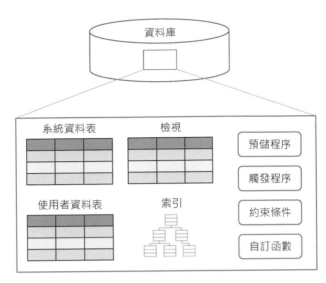

圖 4.1　SQL Server 資料庫的邏輯結構

　　邏輯上資料庫是各種資料庫物件的儲存區域，若從資料庫實體結構來看，每個 SQL Server 資料庫都是由「資料檔」與「記錄檔」所組成。

資料檔（data file）

　　SQL Server 的資料檔分「主要資料檔（Primary data file）」與「次要資料檔（Secondary data file）」兩種。建立資料庫時，第一個資料檔即為主要資料檔，副檔名預設為.mdf；在資料庫內新增的其他資料檔一律為次要資料檔，副檔名預設為.ndf。每一資料庫在建立時預設會有一個主要資料檔，用來存放系統資料表及資料庫內各檔案的資訊，若沒有另外再建立次要資料檔，那麼所有的使用者物件（如：資料表，索引...）都會存放在主要資料檔內。配置資料檔時可搭配使用檔案群組（file group）將資料檔劃分不同的用途，例如圖 4.2 裡 index 檔案群組包含了用來存放索引的 x2.ndf 與 x3.ndf 兩個資料檔。

記錄檔（log file）

存放資料庫內各種交易（例如新增、修改、刪除資料）所產生的資料異動記錄。

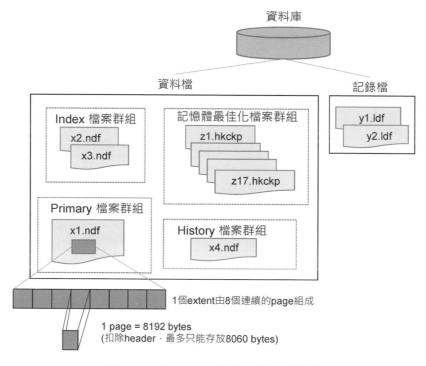

圖 4.2　SQL Server 資料庫的實體結構

SQL Server 2008 版本新增了「檔案資料流資料（FILESTREAM）」，SQL Server 2012 版本以此技術為基礎，在 FILESTREAM 上建立「FileTable」。

SQL Server 2014 版新增 In-Memory OLTP 技術，讓使用者可將常用或常發生爭用的過熱資料表定義為「線上交易記憶體最佳化資料表」。因此，資料表的資料不一定必須永久儲存在磁碟裡，若有效能上的考量也可以選擇僅儲存在記憶體內（但若記憶體最佳化資料表內的資料要永久保留，而非系統重啟或資料庫備份／還原後就僅剩資料表定義而遺失

所有資料，那麼記憶體最佳化資料表內的資料仍需存放在硬碟裡）。這些資料並未儲存在上述的 mdf、ndf 或 ldf 等檔案裡，而是儲存在以 Filestream 技術實作的 data／delta 檔案群組內，並以副檔名為 hkckp 的個別檔案存放在 Windows 作業系統的目錄當中。

首先，我們來認識資料檔的內部結構：

4.1.2 page 與 extent

SQL Server 資料庫將所有資料存放在資料檔（交易記錄除外）裡，資料最小存放單位稱為 page（SQL Server 線上說明文件有時譯為**分頁**，有時譯作**頁面**），大小固定為 8 KB（8192 位元組）。儘管每個 page 的容量為 8192 位元組，但需保留約 132 位元組的標頭資訊，所以 page 資料存放上限為 8060 位元組。

當使用者新增一筆資料時，邏輯上這筆資料會直接存入資料表，但實際上 SQL Server 是將資料存入該資料表所對應的 page。假設每筆資料列長度為 80 位元組，可以推算出每個 page 最多只能存入 100 筆資料（8060/80），如果有第 101 筆資料要存入同一個資料表，SQL Server 便會將資料存放到第二個 page。

但其實這種配置 page 的方式有其缺點：

- **額外 I/O 加重系統負擔**：若某個資料表預估要存放 8000 筆資料，每當新增 100 筆資料後系統就必須另外配置 1 個 page。推算起來，SQL Server 總共要執行 8000/100＝80 次空間配置動作，這些額外的 I/O 動作都將對系統造成負擔。

- **容易產生空間不連續的情況**：在上述的範例中，第一個 page 只能存放 100 筆資料，當新增第 101 筆資料到資料表時，若第 1 個 page 鄰近的空間已被其他資料表的 page 佔用，那麼新配置的 page 便不

會在第 1 個 page 旁。如果整個資料表內所有 page 皆不連續，勢必會影響資料在磁碟的存取效率（SSD 的影響不大）。

為了避免這些問題，SQL Server 每次會配置 8 個連續的 page，這塊連續的空間稱為 extent。優點是：

■ 同一個資料表的資料較有機會存放在連續的區域。

■ 減少 SQL Server 空間配置次數。

再回到上述的範例資料表（每筆資料列長度為 80 位元組），每配置一個 extent 便可連續存放 800 筆資料，當存入第 801 筆資料時，SQL Server 才會配置第 2 個 extent。以 8000 筆資料來算，只要配置 10 個 extent 就夠了。

🔊 **NOTE** ∙∙∙

在 SQL Server 資料庫中，資料列不可以跨越 page 存放。如果資料列長度為 80 位元組，一個 extent 可以存放 800 筆資料（假設「預設索引填滿因素」為 100%）：

8060 bytes / 80 bytes = 100 rows（每 1 個 page 只能存放 100 筆資料）
100 rows * 8 page = 800 rows（每 1 個 extent 只能存放 800 筆資料）

資料列無法跨越 page 存放，所以不可使用下列算法：

8060 bytes * 8 = 64480 bytes
64480 bytes / 80 bytes = 806 rows

此外，以上算法是假設資料行（column）的類型為固定長度（例如：char 或 int），不考慮變動長度的資料行（例如：varchar）。若有變動長度資料行，只能以每筆記錄的平均長度來估算。

SQL Server 只為資料表與索引配置 extent 與 page，所以有 data page 與 index page，但是沒有 view page 或是 stored procedure page。

執行 CREATE VIEW、CREATE PROCEDURE 或 CREATE FUNCTION…
等陳述式建立物件時，SQL Server 會將物件定義存入系統資料表。無論
是使用者資料表或是系統資料表，只要空間不足，SQL Server 便會自動
配置新的 extent。

4.1.3 檔案群組

　　「檔案群組（File Group）」是 SQL Server 邏輯上的管理單位，用
來管理資料檔案（datafile）。資料庫建立時預設的主要資料檔是
「PRIMARY 檔案群組」，此檔案群組的名稱無法更改，系統資料表也會
自動存放在 PRIMARY 檔案群組。若有建立次要資料檔，可將次要資料檔
加入「PRIMARY 檔案群組」或是使用者自行新增的「檔案群組」。如圖
4.3，MyDB 資料庫的 MyDB_Index 次要資料檔獨立存放於自建的
「FG_INDEX」檔案群組，可存在不同的實體硬碟裡。將使用者資料與索
引放在不同「檔案群組」，可讓 SQL Server 從兩個磁碟機同時搜尋索引
與資料表，以提升存取效率。

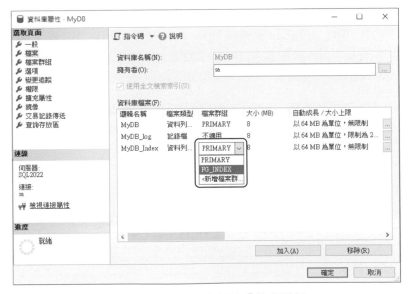

圖 4.3 為資料檔指定新的「檔案群組」

❖ 檔案群組的特性

■ 每個資料庫的「檔案群組」數目上限為 32767。

■ 建立資料表或索引時，只能指定要存放在哪個「檔案群組」，無法指定要存入哪個資料檔。將資料表與索引放在不同的「檔案群組」並將資料檔也置於不同的磁碟，可以提升資料搜尋效率。

■ 若「檔案群組」裡包含多個檔案，SQL Server 會等比例寫入 datafile。例如 user_data「檔案群組」由 data1.ndf 與 data2.ndf 組成，大小分別為 2 GB 與 4 GB，SQL Server 會以 1：2 的比例來配置 extent。也就是在 data1.ndf 配置一個 extent，在 data2.ndf 配置兩個 extent，等到這三個 extent 寫滿後，再以相同方式配置三個 extent，依此類推。此種寫入機制讓所有資料檔可盡量在同一時間寫滿，如將資料檔存於不同磁碟可提升資料寫入效能。

■ 如果「檔案群組」包含多個資料檔並設定為「自動成長」，SQL Server 會以循環方式擴充檔案容量。例如：user_data「檔案群組」內兩個資料檔（data1.ndf 與 data2.ndf）自動成長選項分別為 10 MB 與 20 MB。當這兩個資料檔完全填滿時，SQL Server 會先將 data1.ndf 擴充 10 MB，待此空間填滿資料後，再將 data2.ndf 擴充 20 MB。等到 data2.ndf 新配置的 20 MB 填滿後，再重新循環將 data1.ndf 擴充 10 MB。

以往若要讓所有的檔案一起自動增長需啟用 Trace flag 1117，SQL Server 2016 後改以資料庫選項來設定，可使用 ALTER DATABASE 語法啟用或停用：

```
ALTER DATABASE <資料庫名稱> MODIFY FILEGROUP <檔案群組名稱> AUTOGROW_ALL_FILES
```

預設仍是一次增長一個檔案，相關說明可參考：

```
https://learn.microsoft.com/en-us/archive/blogs/psssql/sql-2016-it-just-runs-
faster-t1117-and-t1118-changes-for-tempdb-and-user-databases
```

■ 已經存在資料表裡的資料，即使建立多個資料檔後也不會自動等比
例分配到各個資料檔裡，建立多個資料檔後所 INSERT 的資料才等
比例寫入各資料檔。

❖ 設定預設檔案群組

SQL Server 裡的每個資料庫皆可定義預設的「檔案群組」。建立資
料庫物件（如資料表或索引）時若未指定「檔案群組」，SQL Server 會
將該物件存放在預設「檔案群組」裡。

如果資料庫裡有多個「檔案群組」，可依照下列方式變更預設的「檔
案群組」：

step01 滑鼠右鍵點選資料庫按下「屬性」→開啟「資料庫屬性」視窗。

step02 切換到「檔案群組」頁面，如下圖。勾選 FG_DATA 檔案群組
的「預設值」即可將預設「檔案群組」變更為 FG_DATA。

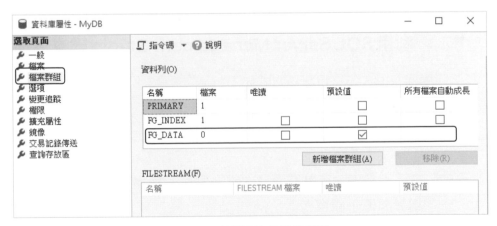

圖 4.4 更改預設的「檔案群組」

圖 4.4 中，可看到每一檔案群組裡管理多少個資料檔案，但圖右方中間的「FILESTREAM」所管理的是目錄而非檔案。若 SQL Server 啟用 FILESTREAM 功能，資料檔案的「檔案類型」欄位便可選擇「FILESTREAM 資料」，當然「檔案群組」欄位裡所能選擇的也就只是「FILESTREAM」類型的檔案群組。資料庫須先透過「SQL Server 組態管理員」啟動 SQL Server 執行個體支援「FILESTREAM」後，才能使用檔案資料流功能，啟用步驟請參閱《第 4.2.2 節：利用 CREATE DATABASE 陳述式建立資料庫》。

4.2 建立資料庫

在 SQL Server 建立新資料庫可使用以下兩種方式：

■ 執行 CREATE DATABASE 陳述式。

■ 利用 SQL Server Management Studio（SSMS）物件總管。

4.2.1 利用 SQL Server Management Studio 建立資料庫

透過 SSMS 建立資料庫方式如下：

step01 開啟 Management Studio→連線並登入 SQL Server 執行個體。

step02 在「資料庫」節點按滑鼠右鍵→點選「新增資料庫」→開啟「新增資料庫」視窗。

step03 參見圖 4.5，在左上角「選取頁面」窗格選取「一般」頁籤→在右側窗格內指定新資料庫名稱以及資料庫檔案的各項設定（例如邏輯名稱、初始大小、自動成長、路徑等選項）。

step04 最後按下「確定」，新建立的資料庫即會顯示於「物件總管」的「資料庫」節點下。（若使用 CREATE DATABASE 陳述式建立資料庫，需待"重新整理"後新建的資料庫才會顯示。）

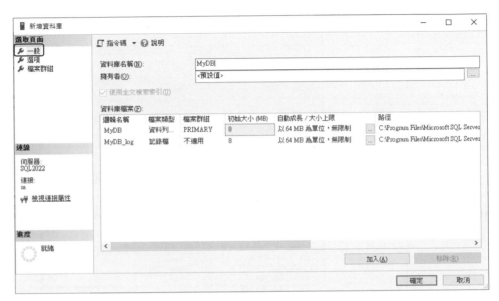

圖 4.5 「新增資料庫」視窗

❖ 設定資料庫選項

資料庫建立時，所有選項預設會從系統資料庫 model 複製。若不使用預設值，可在「新增資料庫」視窗的「選項」頁籤中，指定資料庫的各種選項：定序、復原模式、相容性層級、內含項目類型以及其他選項。

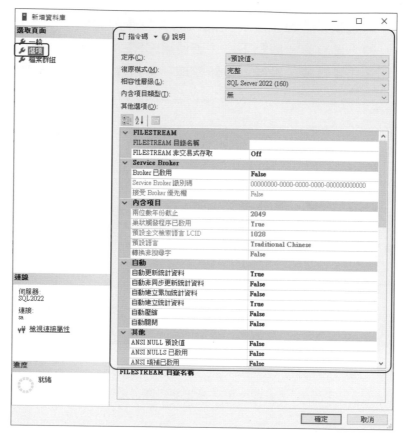

圖 4.6 「新增資料庫」視窗的設定畫面

❖ 指令碼

使用「新增資料庫」視窗時，可以利用「指令碼」功能將資料庫設定編寫成 T-SQL 指令碼，並可指定 T-SQL 指令的存放位置：

■ 新增查詢視窗

■ 檔案

■ 剪貼簿

■ 作業

圖 4.7 將新增資料庫的動作編寫成指令碼

　　如圖 4.7，當設定好資料庫選項後執行「將動作指令編寫至檔案」，就可以將設定選項的動作編寫為 SQL 指令碼，並另外儲存成 .sql 檔案。

4.2.2 利用 CREATE DATABASE 陳述式建立資料庫

　　另一種建立資料庫的方式是執行 CREATE DATABASE 陳述式，基本語法如下：

```
CREATE DATABASE 資料庫名稱
[ ON
    [ PRIMARY ] <資料檔組態> [ ,...n ]
    [ , <檔案群組設定> [ ,...n ] ]
    [ LOG ON <記錄檔組態> [ ,...n ] ]
]
[ COLLATE 定序名稱 ]
[ WITH 外部存取選項> [,...n ] ]
```

　　<資料檔組態>與<記錄檔組態>的語法：

```
{
(
    NAME = `邏輯檔案名稱`,
    FILENAME = { `作業系統檔案名稱` }
    [ , SIZE = size [ KB | MB | GB | TB ] ]
    [ , MAXSIZE - { 檔案上限[ KB | MB | GB | TB ] | UNLIMITED } ]
    [ , FILEGROWTH = 自動成長增量[ KB | MB | GB | TB | % ] ]
)
}
```

<檔案群組設定>的語法：

```
{
    FILEGROUP 檔案群組名稱[ [ CONTAINS FILESTREAM ] [ DEFAULT ] | CONTAINS
MEMORY_OPTIMIZED_DATA ]
        <資料檔組態> [ ,...n]
}
```

<外部存取選項>的語法：

```
{
FILESTREAM ( <filestream_option> [,...n ] )
| DB_CHAINING { ON | OFF }
| TRUSTWORTHY { ON | OFF }
}
```

各選項意義與適用時機整理如表 4.1。

表 4.1 CREATE DATABASE 陳述式的關鍵字與選項

選項	意義
CREATE DATABASE 資料庫名稱	指定資料檔組態。 包括資料檔名稱、大小與自動成長選項。
PRIMARY	定義 PRIMARY 檔案群組的主要資料檔（副檔名預設為.mdf）。 若 CREATE DATABASE 陳述式未包含 PRIMARY，第一個資料檔將成為主要資料檔，並會自動加入 PRIMARY 檔案群組。
LOG　ON	指定記錄檔組態。 包括記錄檔名稱、大小與自動成長選項。
NAME	指定資料檔或記錄檔的「邏輯名稱」。 此名稱會記錄在 MASTER 資料庫。
FILENAME	指定資料檔或記錄檔存放在 Windows 作業系統裡的完整路徑與檔名。

選項	意義
COLLATE	指定 SQL Server 資料庫定序。 資料庫的定序預設為伺服器定序（安裝 SQL Server 時所指定的定序）。
SIZE	設定檔案大小。 單位可以是 KB、MB、GB 或 TB，預設為 MB。
MAXSIZE	設定檔案上限。 單位可以是 KB、MB、GB 或 TB，預設為 MB。若未設定 MAXSIZE，檔案會一直成長，直到磁碟空間用罄為止。
FILEGROWTH	設定檔案自動成長大小。 此設定值不可以超過 MAXSIZE，單位可以是 MB、KB、GB、TB 或百分比（%）。

❖ 使用 CREATE DATABASE 陳述式建立資料庫的範例

範例程式 4.1：僅指定資料庫名稱，其餘選項未設定

```
CREATE DATABASE SampleDB1
```

此範例建立 SampleDB1 資料庫時，省略了資料檔與記錄檔組態等相關屬性，SQL Server 會以 model 資料庫為範本建立資料庫。因此 SampleDB1 資料庫檔案組態，檔案大小、存放路徑、自動成長等各選項，都會與 model 資料庫相同（但「邏輯名稱」和實體的資料檔案名稱會不一樣）。

範例程式 4.2：指定資料檔與記錄檔

```
CREATE DATABASE SampleDB2
ON
( NAME = N'SampleDB2_data',
  FILENAME = 'C.\Test\Samples\SampleDB2.mdf',
  SIZE = 500,
  MAXSIZE = 800,
  FILEGROWTH = 10 )
LOG ON
```

```
( NAME = N'SampleDB2_log',
  FILENAME = 'C:\Test\Samples\SampleDB2_log.ldf',
  SIZE = 100,
  MAXSIZE = 200,
  FILEGROWTH = 10 )
```

建立 SampleDB2 資料庫時未包含 PRIMARY 關鍵字，因此第一個資料檔（SampleDB2_data）會被設定為主要資料檔並置放於 PRIMARY 檔案群組。此外，由於資料檔與記錄檔的 SIZE、MAXSIZE 與 FILEGROWTH 選項沒有指定單位，所以會使用預設值 MB，資料庫 SampleDB2 的資料檔與記錄檔分別為 500 MB 與 100 MB，檔案上限為 800 MB 與 200 MB。

另外，SQL Server 使用到的檔案路徑必須已經存在，比方新的檔案資料夾需先建立好。範例中使用到的 C:\Test\Samples 目錄若不存在，SQL Server 會回傳作業系統找不到指定檔案的錯誤。另外，SQL Server 的服務帳號也需有在該目錄建立檔案的權限。

範例程式 4.3：建立 SampleDB3 資料庫時，除 PRIMARY 外另新增一個名稱為 Second 的檔案群組。

```
CREATE DATABASE SampleDB3
ON
PRIMARY
( NAME = N'SampleDB3_data',
    FILENAME = 'C:\Test\Samples\SampleDB3.mdf',
    SIZE = 500MB,
    MAXSIZE = 800MB,
    FILEGROWTH = 10MB ),
FILEGROUP [Second]
( NAME = N'SampleDB3_data2',
    FILENAME = 'C:\Test\Samples\SampleDB3_data2.ndf',
    SIZE = 200MB,
    MAXSIZE = 300MB,
    FILEGROWTH = 10% )
LOG ON
( NAME = N'SampleDB3_log',
    FILENAME = 'C:\Test\Samples\SampleDB3_log.ldf',
    SIZE = 100MB,
```

```
    MAXSIZE = 200MB,
    FILEGROWTH = 10MB )
```

建立 SampleDB3 資料庫時，使用 FILEGROUP 選項定義 Second 檔案群組，內含 SampleDB3_data2 檔案。SampleDB3_data2 是第二個資料檔，因此將作業系統檔名取為 SampleDB3_data2.ndf。

範例程式 4.4：建立 FS 資料庫時，除了 PRIMARY 檔案群組外，包含檔案資料流的定義。

```
CREATE DATABASE FS
ON
PRIMARY ( NAME = FS_Data,
      FILENAME = ' C:\Program Files\Microsoft SQL Server\MSSQL16.MSSQLSERVER\
MSSQL\DATA\FS.mdf',
      SIZE = 100MB,
      MAXSIZE = 200,
      FILEGROWTH = 20),
--若資料表要使用 FileStream，DB 在定義時需要告知存放目錄
--該目錄不能已經存在
FILEGROUP FSGroup
CONTAINS FILESTREAM
( NAME = FS,
   FILENAME = 'C:\Program Files\Microsoft SQL
Server\MSSQL16.MSSQLSERVER\MSSQL\fs')
GO

USE FS
GO

--若要包含 FileStream 功能的資料欄位，
--需要具備唯一且不可 NULL 的 UniqueIdentifier 類型欄位
--可以是 ROWGUIDCOL PRIMARY KEY
--或 ROWGUIDCOL NOT NULL UNIQUE
CREATE TABLE tbFS(
UUID UNIQUEIDENTIFIER ROWGUIDCOL PRIMARY KEY DEFAULT(NewID()),
FileName NVARCHAR(200),
Video VARBINARY(MAX) FILESTREAM)
```

一般使用的資料中有很多是半結構化或未結構化的，例如：Office/PDF 文件、XML、聲音、影像視訊，這些資料通常是儲存在資料庫之外。針對此類型的資料，SQL Server 2008 版本後新增「檔案資料流（FileStream）」儲存方式，特點如下：

■ 將大型資料透過 SQL Server 存回 Windows 作業系統的檔案目錄，而非資料庫檔案內。

■ 讓大型資料可遵循 Windows 系統或硬碟空間的限制，而無須受限於 SQL Server 裡 Varbinary 2G 位元組大小的限制。

■ 只能搭配 Windows 作業系統的 NTFS 檔案格式。

■ 維護「檔案資料流」時，可以搭配資料庫引擎的特性，完成交易管理、安全權限、備份還原等。

「檔案資料流」將資料庫引擎與 NTFS 檔案系統整合，把 varbinary（max）二進位大型物件（BLOB, Binary Large Object）資料當作檔案儲存在檔案系統上。「檔案資料流」的資料可以透過 T-SQL 陳述式新增、刪除、修改、查詢、檢索及備份，並透過 Win32 檔案系統介面以資料流方式直接存取。「檔案資料流」使用 Windows 作業系統快取來儲存檔案資料，不經過 SQL Server 且不使用 SQL Server 的緩衝集區，可減少損耗資料庫引擎效能。

若 SQL 安裝時若沒有啟用 FILESTREAM，之後可透過「SQL Server 組態管理員」啟用：

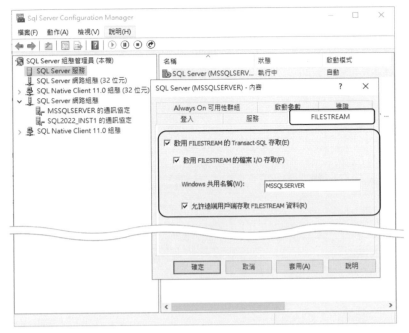

圖 4.8 透過 SQL Server 組態管理員啟用或關閉 FILESTREAM

接著需在伺服器屬性下的「進階」頁籤，調整 FILESTREAM 存取層級為「已啟用 Transact-SQL 存取」或是「已啟用完整存取」。

■ 「已啟用 Transact-SQL 存取」：僅能透過 SQL Server 存取檔案。

■ 「已啟用完整存取」：除透過 SQL Server 外，也可以 Windows 的檔案總管存取檔案。

圖 4.9　透過伺服器屬性調整 FILESTREAM 存取層級

也可透過下列指令碼啟用 FILESTREAM 存取層級：

```
EXEC sp_configure filestream_access_level, 2   --0:已停用，1:已啟用 Transact-SQL 存
取，2:已啟用完整存取
RECONFIGURE
```

4.3　資料表

　　關聯式資料庫裡的資料表（Table）是存放資料的物件，資料表的設計優劣當然也直接影響資料存取效能。在 SQL Server 資料庫內，資料表分為系統資料表、使用者資料表及暫存資料表三類。本節接著探討設計與管理使用者資料表的方式，包括：認識 SQL Server 資料類型以及如何使用 Management Studio 工具或 T-SQL 陳述式建立資料表。

4.3.1 認識 SQL Server 資料類型

　　為了明確指定資料表內每一資料行可存放何種資料，在設計資料表時必須清楚定義資料行的「資料類型」。了解資料類型的意義與實際佔有長度，並在設計資料表時精準使用資料類型，可避免錯誤使用資料類型而降低效能。

　　舉例來說，「產品數量」資料行應只能存放整數值，不該出現字元或日期資料，因此「產品數量」的資料類型定義可設為 int。當誤存入字元資料時，SQL Server 便會回應錯誤訊息，不允許將錯誤的資料類型存入資料行。另外，若產品數量皆低於 30000，就該用 smallint（2 bytes）而非 int（4 bytes）。

　　資料類型分為兩類：

- 系統資料類型
- 使用者自訂類型

　　SQL Server 內建的系統資料類型可在物件總管的「資料庫」／「可程式性」／「類型」節點下檢視，如圖 4.10 所示：

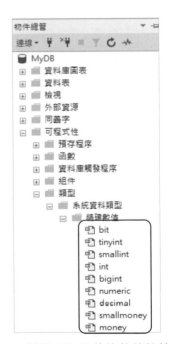

圖 4.10 透過 SSMS 的物件總管檢視內建的資料類型

❖ 系統資料類型

「系統資料類型」可在 SQL Server 內直接使用，資料類型不需另外定義。例如：int、char、date、time。

在 SQL Server 2022 中，系統資料類型分為以下幾種：

■ 精確數值

■ 近似數值

■ 日期和時間

■ 字元/字串

■ 特殊類型

表 4.2 與表 4.3 為 SQL Server 2022 提供的系統資料類型。

表 4.2 SQL Server 內建的系統資料類型

類別	類型	儲存位元組	備註
精確數值	bit	資料表中的 bit 資料行實際佔有空間： • <=8 個，1 byte • 9~16 個，2 bytes • 以此類推	0，1，NULL
	tinyint	1 byte	0 ～ 255
	smallint	2 bytes	$-2^{15} \sim 2^{15}-1$
	int	4 bytes	$-2^{31} \sim 2^{31}-1$
	bigint	8 bytes	$-2^{63} \sim 2^{63}-1$
	decimal(p,s)	5 ～ 17 bytes • 當 p=1~9，5 bytes • 當 p=10~19，9 bytes • 當 p=20~28，13 bytes • 當 p=29~38，17 bytes	p 為有效位數，s 為小數點。 p 介於 1 ～ 38，0 <= s <= p

類別	類型	儲存位元組	備註
	money	8 bytes	-922,337,203,685,477.5808 ～ 922,337, 203,685,477.5807
	smallmoney	4 bytes	-214748.3648 ～ 214748.3647
近似數值	float(n)	• 當 n 為 1~24，有效位數為 7，則儲存位元組為 4 bytes。float(24) 等同於 real。 • 當 n 為 25~53，有效位數為 15，則儲存位元組為 8 bytes。若未指定 n，預設值為 float(53)。[1]	-1.79E＋308 ～ -2.23E-308，0，與 2.23E-308 ～ 1.79E＋308
	real	4 bytes	-3.40E＋38 ～ -1.18E-38，0，1.18E-38 ～ 3.40E＋38
日期和時間	date*	精確度：1 天 儲存位元組：3 bytes。	西元 1 年 1 月 1 日 ～ 9999 年 12 月 31 日 預設值為 1900-01-01
	time(n)*	n 為 0 ～ 7，代表秒數小數點下的精確位數。 精確度：100 奈秒 儲存位元組：3 ～ 5 bytes，依要求的精確度而定。	00:00:00.0000000 ～ 23:59:59.9999999 預設值為 00:00:00
	smalledatetime	• 精確度：1 分鐘 • 儲存位元組：4 bytes（前 2 位元組儲存 1900 年 1 月 1 日以後的天數，後 2 位元組儲存午夜以後的分鐘數）。	1900 年 1 月 1 日 00:00:00 ～ 2079 年 6 月 6 日 23:59:59 預設為 1900-01-01 00:00:00

---

[1] SQL Server 僅會將 n 當作兩個可能值的其中一個。如果 1 <＝ n <＝ 24，便會將 n 當作 24。如果 25 <＝ n <＝ 53，會將 n 當作 53。

類別	類型	儲存位元組	備註
	datetime	精確度：千分之 3 秒，尾數為 0、3、7，其餘數字會採接近的數字。例如：.008 秒會變成.007，而.009 則會變成.010。 儲存位元組：8 bytes（前 4 位元組儲存 1900 年 1 月 1 日以前或以後的天數，後 4 位元組儲存當日時間，以午夜後的毫秒數表示）。	1753 年 1 月 1 日 00:00:00 ～ 9999 年 12 月 31 日 23:59:59.997 預設值為 1900-01-01 00:00:00
	datetime2(n)*	n 為 0~7，代表秒數小數點下的精確位數。 精確度：100 奈秒（10 的-9 次方秒） 儲存位元組：6 ～ 8 bytes，依要求的精確度而定。	1 年 1 月 1 日 00:00:00.0000000 ～ 9999 年 12 月 31 日 23:59:59.9999999
	datetimeoffset(n)*	n 為 0~7，代表秒數小數點下的精確位數。 資料格式為：YYYY-MM-DD hh:mm:ss[.nnnnnnn] **[+|-]hh:mm** 除了日期、時間資料外，可記錄時區資料。 精確度：100 奈秒 儲存位元組：8 ～ 10 bytes，依要求的精確度而定。	1 年 1 月 1 日 00:00:00.0000000 ～ 9999 年 12 月 31 日 23:59:59.9999999 (UTC) 預設值為 1900-01-01 00:00:00 00:00
字元/ 字串	char(n)	1 ～ 8000 bytes	固定長度非 unicode 字元[2]
	varchar(n)	1 ～ 8000 bytes	可變長度非 unicode 字元

---

[2]
    char、varchar 文字類型若定序指定了 UTF-8，可存放以 UTF-8 編碼的 unicode 字元。

類別	類型	儲存位元組	備註
	varchar(max)/text	0 ~ 2^{31}-1 bytes	可變長度非 unicode 資料，大型文字資料
Unicode 字串	nchar(n)	n 為 1 ~ 4000，儲存位元組為 2n bytes	固定長度 unicode 字元
	nvarchar(n)	n 為 1 ~ 4000，儲存位元組為 2n + 2 bytes	可變長度 unicode 字元
	nvarchar(max)/ntext	0 ~ 2^{30}-1 bytes	可變長度 unicode 字元，大型文字資料
二進位 字串	binary(n)	n 為 1 ~ 8000，儲存位元組為 1 ~ 8000 bytes	固定長度二進位資料
	varbinary(n)	n 為 1~8000，儲存位元組為 n+2 bytes	可變長度二進位資料
	varbinary(max)/image	0 ~ 2^{31}-1 bytes	可變長度二進位資料，大型二進位資料

* 號為 SQL Server 2008 後新增的資料類型。

　　除了上述常用的資料類型外，還有一些特殊用途的資料類型如表 4.3：

表 4.3 特殊的 SQL Server 系統資料類型

特殊類型	用途
cursor	存放某些資料的參照，可以宣告預存程序的 OUTPUT 參數。
sql_variant	可存放各種 SQL Server 支援的資料類型，但是 varchar（max）、varbinary（max）、nvarchar（max）、xml、text、ntext、image、rowversion (timestamp)、sql_variant、hierarchyid、geography、geometry、datetimeoffset 及使用者自訂類型等除外。
table	可儲存 SQL 查詢結果集。
rowversion/timestamp	由 SQL Server 自動產生的二進位唯一數字資料，以資料庫為單位自動賦予與維護，可作為每筆記錄的版本識別，沒有時間的意義。

特殊類型	用途
Uniqueidentifier	儲存位元組為 16 位元組的全球唯一識別碼（GUID），格式為 xxxxxxxx-xxxx-xxxx-xxxx-xxxxxxxxxxxx。在可更新訂閱的交易式複寫與合併式複寫，可利用 Uniqueidentifier 欄位來識別不同資料表的唯一資料列。一般用在跨地理區域多個資料庫內相同用途資料表需要唯一值時。
xml	儲存 XML 格式的資料。
HierarchyID*	以 .NET 實作的資料類型，放置樹狀目錄階層中的位置。
Geography*	以 .NET 實作的資料類型，代表圓形地球座標系統中的資料。
Geometry*	以 .NET 實作的資料類型，此類型代表 Euclidean（平面）座標系統中的資料。

* 號為 SQL Server 2008 後新增的資料類型。

🔊 **NOTE** ⋯⋯⋯⋯⋯⋯⋯⋯⋯⋯⋯⋯⋯⋯⋯⋯⋯⋯⋯⋯⋯⋯

未來 SQL Server 版本將移除 text、ntext 與 image 類型，請改用 varchar(max)、nvarchar(max) 與 varbinary(max)。

❖ 使用者自訂資料類型

「使用者自訂資料類型」是一種以系統資料類型為基礎的資料類型，當有多個資料表需存放同一個資料行的資料，便可定義別名資料類型來統一使用的資料類型。例如，在 SQL Server 資料庫內建立一個對應系統資料類型為 char(10)，別名為身分證字號的資料類型，當某個資料表內需要存放身份證字號時，只要將資料行的資料類型宣告為身分證字號，SQL Server 即會將資料類型對應至 char(10)。

下列範例說明如何建立使用者自訂類型：

```
CREATE TYPE [身分證字號]
FROM [char](10) Not Null
```

建立使用者自訂類型後，可在 SQL Server Management Studio「物件總管」視窗內，資料庫的「可程式性」/「類型」/「使用者定義資料類型」節點下控管。

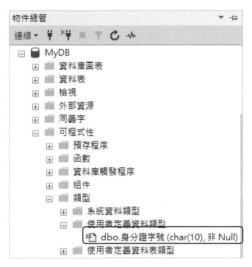

圖 4.11　使用者定義資料類型

❖ 使用者自訂資料表類型

SQL Server 2008 後新增了「使用者定義資料表類型」，讓使用者可用宣告資料表結構的方式來建立自訂資料表類型，並可使用該類型宣告資料表值變數或參數。「使用者定義資料表類型」可將多筆資料列傳送到 T-SQL 陳述式、預存程序或函數等。在呼叫預存程序或函數時若要傳遞多筆記錄或陣列，使用資料表值變數可以避免建立暫存資料表或過多的參數，也能減少在網路上來回的批次數量。

下列範例以 T-SQL 語法定義自訂資料表類型：

```
CREATE TYPE tpMyTbl AS TABLE
(ID INT PRIMARY KEY, String NVARCHAR(100))
```

在「物件總管」視窗內，各資料庫的「可程式性」/「類型」/「使用者定義資料表類型」節點下，可以查看使用者自定的資料表類型。

圖 4.12 使用者定義資料表類型

下面範例程式使用 T-SQL 陳述式測試自訂的資料表類型：

範例程式 4.5：透過自訂資料表型態批次新增記錄

```
USE MyDB
GO


CREATE TABLE tb(
ID INT PRIMARY KEY,
String NVARCHAR(100))
GO


--定義預存程序使用資料表型態，必須為唯讀
CREATE PROCEDURE spSelectFromTVP(
    @TVParam tpMyTbl READONLY)
AS
    SET NOCOUNT ON
    INSERT tb SELECT * FROM @TVParam
GO
```

```
--宣告自訂資料表類型的變數並新增記錄
DECLARE @TVP AS tpMyTbl
INSERT INTO @TVP(ID, String) VALUES (1, 'Bill'),(2, 'William')

--呼叫預存程序時，直接賦予自訂資料表類型變數
EXEC spSelectFromTVP @TVP

--驗證資料
SELECT * FROM tb
GO

--清除建立的物件
DROP PROC spSelectFromTVP
DROP TABLE tb
DROP TYPE tpMyTbl
```

4.4　建立資料表

瞭解了資料類型的基本概念後，本節將介紹如何使用 SQL Server Management Studio 來設計資料表：

■　建立資料表的基本結構。

■　維護資料完整性的方式。

■　資料行自動編號與計算資料行的組態方式。

建立資料表以前，建議先決定以下幾個項目：

■　資料表的名稱[3]。

■　每個資料表要包含哪些資料行及資料行的資料類型。

---

[3] 設計系統前，任何物件應該都先訂出命名規則，不管是伺服器名稱、資料庫名稱、資料表名稱、資料行名稱⋯甚至於程式的專案、類別、函數⋯等等。建議先制訂命名規則，再依規則命名各物件。

- 資料表是否須定義「條件約束」（例如 Primary Key、Foreign Key 或 Not Null）。

- 資料行是否有預設值。

- 資料行是否具備其他特性（例如，某資料行的內容由 SQL Server 自動產生）。

在 SQL Server 資料庫內建立或管理資料表時，通常可分為以下四個階段：

- **第一階段（定義資料表的基本結構）**：決定資料表名稱、資料行數量、名稱與資料類型。

- **第二階段（維護資料完整性）**：定義資料行需具備的條件約束。

- **第三階段（提升存取效能）**：在資料表上建立索引（指定適當的填滿因素），並且建議將資料表與索引分別存放在不同的檔案群組以增進效能。

- **第四階段（重整）**：視效能與功能的需求重新增減資料行，甚至於正規、反正規化。

在資料表上定義 Primary Key 與 Unique 條件約束時，SQL Server 會自動建立唯一索引，並儲存在預設的檔案群組裡。

4.4.1 設計資料表的基本結構

SQL Server 的「資料表設計工具」提供圖形化介面，讓資料表的建立與維護工作事半功倍。在物件總管內開啟資料表設計工具可使用以下兩種方式：

- 選取資料表項目→按下滑鼠右鍵→選擇「新增(N)」→「資料表(T)」項目（參見圖 4.13）。

■ 展開資料表項目→選取欲修改的資料表→按下滑鼠右鍵後執行「設計(G)」項目。

圖 4.13 開啟資料表設計工具

資料表設計工具分為兩個子視窗：上方的「資料行設計」視窗可以加入或移除某個資料行，選取某一資料行以後，在下方「資料行屬性」視窗可以檢視或修改資料行屬性。

開啟資料表設計工具後，可以直接在資料行設計視窗內定義每個資料行，包括：資料行名稱、資料類型，以及是否允許存放 Null 值。如圖 4.13，輸入資料行名稱之後，右側「資料類型」選單可以選取資料類型。SQL Server 預設資料行允許存放 Null 值，如果資料行不允許存放 Null 值，需自行取消「允許 Null」的勾選狀態。

執行「新增資料表」動作時，預設的資料表名稱為 Table_1，在定義資料表的基本結構（或是修改資料表內某資料行的屬性）以後，請立刻儲存該資料表。若要儲存目前編輯的資料，可點選工具列的 💾 圖示或是選取主選單「檔案」→「儲存 Table_1(S)」選項，然後指定新的資料表名稱。

4.4.2 維護資料完整性

為了維護資料完整性可以使用「條件約束（Constraint）」來限制資料存放方式。例如以 Unique 條件約束限制資料行不允許出現重複的資料，或是以 Check 條件約束定義資料行的檢核規則等。

表 4.4 是 SQL Server 支援維護資料完整性的方式總整理：

表 4.4 SQL Server 支援的資料完整性維護方式

資料完整性維護方式	說明
Primary Key 條件約束	宣告某資料行為「主鍵」。該資料行存放的資料不可以重複，也不允許存放 Null 值。
Unique 條件約束	資料行存放的資料必須唯一，可以有 Null 值，但不可重複（僅能有一筆資料值為 Null）。
Check 條件約束	限制某資料行的內容必須由預先定義的規則進行檢查，符合檢核規則的資料才能存入資料表。執行 Update 動作時，修改後的新資料也必須符合檢核規則。
Foreign Key 條件約束	規定某資料行的內容必須參照另一個資料表的資料行。
允許 Null 存放	宣告某資料行是否可以存放 Null 值。
預設值	新增資料時如果沒有提供資料行的內容，SQL Server 將自動存入事先設定的預設值。

❖ 設定 Primary Key 條件約束

在資料表內設定 Primary Key 條件約束的方式如下：

step01 在資料行設計視窗內→選取欲設定 Primary Key 的資料行。

step02 按下滑鼠右鍵後執行「設定主索引鍵」。

如圖 4.14，當「Name」被設定為主索引鍵時，左側會顯示一個 🔑 圖示，並且「允許 NULL」選項會自動取消勾選。

圖 4.14　設定 Primary Key 條件約束

❖ 設定 Unique 條件約束

　　如果某個或一組資料行不允許重複的資料存放（例如：身分證字號），就可以為此資料行設定 Unique 條件約束。設定主鍵或 Unique 條件約束時，SQL Server 會自動建立「唯一性索引」來維護資料的唯一性，雖然 SQL Server Management Studio 內的資料表設計工具並沒有提供直接設定 Unique 條件約束的方式，但可透過 T-SQL 指定 unique 條件約束。建立唯一索引的方式如下：

step01　在資料行設計視窗內→選取資料行名稱。

step02　按下滑鼠右鍵→執行「索引/索引鍵（I）」選項。

step03　參見圖 4.15，在「索引/索引鍵（I）」視窗內→點選「加入」按鈕新增一個索引→將「一般」選項的「是唯一的」屬性更改為「是」。

step**04** 點選「資料行」欄位右側的 ⋯ →在「索引資料行」視窗內指定索引資料行名稱及索引的排序次序。

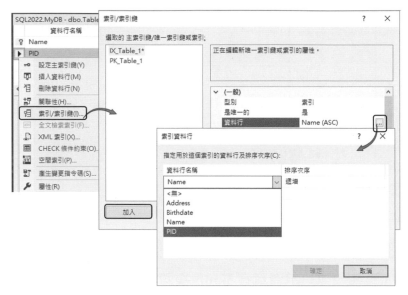

圖 4.15 建立唯一性索引，相當於定義 Unique 條件約束

step**05** 在「索引/索引鍵」視窗右側窗格內，往下拖曳視窗捲軸可以設定其他索引相關選項，可以修改資料分頁的填滿規格、存放該索引的檔案群組，索引名稱...等，如圖 4.16。

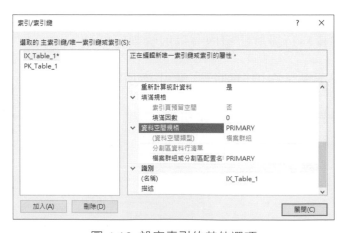

圖 4.16 設定索引的其他選項

可以考慮直接建立唯一索引，比 Unique 條件約束更有彈性。例如建立索引時透過 where 條件排除對 NULL 值的索引。範例如下：

```
create table t(c1 int)
go
create unique index idxC1 on t(c1)
where c1 is not null
```

則輸入多個 null 沒有問題：

```
insert t values(1),(2),(null),(null)
```

或是搭配 ignore_dup_key 選項，在 insert 時，自動排除造成重複的紀錄：

```
create unique index idxC1 on t(c1)
with(ignore_dup_key=on)
```

如下的語法僅會新增 1,2,null，但不會觸發錯誤：

```
insert t values(1),(2),(2),(null),(null)
```

回傳的訊息會多出以下的資訊：

重複的索引鍵已被忽略。

上述建索引的 where 字句和 ignore_dup_key 選項只能擇一使用。

❖ 設定 Check 條件約束

在完整性條件約束中只有 Check 條件約束可以自行定義資料檢查規則，SQL Server 會檢查新增或修改的資料，符合檢查規則的資料才可存入資料表。設定 Check 條件約束的方式為：

step01 在資料行設計視窗內→選取資料行。

step**02** 按下滑鼠右鍵後執行「檢查條件約束」。

step**03** 參見圖 4.17，在「檢查條件約束」視窗內，直接在「運算式」欄位輸入資料檢查規則。如果檢查規則內容較多，可以點選 ⋯ 按鈕，然後在「檢查條件約束運算式」視窗內輸入。

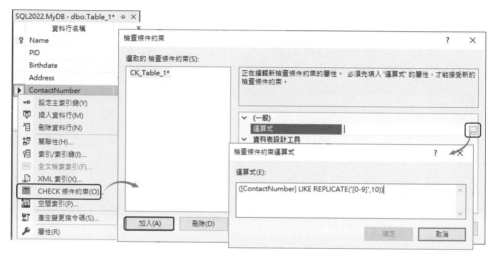

圖 4.17 設定 Check 條件約束

step**04** 在「識別」選項的（名稱）欄位可以設定新的 Check 條件約束名稱。

❖ 設定外鍵條件約束

在關聯式資料庫中外鍵（foreign key）條件約束用來維護「參考完整性」（Referential Integrity），也就是指定資料行的內容（值域）必須參照其他資料表內的資料行。

如圖 4.18，輸入客戶資料時不可任意輸入國別代號，因為若輸入不存在的國家便會違反參考完整性。為了避免此問題，設計「客戶（Customer）」資料表時，可以在「客戶」資料表的「國別代號」資料行上定義 Foreign Key

條件約束，指定「國別代號（CountryID）」資料行必須"參照"「國別（Country）」資料表的「國別代號（CountryID）」資料行：

■ 新增「客戶」資料時，SQL Server 會檢查輸入的「國別代號」是否存在於「國別」資料表。如果國別代號不存在，該筆客戶資料便無法輸入。但新增「客戶」記錄的「國別代號」欄位值若是 NULL，則可以接受並存入資料表。

■ 修改、刪除「國別」資料表的內容時，SQL Server 也會檢查該筆資料表是否已被參照。如果已被參照，該筆國別資料可能造成以下四種結果：

  □ 無法被刪除。

  □ 客戶資料表的相關記錄被瀑布式串接修改、刪除。

  □ 客戶資料表的相關記錄 CountryID 資料行還原成預設值。

  □ 客戶資料表的相關記錄 CountryID 資料行變成 NULL。

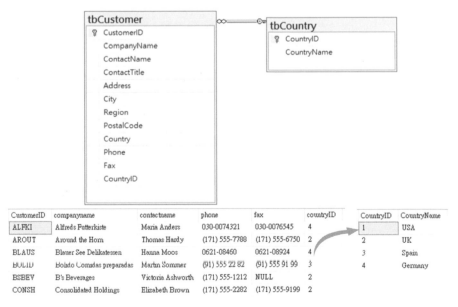

圖 4.18 客戶資料表與國別資料表的關聯性

設定 Foreign Key 條件約束的方式如下：

step**01** 在資料表設計視窗內→選取資料行。

step**02** 按下滑鼠右鍵後執行「關聯性」→開啟「外部索引鍵關聯性」視窗→點選「加入」新增關聯性。

step**03** 點選「資料表及資料行規格」右側的 ⬚ 按鈕→在「資料表和資料行」視窗內設定：

■ 關聯性名稱（也就是 Foreign Key 條件約束的名稱）。

■ 外部索引鍵資料表的資料行（此為設定 Foreign Key 條件約束的資料行）。

■ 主要索引鍵資料表的資料行（也就是被 Foreign Key 條件約束所參照的資料表與資料行）。

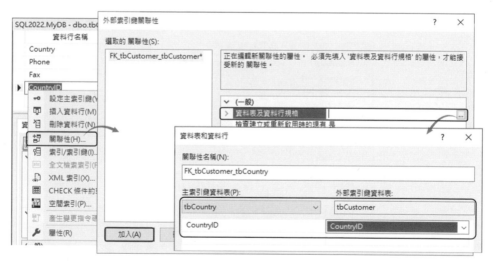

圖 4.19 設定資料表之間的關聯性

在「外部索引鍵關聯性」視窗展開「資料表及資料行規格」屬性時，將看到 Foreign Key 條件約束的設定。另外，展開「INSERT 及 UPDATE 規格」屬性，可定義主鍵欄位記錄內容變更時，外鍵資料相對應的動作，如圖 4.20：

圖 4.20　主鍵欄位記錄內容變更時外鍵資料相對應的動作

ANSI SQL 標準對於外鍵（Foreign Key）條件約束在修改資料時定義了四種因應方式，但 SQL Server2000 版本前僅支援兩種機制：沒有動作（No Action）和瀑布式（Cascade）更新。

- 沒有動作（No Action）：當外鍵對應的主資料表欄位值修改或刪除時，外鍵的欄位會直接丟出錯誤不允許執行。

- 瀑布式（Cascade）：當外鍵對應的主資料表欄位值修改或刪除時，該資料表將會瀑布式一併串接修改或刪除。

在 SQL Server 2005 版本後，對 DELETE 和 UPDATE 所引發的外鍵限制式動作增加了「設為 Null」及「設為預設值」兩種功能。設定畫面如圖 4.20，T-SQL 程式範例如下：

範例程式 4.6：外鍵參照的資料表因 DELETE 與 UPDATE 執行造成被參照的主鍵值遺失時，外鍵欄位存入值的對應

```
USE TempDB
GO


CREATE TABLE tbConsultants
(
    PK SMALLINT PRIMARY KEY,
    Name NVARCHAR(5)
)
GO
INSERT tbConsultants VALUES(-1,N'無對應人')--提供外鍵欄位的預設值
INSERT tbConsultants VALUES(1,N'陳小華')
INSERT tbConsultants VALUES(2,N'王小明')
GO


CREATE TABLE tbCases
(
    PK SMALLINT IDENTITY(1,1) PRIMARY KEY,
    ConsultID SMALLINT DEFAULT -1,
    CaseName NVARCHAR(50),
    --利用對 Foreign Key 新增的功能，讓修改和刪除時可以有不同的處理方式
    CONSTRAINT FK_Cases_Consultants FOREIGN KEY(ConsultID)
    REFERENCES tbConsultants(PK)
    ON DELETE SET NULL
    ON UPDATE SET DEFAULT
)
```

測試範例：

```
INSERT tbCases VALUES(1,N'甲方案')
INSERT tbCases VALUES(2,N'乙方案')
GO


DELETE tbConsultants WHERE PK=2
UPDATE tbConsultants SET PK=3 WHERE PK=1
GO


SELECT * FROM tbCases
```

上述範例的執行結果如下：

```
PK      ConsultID CaseName
------  --------- -------------------------------------------------
1       -1        甲方案
2       NULL      乙方案
```

由於在設定外鍵限制時同時定義了：

```
ON DELETE SET NULL
ON UPDATE SET DEFAULT
```

比照範例程式 4.6，因為主資料表執行 DELETE 語法而導致被參照的主鍵遺失時，參照資料表對應記錄的外鍵資料表欄位會存入 NULL 值。所以上述 tbCases 資料表的第二筆記錄外鍵欄位變為 NULL。

另外，因為主資料表執行 UPDATE 語法而導致被參照的主鍵遺失時，參照資料表對應記錄的外鍵欄位存入預設參照鍵值 -1。因此，上述結果的第一筆記錄參照外鍵欄位 ConsultID 由原先的 1 變為 -1。

❖ **資料行是否「允許 NULL」**

如果某資料行不允許 Null 值存放 [4]，可經由下列兩種方式設定：

■ 選取資料行名稱→取消「允許 Null」勾選狀態。

■ 先選取資料行名稱→在「資料行屬性」頁面內將「允許 Null」更改為「否」。

---

[4] 按照資料庫設計與應用的理論，資料行最好不允許 NULL。

圖 4.21　指定資料行是否允許 Null 值

❖ 設定資料行的「預設值」

　　針對某個資料行定義了預設值，新增資料時如果沒有指定該資料行的內容，SQL Server 會自動存入事先定義的預設值。

　　如圖 4.22，選取「RegisterDate」資料行以後，將「預設值或繫結」屬性設為 SQL Server 的日期函數 **getdate()**。假設未來新增了一筆訂單資料，但忽略「註冊日期」資料行，SQL Server 會自動以 getdate() 函數的執行結果[5]存入該資料行。

5　getdate()回傳目前系統的日期時間，但因為該資料行的類型是 Date，所以只會存入日期。

圖 4.22　設定資料行的預設值

4.5　利用資料庫圖表功能建立資料表

　　除了資料表設計工具，SQL Server 另外提供了一項「資料庫圖表」功能執行以下工作：

- ■　以視覺化方式觀察資料表之間的關連性。

- ■　在圖表內新增資料表或是刪除資料表。

- ■　將資料表加入圖表或是從圖表內移除。

- ■　在資料表上建立各種條件約束（建立方式與資料表設計工具相同）。

　　建立資料庫圖表的方式為：

step01　在物件總管內選取「資料庫圖表」項目。

step02　按下滑鼠右鍵後→執行「新增資料庫圖表」。

第一次執行時，系統會提醒是否要安裝資料庫圖表支援物件，請按下「是(Y)」。

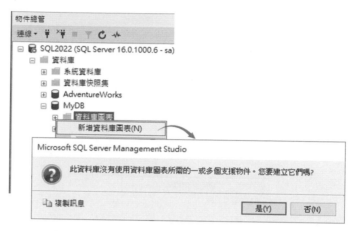

圖 4.23 第一次新增資料庫圖表的警告訊息

如圖 4.24，在建立資料庫圖表時，若加入前文示範的客戶與國別資料表，圖表便會自動顯示其關連性。

圖 4.24 在資料庫圖表內新增資料表

使用資料庫圖表管理資料表時，請特別注意「新增資料表」與「加入資料表」兩者的意義並不相同：

■ 新增資料表：相當於使用資料表設計工具來定義新資料表。執行圖表儲存動作時，會在資料庫內建立相對應的新資料表。

■ 加入資料表：將資料庫內既有的資料表加入目前開啟的資料庫圖表，除了檢視與其他資料表的關連性外，也可以執行其他資料表管理工作。

同樣地，以滑鼠點選某個資料表後，右鍵點選「從資料庫刪除資料表」與「從圖表移除」資料表的意義也不同。前者相當於執行 DROP TABLE 陳述式刪除資料表，後者則是從資料庫圖表內移除資料表圖示（該資料表仍會存在於資料庫內）。

在資料表設計工具內可以執行的動作都能在資料庫圖表內執行，且可以經由滑鼠拖曳方式建立兩個資料表之間的關連性，這個小技巧在建立外鍵條件約束時非常實用。

建立新的資料庫圖表時，預設的圖表名稱為 Diagram_0。如果在資料庫圖表內更動資料表的相關設定，請記得儲存該圖表，否則所有的異動並不會反應至資料表。

若是新增的圖表，點選工具列的 💾 按鈕或是按下快速鍵 Ctrl+S，SSMS 會要求使用者輸入新的圖表名稱，並確認是否將相關異動工作儲存到資料庫。儲存後物件總管的「資料庫圖表」項目便會增加，以滑鼠雙擊此圖表即可開啟原先儲存的資料庫圖表。

4.6　實用的資料表設計技巧

除了利用 Primary Key、Foreign Key 等條件約束，在 SQL Server 資料庫內設計資料表時還有一些好用的技巧，本節介紹兩種實用的資料行設計方式：

- 資料行自動編號

- 計算資料行

4.6.1　自動編號

針對數值資料類型，SQL Server 提供自動編號的功能，用來自動產生唯一的數值序列，每個資料表僅允許一個欄位可設為自動編號。如圖 4.25，將「CountryID」資料行的「（為識別）」屬性設定為「是」，可以另外設定兩個與自動編號有關的屬性：

- 識別值種子：數值序列的初始值，預設為 1。

- 識別值增量：每個新值之間的增量，預設為 1。

以上設定完成後，新增第一筆資料到國別資料表時，其國別編號會從 1 開始產生，下一個國別編號將是 2，依此類推。

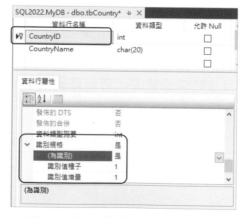

圖 4.25　設定資料行自動編號功能

如果將識別值種子設為 100，識別值增量設為 5，那麼 SQL Server 針對此資料行產生的編號將會變成 100、105、110…。

4.6.2 計算資料行

如果某個資料行的內容需由另一資料行或是某公式所產生，就可以定義為「計算資料行」。

例如在客戶資料表內增加一個「Age」資料行記錄客戶的出生日期與今天相差的年數，查詢時讓 SQL Server 根據公式自動計算「Age」資料行的內容。

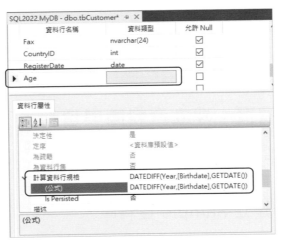

圖 4.26 在資料表內定義「計算資料行」

SSMS 18.x 及 19.x 與前幾版一樣，當設定公式內容 DATEDIFF(Year, [Birthdate],GETDATE()) 時仍會出現驗證錯誤警訊：

圖 4.27 驗證資料行公式錯誤

回答「否」後,雖然儲存資料表的定義時會再次有警告,但其實可以儲存並實際上會使用上述的「計算資料行」。或是可改用 T-SQL 針對該資料表加入相同的運算公式欄位,修改資料表定義並不會有問題,而且查詢結果也符合期待:

```
ALTER TABLE dbo.tbcustomer ADD
    Age  AS datediff(year,[Birthdate],getdate())
```

可以針對計算資料行建立索引,但公式內所有的操作都必須是可確定的(deterministic),亦即若計算中帶有函數,呼叫該函數時傳入相同的參數值傳出的結果一定相同。但像範例中的 GETDATE() 每次呼叫時都傳回當下的時間、RAND() 傳回亂數、NEWID() 傳回 UUID...等,都不是可確定的函數。因此,不能針對本範例的「Age」計算資料行建立索引來提升查詢效能。

4.7　實作練習:建立資料庫與資料表

建立 Sample 資料庫,並新增一個檔案群組。

實作 4.1:建立 Sample 資料庫

在實作 4.1 中,將會建立一個資料庫並產生 CREATE DATABASE 陳述式。

❖ 步驟 1:建立資料庫

請依照下列步驟,在 SQL Server 內建立新資料庫:

step01　開啟 SQL Server Management Studio。

step02　連線到伺服器。

step**03** 在物件總管的「資料庫」節點按下滑鼠右鍵→執行「新增資料庫」。

step**04** 在「新增資料庫」視窗內,設定資料庫名稱為 Sample。資料檔與記錄檔的邏輯名稱預設為 Sample 與 Sample_log,請將這兩個檔案的「初始大小(MB)」設定為 50 MB。

step**05** 點選左上「指令碼」選單的「編寫動作的指令碼至新增查詢視窗」。這個動作將會產生 CREATE DATABASE 陳述式,稍後可將它儲存為 SQL 指令碼檔案(副檔名為.sql)。執行指令碼編寫動作時,請等「新增資料庫」視窗左下角的進度窗格顯示「指令碼已順利完成」時,再點選右下角的「確定」建立此資料庫。

step**06** 回到 SQL Server Management Studio,新建立的 Sample 資料庫將顯示於物件總管。因為步驟 5 曾執行指令碼編寫動作,故 CREATE DATABASE 陳述式會顯示在右側的查詢視窗。

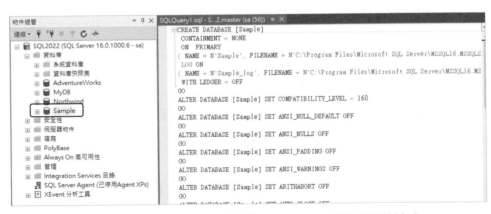

圖 4.28 建立 Sample 資料庫的 CREATE DATABASE 陳述式

可將目前查詢視窗的內容另外儲存為 SQL 指令檔,日後如需建立相同(或結構類似)的資料庫時便可以修改此指令檔後直接執行。

請依照下列步驟將查詢視窗的內容儲存為 SQL 指令檔：

step01 當 Management Studio 的焦點是在中間的 T-SQL 編輯環境時，點選主選單的「檔案」→「另存 SQLQueryXX.sql 為」選項。

step02 在「另存新檔」視窗內，指定 SQL 檔案名稱與儲存路徑。

實作 4.2：新增 DATA 檔案群組

在 Sample 資料庫內新增一個檔案群組，此檔案群組將包含一個 Sample2.ndf 資料檔。步驟如下：

step01 在物件總管 Sample 資料庫以滑鼠右鍵點選「屬性（R）」選項開啟「資料庫屬性」視窗。

step02 切換到「檔案」頁面→點選「加入」按鈕新增一個檔案（「檔案類型」會預設為「資料列資料」）。

step03 將資料檔「邏輯名稱」設為 Sample_2，資料檔的初始大小改為 100 MB。

step04 在「檔案群組」選單內選擇「新增檔案群組」：

- 將檔案群組名稱設為 Data。
- 勾選「預設值」核取方塊，直接將 Data 指定為預設檔案群組。

按下「確定」回到「資料庫屬性」視窗。

圖 4.29 同時建立資料庫檔案與檔案群組，並將 Data 設定為預設檔案群組

step**05** 確認 Sample2 資料檔依照上述步驟設定後，按下「確定」。此時 Sample 資料庫就會擁有兩個檔案群組：PRIMARY 與 Data。

實作 4.3：在資料庫圖表內定義資料表與關連性

在資料庫圖表內建立三個新資料表，並設定必要的條件約束與關連性。

在接下來的實作練習中，將從資料庫圖表內新增三個資料表：「tbOrder」、「tbOrderDetail」、「tbProduct」，並在這三個資料表之間建立兩個 Foreign Key 條件約束：

- 第一個 Foreign Key 條件約束：在「tbOrderDetail」資料表內，設定「OrderID」資料行必須參照「tbOrder」資料表的「OrderID」資料行。

■ 第二個 Foreign Key 條件約束：在「tbOrderDetail」資料表內，設定「ProductID」資料行必須參照「tbProduct」資料表的「ProductID」資料行。

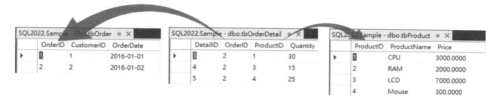

圖 4.30　三個資料表的其關聯性

❖ 步驟 1：建立新的資料庫圖表

依照下列步驟建立新的資料庫圖表：

step01　在物件總管內，選擇欲建立資料表的 Sample 資料庫。

step02　選取「資料庫圖表」項目，按下滑鼠右鍵後執行「新增資料庫圖表」。第一次建立資料庫圖表時會出現「此資料庫沒有使用資料庫圖表所需的一或多個支援物件。您要建立它們嗎？」的警示訊息，按下「是」。

step03　在「加入資料表」視窗內，不需選取任何資料表，直接按下「關閉」。

❖ 步驟 2：建立「tbOrder」資料表

依照下列步驟建立「tbOrder」資料表：

step01　在資料庫圖表的空白處，按下滑鼠右鍵後執行「新增資料表」。

step02　在「選擇名稱」視窗內，將資料表名稱設定為「tbOrder」→按下「確定」。

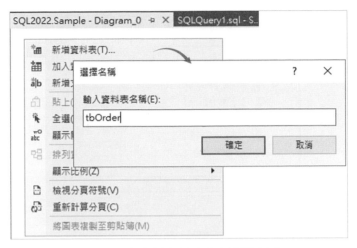

圖 4.31　在資料庫圖表內新增資料表

step**03**　參見下表，在「tbOrder」資料表內加入三個資料行，並設定其資料類型。

資料行名稱	OrderID	CustomerID	OrderDate
資料類型	int	int	date
允許 Null	不勾選	不勾選	不勾選

step**04**　在「tbOrder」資料表內選取「OrderID」資料行，按下滑鼠右鍵後執行「設定主索引鍵」。設定完成時，「OrderID」左側會出現一個 🔑 符號，代表此資料行已定義 Primary Key 條件約束（參見圖 4.32）。

step**05**　選取「tbOrder」資料表，按下滑鼠右鍵後執行「自動調整選取資料表的大小」。SQL Server Management Studio 會根據資料行名稱長度自動調整資料表的顯示大小。

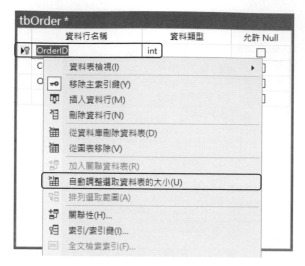

圖 4.32　調整資料表的顯示大小，以簡省圖表空間

❖ 步驟 3：建立「tbProduct」資料表

依照下列步驟建立「tbProduct」資料表：

step01　在資料庫圖表的空白處，按下滑鼠右鍵後執行「新增資料表」。

step02　在「選擇名稱」視窗內，將資料表名稱設定為「tbProduct」→
按下「確定」。

step03　參見下表，在「tbProduct」資料表內加入三個資料行，並設定
其資料類型。

資料行名稱	ProductID	ProductName	Price
資料類型	int	nvarchar(10)	money
允許 Null	不勾選	不勾選	不勾選

step04　在「tbProduct」資料表內選取「ProductID」，按下滑鼠右鍵
後執行「設定主索引鍵」。

❖ 步驟 4：建立「tbOrderDetail」資料表

依照下列步驟建立產品資料表：

step01 在資料庫圖表的空白處，按下滑鼠右鍵→執行「新增資料表」。

step02 在「選擇名稱」視窗內，將資料表名稱設定為「tbOrderDetail」後按下「確定」。

step03 參見下表，在「tbOrderDetail」資料表內加入四個資料行，並設定其資料類型。

資料行名稱	DetailID	OrderID	ProductID	Quantity
資料類型	int	int	int	smallint
允許 Null	不勾選	不勾選	不勾選	不勾選

step04 在「tbOrderDetail」資料表內選取「DetailID」，按下滑鼠右鍵後執行「設定主索引鍵」。

❖ 步驟 5：設定第一個外鍵條件約束

參見圖 4.33，在「tbOrderDetail」資料表上設定第一個外鍵條件約束：

step01 以滑鼠選取 tbOrderDetail 的「OrderID」資料行，將它拖曳至 tbOrder 資料表上。放開滑鼠左鍵後會自動開啟「資料表和資料行」視窗。

step02 在「資料表和資料行」視窗內，設定如下：

   ■ 主索引鍵資料表為「tbOrdor」，其資料行為「OrdcrID」。

   ■ 外部索引鍵資料表為「tbOrderDetail」，其資料行為「OrderID」。

圖 4.33 在 tbOrderDetail 資料表的「OrderID」上設定 Foreign Key 條件約束

❖ 步驟 6：設定第二個外鍵條件約束

在「 tbOrderDetail」資料表上設定第二個外鍵條件約束：

step01 以滑鼠選取 tbOrderDetail 的「ProductID」資料行，將它拖曳至 tbProduct 資料表上。放開滑鼠左鍵後會自動開啟「資料表和資料行」視窗。

step02 在「資料表和資料行」視窗內，設定如下：

- 主索引鍵資料表為「tbProduct」，其資料行為「ProductID」。

- 外部索引鍵資料表為「tbOrderDetail」，其資料行為「ProductID」。

這兩個外鍵條件約束設定完成後,結果應類似圖 4.34:

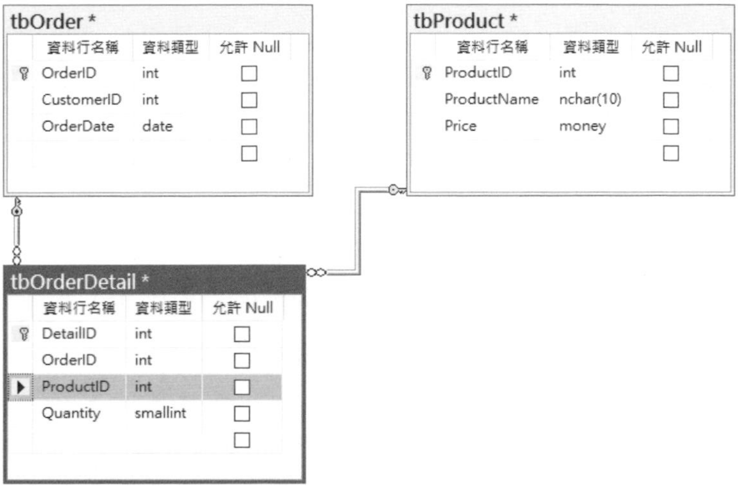

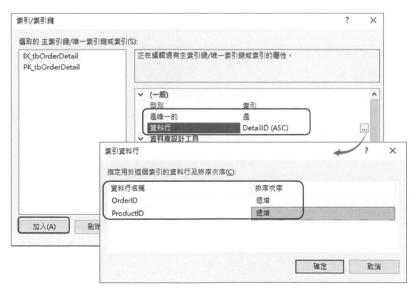

圖 4.34 設計完成的資料庫圖表

最後,為了資料的正確性,可以為 OrderID 和 ProductID 兩欄合起來建一個 Unique 索引,如圖 4.35 所示:

圖 4.35 OrderID 和 ProductID 兩欄的值合起來必須為唯一值

透過滑鼠右鍵點選「tbOrderDetail」資料表→選擇「索引/索引鍵」選項→在「索引/索引鍵」視窗點選左下方的「加入」按鈕→並在右方「是唯一的」項目選擇「是」→點選「資料行」項目的 ⬚ 按鈕開啟「索引資料行」視窗，就可以同時選擇「OrderID」、「ProductID」兩欄。

❖ 步驟 7：儲存資料庫圖表

點選工具列的 💾 按鈕，然後自行輸入資料庫圖表名稱，SQL Server 會跳出對話視窗「下列資料表將儲存到您的資料庫中。要繼續嗎？」，請按下「是」以建立這些資料表，並定義其關連性。

實作 4.4：測試資料表所定義的條件約束

對「tbOrder」、「tbOrderDetail」、「tbProduct」三個資料表執行新增、修改、刪除等動作，並觀察 Foreign Key 條件約束如何維護資料完整性。

❖ 步驟 1：將資料加入「tbOrderDetail」資料表

目前三個資料表都沒有任何資料，先在「tbOrderDetail」資料表新增一筆資料：

step01 在物件總管內，選取「tbOrderDetail」資料表所在的資料庫。

step02 點選工具列的 🔳 新增查詢(N) 圖示，開啟 SQL 編輯器視窗。

step03 在 SQL 編輯器內，執行下列 INSERT 陳述式：

```
INSERT INTO dbo.tbOrderDetail VALUES (1,1,2,30)
```

如圖 4.36，這個 INSERT 陳述式執行將會失敗，因為「tbOrderDetail」資料表的「OrderID」資料行會參照「tbOrder」資料表的「OrderID」資料行，但是「tbOrder」資料表尚沒有對應的記錄可供參照。

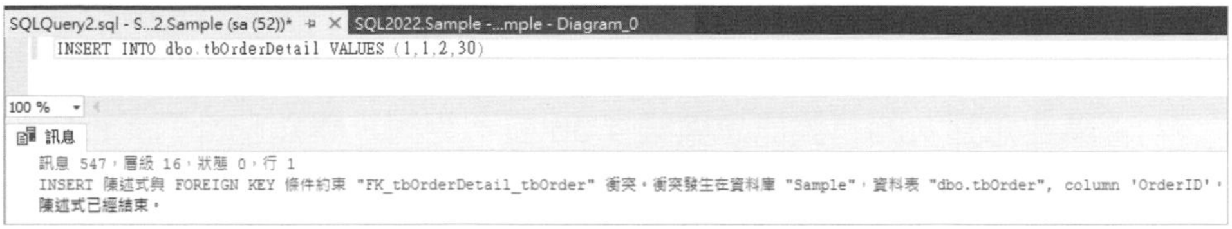

圖 4.36 將資料加入「tbOrderDetail」資料表時，違反外鍵條件約束

由此可知，執行 INSERT 陳述式新增資料時，如果某些資料行參照其他資料表，被參照的資料表必須先存入資料，否則 INSERT 陳述式會執行失敗！這種資料檢核動作是由外鍵條件約束所執行。

❖ **步驟 2：在「tbOrder」資料表內加入資料**

step01 點選工具列的 新增查詢(N) 圖示，開啟另一個 SQL 編輯器視窗。

step02 在 SQL 編輯器內，執行下列 INSERT 陳述式：

```
INSERT dbo.tbOrder VALUES (1,1,'20160101'),(2,2,'20160102')
```

成功執行以後，「tbOrder」資料表將存入兩筆訂單資料。

❖ **步驟 3：再次將資料加入「tbOrderDetail」資料表**

回到第一個 SQL 編輯器視窗，重新執行 INSERT 陳述式：

```
INSERT dbo.tbOrderDetail VALUES (1,1,2,30)
```

然而，這個 INSERT 陳述式還是會失敗！錯誤訊息如下：

```
訊息 547，層級 16，狀態 0，行 1
INSERT 陳述式與 FOREIGN KEY 條件約束 "FK_tbOrderDetail_tbProduct" 衝突。衝突發生在資
料庫 "Sample"，資料表 "dbo.tbProduct", column 'ProductID'。
陳述式已經結束。
```

請注意這次的錯誤訊息與圖 4.36 並不相同，雖然已針對「tbOrder」資料表新增資料，但此次的衝突是發生在「tbProduct」 資料表上，因「tbOrderDetail」資料表的「ProductID」 資料行也有以外鍵參照「tbProduct」資料表的「ProductID」資料行。

❖ 步驟 4：在「tbProduct」資料表內加入資料

在 SQL 編輯器內，執行下列 INSERT 陳述式：

```
INSERT dbo.tbProduct VALUES (1,'CPU',3000),(2,'RAM',2000),(3,'LCD',7000),
(4,'Mouse',300)
```

成功執行以後，tbProduct 資料表將存入四筆產品資料。

❖ 步驟 5：將資料加入「tbOrderDetail」資料表

由於步驟二與步驟四已經先將資料加入「tbOrder」與「tbProduct」資料表，現在將資料加入「tbOrderDetail」資料表應該不會有問題。

在 SQL 編輯器內，執行下列 INSERT 陳述式，在「tbOrderDetail」資料表內加入 1 與 2 這兩筆訂單的訂購項目的詳細資料：

```
INSERT dbo.tbOrderDetail VALUES (1,1,2,30),(2,1,3,20),(3,2,1,30),(4,2,3,15),
(5,2,4,25)
```

這幾筆資料的 OrderID 已經通過 Foreign Key 條件約束的檢查，所以可新增至「tbOrderDetail」資料表。

接下來我們將再測試另一個與 Foreign Key 條件約束有關的檢查行為。

❖ 步驟 6：刪除第一筆「tbOrder」資料

在 SQL 編輯器內執行下列 DELETE 陳述式，刪除「tbOrder」資料表的第一筆訂單資料：

```
DELETE dbo.tbOrder WHERE OrderID = 1
```

請注意，這個刪除動作無法執行，錯誤訊息如下：

```
訊息 547，層級 16，狀態 0，行 1
DELETE 陳述式與 REFERENCE 條件約束 "FK_tbOrderDetail_
tbOrder" 衝突。衝突發生在資料庫 "Sample"，資料表 "dbo.tbOrderDetail", column 'OrderID'。
```

DELETE 陳述式與「FK_tbOrderDetail_tbOrder」條件約束衝突，是因為目前「tbOrderDetail」資料表內有資料參照「tbOrder」資料表的「OrderID」資料行裡值等於 1 的該筆訂單，為了避免資料完整性受到影響，因此外鍵不允許這個刪除動作。

❖ 步驟 7：先刪除「tbOrderDetail」資料，再刪除「tbOrder」資料

在 SQL 編輯器內，執行下列 DELETE 陳述式，將「tbOrderDetail」資料表內「OrderID」資料行為 1 的資料先刪除：

```
DELETE dbo.tbOrderDetail WHERE OrderID = 1
```

再執行一次 DELETE 陳述式，刪除 OrderID 資料行為 1 的訂單：

```
DELETE dbo.tbOrder WHERE OrderID = 1
```

因為「tbOrderDetail」資料表內已經沒有任何資料列參照「OrderID」欄位為 1 的值,所以這次的刪除動作可以成功執行。

4.8 結語

在關聯式資料庫中,「資料表」是最重要的資料庫物件,當使用者存取資料庫時,就是針對資料表進行查詢、新增、修改、刪除等動作。因此,在設計資料表的時候必須格外小心,不但要考慮每個資料行所使用的資料類型,也必須考慮如何維護資料完整性。

SQL Server 提供圖形化的資料表設計工具來定義資料表的基本結構,並設定各種條件約束,而透過資料庫圖表則可以維護多個資料表之間的關聯性,學會這兩項工具的使用方式,相信管理資料表將會更加輕鬆簡便。

備份與還原資料庫

5

資料庫備份的重要性在資料庫日常作業裡定是前幾名，無論資料庫處於再怎麼安全的環境，仍無法完全預防天災或人禍造成的資料毀損風險，例如地震、火災、斷電，甚至使用者惡意或無意刪除了資料庫、資料庫內的物件或資料表裡的記錄。資料庫永遠有毀損的可能性，除了在平時做好備份工作妥善保存備份資料，最好可以將備份資料存於異地並留意檔案的安全性管理[1]。另外，定期做資料庫還原或災難演練，除了可確認備份資料的完好也能熟練復原程序，當資料庫不幸毀損時才可在第一時間內修復，並在最短時間裡回復資料庫的可用性。

本章將說明 SQL Server 資料庫的備份方式及各種備份技巧，包括：

■ 建立與使用備份裝置。

■ 各種備份類型的意義與使用時機。

■ 執行各種資料庫備份的方式。

■ 設計備份策略。

---

[1] 管理者雖會注意線上系統的安全性，卻容易對備份資料卻疏於防範，一旦有心人士拿到備份也就等於拿到資料庫，不可不慎。SQL Server 2014 版後增加了備份加密功能，可以補強備份資料的安全性。

5.1 SQL Server 基本備份觀念

探討 SQL Server 備份方式以前，先認識以下兩個基本觀念以瞭解 SQL Server 的備份機制：

■ SQL Server 的線上備份機制運作原理。

■ SQL Server 備份裝置。

5.1.1 SQL Server 的線上備份機制

為了資料庫的可用性（Availability），SQL Server 支援線上備份，即使在運作時也以可備份整個資料庫或是只備份交易記錄。資料庫記錄檔（ldf）裡不存放資料庫物件，只存放交易記錄，部分使用者常誤以為 SQL Server 的備份只備份資料檔而不包含記錄檔！

假設備份 MyDB 資料庫需耗時 30 分鐘，某天 8:00 pm 開始執行資料庫備份，實際備份完成的時間為 8:30 pm。若備份作業執行至 8:29 pm 時正好有其他使用者異動了某幾筆資料，但這幾筆資料在 8:29 pm 前就已經被備份過資料檔（.mdf、.ndf）了。

執行備份期間仍有使用者存取或異動資料，這是線上備份很可能碰到的狀況。SQL Server 為了解決此問題，在進行完整資料庫備份時會遵循下列原則：

■ 在備份過程中先備份資料檔。

■ 當備份動作即將完成時，會將 "備份期間所產生的交易記錄" 也備份下來。

藉由這些交易記錄，SQL Server 便可以追蹤哪些資料在備份期間被更改，之後資料庫還原時只需先回存資料檔，再利用交易記錄來更新資料，便能夠將資料庫回復至備份時的狀態。

以上述的例子而言，8:30pm 完成的備份會抄寫 8:29pm 的異動記錄，因此回復時，可以回到原始 8:30pm 完整的記錄內容。

5.1.2 與備份 / 還原有關的資料庫選項－復原模式

SQL Server 資料庫的「復原模式」選項，可以針對交易記錄的保存設定三種模式：**完整、簡單、大量記錄**。這三種模式影響了資料庫備份方式及還原程序，資料庫建立時復原模式預設值會繼承自 Model 系統資料庫，之後可以手動調整。設定畫面如圖 5.1：

圖 5.1　SQL Server 資料庫的三種「復原模式」

復原模式三種選項的說明如下表：

表 5.1　三種「復原模式」的意義

復原模式	說明
完整	SQL Server 會在資料庫的記錄檔內保存所有交易記錄，直到執行交易記錄備份後交易記錄檔空間才可重複使用。完整復原模式的資料庫，可以執行完整、差異與交易記錄備份。
簡單	SQL Server 在每次發生檢查點（checkpoint）事件後，與資料檔（mdf、ndf）同步已完成（commit）或回復（rollback）的交易記錄，SQL Server 便可重複使用存放這些交易記錄的硬碟空間。簡單復原模式的資料庫，只能執行完整備份與差異備份，無法備份已清掉的交易記錄。

復原模式	說明
大量記錄	大多數的交易記錄會被保留，但不保存 BULK 行為（如建立索引或大量載入資料）產生的交易記錄。大量記錄復原模式的資料庫支援完整、差異與交易記錄備份，但無法保證可將資料庫還原至大量資料載入期間中的時間點。 且因為大量記錄在 ldf 檔內只記載了受影響的資料 page，在交易記錄備份時，會從資料檔（mdf、ndf）抄寫這些 page，所以備份交易記錄出來的檔案大小可能超過來源 ldf 的大小。

若想要更改資料庫的復原模式選項設定，可以使用 ALTER DATABASE 陳述式，範例如下：

```
/*完整模式*/
ALTER DATABASE [資料庫名稱] SET RECOVERY FULL WITH NO_WAIT
/*簡單模式*/
ALTER DATABASE [資料庫名稱] SET RECOVERY SIMPLE WITH NO_WAIT
/*大量記錄模式*/
ALTER DATABASE [資料庫名稱] SET RECOVERY BULK_LOGGED WITH NO_WAIT
```

5.2 使用備份裝置

接下來介紹 SQL Server 裡對應磁碟檔案的邏輯備份裝置。

5.2.1 什麼是備份裝置

執行備份作業時，最簡單的方式就是直接將資料庫備份到檔案或磁帶，但這種方式難以查詢每個備份檔案或磁帶存放了哪些資料。如圖 5.2，將 MyDB 資料庫備份至 MyDB.bak，MyDB.bak 對於 DBA 來說就是

一個單純的檔案。若多次備份到不同檔案後,要從多個檔案查詢備份時間、備份種類或是備份次數將會較為麻煩[2]。

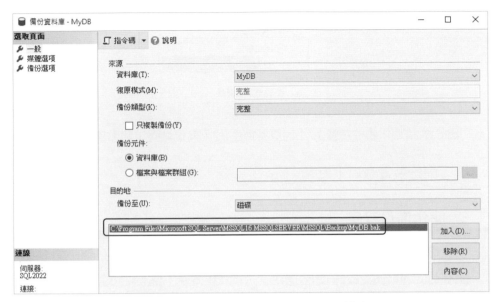

圖 5.2 指定備份目的地為 MyDB.bak 檔案

　　SQL Server 提供了「備份裝置」的伺服器物件,是對應實體檔案/磁帶設備的邏輯管理名稱,方便管理各資料庫的備份。備份裝置需先建立好並指定所對應的檔案或磁帶設備,之後便可透過此備份裝置進行備份。

---

[2] 若從 MSDB 系統資料庫讀取相關的資料表,仍可以知道資料庫備份的維護過程。

圖 5.3 透過「物件總管」/「伺服器物件」/「備份裝置」節點管理「備份裝置」

備份裝置有以下優點:

❖ 簡化備份程序

執行備份動作時,不需指定磁帶機名稱或備份檔存放位置(這些資訊在建立備份裝置時便已指定)。如圖 5.4,備份目的地可直接設定為 MyDB_BackupDevice 備份裝置。

圖 5.4 將備份目的地更改為備份裝置

❖ 容易查詢備份內容

在「物件總管」內雙擊備份裝置名稱→開啟「備份裝置」視窗（參見圖 5.5）→切換至「媒體內容」頁面，便可以查看備份裝置所對應的檔案或磁帶存放了哪些資料。這些資訊包括：備份類型、伺服器名稱、資料庫名稱、備份時間、資料大小、執行備份的使用者名稱等。

圖 5.5 檢視備份裝置的媒體內容

相較於手動管理備份裝置，備份成個別獨立的檔案另有管理上的優點，例如批次管理多個備份檔案的增刪作業。當利用資料庫維護計畫定期備份資料庫時，可搭配 SQL Agent Service 的「作業」定期產生附有時間當作檔名的多個備份檔案，而且只要透過設定就可定期刪掉過時或不需要的備份檔案。

本章的重點在於備份與還原的操作，因備份裝置與檔案相差無幾，將選用表示法較為簡短的備份裝置，但日常一般的備份流程可採用維護計畫搭配檔案。

5.2.2 建立備份裝置

使用 SQL Server Management Studio（以下簡稱 Management Studio）建立備份裝置的方法如下列步驟：

step01　在「物件總管」內→展開「伺服器物件」節點。

step02　選取「備份裝置」後→點選滑鼠右鍵→執行「新增備份裝置」。

step03　在「備份裝置」視窗→指定裝置名稱與檔案存放位置（存放備份檔案的目錄需已存在，若不存在需先建立）。

圖 5.6　建立備份裝置

🔊 TIP ···

若建立備份裝置並曾將資料庫備份到某個 .bak 檔案，可以新增一個備份裝置再將檔案名稱設定為該 .bak 檔案備份檔，便可將該檔案掛載為 SQL Server 備份裝置。

也可以使用 sp_addumpdevice 系統預存程序建立備份裝置，語法範例如下：

```
USE [master]
GO
EXEC master.dbo.sp_addumpdevice   @devtype = N'disk',
@logicalname = N'Northwind_BackupDevice',
@physicalname = N'F:\Backup\Northwind_BackupDevice'
GO
```

5.3　SQL Server 資料庫的備份類型

　　SQL Server 2022 支援四種備份類型：完整、差異、交易記錄、檔案/檔案群組。

　　對於 SQL Server DBA 來說，前三種備份類型在實務上經常需相互搭配執行，因此本節著重介紹前三種備份類型的意義。《第 5.6 節：如何規劃備份策略》將探討備份策略的設計與規劃，檔案/檔案群組備份通常用在超大型資料庫，留待《第 5.14 節：大型資料庫的備份還原策略》再進一步介紹

5.3.1　完整備份

　　完整備份是最簡單的備份方式，包含下列備份資料：

- 資料檔內目前存放資料的部分（不包含未使用的空間）。包含 FileStream 檔案群組內的檔案、OLTP 記憶體最佳化資料表的資料和差異檔案組。

- 備份作業期間產生的交易記錄。

　　執行邏輯如圖 5.7 所示：

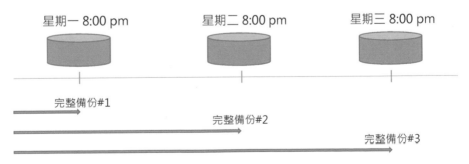

圖 5.7　在不同時間點執行完整備份

完整備份的優缺點如下表：

表 5.2 完整備份的優缺點比較

完整備份的特性或優點	完整備份缺點
• 作為其他備份類型的「備份/還原基準點」 • 容易執行 • 簡化還原程序	• 備份時間長，需要較大量的備份媒體（檔案或磁帶）。 • 容易造成備份媒體的浪費（例如，兩次完整備份的間隔只產生幾筆交易，卻得備份整個資料庫）。 • 無法將資料庫還原到某個時間點（不支援 point-in-time recovery）。

為了說明上的方便，以下範例暫不考慮備份動作花費的時間。如圖 5.7，在星期一～星期三 8:00 pm 分別執行完整備份，若資料庫在星期四之後毀損，只能還原至星期一、二或三的 8:00 pm。

若是大型資料庫，星期一晚上執行完整備份後，縱使星期二只有幾筆資料被異動，當天晚上若再次執行完整備份，不僅是浪費了時間，對於存放備份的媒體投資成本也相對增加。

上述問題可透過 SQL Server 提供第二種備份方式：差異備份來解決。

5.3.2 差異備份

差異備份是從最後一次執行完整備份的時間點，開始備份所有資料異動情況。如圖 5.8，當星期二 8:00 pm 執行差異備份時，只會備份星期一 8:00 pm 以後異動的資料。星期三 8:00 pm 執行差異備份時，同樣也是以最後一次執行完整備份的時間點為基準，備份星期一 8:00 pm ～星期三當下異動的資料。也就是說，第二次的差異備份會涵蓋星期一晚上到星期三晚上的異動資料。

執行邏輯如圖 5.8：

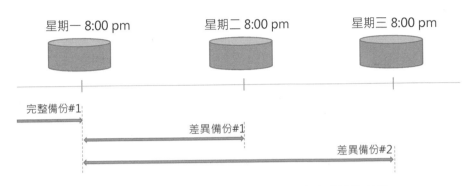

圖 5.8　差異備份以最後一次完整備份的時間點為基準

　　差異備份與交易記錄備份容易產生混淆，此處以一實例來分析差異備份的基本運作方式：

　　資料庫在星期一早上新增一筆訂單，金額為 10000 元。此筆訂單在星期二早上被更改，金額變成 12000 元；星期二下午因客戶追加訂購產品，最後訂單總金額是 15000 元。

　　從交易記錄的角度來看，這筆訂單在星期二共產生兩筆交易記錄：

```
更新 10000 至 12000
更新 12000 至 15000
```

　　如果在星期二晚上執行**交易記錄備份**，這兩筆交易記錄都會被備份起來。但若是在星期二晚上執行**差異備份**，只會備份資料庫內最後的異動結果：

```
更新 10000 至 15000
```

　　差異備份只備份資料庫的最後結果而不備份歷程，除節省備份時間外，也縮短了還原時間。

但 SQL Server 記錄差異備份的單位是「範圍（extent 八個實體連續頁面的集合＝8K*8＝64K）」，即使只變更了 1 個 byte，差異備份還是會包含該位元組的 64K「範圍」。若變動的資料量不大但很分散，那麼差異備份仍可能需要備份大量資料。

5.3.3 交易記錄備份

第三種備份方式是交易記錄備份。如圖 5.9，星期一 8:00 pm 執行完整備份，接著執行六次交易記錄備份。這樣做的優點是保留完整的資料異動歷程，如果資料庫在星期三 8:00 pm 以後毀損，可以使用交易記錄備份將資料庫復原至星期一以後的任何時間點。執行邏輯如圖 5.9：

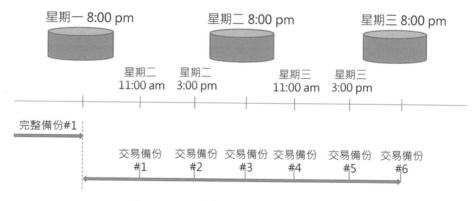

圖 5.9 在完整備份後執行交易記錄備份

交易記錄備份的特性：

■ 資料庫的「復原模式」必須是**完整**或**大量記錄**。

■ 保存資料庫某段期間的完整交易記錄。

■ 若交易記錄皆已備份，則可以將資料庫復原至過去的任一時間點

針對交易記錄備份的規劃，須注意下列幾個重點：

■ 執行交易備份後，如果沒有其他須利用交易記錄的機制[3]或是這些機制都已執行完畢，SQL Server 會自動重用已備份的交易記錄空間。

■ 執行資料庫還原程序時需要最後一次完整備份或差異備份資料，以及直到某時間點的所有交易記錄。如圖 5.9，如果希望將資料庫還原至星期三下午 3:00，需準備**完整備份#1** 以及**交易記錄備份#1 ～ 交易記錄備份#5**，共六份資料。由此可知，交易記錄備份次數越多，將會延長還原資料庫的時間。

5.4 使用 BACKUP 陳述式備份資料庫或交易記錄

一般備份 SQL Server 資料庫或交易記錄的方式有：

■ 執行 BACKUP DATABASE 陳述式備份資料庫。

■ 執行 BACKUP LOG 陳述式備份交易記錄。

■ 使用 Management Studio 備份資料庫或交易記錄。

5.4.1 執行 BACKUP DATABASE 陳述式

BACKUP DATABASE 陳述式使用於完整備份、差異備份，或是備份某個檔案與檔案群組，其語法大致如下：

```
BACKUP DATABASE 資料庫名稱
TO [ 備份裝置名稱 [ ,...n ] |
    {[ DISK = 檔案名稱 ] | [ TAPE = 磁帶機名稱] }
[ MIRROR TO <備份裝置名稱> [ ,...n ] ]
[ WITH
```

```
    [ BLOCKSIZE = 資料區塊大小 ] ,
    [ CHECKSUM | NO_CHECKSUM ] ,
    [ STOP_ON_ERROR | CONTINUE_AFTER_ERROR ] ,
    [ DESCRIPTION = '文字敘述' ] ,
    [ DIFFERENTIAL ] ,
    [ EXPIREDATE = 日期 | RETAINDAYS = 天數 ] ,
    [ PASSWORD = 密碼 ] ,
    [ FORMAT | NOFORMAT ] ,
    [ INIT | NOINIT ] ,
    [ NOSKIP | SKIP ] ] ,
    [ MEDIADESCRIPTION = '文字敘述' ] ,
    [ MEDIANAME = 備份媒體名稱 ] ,
    [ MEDIAPASSWORD =備份媒體密碼 ] ,
    [ NAME = 備份組名稱 ] ,
    [ NOREWIND | REWIND ] ,
    [ NOUNLOAD | UNLOAD ] ,
    [ STATS = 百分比 ] ,
    [ COPY_ONLY ],
    [{ COMPRESSION | NO_COMPRESSION }]
]
```

BACKUP DATABASE 陳述式提供的各選項簡略說明如表 5.3：

表 5.3 BACKUP DATABASE 陳述式的控制選項

BACKUP DATABASE 的選項	說明
BLOCKSIZE = 資料區塊大小	設定資料區塊大小（以 byte 為單位）。如果未設定此選項，SQL Server 會自動選取磁碟或磁帶裝置適用的區塊大小，最大值為 65536。
CHECKSUM | NO_CHECKSUM	設定為 CHECKSUM 選項時，SQL Server 會在備份時驗證資料頁的檢查碼，建議啟用這個選項。 預設為 NO_CHECKSUM。
STOP_ON_ERROR | CONTINUE_AFTER_ERROR	STOP_ON_ERROR 選項：如果資料頁的檢查碼驗證失敗，將停止備份程序。

---

[3] 如交易式複寫（Transactional Replication）、Always-on、異動資料追蹤（Change Data Capture）…等，無法重用交易紀錄空間的原因可以查詢 sys.databases 系統檢視的 log_reuse_wait_desc 欄位。

BACKUP DATABASE 的選項	說明
	CONTINUE_AFTER_ERROR 選項：驗證失敗時仍會繼續備份。
DESCRIPTION = '文字敘述'	備份組的說明文字。最長為 255 個字元。
DIFFERENTIAL	執行差異備份。
EXPIREDATE = 日期	設定備份組到期時間。
RETAINDAYS = 天數	設定備份資料保留天數（多少天以後才能被複寫 / RETAINDAYS 的優先序大於 EXPIREDATE）。
PASSWORD = 密碼	設定備份組的密碼。
FORMAT | NOFORMAT	FORMAT 選項將格式化備份媒體的標頭資訊與內容，此選項會以新設定覆蓋備份媒體原先設定。 預設為 NOFORMAT。
INIT | NOINIT	INIT 用來複寫備份媒體內容，但保留標頭資訊；NOINIT 則是將備份資料附加在現有備份媒體後面。 預設為 NOINIT。
NOSKIP | SKIP	先檢查備份媒體中所有備份組的到期時間，才允許複寫。SKIP 則是略過到期時間的檢查動作。 預設為 NOSKIP。
MEDIADESCRIPTION = '備份集敘述'	備份集的說明文字。最長為 255 個字元。
MEDIANAME = 備份集名稱	設定備份集名稱。最長為 128 字元。
MEDIAPASSWORD = 備份集密碼	設定備份集密碼。
NAME = 備份組名稱	設定備份組名稱。最長為 128 個字元。
NOUNLOAD | UNLOAD	針對磁帶備份，UNLOAD 選項可要求 SQL Server 在備份完成後自動倒轉與卸除磁帶；NOUNLOAD 則是備份完成後不倒轉與卸除磁帶。預設為 UNLOAD。
NOREWIND | REWIND	針對磁帶備份，REWIND 選項可要求 SQL Server 在備份完成自動倒轉磁帶。

BACKUP DATABASE 的選項	說明
STATS = 百分比	指定備份進度完成多少百分比之後,回報一則訊息。
COPY_ONLY	備份後不更新差異點陣圖或不截斷交易記錄。要單獨取一份備份但不干擾定期排程的備份與還原程序。
COMPRESSION | NO_COMPRESSION	可指定是否要執行備份壓縮,以複寫伺服器層級的預設值。(SQL Server 2008 需 Enterprise 版以上/SQL Server 2008 R2 需標準版以上才有此選項) 預設為 NO_COMPRESSION。

使用 BACKUP DATABASE 陳述式的執行範例如下:

■ 完整備份 Northwind 資料庫,目的地為 Northwind_BackupDevice 備份裝置:

```
BACKUP DATABASE Northwind TO Northwind_BackupDevice
```

■ 對 Northwind 資料庫備進行差異備份。

```
BACKUP DATABASE Northwind TO Northwind_BackupDevice
WITH DIFFERENTIAL
```

■ 對 Northwind 資料庫備進行完整備份,並搭配 INIT 選項。

```
BACKUP DATABASE Northwind TO Northwind_BackupDevice
WITH INIT
```

針對同一個備份裝置,第一次執行 BACKUP DATABASE 陳述式並無差別,但是第二次備份時就要注意 INIT 與 NOINIT 的差異:

■ INIT:初始化備份媒體,最新備份的資料將會覆蓋現有備份內容。

■ NOINIT:不初始化備份媒體,最新備份的資料會附加在現有備份內容後面,還原時要透過 FILE 選項指定在媒體內的第幾個備份。NOINIT 為預設值。

5.4.2 執行 BACKUP LOG 陳述式備份交易記錄

BACKUP LOG 陳述式使用於交易記錄備份，其語法大致如下：

```
BACKUP LOG 資料庫名稱
TO [ 備份裝置名稱 [ ,...n ] |
    {[ DISK = 檔案名稱 ] | [ TAPE = 磁帶機名稱] }
[ MIRROR TO <備份裝置名稱> [ ,...n ] ]
[ WITH
    [ BLOCKSIZE = 資料區塊大小 ] ,
    [ CHECKSUM | NO_CHECKSUM ] ,
    [ STOP_ON_ERROR | CONTINUE_AFTER_ERROR ] ,
    [ DESCRIPTION = '文字敘述' ] ,
    [ DIFFERENTIAL ] ,
    [ EXPIREDATE - 日期 | RETAINDAYS - 天數 ] ,
    [ PASSWORD = 密碼 ] ,
    [ FORMAT | NOFORMAT ] ,
    [ INIT | NOINIT ] ,
    [ NOSKIP | SKIP ] ] ,
    [ MEDIADESCRIPTION = '文字敘述' ] ,
    [ MEDIANAME = 備份媒體名稱 ] ,
    [ MEDIAPASSWORD =備份媒體密碼 ] ,
    [ NAME = 備份組名稱 ] ,
    [ NOREWIND | REWIND ] ,
    [ NOUNLOAD | UNLOAD ] ,
    [ STATS = 百分比 ] ,
    [ COPY_ONLY ],
   [{ COMPRESSION | NO_COMPRESSION }],
    [ NO_TRUNCATE ] ,
    [ NORECOVERY | STANDBY = undo_file_name  ]
]
```

除了最後兩行的三個選項 NO_TRUNCATE、NORECOVERY 與 STANDBY，其餘參數與 BACKUP DATABASE 相同。

表 5.4 BACKUP LOG 陳述式的控制選項

BACKUP LOG 的選項	說明
NO_TRUNCATE	已經備份的交易記錄不會被截斷。在資料庫已毀損的情況下（比方資料庫狀態為 suspend），可嘗試利用此選項來備份交易記錄。
NORECOVERY | STANDBY = 檔案名稱	使用 NORECOVERY 選項時，只會備份交易記錄結尾，資料庫會維持在 "正在還原" 狀態。搭配 STANDBY 選項時，需指定待命檔案名稱。 這兩個選項通常是為了備份完交易記錄後就不允許再更改該資料庫，也就是不能改變資料庫的狀態。例如要回復已受損的資料庫，而該次備份只是為了嘗試讀取是否有可用的交易記錄，以確保資料庫救回後無資料遺失

以下列舉 BACKUP LOG 陳述式的執行範例：

■ 備份 Northwind 資料庫的交易記錄（目的地為 Northwind_BackupDevice 備份裝置）

```
BACKUP Log Northwind TO Northwind_BackupDevice
```

■ 將 Northwind 資料庫的交易記錄備份到第一台磁帶機，再以鏡像方式保留副本至第二台磁帶機

```
BACKUP LOG Northwind
TO TAPE = '\\.\tape0'
MIRROR TO TAPE = '\\.\tape1'
WITH FORMAT
```

5.5 使用 Management Studio 備份資料庫

除了 BACKUP 陳述式，也可以利用 Management Studio 圖形介面工具來備份資料庫，讓備份工作更簡潔直覺。

5.5.1 備份資料庫

使用 Management Studio 備份資料庫的方式為：

step01 在「物件總管」內選取欲備份的資料庫→按下滑鼠右鍵後執行「工作」→「備份」。

step02 在「備份資料庫」視窗的「一般」頁面，指定下列備份資訊：

- 備份類型：選項有
  - □ 完整
  - □ 差異
  - □ 交易記錄（當資料庫的「復原模式」設為完整時，此選項才可使用）
- 備份元件：指定要備份的是「資料庫」或「檔案與檔案群組」。
- 目的地：可指定備份媒體是檔案、備份裝置或 URL（Windows Azure 儲存體）。

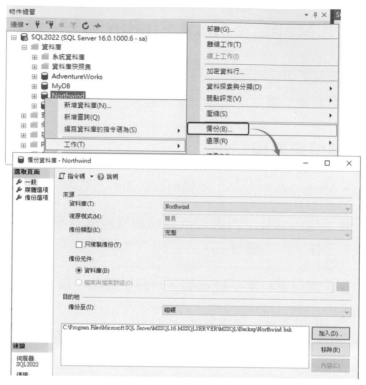

圖 5.10 「備份資料庫」視窗的「一般」頁面

5.5.2 備份某個檔案或檔案群組

若資料庫的復原模式設定為「完整」或「大量記錄」，在「備份資料庫」視窗內便可以針對檔案或檔案群組進行備份：

step01 開啟「備份資料庫」視窗。

step02 在「一般」頁面內，將「備份元件」設定為「檔案與檔案群組」或是按一下「檔案與檔案群組」的 ，便會跳出如圖 5.11 的「選取檔案與檔案群組」視窗：

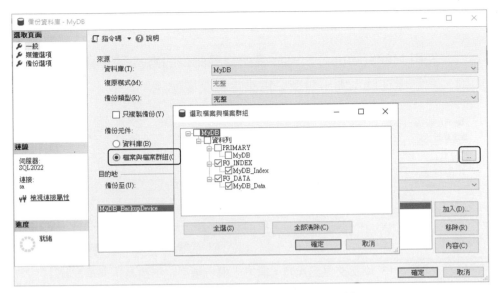

圖 5.11 備份元件選取檔案或檔案群組

step03 在「選取檔案與檔案群組」視窗內，選取要備份的檔案群組或檔案後按下「確定」，被選取的檔案或檔案群組會顯示於「檔案與檔案群組」的欄位裡。如選擇多個檔案或檔案群組，則檔案或檔案群組間會以逗號隔開，如圖 5.12：

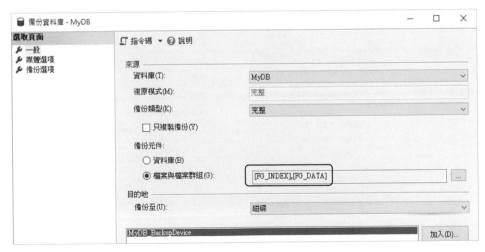

圖 5.12 備份多個檔案或檔案群組

5.5.3 備份交易記錄

使用 Management Studio 備份交易記錄的方式與備份資料庫完全相同，差別僅在於「備份類型」需設定為交易記錄：

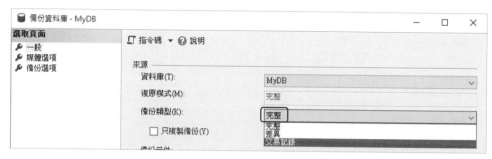

圖 5.13 備份交易記錄時，需將「備份類型」更改為「交易記錄」

5.5.4 指定備份選項

「備份資料庫」視窗的「媒體選項」及「備份選項」頁面內提供多種進階設定。這些設定會對應到 BACKUP DATABASE（或 BACKUP LOG）陳述式的選項：

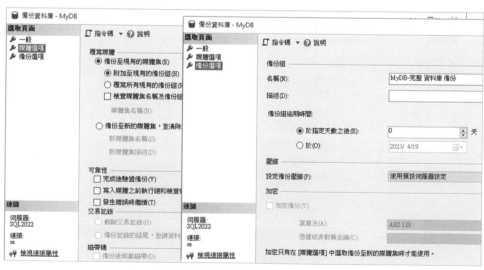

圖 5.14 備份資料庫媒體選項及備份選項

頁面上各選項與 BACKUP DATABASE 陳述式的對應關係如下表：

表 5.5 各種備份選項所對應的 BACKUP DATABASE/LOG 控制選項

媒體選項	對應的 BACKUP DATABASE 陳述式選項
複寫媒體	
備份至現有的媒體集	
附加至現有的備份組	NOINIT
複寫所有現有的備份組	INIT
檢查媒體集名稱及備份組是否逾期	NOSKIP
媒體集名稱	MEDIANAME
備份至新的媒體集，並清除所有現有的備份組：FORMAT	
新媒體集名稱	MEDIANAME
新媒體集描述	MEDIADESCRIPTION
可靠性	
完成後驗證備份	備份完整後執行 RESTORE VERIFYONLY，確認備份資料是否有效。
寫入媒體之前執行總和檢查碼	CHECKSUM
發生錯誤時繼續	CONTINUE_AFTER_ERROR
交易記錄	**對應的 BACKUP LOG 陳述式選項**
截斷交易記錄	備份後不清除交易記錄。 NO_TRUNCATE
備份記錄的結尾，並讓資料庫保持在還原狀態	備份後將資料庫保留在 RESTORING 狀態，讓其他人無法對資料庫增刪修查。 NORECOVERY
磁帶機	
備份後卸載磁帶	UNLOAD
卸載之前倒轉磁帶	REWIND

備份選項	對應的 BACKUP DATABASE 陳述式控制選項
備份組	
名稱	NAME
描述	DESCRIPTION
備份組逾期時間	EXPIREDATE 與 RETAINDAYS
壓縮	
設定備份壓縮	COMPRESSION | NO_COMPRESSION
加密：ENCRYPTION	
演算法	ALGORITHM
憑證或非對稱金鑰	SERVER CERTIFICATE

5.6　如何規劃備份策略

　　備份策略是管理 SQL Server 時，需謹慎評估規劃的重點之一，完善的備份策略除了可延長平均運作時間 MTTF（**M**ean**T**ime **T**o **F**ailure），更可以縮短平均修復時間 MTTR（**M**ean**T**ime **T**o **R**ecovery）。

　　以圖 5.15 說明 MTTF 及 MTTR：

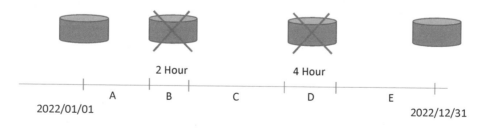

圖 5.15　某資料庫的運轉時間（A、C、E）與停機時間（B、D）

❖ MTTR（平均修復時間）

假設一年 365 天當中因為資料庫毀損需停機兩次：第一次修復耗費 2 小時，第二次耗費 4 小時

=> 一年內資料庫的 MTTR 即為 3 小時：

$$\frac{第一次耗費2小時 + 第二次耗費4小時}{一年內曾修復資料庫2次} = 平均修復時間為3小時$$

❖ MTTF（平均運作時間）

圖 5.15 裡，A、C、E 三個時段資料庫均正常運作，但 B、D 時段資料庫因毀損而停機。

=> 以一年 365 天，一天 24 小時計算，扣掉 6 小時的資料庫毀損修復時間，可計算出一年的 MTTF 為 2918 小時：

$$\frac{(24小時 * 365天) - 6小時毀損修復時間}{資料庫正常運作的時段} = \frac{8754}{3} = 2918小時$$

這裡的 2918 小時（相當於 121.58 天）代表 A、C、E 三個時段的平均值，也就是「平均運作時間」，代表 SQL Server 每次啟動後平均可以運作 121 天。圖 5.15 中，meantime to failure 是資料庫從正常運作到毀損停機的時間間隔，分別是 A、C、E 三個區間。根據 meantime to failure 的定義，這三個時段的平均值即是資料庫的平均運作時間。

因此，要提升 SQL Server 資料庫的高可用性，須盡可能縮短資料庫的平均修復時間（MTTR）並延長資料庫的運作時間（MTTF）。

5.6.1 完整備份＋交易記錄備份

完整備份因程序簡單，適用於小型資料庫。缺點是無法還原至特定時間點，若要克服此問題，可在完整備份後搭配一連串的交易記錄備份，如圖 5.16：

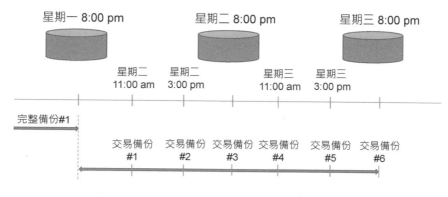

圖 5.16 完整備份＋交易記錄備份

雖然這種備份方式可以還原到某一特定時間點，但一連串的交易記錄備份很可能會拉長資料庫的還原時間。假設資料庫在星期三上午 11:00 左右毀損，如果要將資料庫還原到星期三上午 11:00 的時間點，共需要五個備份資料檔：**完整備份#1** 以及**交易記錄備份#1～交易記錄備份#4**，當然也需執行五次還原動作。

如果將備份策略稍作調整，分別在星期二與星期三晚上增加一次完整備份（如圖 5.17），那麼要還原資料庫到星期三早上 11:00 只需要兩項備份資料：**完整備份#2** 與**交易記錄備份#4**。理論上，利用這兩項備份資料來還原資料庫的耗時較短，並且還原程序也較簡易。同理，如需將資料庫還原到星期三晚上某時間，可利用**完整備份#3** 的資料進行還原，再搭配之後的交易記錄備份即可。

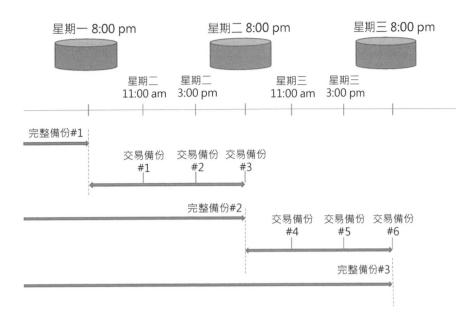

圖 5.17　完整備份與交易記錄備份的另一種搭配方式

　　僅有完整備份與交易記錄備份，也許還是無法應付各種資料庫可能產生的備份問題。比方完整備份可能造成備份媒體的浪費，或增加備份時間。所以，圖 5.17 裡的備份策略仍可再作改善。

5.6.2　完整備份＋差異備份＋交易記錄備份

　　圖 5.18 為改良後的備份策略：將完整備份#2 改成差異備份#1。在此備份策略下，要將資料庫還原至星期三早上 11:00 只需要三項備份資料：完整備份#1，差異備份#1 與交易記錄備份#4。雖然還原程序包含三個階段，但是差異備份#1 的備份時間並不會太長[4]（與圖 5.17 的完整備份#2 相比較），而且也可節省備份媒體空間。

---

[4]　更新的資料雖然不多，但若大量散布在不同的「範圍（extent）」，仍有可能導致差異備份的量變大。

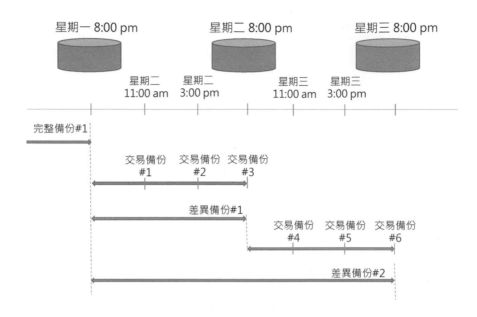

圖 5.18 完整備份＋差異備份＋交易記錄備份

以上介紹了各種備份策略如何相互搭配，以及備份執行時間的選取，但實際需根據資料庫的運作情況才能評估出最佳備份策略。

5.7 使用兩個以上備份裝置

備份中大型資料庫（比方備份壓縮後資料量＞1TB）時，常可會碰到一些狀況，例如：

■ 巨大的資料量導致備份時間過長。

■ 現有的儲存設備不足以應付備份需求：比方硬碟容量僅有 2TB，但資料庫備份壓縮後 1TB，需要保留三次週期的資料。

此時，可以同時使用兩個以上備份裝置，運用平行處理來備份資料庫以提升備份效率。理論上，兩台磁碟機同時運作，備份時間應可縮短一半，且也可以使用多個小容量的磁碟來備份大型資料庫。

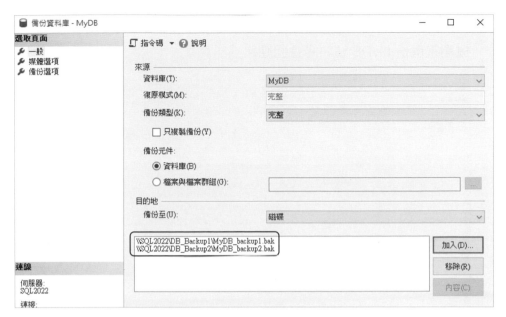

圖 5.19　同時指定兩個備份裝置

圖 5.19 將 MyDB 資料庫同時備份到網路共享上的兩個檔案，模擬多裝置的備份。完成後，這兩個備份檔案個別資料量近似於單一檔案備份的一半，也就是說 SQL Server 會平均寫入備份資料

名稱	修改日期	類型	大小
MyDB_Backup.bak	2022/10/3 下午 05:14	BAK 檔案	6,268 KB
MyDB_backup1.bak	2022/10/3 下午 05:14	BAK 檔案	4,288 KB
MyDB_backup2.bak	2022/10/3 下午 05:14	BAK 檔案	4,152 KB

圖 5.20　多個備份裝置平均寫入對比單一備份裝置

在圖 5.20 中，MyDB_Backup1.bak 和 MyDB_Backup2.bak 是將大約將各 50%的資料庫備份同時寫入到兩個備份檔，而 MyDB_Backup.bak 則是只使用一個檔案完成整個資料庫的備份。

如果某兩個備份裝置（稱為媒體集）曾經同時執行過某種備份動作，之後即無法單獨使用其中一個備份裝置來備份資料庫（除非設定

FORMAT 選項與 INIT 選項）。如圖 5.21，單獨使用 MyDB_Backup1.bak
檔案來備份 MyDB 資料庫會回應錯誤訊息：

圖 5.21 備份時單獨使用媒體集其中一個備份裝置，會回應錯誤訊息

5.8 備份至 URL

　　SQL Server 為了降低儲存體成本及提高可用性，在 SQL Server 2012
版本已提供將資料庫備份至 Azure 儲存體（Storage）的功能，讓使用者
能輕鬆地建立資料庫異地備份。2016 版強化了備份至 URL 的設計，除原
有的使用金鑰建立存取儲存體帳戶的認證之外，在安全性方面還新增了共
用存取簽章功能。另外，以往備份至 URL 時備份媒體是以分頁（Page）
Blob 格式儲存，2016 版新增區塊（Block）Blob 格式，且支援備份至多
個 Blob，SQL Server 2022 更新增將備份寫入 AWS S3 相容物件儲存體的

能力，使用 REST API 對 S3 連接器的支援，並擴充了 BACKUP/RESTORE TO/FROM URL 語法。

要資料庫備份至 Azure「儲存體」/「容器」內，須先在 Azure 訂閱內建立儲存體帳戶（這個帳戶如同系統管理帳戶，擁有建立容器及物件的系統管理權限），之後 SQL Server 便可以使用儲存體帳戶名稱及金鑰或是容器的共用存取簽章，透過 T-SQL/SMO（SQL Server Management Object）/PowerShell Cmdlet/Management Studio 發送 Backup 或 Restore 陳述式，讀寫區塊 Blob 或分頁 Blob 至 Azure 儲存體[5]。（若用金鑰認證方式則會使用分頁 Blob；而共用存取簽章的認證方式則會使用區塊 Blob）

SQL 2016 版的備份至 URL 功能，除了原有的使用 WITH CREDENTIAL 選項，另外新增了「共用存取簽章」並建立對應「認證」的方式。接下來介紹如何使用 T-SQL 及 SQL Server 管理工具將資料庫備份到 Azure 儲存體。

5.8.1 使用 T-SQL 搭配 WITH CREDENTIAL 選項

首先請到 Azure 入口網站（或使用 Powershell）產生儲存體帳戶的「存取金鑰」，複製 key1 或 key2 的機碼以便在 T-SQL 陳述式中使用：

---

[5] 儲存體帳戶説明以及建立方法請參考線上文件：https://learn.microsoft.com/zh-tw/azure/storage/common/storage-account-create?tabs＝azure-portal

圖 5.22 從 Azure 入口網站產生儲存體帳戶的存取金鑰

接著執行以下的 T-SQL 陳述式，使用 Azure 儲存體帳戶「存取金鑰」的 key1 或 key2 機碼建立認證，搭配 WITH CREDENTIAL 陳述式即可以執行 BACKUP DATABASE TO URL [6]，將資料庫備份至 Azure 儲存體容器內。

```
--建立認證
CREATE CREDENTIAL [AzureStoreage]
WITH IDENTITY = 'ellie', --儲存體帳戶名稱
SECRET = 'uc54Pcz3BohUVDGuTmG4SEQFwZ2MT2jN…' --可使用 key1 機碼或 key2 機碼
GO

--使用儲存體帳戶的身分識別和存取金鑰備份資料庫至 URL
BACKUP DATABASE AdventureWorks
TO URL = N' https://ellie.blob.core.windows.net/db-backup/AdventureWorks.bak' --
儲存體容器的 URL 及備份媒體名稱。
```

---

[6] SQL Server 備份裝置名稱上限為 259 個字元，BACKUP TO URL 會使用 36 個字元指定 URL 必要字元，保留 223 個字元供儲存體帳戶、容器和 Blob 名稱共用。（ 'https://儲存體帳戶.blob.core. windows.net/容器/備份媒體名稱.bak' ）

```
WITH CREDENTIAL='AzureStoreage', --認證名稱
COMPRESSION
```

5.8.2 使用 TSQL 搭配「共用存取簽章」

在 Azure 入口網站點選儲存體帳戶的「共用存取簽章」，勾選「允許的資源類型」並輸入簽章有效的開始及到期日期/時間後，按下右下角的「產生 SAS 與連接字串」：

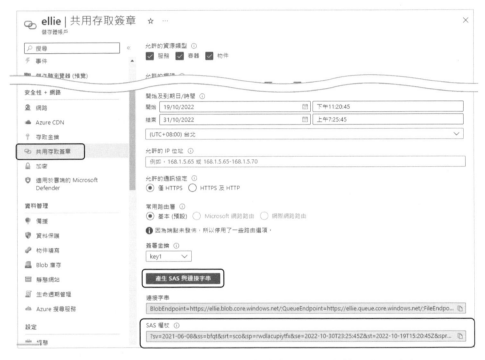

圖 5.23　從 Azure 入口網站設產生儲存體帳戶的共用存取簽章

複製 SAS 權杖內容後回到 SSMS，建立 SQL Server 內對應到共用存取簽章的認證，然後執行 BACKUP DATABASE TO URL 的陳述式，即可將資料庫備份至 Azure 儲存體：

```
--使用共用存取簽章建立認證
CREATE CREDENTIAL [https://ellie.blob.core.windows.net/db-backup] --儲存體容器的
URL
```

```
WITH IDENTITY = 'SHARED ACCESS SIGNATURE',
SECRET = 'sv=2021-12-02&ss=bfqt&srt=sco&sp=rwdlacupiytfx&se=2023-04-20T20:20:
36Z&st=2023-04-20T12:20:36Z&spr=https&sig=RmRMm6QBp7dQiFTqcn7up6x%2FYdfu6DzjUT
KULStmSNo%3D'  --SAS 權杖(移除最前面的?)

--使用共用存取簽章備份資料庫至 URLL
BACKUP DATABASE [AdventureWorks]
TO URL = 'https://ellie.blob.core.windows.net/db-backup/AdventureWorks_2.bak' --
儲存體容器的 URL 及備份媒體名稱
WITH COMPRESSION, STATS = 5
GO
```

5.8.3 使用 SQL Server 管理工具

若要使用 Management Studio 將資料庫備份至 URL，可依照以下步驟：

step01 在「物件總管」內選取要備份的資料庫，按下滑鼠右鍵後執行「工作」→「備份」。

step02 在「備份資料庫」視窗的「一般」頁面，目的地選擇「備份至URL」，然後按下右下角的「新增」按鈕，此時會開啟「選取備份目的地」視窗：

圖 5.24 使用 Management Studio 將資料庫備份至 URL

　　若已經有使用共同存取簽章建立的認證，可以在「Azure 儲存容器」下拉選單中直接選取，然後按下「確定」將資料庫備份至 URL。或是點選「新增容器」開啟「連接至 Microsoft 訂用帳戶」視窗，登入 Microsoft Azure，選取訂用帳戶/儲存體帳戶/Blob 容器並設定簽章的到期日，接著按下「建立認證」鈕，即會產生共用存取簽章，並建立對應的認證以供當次資料庫備份使用：

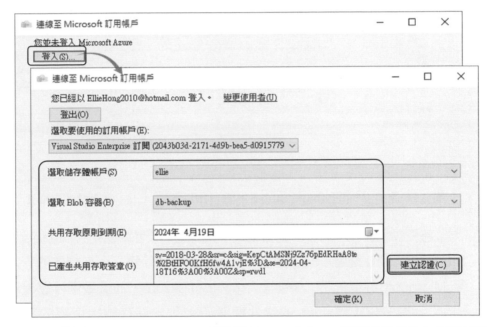

圖 5.25　使用 Management Studio 連接至 Microsoft Azure 新增容器並建立共用存取簽章及相對應的認證

　　接著在「選取備份目的地」視窗選取 Azure 儲存體容器後，按下「確定」回到「備份資料庫」視窗，再按下「確定」即可將資料庫備份至 Azure 儲存體：

圖 5.26 使用 Management Studio 將資料庫備份至 Azure 儲存體的完成畫面

　　若要檢視放在 Azure 儲存體的備份資料，可以使用 Management Studio→「物件總管」→「連接」→「Azure 儲存體」→在開啟的「連線至 Microsoft 訂用帳戶」視窗登入 Microsft Azure，並選取儲存體帳戶及 Blob 容器→SQL Server 的物件總管便會列出儲存體帳戶裡的容器及 Blob 資訊；另一個方法是從 Microsoft Azure 管理入口網站（https://portal.azure.com/）查看。

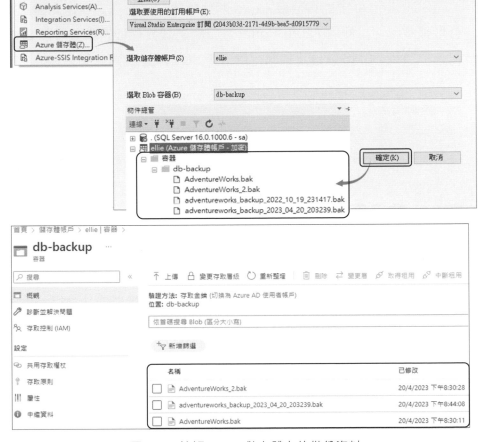

圖 5.27 檢視 Azure 儲存體上的備份資料

5.9 受管理的備份

受管理的備份是在 SQL 2014 版本就有的功能,使用者不需要自定備份計畫,只需指定備份檔保留週期,SQL Server 便會根據交易的頻繁程度自動將資料庫備份到 Azure 儲存體。SQL 2016 版本對受管理的備份做了一些增強,比方提供客製化備份排程、支援系統資料庫備份、簡單復原模式的資料庫等。

5.9.1　建立共用存取簽章及相對應的認證

　　SQL Server 要能夠存取 Azure 儲存體帳戶，方法之一是先建立共用存取簽章。可以使用 Azure Portal 入口網站建立存取簽章並複製 SAS 權杖，然後到 SSMS 管理工具執行以下 T-SQL 陳述式建立相對應的認證：

```
CREATE CREDENTIAL [https://elliemanagedbkup.blob.core.windows.net/backupcontainer]
--儲存體容器 URL
WITH IDENTITY = 'Shared Access Signature',
SECRET =
'sv=2021-06-08&ss=bfqt&srt=sco&sp.......jrNyncZfztJjjdxFuYdhTj0%2BZfqw%3D' --SAS 權杖
```

5.9.2　啟用受管理的備份

　　不論是要啟用或是停用受管理的備份，都需先啟用 SQL Server Agent 服務。自動化備份作業也需 SQL Server Agent，因此建議將 SQL Server Agent 啟動模式設為自動，以確保備份作業能成功執行。接著執行預存程序 msdb.managed_backup.sp_backup_config_basic 設定備份檔的保留週期，並啟用受管理的備份：

```
Use msdb;
GO
EXEC msdb.managed_backup.sp_backup_config_basic
 @enable_backup = 1,   --1 啟用，0 停用
 @database_name = 'AdventureWorks',   --若指定 null 則表示在 SQL 執行個體層級啟用受管理
的備份
 @container_url =
'https://elliemanagedbkup.blob.core.windows.net/backupcontainer',
 @retention_days = 7 --以天為單位，可接受的值為 1~30
GO
/*
已為資料庫 'AdventureWorks' 設定 SQL Server Managed Backup to Microsoft Azure，其
容器 URL 為 'https://elliemanagedbkup.blob.core.windows.net/backupcontainer'、保
留期限為 7 天、加密為 off、備份為 on，並已將備份排程設定為 Custom。
*/
```

　　資料庫啟用受管理的備份後，備份的排程預設會由系統自動控制。SQL 2016 版本新增了客製化備份計畫的功能，只要在呼叫預存程序 managed_backup.sp_backup_config_schedule 時，將 scheduling_option 參數指定為 custom，便可依照使用者設定的排程來執行備份至 Azure 儲存體的自動化作業。下列 T-SQL 範例程式，會將備份排程改為客製化，並設定為每天晚上 21:40～23:40 間執行資料庫完整備份/每隔 5 分鐘執行交易記錄備份：

```
USE msdb
GO
EXEC managed_backup.sp_backup_config_schedule
    @database_name =  'AdventureWorks',
    @scheduling_option = 'Custom',
    @full_backup_freq_type = 'Daily',
    @backup_begin_time =  '21:40',
    @backup_duration = '02:00',
    @log_backup_freq = '00:05'
```

　　之後若要檢視資料庫否已啟用受管理的備份，以及所使用的容器 URL、保留週期、加密演算法、備份排程等相關資訊，可透過系統檢視 msdb.managed_backup.fn_backup_db_config 查詢：

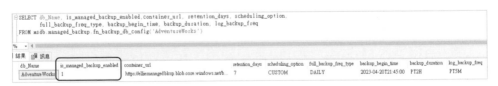

圖 5.28　使用系統檢視查詢資料庫是否啟用受管理的備份及其設定資訊

　　除了設定客製化排程讓 SQL Server 自動備份資料庫，預存程序 msdb.managed_backup.sp_backup_on_demand 也可以依使用者需求，立即執行備份資料庫或交易記錄：

```
--手動執行資料庫備份
EXEC msdb.managed_backup.sp_backup_on_demand
@database_name  =  'AdventureWorks',
```

```
@type = 'database'
/*
SQL Server Managed Backup to Microsoft Azure 已視需要排程資料庫 'AdventureWorks' 的
'Database' 備份到位置
'https://elliemanagedbkup.blob.core.windows.net/backupcontainer/AdventureWorks
_6849b43ca8e74dc0942bb24d2c3912d1_20221020214215+08.bak'。
已處理資料庫 'AdventureWorks' 的 864 頁,檔案 1 上的檔案 'AdventureWorks_Data'。
[SQLSTATE 01000]已處理資料庫 'AdventureWorks' 的 2 頁,檔案 1 上的檔案
'AdventureWorks_Log'。 [SQLSTATE 01000]BACKUP DATABASE 已於 6.635 秒內成功處理了 866
頁 (1.019 MB/sec)。 [SQLSTATE 01000]
*/
--手動執行 log 備份
EXEC msdb.managed_backup.sp_backup_on_demand
@database_name  =  'AdventureWorks',
@type = 'log'

/*
SQL Server Managed Backup to Microsoft Azure 已視需要排程資料庫 'AdventureWorks' 的
'Log' 備份到位置
'https://elliemanagedbkup.blob.core.windows.net/backupcontainer/AdventureWorks
_6849b43ca8e74dc0942bb24d2c3912d1_20221020214249+08.log'。
已處理資料庫 'AdventureWorks' 的 3 頁,檔案 1 上的檔案 'AdventureWorks_Log'。 [SQLSTATE
01000]BACKUP LOG 已於 2.257 秒內成功處理了 3 頁 (0.010 MB/sec)。 [SQLSTATE 01000]
*/
```

5.9.3 查看備份資料檔

若要查看資料庫備份檔資訊,可透過以下幾種方法:

■ 直接登入 Microsoft Azure 入口網路,點選儲存體帳戶→容器:

圖 5.29 登入 Microsoft Azure 入口網站查看 Azure 儲存體裡的備份檔

- 使用 Management Studio→「物件總管」→「連線」→「Azure 儲存體」，連線至 Microsoft 訂用帳戶→選取儲存體帳戶及 Blob 容器後，在物件總管列出該儲存體帳戶下容器裡的檔案：

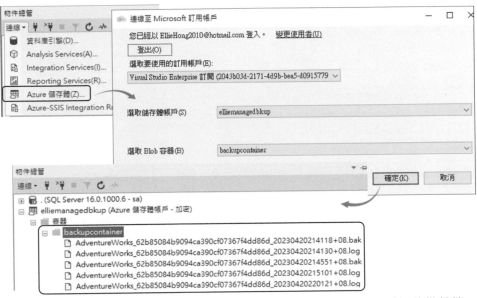

圖 5.30 使用 Management Studio 連接 Azure 儲存體，查看儲存體裡的備份檔

- 開啟 Management Studio 查詢系統檢視 msdb.smart_admin.fn_available_backups，列出該資料庫的可用備份檔：

```
SELECT * FROM msdb.smart_admin.fn_available_backups('AdventureWorks')
```

	backup_path	backup_type	expiration_date	database_guid	first_lsn	last_lsn	backup_start_date	backup_finis
1	https://elliemanagedbkup.blob.core.windows.net/b...	DB	2023-04-27 13:45:54.000	62B85084-B909-4CA3-90CF-07367F4DD86D	58000000019200001	58000000021600001	2023-04-20 21:41:21.000	2023-04-20
2	https://elliemanagedbkup.blob.core.windows.net/b...	Log	2023-04-27 13:45:54.000	62B85084-B909-4CA3-90CF-07367F4DD86D	58000000019200001	58000000024000001	2023-04-20 21:41:32.000	2023-04-20
3	https://elliemanagedbkup.blob.core.windows.net/b...	DB	9999-12-31 23:59:59.000	62B85084-B909-4CA3-90CF-07367F4DD86D	58000000035200001	58000000037600001	2023-04-20 21:45:54.000	2023-04-20
4	https://elliemanagedbkup.blob.core.windows.net/b...	Log	9999-12-31 23:59:59.000	62B85084-B909-4CA3-90CF-07367F4DD86D	58000000024000001	58000000040000001	2023-04-20 21:51:04.000	2023-04-20

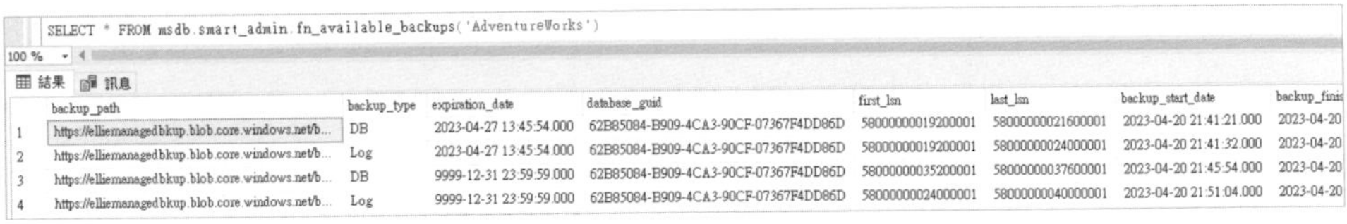

圖 5.31 查詢系統檢視列出該資料庫的可用備份檔

5.9.4 停用受管理的備份

如果只是要暫時停用受管理的備份，可執行預存程序 msdb.managed_backup.sp_backup_master_switch，將 new_state 設定為 0，便可以暫停自動備份到 Azure 儲存體的排程。之後若要繼續自動備份排

程作業，只需再次執行該預存程序並將 new_state 設定改為 1 即可。只是此預存程序會暫停執行個體裡所有資料庫的受控備份，無法針對個別資料庫設定。

```
--暫停執行受管理的備份
EXEC msdb.managed_backup.sp_backup_master_switch
@new_state=0
GO

--繼續執行受管理的備份
EXEC msdb.managed_backup.sp_backup_master_switch
@new_state=1
```

若要直接停用受管理的備份，可以執行預存程序 msdb.managed_backup.sp_backup_config_basic，指定資料庫名稱並將 enable_backup 設定為 0：

```
--停用受管理的備份
EXEC msdb.managed_backup.sp_backup_config_basic
    @database_name = 'AdventureWorks',
    @enable_backup = 0
```

其他更詳細受控備份的說明及設定進階選項請參考線上說明文件：

https://learn.microsoft.com/zh-tw/sql/relational-databases/backup-restore/configure-advanced-options-for-sql-server-managed-backup-to-microsoft-azure?redirectedfrom=MSDN&view=sql-server-ver16

本章資料庫備份介紹到此，接下來將說明資料庫的還原工作。

5.10 還原資料庫的前置工作

在大部分的狀況下若是資料庫毀損（例如，資料表被使用者刪除或是資料被誤改），通常只要執行還原程序將備份還原成另外一個暫存的資料庫，再選擇正確的資料覆蓋回原誤改內容就可以修復。但若碰到 SQL Server 或 Windows 作業系統毀損，甚至伺服器的硬體設備故障，可能無法單純憑藉資料庫還原程序來修復，而必須重裝軟/硬體後才可繼續還原資料庫。

資料庫若毀損，救援資料庫的第一件事並非立刻執行還原程序，而是應先思考幾個問題：

- 導致資料庫毀損的主因？
- 資料庫的「復原模式」若非簡單模式，線上系統是否還允許連線以備份結尾交易記錄（Tail-Log Backups）？
- 備份策略是否涵蓋所需要的備份資料？
- 備份檔是否有效？
- 還原若發生錯誤是否要繼續還原？
- 需要將資料庫還原到什麼時間點？

以上這些問題，可由下列程序尋求答案：

- 檢視備份策略，決定還原時間點
- 檢查備份裝置的媒體內容，確認備份資料所在位置
- 執行 RESTORE VERIFYONLY 陳述式，檢查備份資料是否有效

5.10.1 檢視備份策略 & 決定還原時間點

為什麼需要在還原資料庫前先檢視備份策略呢？若不清楚在什麼時間點執行了何種備份方式，將很難有效率地執行還原作業。因此，在執行還原作業前應先決定：

■ 還原時間點

■ 還原作業所需要的備份資料

以圖 5.32 的備份策略為例，假設資料庫在星期三下午 3:00 以後毀損，可以將還原時間點定為星期三下午 3:00。如果要將資料庫還原至這個時間點，將會需要以下的備份資料：

■ 星期一晚上 8:00 的備份資料（完整備份#1）。

■ 星期一晚上 8:00 以後到星期三下午 3:00 之間備份的交易記錄（交易記錄備份#1～ #5 五個交易記錄備份檔）。

■ 若損毀當時還可以取得結尾交易記錄備份，則最後需還原結尾記錄備份。

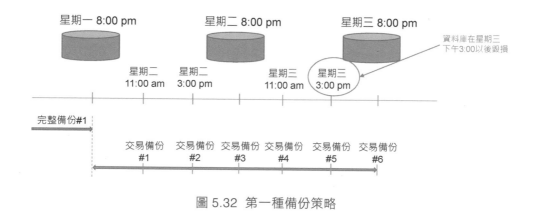

圖 5.32 第一種備份策略

針對同一個還原時間點，如果備份策略不同，執行還原作業所需的備份資料也會不同。

以第二種備份策略為例（圖 5.33），如果要將資料庫還原到星期三下午 3:00，將需要以下的備份資料：

■ 星期二晚上 8:00 的備份資料（完整備份#2）。

■ 星期二晚上 8:00 以後到星期三下午 3:00 之間備份的交易記錄（交易記錄備份#4 與#5 兩個交易記錄備份檔）。

■ 若損毀當時還可以取得結尾交易記錄備份，則最後需還原結尾記錄備份。

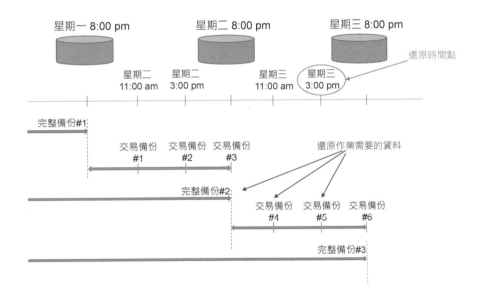

圖 5.33 第二種備份策略

再看圖 5.34 的第三種備份策略。若要將資料庫還原至星期三下午 3:00，最快的方式是利用下列備份資料：

■ 星期一晚上 8:00 的備份資料（完整備份#1）。

■ 星期二晚上 8:00 的備份資料（差異備份#1）。

■ 星期二晚上 8:00 以後到星期三下午 3:00 之間備份的交易記錄（交易記錄備份#4 與#5 兩個交易記錄備份檔）。

■ 若損毀當時還可以取得結尾交易記錄備份，則最後需還原結尾記錄備份。

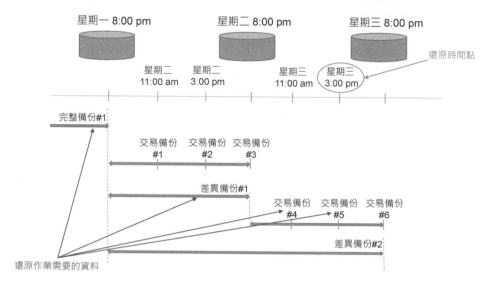

圖 5.34　第三種備份策略

　　透過以上三種備份策略應可瞭解，不同的備份策略除了影響還原作業的執行流程，也會影響還原作業的執行效率。

5.10.2　確認備份資料的位置

　　決定還原時間點後，接著必須確認備份資料存放在哪些檔案或備份裝置：

■ 在「物件總管」→以滑鼠左鍵雙擊備份裝置名稱→開啟「備份裝置」視窗。在「媒體內容」頁面檢視備份資料（參見圖 5.35）。

圖 5.35 「備份裝置」視窗的「媒體內容」頁面

　　也可以執行 RESTORE HEADERONLY、RESTORE FILELISTONLY 陳述式，查詢備份裝置的內容（參見圖 5.36）：

```
RESTORE HEADERONLY FROM [Northwind_BackupDevice];
RESTORE FILELISTONLY FROM [Northwind_BackupDevice];
```

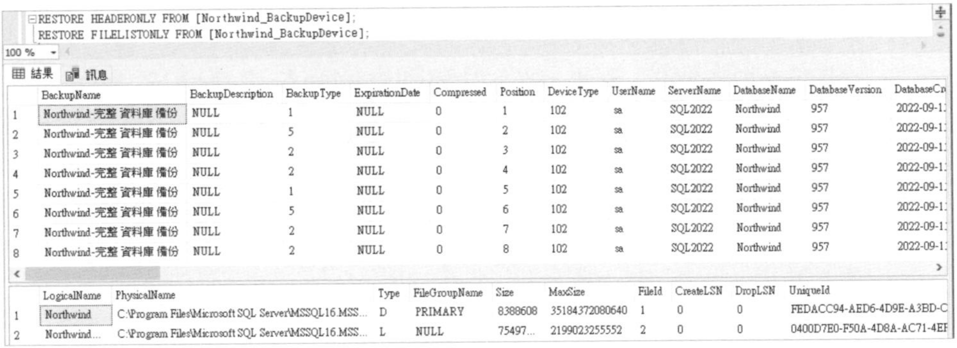

圖 5.36 執行 RESTORE HEADERONLY、RESTORE FILELISTONLY 陳述式

5.10.3 確認備份資料是否有效

執行還原作業以前可先執行 RESTORE VERIFYONLY 陳述式驗證備份資料是否有效，以避免備份資料毀損（例如磁帶發霉或硬碟磁區損毀）或不完整，導致還原作業失敗。

本章《第 5.7 節：使用兩個以上備份裝置》，曾經將 MyDB 資料庫同時備份到 MyDB_backup1 及 MyDB_backup2 備份裝置，針對此種備份策略，執行還原作業時也必須同時使用兩個備份裝置。在圖 5.37 左側 SQL 查詢視窗中，以 RESTORE VERIFYONLY 驗證 Northwind_1 備份裝置的內容時，SQL Server 會回應下列訊息：

```
訊息 3132，層級 16，狀態 1，行 1
媒體集有 2 個媒體家族，但是僅提供 1。必須提供所有成員。
訊息 3013，層級 16，狀態 1，行 1
VERIFY DATABASE 正在異常結束。
```

由此可知，MyDB 資料庫的還原作業無法只透過 MyDB_backup1 或 MyDB_backup2 單一備份裝置達成。

圖 5.37 右側的 SQL 查詢視窗則是同時驗證 MyDB_backup1 與 MyDB_backup2 備份裝置的內容，STATS 選項用以指定完成多少百分比（例如 25%）需回報一則訊息。

圖 5.37 執行 RESTORE VERIFYONLY 陳述式驗證備份資料

5.11 還原作業的三種復原選項

決定還原時間點以後，還須瞭解三種復原選項的意義，才能正確地執行還原作業。本節將說明三種復原選項：

- NORECOVERY

- RECOVERY

- STANDBY

接下來透過先前介紹的備份策略（圖 5.38）來說明三種復原選項與還原時間點的關係：

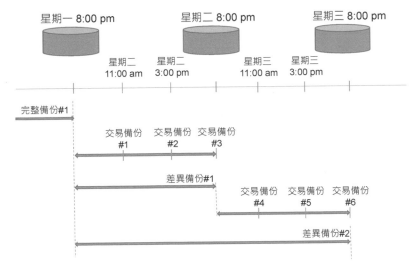

圖 5.38 使用三種備份方式的備份策略

5.11.1 使用 RECOVERY 復原選項

RECOVERY 選項會回復未認可的交易，並且讓資料庫可以正常存取。通常 RECOVERY 選項會使用在最後一次還原作業，而還原時間點則會決定什麼時候是「最後一次還原作業」。

　　如圖 5.38，如果還原時間點定為星期二下午 3:00，將會需要：**完整備份#1、交易記錄備份#1 與交易記錄備份#2** 的資料才能執行還原作業。在陸續還原完整備份#1、交易記錄備份#1 時，因為之後還要繼續執行其他的還原作業，須搭配 NORECOVERY 選項，告知 SQL Server 執行個體尚不可開放這個資料庫供使用者存取，且保留未認可的交易，等待之後的還原作業確認交易狀況；或是透過 Standby 選項僅開放唯讀存取。而使用**交易記錄備份#2** 的還原作業便是最後一次還原作業，須使用 RECOVERY 選項或是不指定（因預設值為 RECOVERY）。

　　同理，如果還原時間點定為星期三下午 3:00，則需要的備份資料為：**完整備份#1、差異備份#1、交易記錄備份#4 與交易記錄備份#5**。因此最後一次的還原作業為**交易記錄備份#5**，並且需搭配 RECOVERY 選項執行。

　　使用 RECOVERY 選項執行還原作業的方式有兩種：

■ 執行 RESTORE 陳述式時加上 WITH RECOVERY。

■ 在 Management Studio 的「還原資料庫」視窗（選項頁面），設定復原狀態為第一項「回復未認可的交易，讓資料庫保持備妥可用。無法還原其他交易記錄」。

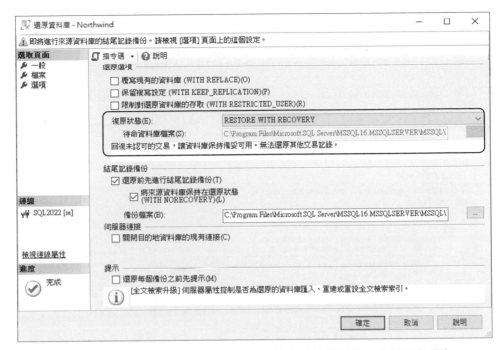

圖 5.39　使用 RECOVERY 選項還原資料庫（針對最後一次還原作業）

如圖 5.39 所示，使用 RECOVERY 選項執行還原作業以後，資料庫將可正常存取。

5.11.2　使用 NORECOVERY 復原選項

NORECOVERY 選項的還原作業不會回復未認可的交易，而且資料庫無法存取。在整個資料庫還原過程中，除了最後一次還原，其餘還原作業皆必須使用 NORECOVERY 或 STANDBY 選項來進行。

以圖 5.38 為例，如果還原時間點定為星期二下午 3:00，需要完整備份#1、交易記錄備份#1 與交易記錄備份#2 的資料才能執行還原作業。除了最後一次交易記錄備份#2 的還原，針對完整備份#1 與交易記錄備份#1 執行的還原作業都必須使用 NORECOVERY 選項。

使用 NORECOVERY 選項執行還原作業的方式有兩種：

■ 執行 RESTORE 陳述式時加上 WITH NORECOVERY。

■ 在 Management Studio 的「還原資料庫」視窗（**選項**頁面），設定復原狀態為第二項「讓資料庫保持不運作，且不回復未認可的交易，可以還原其他交易記錄」。

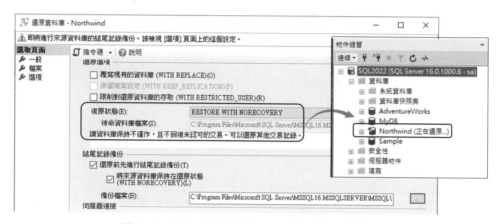

圖 5.40 使用 NORECOVERY 選項還原資料庫

如圖 5.40，使用 NORECOVERY 選項還原資料庫以後，資料庫的狀態為「正在還原...」，此時資料庫無法正常存取，但是可繼續執行後續還原作業。

5.11.3 使用 STANDBY 復原選項

此選項可讓還原中的資料庫開放唯讀形式查詢，還原作業會回復未認可的交易。避免查詢時被鎖住，未認可的交易會放在待命檔案（standby file），還原下一個交易記錄備份時再利用待命檔案來比對新的交易記錄，以確定未認可交易的後續發展。若待命檔案損毀，將無法再繼續還原其他交易記錄備份。

STANDBY 選項可用以建置 SQL Server 備援資料庫，透過交易記錄的還原作業同步來源資料庫與備援資料庫之間的資料，並以唯讀形式保存資料庫的複本供使用者查詢。STANDBY 選項也是 SQL Server 記錄傳送（log shipping）機制的選項之一（也可以在備援資料庫採用 NORECOVERY 選項）。

使用 STANDBY 選項執行還原作業的方式有兩種：

■ 執行 RESTORE 陳述式時加上 WITH STANDBY。

■ 在 Management Studio 的「還原資料庫」視窗（選項頁面），設定復原狀態為第三項「讓資料庫保持唯讀模式」。

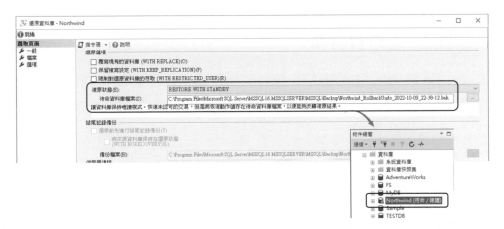

圖 5.41　利用 STANDBY 選項還原資料庫

如圖 5.41，使用 STANDBY 選項還原資料庫以後，資料庫的狀態為「待命/唯讀」，此時使用者可以查詢資料庫，但是無法修改資料。

5.12 使用 RESTORE 陳述式執行還原作業

SQL Server 還原資料庫或交易記錄的方式有：

■ 執行 RESTORE DATABASE 陳述式還原資料庫。

■ 執行 RESTORE LOG 陳述式還原交易記錄。

■ 使用 Management Studio 還原資料庫或交易記錄。

本節會先介紹前面兩種 RESTORE 陳述式的語法與執行範例，使用 Management Studio 還原資料庫將於《第 5.13 節：使用 Management Studio 執行還原作業》再說明。

5.12.1 還原資料庫

RESTORE DATABASE 陳述式用於資料庫完整還原或部分還原，其基本語法為：

```
RESTORE DATABASE 資料庫名稱
FROM { [檔案名稱] | [ 備份裝置名稱 [ ,...n ] ]
[ WITH
    [ CHECKSUM | NO_CHECKSUM ],
    [ CONTINUE_AFTER_ERROR | STOP_ON_ERROR ],
    [ FILE = 備份組編號 ],
    [ KEEP_REPLICATION ],
    [ MEDIANAME = 備份集名稱 ],
    [ MEDIAPASSWORD = 備份集密碼 ],
    [ MOVE '邏輯檔案名稱' TO '作業系統檔案名稱' ],
    [ PASSWORD = 密碼 ],
    [ RECOVERY | NORECOVERY | STANDBY = 待命資料庫檔案 ] ,
    [ REPLACE ],
    [ RESTART ],
    [ RESTRICTED_USER ],
    [ REWIND | NOREWIND ],
    [ STATS = 百分比 ],
    [ UNLOAD | NOUNLOAD]
]
```

表 5.6 列出 RESTORE DATABASE 陳述式的常用選項：

表 5.6 RESTORE DATABASE 陳述式的常用選項

RESTORE DATABASE 陳述式的常用選項	說明

PARTIAL	使用於資料庫部分還原，例如還原檔案或檔案群組。語法如下：
	
	``
	RESTORE DATABASE { 資料庫名 | @變數 }
	    <檔案或檔案群組> [,...n]
	    [FROM <備份裝置> [,...n]]
	    WITH
	        PARTIAL, NORECOVERY
	``

CHECKSUM | NO_CHECKSUM	設定 CHECKSUM 選項時，SQL Server 會在還原作業時驗證總和檢查碼，如果備份資料未包含總和檢查碼，還原作業將會失敗。
CONTINUE_AFTER_ERROR | STOP_ON_ERROR	預設為 STOP_ON_ERROR，當錯誤發生時即停止還原作業。若指定 CONTINUE_AFTER_ERROR，則還原過程中即使有錯誤發生，還原作業仍會繼續進行。
FILE	指定要還原的備份組。例如 FILE=1，表示 SQL Server 會使用備份媒體的第一段備份資料進行還原。
KEEP_REPLICATION	指定還原作業需保留複寫設定值。
MEDIANAME = 備份集名稱	設定備份集名稱。（最長為 128 字元）
MEDIAPASSWORD = 備份集密碼	設定備份集密碼。
MOVE '邏輯檔案名稱' TO ' 作業系統檔案名稱'	還原資料庫時，將資料庫檔案回存到其他檔案路徑。未設定此選項時，SQL Server 會將資料庫檔案回存到原始路徑（即執行備份作業時，該資料庫檔案的原始存放位置）。
PASSWORD	指定備份組密碼。

RESTORE DATABASE 陳述式的常用選項	說明
RECOVERY | NORECOVERY | STANDBY=<待命檔案的路徑檔名>	• RECOVERY：回復未認可交易。當還原程序結束後，即可存取資料庫。 • NORECOVERY：不復原未認可的交易。利用此選項執行還原作業後，資料庫尚無法存取，但可以還原其他差異備份或交易記錄。 • STANDBY：回復未認可的交易，讓資料庫以唯讀模式運作，但是將回復動作儲存在待命檔案（standby file），以便倒回復原結果。
REPLACE	沒有設定 REPLACE 選項時，SQL Server 會執行安全檢查以防止複寫現有資料庫。若設定此選項，SQL Server 會先刪除同樣名稱的資料庫，再進行還原作業。
RESTART	重新啟動已中斷的還原作業。
RESTRICTED_USER	將還原後資料庫的存取權限設定為 db_owner、dbcreator 或 sysadmin 等角色成員才能存取。
REWIND | NOREWIND	預設為 REWIND，要求 SQL Server 倒轉磁帶。（此選項僅適用於磁帶裝置）
STATS = 百分比	指定備份進度完成指定的百分比之後，回報一則訊息。
NOUNLOAD | UNLOAD	針對磁帶備份，UNLOAD 選項可要求 SQL Server 在備份完成後自動倒轉與卸除磁帶；NOUNLOAD 則是備份完成後不倒轉與卸除磁帶。預設為 UNLOAD。

❖ RESTORE DATABASE 陳述式範例

■ **範例一**：以 Northwind_BackupDevice 備份裝置作為來源，執行完整資料庫還原。

```
USE master
GO
RESTORE DATABASE Northwind
FROM Northwind_BackupDevice
```

■ **範例二**：先還原完整備份資料，再還原差異備份資料。

```
USE Master
GO

RESTORE DATABASE Northwind
FROM Northwind_BackupDevice
--移動資料檔案的位置，透過 MOVE TO 選項將檔案設定到新的位置
WITH
  FILE = 1, --使用備份媒體裡的第一個備份組
    MOVE 'Northwind'   --邏輯檔案名稱
    TO 'E:\SQL_Data\Northwind\Northwind.mdf',
  MOVE 'Northwind_Data'      --邏輯檔案名稱
    TO 'E:\SQL_Data\Northwind\Northwind_Data.ndf',
  MOVE 'Northwind_Index'      --邏輯檔案名稱
    TO 'E:\SQL_Data\Northwind\Northwind_Index.ndf',
  MOVE 'Northwind_Log'
    TO 'E:\SQL_Data\Northwind\Northwind_Log.ldf',
  REPLACE,   --記錄結尾尚未備份，強制要求還原
  NORECOVERY --尚不開放使用者存取，以便繼續還原差異備份
GO

--還原差異備份
RESTORE DATABASE Northwind
FROM Northwind_BackupDevice
WITH
  FILE = 2, --使用備份媒體裡的第二個備份組
  RECOVERY
```

5.12.2 還原交易記錄

還原交易記錄時，必須使用 RESTORE LOG 陳述式，語法如下：

```
RESTORE LOG 資料庫名稱
FROM { [檔案名稱] | [ 備份裝置名稱 [ ,...n ] }
[ WITH
  [ CHECKSUM | NO_CHECKSUM ],
  [ CONTINUE_AFTER_ERROR | STOP_ON_ERROR ],
  [ FILE = 備份組編號 ],
  [ KEEP_REPLICATION ],
  [ MEDIANAME = 備份集名稱 ],
  [ MEDIAPASSWORD = 備份集密碼 ],
  [ MOVE '邏輯檔案名稱' TO '作業系統檔案名稱' ],
  [ PASSWORD = 密碼 ],
  [ RECOVERY | NORECOVERY | STANDBY = 待命資料庫檔案 ] ,
  [ REPLACE ],
  [ RESTART ],
  [ RESTRICTED_USER ],
  [ REWIND | NOREWIND ],
  [ STATS = 百分比 ],
  [ STOPAT = 時間 |
    STOPATMARK = { '標示名稱' | 'lsn:記錄序號' }
            [ AFTER 時間 ] |
    STOPBEFOREMARK = { '標示名稱' | 'lsn:記錄序號' }
            [ AFTER 時間 ] } ],
  [ UNLOAD | NOUNLOAD ]
]
```

由於交易記錄包含所有資料的異動前/後情況，在還原交易記錄時
DBA 可以利用 STOPAT 選項，將資料庫還原至特定的時間點。表 5.7 列
出三個與還原作業停止時間有關的選項。

表 5.7 與還原作業停止時間有關的選項

與還原作業停止時間有關的選項	說明
STOPAT	指定還原作業停止於某特定日期及時間。
STOPATMARK	指定還原作業停止於某個已標示的交易或記錄序號。如搭配 AFTER 選項，則還原作業會在指定時間後第一個標示交易（或記錄序號）停止。

與還原作業停止時間有關的選項	說明
STOPBEFOREMARK	指定還原作業停止於某個已標示的交易或記錄序號之前。如搭配 AFTER 選項，則還原作業會在指定時間後第一個標示交易（或記錄序號）之前停止。

以下程式碼示範將資料庫還原至特定時間點及標示的交易：

```
--建立測試資料庫及資料表
CREATE DATABASE TESTDB
GO
ALTER DATABASE TESTDB SET RECOVERY FULL
GO
CREATE TABLE TESTDB.dbo.tbSTOPAT (C1 smallint, C2 datetime)
GO


--執行資料庫備份
BACKUP DATABASE TESTDB TO DISK='C:\temp\TESTDB_full.bak' WITH INIT;


--新增資料 1
BEGIN TRAN InsertData_1 WITH MARK '新增記錄_tbSTOPAT_1'
    INSERT INTO TESTDB.dbo.tbSTOPAT VALUES (1, SYSDATETIME());
COMMIT TRAN InsertData_1;

WAITFOR DELAY '00:00:10'; --延遲 10 秒鐘後再繼續往下執行


--新增資料 2
BEGIN TRAN InsertData_2 WITH MARK '新增記錄_tbSTOPAT_2'
    INSERT INTO TESTDB.dbo.tbSTOPAT VALUES (2, SYSDATETIME());
COMMIT TRAN InsertData_2;

WAITFOR DELAY '00:00:10'; --延遲 10 秒鐘後再繼續往下執行


--新增資料 3
BEGIN TRAN InsertData_3 WITH MARK '新增記錄_tbSTOPAT_3'
    INSERT INTO TESTDB.dbo.tbSTOPAT VALUES (3, SYSDATETIME());
COMMIT TRAN InsertData_3;

SELECT * FROM TESTDB.dbo.tbSTOPAT;
```

	C1	C2
1	1	2022-10-20 22:42:19.437
2	2	2022-10-20 22:42:29.453
3	3	2022-10-20 22:42:39.457

```
--刪除所有資料
DELETE FROM TESTDB.dbo.tbSTOPAT;

--執行交易記錄檔備份
BACKUP LOG TESTDB TO DISK='C:\temp\TESTDB_log.trn' WITH INIT;

--使用 STOPAT 還原至時間點
RESTORE DATABASE TESTDB FROM DISK='C:\temp\TESTDB_full.bak' WITH
NORECOVERY,REPLACE;
RESTORE LOG TESTDB FROM DISK='C:\temp\TESTDB_log.trn' WITH stopat = '20221020
22:42:31';
SELECT * FROM TESTDB.dbo.tbSTOPAT;
```

	C1	C2
1	1	2022-10-20 22:42:19.437
2	2	2022-10-20 22:42:29.453

```
--查看 msdb 裡已標示的交易
SELECT * FROM msdb..logmarkhistory order by mark_time;
```

	database_name	mark_name	description	user_name	lsn	mark_time
1	TESTDB	InsertData_1	新增記錄_tbSTOPAT_1	sa	39000000038400031	2022-10-20 22:42:19.433
2	TESTDB	InsertData_2	新增記錄_tbSTOPAT_2	sa	39000000039200004	2022-10-20 22:42:29.450
3	TESTDB	InsertData_3	新增記錄_tbSTOPAT_3	sa	39000000040000003	2022-10-20 22:42:39.453

```
--使用 STOPBEFOREMARK 還原至標示的交易
RESTORE DATABASE TESTDB FROM DISK='C:\temp\TESTDB_full.bak' WITH NORECOVERY,REPLACE;
RESTORE LOG TESTDB FROM DISK='C:\temp\TESTDB_log.trn' WITH STOPBEFOREMARK=
'InsertData_2'
SELECT * FROM TESTDB.dbo.tbSTOPAT;
```

	C1	C2
1	1	2022-10-20 22:42:19.437

```
--刪除資料庫
USE master
GO
DROP DATABASE TESTDB
```

❖ RESTORE LOG 陳述式範例

■ **範例一**：還原 Northwind 資料庫的交易記錄，來源為 NwindLog.bak 磁碟檔案：

```
RESTORE LOG Northwind
FROM DISK=N'E:\SQL_Backup\Northwind\NwindLog.bak'
WITH FILE = 1, NORECOVERY
```

■ **範例二**：利用 STOPAT 選項，將 Northwind 資料庫還原至特定時間點。

```
RESTORE LOG Northwind
FROM DISK=N'E:\SQL_Backup\Northwind\NwindLog.bak'
WITH FILE = 2, RECOVERY, STOPAT='20221020 22:56:35'
```

5.13 使用 Management Studio 執行還原作業

除了執行 RESTORE 陳述式，也可以透過 Management Studio 的圖形介面工具來執行還原作業：

■ 還原資料庫。

■ 還原檔案和檔案群組。

■ 還原交易記錄。

5.13.1 還原資料庫

使用 Management Studio 還原資料庫的方式如下：

step01 在「物件總管」的「資料庫」節點按下滑鼠右鍵→選擇「還原資料庫」選項，或是直接選到某個資料庫節點→選擇「工作」→「還原」→「資料庫」選項。（如圖 5.42）

step02 在「還原資料庫」視窗的「一般」頁面，設定下列項目：

- 來源：可設定為「資料庫」或「裝置」。

  □ 資料庫：顯示 msdb 資料庫所保存的資料庫備份歷程清單。

  □ 裝置：指定備份資料所存放的檔案或備份裝置。

- 目的地：在「資料庫」指定還原後的資料庫名稱，以及還原時間點。

- 還原計畫：選取用來執行還原作業的備份組。

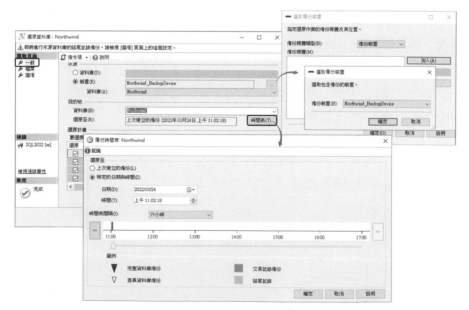

圖 5.42 「還原資料庫」視窗的「一般」頁面

　　選擇圖 5.42 右上方的「裝置」後，點選右方的 ⋯ 按鈕將開啟「選取備份裝置」視窗，可指定之前備份時所採用的媒體種類與位置。點選「還原至」右方的 時間表(T)... 按鈕會開啟「備份時間表」視窗，便可以透過交易記錄將資料庫還原至特定時間。

step03 在「檔案」頁面選擇資料檔及記錄檔位置，或編輯「還原為」欄位以重新命名實體檔案。（若在此欄位內更改檔案名稱與路徑，相當於設定 RESTORE 陳述式的 MOVE...TO...選項。）

圖 5.43 「還原資料庫」視窗的「檔案」頁面

　　若要改變邏輯檔案名稱，必須在資料庫還原後透過資料庫屬性裡的「檔案」頁面修改，或執行 ALTER DATABASE 陳述式：

```
ALTER DATABASE [資料庫名稱]
MODIFY FILE (NAME=N'舊邏輯檔案名稱', NEWNAME=N'新邏輯檔案名稱')
```

step04 在「選項」頁面設定各種還原選項與復原狀態。

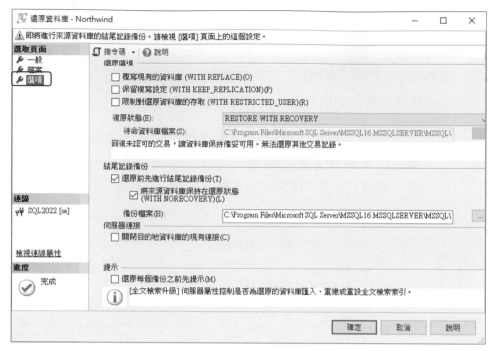

圖 5.44 「還原資料庫」視窗的「選項」頁面

圖 5.44 所對應的 RESTORE 陳述式選項整理如表 5.8。（選項說明請對照表 5.6 與表 5.7）

表 5.8 資料庫或交易記錄的還原選項

還原資料庫或交易記錄的進階選項 （位於選項頁面）	對應 RESTORE 陳述式選項
還原選項	
複寫現有的資料庫	REPLACE
保留複寫設定	KEEP_REPLICATION
限制對還原資料庫的存取	RESTRICTED_USER
復原狀態	
回復未認可的交易到交易前的狀態，讓資料庫保持備妥可用。無法還原其他交易記錄。	RECOVERY
讓資料庫保持不運作，且不回復未認可的交易。後續可以還原其他交易記錄。	NORECOVERY

還原資料庫或交易記錄的進階選項 （位於選項頁面）	對應 RESTORE 陳述式選項
讓資料庫保持唯讀模式。為了提供查詢資料完整性，恢復未認可的交易到交易前的狀態，但是將未完成恢復動作儲存在待命資料庫檔案，以便下一次還原時能夠接續復原結果。	STANDBY
結尾記錄備份	
可選擇是否先對來源資料庫做結尾記錄備份（選擇還原資料庫至特定的日期與時間時，會自動偵測是否需先對來源資料庫做結尾結錄備份）。這僅是 SSMS 自己在還原前先執行 backup 語法，restore 語法並無此選項。	無
伺服器連接	
SSMS 關閉對還原目標資料庫正在存取的連線	無
提示	
還原每個備份之前先提示	無

5.13.2 還原檔案和檔案群組

如果備份策略包含「檔案與檔案群組」備份方式，便可以還原特定檔案或檔案群組：

step01 在「物件總管」的資料庫節點按下滑鼠右鍵，執行「還原檔案和檔案群組」。

另一種方式是選取欲還原的資料庫，執行「工作」→「還原」→「檔案和檔案群組」。

step02 在「還原檔案和檔案群組」視窗的「一般」頁面，設定還原目的地、備份資料所在位置，以及要使用的還原備份組。如圖 5.45，還原 Northwind 資料庫，備份組位置設為「來源資料庫」，下方會顯示該資料庫之前的備份歷程（資料庫備份歷程保存於 msdb 系統資料庫內）。

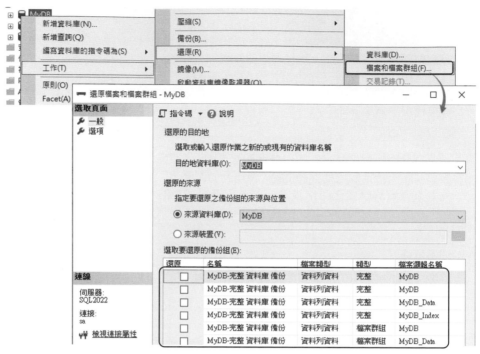

圖 5.45 執行「檔案和檔案群組」還原作業

^{step}**03** 在「還原檔案和檔案群組」視窗的「選項」頁面設定各種還原選項。

5.13.3 還原交易記錄

使用 NORECOVERY 或 STANDBY 選項，讓執行當下還原作業後，可以繼續再還原其他資料庫、檔案和檔案群組，或是交易記錄備份。以圖 5.46 為例，Northwind 資料庫的狀態為「正在還原」，代表上一次的還原作業是以 NORECOVERY 選項執行。此時可以透過 Management Studio 還原其他交易記錄，方式為：

step **01** 在「物件總管」內，選取狀態為「正在還原」或「待命/唯讀」的資料庫。

step **02** 按下滑鼠右鍵，執行「工作」→「還原」→「交易記錄」。

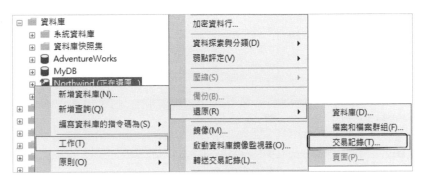

圖 5.46　執行交易記錄還原作業

📢 **TIP** ···

狀態為「待命/唯讀」的資料庫，代表前一次的還原作業是以 STANDBY 選項執行。

step **03** 在「還原交易記錄」視窗的「一般」頁面，確認要還原的資料庫名稱，以及交易記錄備份的來源位置：

- 從先前的資料庫備份：顯示某資料庫的備份歷程清單，選取還原作業需要的備份資料。

- 從檔案或磁帶：選擇存放備份資料的檔案或備份裝置。

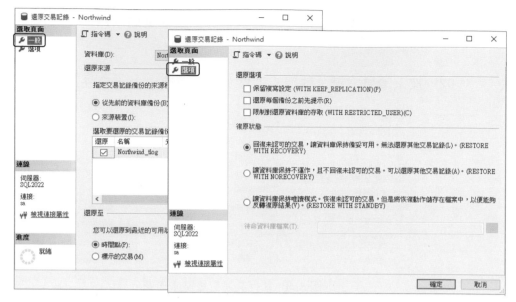

圖 5.47　「還原交易記錄」視窗的「一般」與「選項」頁面

🔊 **TIP** ••

針對交易記錄還原，可以指定還原至某個時間點或標示的交易。

step**04**　在「還原交易記錄」視窗的「選項」頁面設定各種還原選項。

5.14 大型資料庫的備份還原策略

大型資料庫可能有上百 Gigabyte 到數 Terabyte 的資料量，一般會搭配硬體廠商所提供的備份方案。若想以 SQL Server 提供的功能來完成備份，可以參見以下的內容。

5.14.1 備份壓縮

在 SQL Server 2008 後，企業版支援備份壓縮功能，以節省存放備份資料的空間，並藉由減少 I/O 而提高備份效能，但代價是會加重 CPU

的運算負擔。一般而言，以 CPU 換 I/O 的備份壓縮是值得的，既可提升備份效率又節省空間，但須注意壓縮率以及 CPU 的使用量。

　　SQL Server 執行個體預設的備份模式為不壓縮，而在 Management Studio 選擇某個資料庫的「備份」功能時，「壓縮」選項預設為「使用預設伺服器設定」，所以備份並不會壓縮。設定畫面如圖 5.48 所示：

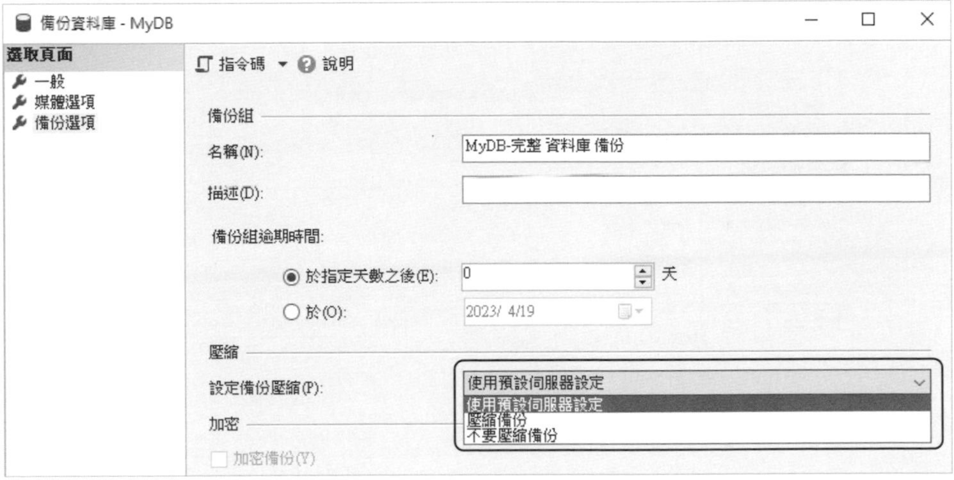

圖 5.48　備份時設定備份壓縮

　　若「使用預設伺服器設定」，就如同執行 Backup 陳述式備份時未指定 Compression 或 No_Compression 選項。若選擇「壓縮備份」或「不要壓縮備份」選項，則該次備份作業將會忽略伺服器的設定值並以當下的選擇為準，決定是否要在此次備份過程中壓縮資料。

　　也可執行以下陳述式來變更伺服器組態選項：

```
EXEC sp_configure 'backup compression default',1
RECONFIGURE
```

或是透過 Management Studio 管理介面更改伺服器屬性設定：

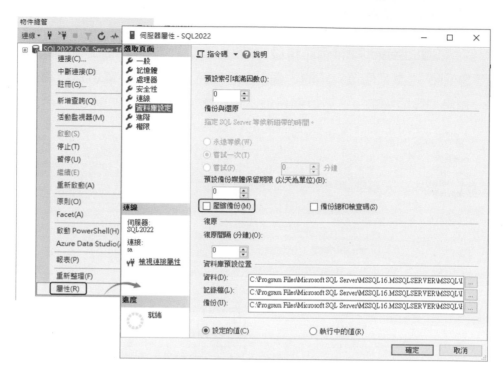

圖 5.49　設定伺服器執行個體是否預設啟動壓縮備份

因壓縮會增加 CPU 的使用量，若是影響其他同時執行的作業，可搭配「Resource Governor」建立低優先權的壓縮備份工作階段，限制其 CPU 使用量。因外，SQL 2022 可以透過 Intel® QAT 啟用整合式加速和卸載解決方案，在備份或還原有壓縮的資料庫時減少 CPU 上的負載。

5.14.2　檔案和檔案群組備份

介紹檔案或檔案群組為單位的備份/還原前，先來了解組成資料庫的檔案和檔案群組。每個 SQL Server 資料庫基本上都有兩種系統檔案：「資料檔」與「記錄檔」。「資料檔」包含資料表、索引、預存程序、檢視等資料和物件；「記錄檔」則含有所有交易必要的資訊，而「檔案

群組」是一種邏輯的管理單位,包含了實體的資料檔,可以讓配置及管理更簡便。

❖ 資料庫檔案與檔案群組

SQL Server 資料庫有三種檔案類型:

表 5.9　SQL Server 資料庫的檔案組成類型

檔案	描述
主要資料檔	包含系統資料表、資料庫啟動資訊以及各種中繼資料,並記錄資料庫中的其他檔案。每個資料庫都有一個主要資料檔案,使用者資料或自訂物件可儲存於此檔案中。沒有主要資料檔,資料庫就無法運作。按照命名的通例,建議將主要資料檔的副檔名設為.mdf。
次要資料檔	使用者自訂,可儲存使用者資料。次要資料可用來將資料分散在多個磁碟上,以提升效能。此外,若資料庫超過了單一 Windows 檔案 / 硬碟子系統的大小上限,可使用多個次要資料檔,讓資料庫繼續成長。一般次要資料檔的副檔名訂為.ndf。
交易記錄檔	用來維持交易完整性的記錄資訊。每個資料庫至少有一個記錄檔,一般交易記錄檔的副檔名訂為.ldf。

每個資料庫有一個主要的「檔案群組」稱為 PRIMARY,包含主要資料檔和未放入其他檔案群組的次要檔案。使用者可以自訂檔案群組將資料庫檔案群組在一起,以利管理、配置和擺放資料。例如,將兩個檔案 Data1.ndf、Data2.ndf 分別建立於兩台磁碟機內,並指派至檔案群組 FG_Data,接著將資料表建立在檔案群組 FG_Data 上。資料庫引擎在維護資料時可分散至兩個磁碟,藉此改善效能。當然,將單一檔案建立在磁碟陣列(Redundant Array of Inexpensive Disks;RAID)也可以改善效能。

此兩種檔案群組的說明,請參見下表:

表 5.10 檔案群組的類別

檔案群組	描述
PRIMARY	包含主要檔案(.mdf),所有的系統資料表都配置於主要檔案群組內。也可包含其他的次要檔案(.ndf)。
使用者自訂	使用者自行建立的檔案群組,包含次要檔案。

當完整資料庫備份因為資料太大,基於效能或存放空間需求而變得不可行時,可改以檔案群組/ 檔案為單位,只備份單一或多個檔案中的所有資料。

❖ 檔案備份與還原

備份與還原大型資料庫可能完整備份耗時太久,考慮透過檔案備份/還原一個以上損毀的檔案而不需備份/還原整個資料庫。「簡單」復原模式僅支援唯讀檔案的檔案備份/還原,其他兩種復原模式則沒有此限制。

從檔案備份和差異檔案備份還原損毀的一或多個檔案,可以參見以下步驟:

step01 建立使用中交易記錄的結尾記錄(tail-log)備份,但如果記錄毀損而無法進行,就必須還原整個資料庫。為了讓檔案可以復原到與資料庫其他部分一致的狀態,當採用離線檔案還原時一定要在檔案還原之前進行結尾記錄備份;如果是線上檔案還原(參看 5.15)則需在檔案還原之後備份記錄,因為得維繫切換到復原狀態之前使用者做的交易,須靠備份交易記錄後再還原才可連續。

step02 從每個損毀檔案最近一次的檔案備份還原該檔案。

step03 如果有差異檔案備份,則還原每個已還原檔案的最新差異檔案備份。

step**04** 依序還原交易記錄備份，從包含最舊的還原檔案備份開始，直到 Step1 所建立的結尾記錄備份結束。必須還原在檔案備份之後建立的交易記錄備份，才能讓資料庫恢復一致的狀態。還原交易記錄備份時只需套用適於還原檔案的變更，因此可以快速地向前復原，還原個別檔案比還原整個資料庫更為理想，因為不需複製未受損的檔案便可接著向前復原，不過，仍然需要讀取記錄備份的整個鏈結。

step**05** 復原資料庫。

下列範例還原的資料庫有兩個資料檔案及一個交易記錄檔。資料庫備份結構包含主要、次要檔案群組各一個，和一個交易記錄，並使用完整復原模式。首先是建立相關結構，並分次完成檔案與記錄備份。此練習透過「SQLCMD 模式」以雙驚嘆號「!!」執行命令提示列的指令，所以需要先選擇主選單「查詢」→「SQLCMD 模式」選項，才能執行如範例中的!!md C:\myAdmin\DB 指令：

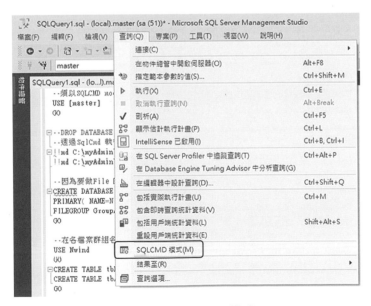

圖 5.50 SQLCMD 模式

範例程式 5.1：建立測試用資料庫、新增記錄，並針對個別檔案備份

```
--須以 SQLCMD mode 執行這個範例
USE [master]
GO

--DROP DATABASE Nwind
--透過 SqlCmd 建立資料夾
!!md C:\myAdmin\DB
!!md C:\myAdmin\Backup

--建立多個 File
CREATE DATABASE [Nwind] ON
PRIMARY( NAME=N'Nwind_P',FILENAME = N'C:\myAdmin\DB\Nwind_P.mdf' ),
FILEGROUP GroupA( NAME=N'Nwind_A',FILENAME = N'C:\myAdmin\DB\Nwind_A.ndf' )
GO

--建立二個資料表放在不同的檔案群組
USE Nwind
GO
CREATE TABLE tbP(c1 INT,c2 nvarchar(10)) ON [PRIMARY]
CREATE TABLE tbA(c1 INT,c2 nvarchar(10)) ON [GroupA]
GO

--執行檔案備份 1
BACKUP DATABASE Nwind FILE='Nwind_P' TO DISK=N'C:\myAdmin\Backup\NwindP.bak' WITH
INIT

-- 新增資料 1
INSERT Nwind.dbo.tbP VALUES(1,'P1')
INSERT Nwind.dbo.tbA VALUES(1,'A1')

--執行 Log 備份 1
BACKUP LOG Nwind TO DISK=N'C:\myAdmin\Backup\Nwind1.trn' WITH INIT

-- 新增資料 2
INSERT Nwind.dbo.tbP VALUES(2,'P2')
INSERT Nwind.dbo.tbA VALUES(2,'A2')

--執行檔案備份 2
BACKUP DATABASE Nwind FILE='Nwind_A' TO DISK=N'C:\myAdmin\Backup\NwindA.bak' WITH
INIT

-- 新增資料 3
```

```
INSERT Nwind.dbo.tbP VALUES(3,'P3')
INSERT Nwind.dbo.tbA VALUES(3,'A3')

--執行 Log 備份 2
BACKUP LOG Nwind TO DISK=N'C:\myAdmin\Backup\Nwind2.trn' WITH INIT
```

　　上述程式碼中，建立資料庫和資料表後，分次新增資料，搭配交錯備份檔案和交易記錄。接著，停止 SQL Server 服務執行個體，刪除 Nwind_A.ndf 資料檔案以模擬硬體損毀的災難：

範例程式 5.2：停止 SQL Server 執行個體服務，刪除其中一個資料庫檔案以模擬損毀

```
--毀掉資料:停止 SQL Server 服務後，刪除 C:\myAdmin\DB\Nwind_A.ndf，再啟動 SQL Server：
--使用 SQLCMD 模式，標記以下三句話後一起執行
--執行完畢後要重新連接 SQL Server
!!net stop mssqlserver /Y
!!Del C:\myAdmin\DB\Nwind_A.ndf
!!net start mssqlserver /Y

-- 檢查 SQL Server 記錄檔，會得到錯誤訊息如下
SELECT * FROM Nwind.dbo.tbP
/*
訊息 945，層級 14，狀態 2，行 1
檔案無法存取、記憶體或磁碟空間不足，因此無法開啟資料庫 'Nwind'。詳細資訊請參閱 SQL Server 錯
誤記錄檔。
*/
```

　　刪除 Nwind_A.ndf 資料檔案後重新啟動 SQL Server 執行個體服務，再查詢 Nwind.dbo.tbP 資料表內容，會回報資料庫已無法開啟錯誤。接著，利用檔案備份來復原資料庫，復原前需先備份結尾記錄，之後只需復原單一檔案而不需還原整個資料庫：

範例程式 5.3：備份結尾記錄，復原檔案與交易記錄

```
USE [master]
GO

-- 備份結尾記錄
```

```
BACKUP LOG nwind TO DISK='C:\myAdmin\Backup\NwindTail.trn' WITH INIT,NO_TRUNCATE

-- 復原檔案
RESTORE DATABASE nwind FILE='Nwind_A' FROM DISK=N'C:\myAdmin\Backup\NwindA.bak'
WITH NORECOVERY

-- 復原 Log
RESTORE LOG Nwind FROM DISK=N'C:\myAdmin\Backup\Nwind2.trn' WITH NORECOVERY

-- 還原結尾記錄，讓各資料庫檔完成一致
RESTORE LOG Nwind FROM DISK='C:\myAdmin\Backup\NwindTail.trn' WITH RECOVERY

--資料庫檔案還原後，已可查詢資料表
SELECT * FROM Nwind.dbo.tbP

/*
c1          c2
----------- ----------
1           P1
2           P2
3           P3

(3 個資料列受到影響)
*/
```

個別備份與復原資料檔案並不困難，但要注意維持交易記錄的一致性。

5.15 線上還原

SQL Server 2005 之後支援「線上還原」，可在線上進行檔案、分頁或分次還原。「線上還原」代表資料庫仍在線上提供服務，在使用者仍可存取的當下同時還原資料。即使有一或多個次要檔案群組離線，只要主要檔案群組還在線上，資料庫就可上線提供服務。

當資料庫在線上時，任何復原模式皆可還原離線的檔案，但只有在「完整」復原模式下，才可單獨還原資料分頁。「線上還原」用在有多

個檔案或檔案群組的資料庫，若是資料庫採用「簡單復原模式」，則只有唯讀檔案群組可「線上還原」。如果進行檔案、分頁或分次還原時，不想採用「線上還原」，可以先設定資料庫離線，再啟動還原。

接下來將以唯讀檔案群組示範「線上還原」。

❖ 唯讀檔案群組

以下的範例將演練「部分備份」，它與完整資料庫備份類似，但「部分備份」僅有部分檔案群組而不包含所有的檔案群組。例如：主要檔案群組、每個讀取/寫入檔案群組，或任何選擇性的唯讀檔案。當想要排除大型歷史的唯讀檔案群組時，「部分備份」就很有用處。另外，唯讀資料庫的部分備份只包含主要檔案群組。

以下範例先在 Northwind 範例資料庫增加唯讀檔案群組：

範例程式 5.4：在 Northwind 範例資料庫中新增唯讀檔案群組

```sql
--新增檔案群組及檔案
ALTER DATABASE Northwind ADD FILEGROUP fgHistory
ALTER DATABASE Northwind ADD
FILE(NAME=Northwind_History,FILENAME='C:\temp\Northwind_History.ndf') TO
FILEGROUP fgHistory
GO

--建立資料表
USE [Northwind]
CREATE TABLE [dbo].[OrderDetailsHistory](
    [OrderID] [int] NOT NULL,
    [ProductID] [int] NOT NULL,
    [UnitPrice] [money] NOT NULL,
    [Quantity] [smallint] NOT NULL,
    [Discount] [real] NOT NULL,
) ON [fgHistory]
GO

--新增資料
INSERT OrderDetailsHistory SELECT * FROM [Order Details]
```

```
--將檔案群組設定為唯讀
ALTER DATABASE Northwind SET Single_User
ALTER DATABASE Northwind MODIFY FILEGROUP fgHistory READ_ONLY
ALTER DATABASE Northwind SET MULTI_USER
```

再備份可讀寫的檔案群組,搭配關鍵字 READ_WRITE_FILEGROUPS, 也可以指定檔案群組的名稱,單獨備份個別的檔案群組:

範例程式 5.5:備份個別的檔案群組

```
--搭配 READ_WRITE_FILEGROUPS,僅備份可讀寫的檔案群組
BACKUP DATABASE Northwind READ_WRITE_FILEGROUPS TO
DISK='C:\temp\NorthwindRW.bak'
RESTORE FILELISTONLY FROM DISK='C:\temp\NorthwindRW.bak'

--備份唯讀檔案群組
BACKUP DATABASE Northwind FILEGROUP='fgHistory' TO DISK='C:\temp\NorthwindR.bak'
RESTORE FILELISTONLY FROM DISK='C:\temp\NorthwindR.bak'
```

備份完畢後,模擬人為災難,例如誤刪資料庫:

範例程式 5.6:線上還原唯讀的檔案群組

```
-- 模擬災難:刪除資料庫
USE master
GO
DROP DATABASE Northwind

--接著進行「線上還原」
--線上還原」模式可以存取已經還原的內容
RESTORE DATABASE Northwind FILEGROUP='PRIMARY'
FROM DISK='C:\temp\NorthwindRW.bak' WITH PARTIAL, RECOVERY;

--還原主要檔案群組後,即可讀寫該資料庫
SELECT * FROM Northwind.dbo.Customers
UPDATE TOP(1) Northwind.dbo.Orders SET Freight+=1

--但若存取到未還原的部分,會出現錯誤
SELECT * FROM Northwind.dbo.OrderDetailsHistory
/*
```

```
訊息 8653，層級 16，狀態 1，行 3
查詢處理器無法產生資料表或檢視 'OrderDetailsHistory' 的計劃，因為資料表存在於不在線上的檔
案群組中。*/

--單獨還原唯讀的檔案群組
RESTORE DATABASE Northwind FILEGROUP='fgHistory'
FROM DISK='C:\temp\NorthwindR.bak' WITH RECOVERY;

--檔案群組還原後，資料表已可存取
SELECT * FROM Northwind.dbo.OrderDetailsHistory
```

上列的範例程式，當主要檔案群組還原後即可讀寫該資料庫，但若使用到還未還原的資料便會發生錯誤。此時，可以陸續還原資料庫的其他部分，讓使用者逐步使用資料庫已還原的內容。

在線上還原期間，任何將被還原的檔案及其檔案群組都會離線，該檔案及其檔案群組內的資料當然也就無法存取，直到最後一次記錄還原透過 WITH RECOVERY 選項讓還原的資料上線。而在線上分頁還原期間，只有該頁面為離線狀態。

在線上還原中，「復原點」就是被還原的資料變成離線或設為唯讀的最後時間點，因此必須完整備妥能夠重建及包含此「復原點」的交易記錄備份。在該時間點後必須有交易記錄備份才能涵蓋檔案的「復原點」。僅有對唯讀資料所進行的線上還原可以不需要有交易記錄備份，一般來說，即使在還原順序啟動之後，還是可以備份仍在線上的資料庫交易記錄。

上述資訊也適用於每個離線檔案，比較特殊的情況是：執行第一句還原陳述式時，應用程式仍在存取線上檔案，但之後該可讀寫檔案因為還原陳述式而自動離線。在此情況下，必須在第一個「還原順序」（此順序中包含一或多個可還原、向前復原及復原資料的 RESTORE 陳述式）期間進行記錄備份。也就是在還原所有完整備份後，復原資料之前進行交易記錄備份。

　　資料還原後的交易記錄備份會擷取檔案離線時的時間點，資料還原後交易的記錄備份是必要的，因為 SQL Server 資料庫引擎無法使用線上交易記錄本身進行線上還原，必須先抄寫到交易記錄備份，再透過交易記錄還原來讓資料一致。

　　如果不想要使用線上還原，也可以使用下列其中一個方法先讓資料庫離線，再啟動還原順序：

- 在任何復原模式下，都可以使用下列 ALTER DATABASE 陳述式，讓資料庫離線 / 上線：

```
ALTER DATABASE <資料庫名稱> SET [OFFLINE | ONLINE]
```

- 或者，在「完整」復原模式且曾做過完整備份下，強制執行離線的檔案或分頁還原。使用下列 BACKUP LOG 陳述式，將資料庫置於正在還原狀態：

```
BACKUP LOG <資料庫名稱> TO …
WITH NORECOVERY
```

　　只要資料庫仍然離線，所有的還原就都是離線還原。

　　另外，也可以使用以下的陳述式將還原狀態的資料庫回復正常：

```
RESTORE DATABASE <資料庫名稱> WITH RECOVERY
```

　　最後這個範例將演練線上還原多個檔案的資料庫。首先建立資料庫、檔案與檔案群組及其資料表：

範例程式 5.7：建立多個檔案與檔案群組的資料庫

```
USE [master]
GO


DROP DATABASE IF EXISTS Nwind
GO
```

```
--建立有多個 File 的資料庫
CREATE DATABASE [Nwind] ON PRIMARY( NAME=N'Nwind_P',FILENAME =
N'C:\myAdmin\DB\Nwind_P.mdf' ),
FILEGROUP GroupA( NAME=N'Nwind_A',FILENAME = N'C:\myAdmin\DB\Nwind_A.ndf' ),
FILEGROUP GroupB( NAME=N'Nwind_B',FILENAME = N'C:\myAdmin\DB\Nwind_B.ndf' )
GO

USE Nwind
GO

--在各檔案群組各放一個資料表
CREATE TABLE tbP(c1 INT,c2 nvarchar(10)) ON [PRIMARY]
CREATE TABLE tbA(c1 INT,c2 nvarchar(10)) ON [GroupA]
CREATE TABLE tbB(c1 INT,c2 nvarchar(10)) ON [GroupB]
```

接下來，完成資料表新增、備份，並在 Management Studio 以 SqlCmd 模式，停止 SQL Server 執行個體服務，刪除資料檔後再啟動服務：

範例程式 5.8：刪除資料庫中的一個檔案

```
--備份完整資料庫
BACKUP DATABASE Nwind TO DISK=N'C:\myAdmin\Backup\Nwind.bak' WITH INIT

--新增資料
INSERT Nwind.dbo.tbP VALUES(1,'P')
INSERT Nwind.dbo.tbA VALUES(1,'A')
INSERT Nwind.dbo.tbB VALUES(1,'B')

--在 Management Studio 切換至 SqlCmd 模式，刪除資料檔（選取三行語法一起執行）
--若權限不足，請以管理者身分利用 Windows 作業系統的工具程式執行
!!net stop mssqlserver /Y
!!Del C:\myAdmin\DB\Nwind_A.ndf
!!net start mssqlserver /Y

--重新啟動 SQL 服務後，再次查詢資料時會發生以下的錯誤
SELECT * FROM Nwind.dbo.tbP
/*
訊息 945，層級 14，狀態 2，行 15
檔案無法存取、記憶體或磁碟空間不足，因此無法開啟資料庫 'Nwind'。詳細資訊請參閱 SQL Server 錯
誤記錄檔。
*/
```

```
--檢查資料庫的狀態：Nwind 為 RECOVERY_PENDING 狀態
SELECT name, state_desc FROM sys.databases
```

	name	state_desc
1	master	ONLINE
2	tempdb	ONLINE
3	model	ONLINE
4	msdb	ONLINE
5	Northwind	ONLINE
6	AdventureWorks	ONLINE
7	TESTDB	ONLINE
8	MyDB	ONLINE
9	FS	ONLINE
10	Sample	ONLINE
11	Nwind	RECOVERY_PENDING

在資料庫有部分檔案損毀時，只要不屬於主要檔案群組，資料庫依然可以上線提供服務。接下來將損毀的檔案設定離線，並回復資料庫為線上狀態。此時，沒有發生錯誤的檔案／檔案群組依然可以存取，但若存取到損毀的部分則發生錯誤：

範例程式 5.9：存取發生錯誤的資料庫依然在線上的部分，並備份結尾交易記錄

```
--設定個別檔案為離線狀態
ALTER DATABASE Nwind
MODIFY FILE (name = N'Nwind_A', OFFLINE)
go

--設定資料庫為線上狀態
ALTER DATABASE Nwind SET ONLINE
go

--分析各個資料檔案的屬性：  C:\myAdmin\DB\Nwind_A.ndf 為 OFFLINE
SELECT name, physical_name, state_desc, is_read_only , read_only_lsn
FROM Nwind.sys.database_files
```

	name	physical_name	state_desc	is_read_only	read_only_lsn
1	Nwind_P	C:\myAdmin\DB\Nwind_P.mdf	ONLINE	0	NULL
2	Nwind_log	E:\Program Files\Microsoft SQL Server\MSSQL16.MSS...	ONLINE	0	NULL
3	Nwind_A	C:\myAdmin\DB\Nwind_A.ndf	OFFLINE	0	NULL
4	Nwind_B	C:\myAdmin\DB\Nwind_B.ndf	ONLINE	0	NULL

```
--讀取資料表時，僅有 tbA 發生錯誤
SELECT * FROM Nwind.dbo.tbP
GO
SELECT * FROM Nwind.dbo.tbA
GO
SELECT * FROM Nwind.dbo.tbB
GO
/*
(1 個資料列受到影響)
訊息 8653，層級 16，狀態 1，行 4
查詢處理器無法產生資料表或檢視 'tbA' 的計劃，因為資料表存在於不在線上的檔案群組中。
(1 個資料列受到影響)
*/


INSERT Nwind.dbo.tbP VALUES(2,'P')
GO
INSERT Nwind.dbo.tbA VALUES(2,'A')
GO
INSERT Nwind.dbo.tbB VALUES(2,'B')
GO
/*
(1 個資料列受到影響)
訊息 8653，層級 16，狀態 1，行 3
查詢處理器無法產生資料表或檢視 'tbA' 的計劃，因為資料表存在於不在線上的檔案群組中。
(1 個資料列受到影響)
*/


--在系統發生錯誤後，記得立即備份結尾交易記錄!!!!
BACKUP LOG Nwind
TO DISK ='C:\myAdmin\Backup\Nwind.trn'
WITH NAME = 'LOG_backupset',INIT,NO_TRUNCATE
```

接著復原個別資料庫檔案及交易記錄，讓整個資料庫達到一致的復原點：

範例程式 5.10：線上復原資料庫發生錯誤的檔案 / 檔案群組

```
--復原個別資料庫檔案
RESTORE DATABASE Nwind FILE = N'Nwind_A'
FROM DISK ='C:\myAdmin\Backup\Nwind.bak'
WITH RECOVERY
/*
已處理資料庫 'Nwind' 的 16 頁，檔案 1 上的檔案 'Nwind_A'。
向前復原目前的起始點位於記錄序號 (LSN) 39000000051200001。必須有超過 LSN
39000000111200001 的其他向前復原，才能完成還原順序。
RESTORE DATABASE ... FILE=<name> 已於 0.150 秒內成功處理了 16 頁 (0.833 MB/sec)。

*/

--檢視資料檔案的屬性：C:\myAdmin\DB\Nwind_A.ndf 為 RESTORING
SELECT name, physical_name, state_desc, is_read_only , read_only_lsn
FROM Nwind.sys.database_files
```

	name	physical_name	state_desc	is_read_only	read_only_lsn
1	Nwind_P	C:\myAdmin\DB\Nwind_P.mdf	ONLINE	0	NULL
2	Nwind_log	E:\Program Files\Microsoft SQL Server\MSSQL16.MSS...	ONLINE	0	NULL
3	Nwind_A	C:\myAdmin\DB\Nwind_A.ndf	RESTORING	0	NULL
4	Nwind_B	C:\myAdmin\DB\Nwind_B.ndf	ONLINE	0	NULL

```
--復原結尾交易記錄，讓復原的資料和其他既有資料變得一致
RESTORE LOG Nwind
FROM DISK ='C:\myAdmin\Backup\Nwind.trn'
WITH RECOVERY

--再次檢視各個資料檔案的屬性：C:\myAdmin\DB\Nwind_A.ndf 為 ONLINE
SELECT name, physical_name, state_desc, is_read_only , read_only_lsn
FROM Nwind.sys.database_files
```

	name	physical_name	state_desc	is_read_only	read_only_lsn
1	Nwind_P	C:\myAdmin\DB\Nwind_P.mdf	ONLINE	0	NULL
2	Nwind_log	E:\Program Files\Microsoft SQL Server\MSSQL16.MSS...	ONLINE	0	NULL
3	Nwind_A	C:\myAdmin\DB\Nwind_A.ndf	ONLINE	0	NULL
4	Nwind_B	C:\myAdmin\DB\Nwind_B.ndf	ONLINE	0	NULL

```
--之後可 SELECT 出來所有的資料表內容
SELECT * FROM Nwind.dbo.tbP
    UNION ALL
SELECT * FROM Nwind.dbo.tbA
    UNION ALL
SELECT * FROM Nwind.dbo.tbB
```

一開始從完整備份中，只取出 Nwind_A 檔案還原，接著透過先前所做的結尾交易記錄備份，讓資料庫可以還原到一致的狀況。

5.16　加速資料庫復原（Accelerated Database Recovery, ADR）

加速資料庫復原（ADR）是在 2019 版本新增的技術，能讓資料庫在非預期的 SQL Server 重啟或是手動復原時，縮短資料庫復原時間。ADR 會為資料變更建立版本，將不同版本儲存在「持續性版本存放區（Persisted Version Store, PVS）」裡。簡言之，ADR 是以資料庫空間來換取復原時間。其特點如下：

■ 快速/一致的資料庫復原

　　不論使用中的交易數量或大小，啟用 ADR 能讓長時間執行的大量交易不影響資料庫復原時間，快速並一致地復原資料庫。

■ 瞬間交易回復

　　不論使用中的交易已執行多久時間或已更新多少次，ADR 幾乎能在瞬間回復交易。

■ 積極性記錄截斷

ADR 會從最後一次成功的檢查點（或是最舊的中途分頁記錄序號 (LSN)）開始處理交易記錄，不必再處理整個交易的記錄。因此，可在進行檢查點和備份時積極地截斷交易記錄。

ADR 預設為關閉，可使用下列語法開啟/關閉 ADR 功能：

```
ALTER DATABASE [DB] SET ACCELERATED_DATABASE_RECOVERY = {ON | OFF};
```

預設會將持續版本存放區資料放在 PRIMARY 檔案群組，若要改放到其他的檔案群組，必須先建立檔案群組和資料檔後，搭配 PERSISTENT_VERSION_STORE_FILEGROUP 參數啟用 ADR：

```
ALTER DATABASE [DB] SET ACCELERATED_DATABASE_RECOVERY = ON
(PERSISTENT_VERSION_STORE_FILEGROUP = [檔案群組名稱]);
```

詳細 ADR 的管理及評估可參考線上文件：

https://learn.microsoft.com/zh-tw/sql/relational-databases/accelerated-database-recovery-concepts?view=sql-server-ver16

https://learn.microsoft.com/zh-tw/sql/relational-databases/accelerated-database-recovery-management?view=sql-server-ver16

5.17 master 資料庫的備份與重建

除了使用者資料庫，SQL Server 還有數個系統資料庫：master、msdb、model…等。這些系統資料庫的備份還原方式與使用者資料庫大致相同，只有 master 資料庫的還原動作較為複雜。本章最後討論 master 系統資料庫的備份與還原。

5.17.1 備份 master 資料庫

master 資料庫內記錄 SQL Server 重要的系統資訊,包括:伺服器系統組態、使用者登入帳戶、使用者資料庫的組態及檔案位置…等。可想而知,master 資料庫如果毀損,將嚴重影響 SQL Server 的運作。因此:

■ 只要 SQL Server 系統組態有任何變更,或是執行各項資料庫管理工作,建議應備份 master 資料庫,例如:

- □ 建立或刪除使用者資料庫。

- □ 新增或移除檔案和檔案群組,或變更 master 資料庫組態選項。

- □ 新增 SQL Server 登入帳戶或變更安全性相關設定。

- □ 建立或移除執行個體等級的物件,如「備份裝置」或「連結的伺服器」…等。

- □ 變更執行個體組態,如 SQL Server 分散式查詢與遠端程序呼叫(RPC)功能…等。

5.17.2 重建 master 資料庫

倘若 SQL Server 執行個體因為 master 資料庫毀損而停擺,並非只要還原 master 資料庫就可以讓執行個體正常運作,因 master 資料庫損毀,SQL Server 執行個體將無法正常啟動,又如何能執行資料庫還原動作呢?

這時候,請依照下列步驟修復 master 資料庫:

step01 執行 setup.exe 重建 master 資料庫。

step02 以「單一使用者模式」啟動 SQL Server 執行個體。

step03 利用最近一次的備份資料還原 master 資料庫。

step04 **重新啟動 SQL Server 執行個體。**

在 SQL Server 2000 時，DBA 可以執行 rebuildm.exe 重建 master 資料庫，但是該工具程式在 SQL Server 2005 版之後已經停用。

在 SQL Server 2022 中，如果要重新建立 master 資料庫，可利用 SQL Server 的安裝程式，從命令提示字元執行 setup.exe：

```
setup.exe /QUIET /INSTANCENAME=mssqlserver  /ACTION=rebuilddatabase
/SQLSYSADMINACCOUNTS=Administrator /SAPWD=…
```

相關參數的定義如下：

- /QUIET：Setup.exe 工具程式不會呈現互動畫面，直接完成指令所要求的工作。

- /INSTANCENAME：目標執行個體的名稱。如果是「預設執行個體」，可設定為 MSSQLSERVER。

- /ACTION：要 Setup.exe 執行的工作，此處 rebuilddatabase 選項代表要建立系統資料庫。

- /SQLSYSADMINACCOUNTS：管理 SQL Server 執行個體的 Windows 帳戶。

- /SAPWD：若 SQL Server 的驗證方式採用混合模式，則透過這個參數給定 sa 帳戶的密碼。

SQL Server 2022，setup.exe 工具程式預設可以在下列的目錄中找到：

```
C:\Program Files\Microsoft SQL Server\160\Setup Bootstrap\SQL2022
```

或是使用安裝光碟內的 setup.exe。

圖 5.51 重建 master 系統資料庫

❖ 重建 master 資料庫的注意事項

　　執行 setup.exe 重建 master 資料庫之後就像新安裝的 SQL Server，是全新的系統資料庫，之前所有 SQL Server 的系統設定、使用者資料庫的組態資訊，甚至使用者登入帳號，全部不存在！使用者須自行設法復原這些設定：

■ 如果 master 資料庫有備份，可經由資料庫還原程序，將 master 資料庫還原至最近一次的備份時間點。

■ 萬一 master 資料庫沒有備份或是備份資料太舊，就必須手動執行相關管理工作，或是變更 SQL Server 組態設定。舉例來說，在星期一曾經備份 master 資料庫，在星期三新增了一個 Sales 資料庫，但是 master 資料庫卻在星期五毀損，如果以星期一的備份資料來復原 master 資料庫，還原後的 master 資料庫不可能包含 Sales 資料庫的組態資訊！這時候只能手動執行「附加資料庫」，將 Sales 資料庫重新附加至 SQL Server。

5.18 還原 master 資料庫

不同於其他資料庫，還原 master 資料庫以前，必須先以「單一使用者模式」啟動 SQL Server 執行個體，再執行還原程序，步驟如下：

step01 停止 SQL Server 執行個體。可使用 SQL server 組態管理員或是在命令提示字元執行下列命令：

```
net stop mssqlserver
```

或以 PowerShell 執行

```
Stop-Service mssqlserver
```

step02 以「單一使用者模式」啟動 SQL Server 執行個體，在命令提示字元或是 PowerShell 執行以下語法：

```
net start mssqlserver /m
```

step03 利用 sqlcmd 工具程式登入 SQL Server。

step04 執行 RESTORE DATABASE 陳述式，還原 master 資料庫：

```
USE MSDB
GO
RESTORE DATABASE master
FROM master_backupdevice
```

上述步驟在命令提示字元的執行順序如圖 5.52 所示：

圖 5.52　以 sqlcmd.exe 工具程式登入 SQL Server 還原 master 資料庫

📢 **TIP** ....

利用單一使用者模式啟動 SQL Server 執行個體以後，請先停用 SQL Server
相關服務，包括：SQL Server Agent、SQL Server Analysis Services、SQL
Server Fulltext Search、SQL Server Integration Services、SQL Server
Reporting Services。如果其中某項服務佔用唯一的資料庫連線，將導致
DBA 無法登入。

5.19 結語

備份資料庫是 SQL Server 重要的管理工作之一，DBA 必須熟悉各種備份類型的意義與執行時機，也要視資料庫實際運作情況定義完善的備份策略，並經常演練還原資料庫流程，確認備份裝置與資料正確性及還原流程所需的時間，當資料庫不幸毀損時才能在最短時間內復原。本章除了介紹還原資料庫的前置工作，也描述了各種還原資料庫的技巧，包括：

- 決定還原時間點。

- 確認備份資料是否有效。

- 還原資料庫的三種復原選項（RECOVERY、NORECOVERY 與 STANDBY）。

- 還原資料庫實例探討。

另外，master 是重要的系統資料庫，它不僅存放登入帳號/權限、所有資料庫的實體結構資訊，也記錄 SQL Server 執行個體的系統組態。萬一 master 資料庫毀損，但之前卻沒有備份此資料庫，那肯定是 DBA 的災難！為了防範未然，建議妥善備份 master 資料庫，並熟悉 master 資料庫的重建或還原方式，才能在問題時發生後及時修復。

而另一個系統資料庫 msdb 也對輔助的服務很重要，例如：SQL Server Agent Job、資料收集、維護計畫...等。可將 msdb 視同一般資料庫進行備份、還原維護作業，以避免 msdb 損毀時輔助的服務無法正確執行。

建議將備份作業建立自動化管理作業週期性地自動執行，並可搭配「通知」在作業成功/失敗或完成時發送電子郵件通知資料庫相關管理人員。

自動化管理工作

身為 SQL Server 資料庫管理師（DBA），除了每天要處理各種資料庫營運管理作業，也會面臨一些突發狀況，例如：資料檔或交易記錄檔的可用空間不夠，或是執行效能偏低。為了避免偶發事件影響 SQL Server 正常運作，可以建立自動化管理作業，並設定排程監控你所管理的資料庫伺服器，找出潛在的系統問題與效能瓶頸。

SQL Server 提供了豐富的自動化管理機制，如果熟悉這些自動化管理技巧與組態方式，許多管理與維護作業是可以交由 SQL Server Agent 服務代為執行，甚至在發生問題之前就先通知資料庫管理師。如此一來，在管理 SQL Server 可事半功倍。

本章就要介紹 SQL Server 自動化管理的重要技巧，包括：

- SQL Server 自動化管理如何運作
- 利用「作業」與「排程」進行自動化管理
- 定義「操作員」
- 利用「警示」來回應系統潛在問題
- SQL Server Database Mail
- 建立資料庫維護計畫

6.1 SQL Server 自動化管理如何運作

在 SQL Server 關聯式資料庫系統中，最重要的服務就屬於 SQL Server（MSSQLSERVER）與 SQL Server Agent。前者是整個產品的核心引擎，負責處理資料；後者則是 MSSQLSERVER 服務的得力助手，可以自動執行例行性管理工作，舉例來說：

■ 根據已設定的「排程」，定時執行某個「作業」。

■ 將「作業」執行結果回報給「操作員」。

■ 根據已設定的「警示」，回應警示訊息或執行「作業」。

■ 管理各種「複寫代理程式」。

■ 自動執行 SSIS 封裝，整合與轉換資料。

■ 蒐集資料表內紀錄的變動歷程。

■ 蒐集系統效能資料。

為了讓 SQL Server Agent 中的作業可順利運作，請注意下列幾點：

■ SQL Server Agent 服務的啟動類型應該設定為「自動」。

■ 將需要自動執行的管理工作定義為「作業（Job）」。

■ 假如作業執行結果須回報給資料庫管理師或其他資訊人員，必須先定義被通知者為「操作員（Operator）」。

■ 如果要讓 SQL Server Agent 自動監視伺服器與資料庫的運作情況，可定義「警示（Alert）」。利用「警示」監控特定的 SQL Server 事件，並做出回應。

表 6.1 列出 SQL Server 自動化管理有關的項目，稍後將逐一說明其用途與組態方式。

表 6.1　SQL Server 自動化管理有關的項目與主要用途

項目	主要用途
作業（Job）	定義欲執行的各項工作，包括 T-SQL 陳述式、SSIS 封裝、PowerShell 腳本、ActiveX Script、作業系統命令提示指令、複寫工作與 Analysis Services 命令…等。在定義作業時，可設定其排程。
排程（Schedule）	定義「作業」的執行時機與頻率。
警示（Alert）	定義 SQL Server 欲監控的事件與效能情況，以及回應方式。
操作員（Operator）	定義欲接收通知/警示訊息的人員，可能是資料庫管理師或管理團隊的成員
Database Mail	電子郵件組態，可以讓 SQL Server Agent 發送電子郵件給「操作員」。
維護計畫	將多種資料庫維護工作設定在一起，以便同時執行與管理。

透過 SSMS 工具連接到 SQL Server 伺服器，展開 SQL Server Agent 節點即可管理相關的「作業」、「排程」、「警示」與「操作員」，而 Database Mail 則隸屬於「管理」節點中，如圖 6.1 所示。

圖 6.1　在物件總管內與 SQL Server 自動化管理有關的項目

擁有 sysadmin 角色權限的登入身分才可以對 Database Mail、操作員、Proxy 編輯相關設定。透過 msdb 資料庫固定資料庫角色：SQLAgentOperatorRole、SQLAgentReaderRole、SQLAgentUserRole，可讓 DBA 更精確的控制 SQL Server Agent 存取權，相關設定可參考線上說明：https://learn.microsoft.com/zh-tw/sql/ssms/agent/sql-server-agent-fixed-database-roles?view＝sql-server-ver16

6.2　定義作業

「作業（Job）」可以包含多項「步驟」，若要指定作業在某個時間點自動執行，則需要在「作業」內建立「排程（Schedule）」利用 SQL Server Agent 服務來自動執行。在 SQL Server 自動化管理機制中，作業擁有以下特性：

- 可以歸納為不同的「類別目錄」。
- 包含多個步驟，每個步驟可以執行不同類型的功能，例如：PowerShell、SQL Server Analysis Services 命令/查詢、SSIS 封裝、T-SQL 陳述式、複寫各類型代理程式，也可以是 Windows 作業系統命令。
- 定義執行「作業」的排程。
- 對應某個警示，例如：當警示發生時系統自動執行該作業。
- 設定作業執行後應通知的操作員。

6.2.1　管理作業的類別目錄

建立作業之前，可以為不同的作業建立適當的「類別目錄」，以方便管理。若要編輯「管理作業的類別目錄」，滑鼠右鍵點選「SQL Server Agent」節點下的「作業」節點，選擇快捷選單中的「管理作業類別目錄」。

接著，在「本機作業類別目錄」視窗，點選「加入」按鈕，從跳出的對話窗新增適當的「類別目錄」名稱。

如圖 6.2 所示，新增作業的類別目錄「日常維護」，後續所建立的相關維護作業，就可以歸檔在此類別目錄上。

圖 6.2　建立新的作業類別目錄

建立完的類別目錄可查詢系統資料表 msdb.dbo.syscategories，透過 join 聯結 sysjobs 系統資料表即可表列該目錄類別下的所有作業。

範例程式 6.1：查詢類別目錄所擁有的作業清單

```
SELECT c.Name as 類別目錄 ,j.*
FROM msdb.dbo.syscategories c
JOIN msdb.dbo.sysjobs j ON  j.category_id =c.category_id
WHERE c.Name='日常維護'
```

6.2.2　新增作業

「作業」是由 SQL Server Agent 服務所執行，建立作業前請先確定 SQL Server Agent 服務已正常啟動。從「物件總管」視窗展開 SQL Server Agent 節點下的「作業」節點，可管理所有已建立的作業。

以下簡單示範常見的 ETL 例行轉檔作業，開始練習前請先使用範例程式 6.2，在來源端資料庫建立參數表；記錄檔案是否可提供匯出作業[1]。作業中的步驟在執行轉檔前，將根據此參數表判斷資料是否可匯出使用。最後透過「排程」設定該「作業」在固定時間執行轉檔。

範例程式 6.2：建立參數表

```
USE [Northwind]
GO

DROP TABLE IF EXISTS ETL

CREATE TABLE [dbo].[ETL](
    [Name] [nvarchar](30) NULL,
    [Type] [varchar](10) NULL,
    [Status] [char](1) NULL,
    [UpdDate] [smalldatetime] NULL
)
GO

INSERT ETL
VALUES('Sales Totals by Amount','VIEW','Y',GETDATE())

GO
--建立目標資料庫
CREATE Database ReportDB
```

以下將經由三個主要的步驟建立「作業」，並依序說明幾個常用的功能。

---

[1] 實務上，有些系統完成特定作業前的資料不適合提供其他系統使用，例如，會計系統在關帳前需要執行沖銷作業相關的調帳，周邊系統若要使用會計系統內的資料必須要等到該系統完成關帳作業才能使用。因此，可透過此處的參數表設定是否已經可以提取資料。

❖ 建立新的作業

以滑鼠點選「作業」節點，選擇快捷選單中的「新增作業」，在「一般」頁面填入此作業的「名稱」。「擁有者」會依登入的身分自動帶入，「類別目錄」預設會帶入「未分類（本機）」，若有自行定義的類別目錄（如圖 6.1 所示）可在此步驟透過下拉選單修改，圖 6.3 所示。

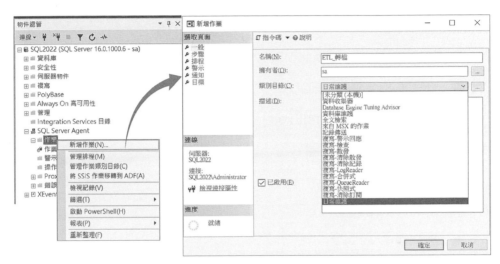

圖 6.3 新增「作業」時，指定「作業名稱」與所屬的「類別目錄」

新增「作業」時，預設會勾選「已啟用」，代表此「作業」建立完成後即可由 SQL Server Agent 服務執行。如果取消「已啟用」選項，雖然「作業」仍可以建立，但是此「作業」是被停用，無法排程執行，仍可以手動執行。

❖ 作業內新增步驟

「作業」可以視實際需要包含多個「步驟」，且為每個「步驟」指定不同的名稱。接著再根據欲執行的工作，選擇適當的步驟類型。SQL Server Agent 可以執行的步驟共有下列 11 種類型。值得注意的是，當作業執行 T-SQL 類型的命令時，會以圖 6.3 中所設定的作業擁有者身分執

行。其他類型的步驟,若擁有者屬於 sysadmin 角色,則會採用預設的 SQL Server Agent 啟動帳號執行。若需更換身分執行步驟中的內容,則要另行在執行個體建立「認證」,與 SQL Server Agent 的 Proxy 帳號。

- PowerShell。

- SQL Server Analysis Services 命令。

- SQL Server Analysis Services 查詢。

- SQL Server Integration Services 封裝。

- T-SQL 指令碼(T-SQL)。

- 作業系統指令(CmdExec)。

- 複寫交易記錄讀取器。

- 複寫合併。

- 複寫佇列讀取器。

- 複寫快照。

- 複寫散發者。

接續前一個步驟(如圖 6.3 所示),依序在「新增作業」的對話窗點選「步驟」頁面新增步驟。在「步驟」頁籤中點選「新增」按鈕,於開啟的「新增作業步驟」對話窗輸入步驟名稱,於「類型」下拉選單選擇「Transact-SQL 指令碼」。對話窗會依據選擇的「類型」呈現不同的輸入選單,如圖 6.4 所示。

在「資料庫」下拉選單選擇先前所建立的 ReportDB 資料庫,於「命令」視窗輸入轉檔的 T-SQL 指令碼,如範例程式 6.3 所示。最後,利用「剖析」按鈕可事先檢查語法是否正確。

範例程式 6.3：轉檔指令碼

```
IF EXISTS( SELECT [Status] FROM Northwind.dbo.ETL
WHERE NAME='Sales Totals by Amount' AND Status='Y' )
BEGIN
    DROP TABLE IF EXISTS [Sales Totals by Amount]
    SELECT * INTO [Sales Totals by Amount]
    FROM Northwind.dbo.[Sales Totals by Amount]
END
ELSE
RAISERROR(N'來源端資料尚未關帳',16,1,N'number',5)
```

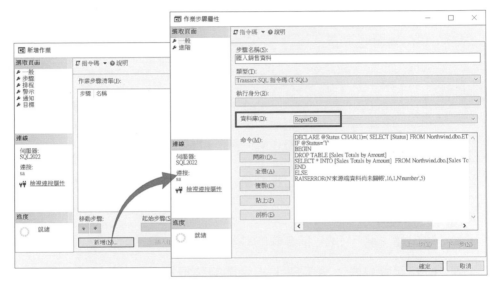

圖 6.4　在「作業」內新增步驟類型：T-SQL 指令碼

在「作業步驟屬性」對話窗點選「進階」頁面，可以指定此「步驟」執行成功或失敗時該如何繼續。最後，設定執行出錯時重複執行 2 次，重試間隔設定每 5 分鐘執行一次，如圖 6.5 所示。

圖 6.5 新增作業步驟的「進階」設定頁面

在進階設定的「T-SQL 指令碼」區域，還提供以下功能，可以視需求輸出結果與紀錄。

■ **輸出檔**：將 T-SQL 指令碼的執行結果輸出存放至外部檔案。

■ **記錄至資料表**：將 T-SQL 指令碼的執行結果存放到資料表。

■ **將步驟輸出包含於紀錄中**：將 T-SQL 指令碼的執行結果存放到作業紀錄中。

❖ 設定作業排程

回到「新增作業」對話窗的「排程」頁面，點選「新增」按鈕可開啟「新增作業排程」對話窗，這裡可設定作業的自動化排程，如圖 6.6 所示。「作業」可以設定多個「排程」，當排程類型選擇「重複執行」時，可以設定執行頻率為每日、每週或每月。

　　在「新增作業排程」對話窗設定排程名稱,排程類型選擇「重複執
行」。建立排程時,該排程預設會勾選「已啟用」,若日後要停用「排
程」可選擇刪除排程或是取消此勾選。

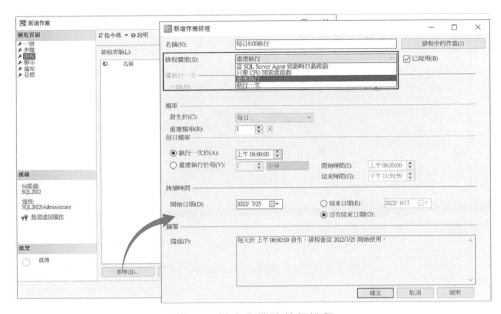

圖 6.6　設定作業的執行排程

　　以上完成設定後點選「確定」按鈕,回到「新增作業」對話窗點選
「確定」按鈕即完成整個自動化排成設定。

6.2.3　執行作業與檢視歷程記錄

　　當「作業」建立完成,可以下列兩種方式執行:

■ **自動執行**:如果該「作業」已建立排程,SQL Server Agent 會在指
定時間自動執行此「作業」。

■ **手動執行**:由使用者自行決定執行時機,手動執行此「作業」。

以圖 6.7 為例，選取欲執行的「作業」，按下滑鼠右鍵執行「從下列步驟啟動作業」，隨即開啟「啟動作業」對話窗。若「作業」有多個步驟，則會跳出對話窗讓你選擇要從哪步驟開始。

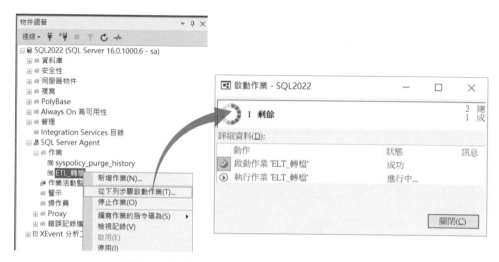

圖 6.7　在物件總管內，手動執行指定的作業

此外，若想使用預存程序啟動「作業」，可利用 msdb 資料庫的 sp_start_job 預存程序。

語法慣例如下：

```
EXEC dbo.sp_start_job { [@job_name =] 'job_name' | [@job_id =] job_id}
```

透過預存程序執行先前建立的「作業」，可參見下列指令碼。

```
USE msdb ;
GO
EXEC dbo.sp_start_job @job_name =N'ETL_轉檔' ;
GO
```

SQL Server Agent 提供多個預存程用於管埋排程和事件驅動功能。可參考線上說明：

https://docs.microsoft.com/zh-tw/sql/relational-databases/system-stored-procedures/sql-server-agent-stored-procedures-transact-sql?view=sql-server-ver16

手動執行「作業」前，可利用 SSMS 工具，由上方工具列的「檢視」→「物件總管詳細資料」，開啟「物件總管詳細資料」視窗檢視作業當下的狀態，如圖 6.8 所示。作業的狀態若正在執行中將無法重複執行。

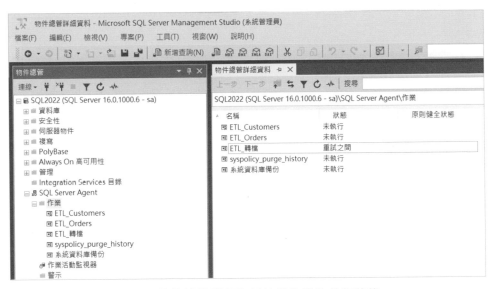

圖 6.8　物件總管詳細資料檢視作業的執行狀態

最後，模擬「作業」執行失敗時呈現的錯誤訊息。使用下列指令碼，將範例程式 6.1 所建立的參數資料表欄位內容設定為 N。接著啟動「ETL_轉檔」作業模擬執行失敗的轉檔。

```
UPDATE Northwind.dbo.ETL SET Status ='N' WHERE Name ='Sales Totals by Amount'
```

　　作業執行完畢後，在「物件總管」視窗中以滑鼠右鍵選取欲檢視的「作業」，選擇快捷選單「檢視記錄」即可開起「記錄檔檢視器」讀取作業的執行紀錄。如圖 6.9 的「記錄檔檢視器」可查詢作業的執行紀錄。在此可檢視所有成功與失敗的相關資訊，包含執行過程中所耗費的時間。

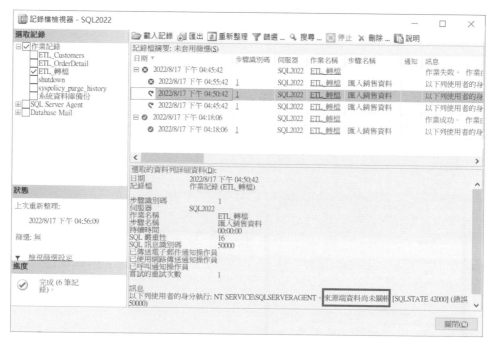

圖 6.9　檢視作業的執行記錄檔

　　作業的執行記錄會保留於 msdb 資料庫的 sysjobhistory。若歷史記錄的訊息過多，「記錄檔檢視器」對話窗會延遲一段時間才能呈現訊息。而保留過久的執行訊息，也不見得可作為異常排除的依據，因此這些執行記錄預設有筆數保留限制。

　　在 SSMS 工具中的「物件總管」視窗中，以滑鼠右鍵點選 SQL Server Agent 開啟「SQL Server Agent 屬性」對話窗的「歷史記錄」頁面，如圖 6.10 所示。SQL Server Agent 預設會為所有排程作業保留 1000 筆訊息記錄，每項排程作業最多 100 筆。但若是排程中有執行頻率較高（例

如每 5 分鐘執行一次）的排程在執行時，會將執行頻率較少（例如每月
執行一次）的排程執行記錄擠壓掉。

　　為了避免日後查無作業執行的歷史記錄，因而無法追蹤之前所出現
的執行歷程與錯誤訊息，建議可以改選「移除代理程式記錄」，讓這些
歷史記錄的保留規則以時間為限制。透過下拉選單可以選擇保留幾天、
週、月，如此可避免較少執行的歷程紀錄被刪除。

　　由於每個 SQL Server Agent 使用狀況不同，若要準確估算歷史紀錄
保留的方式，初期可以先取消這些歷史紀錄保留限制。待一段時間後確
認 sysjobhistory 資料表筆數大小，再評估需要保留的方式也行。

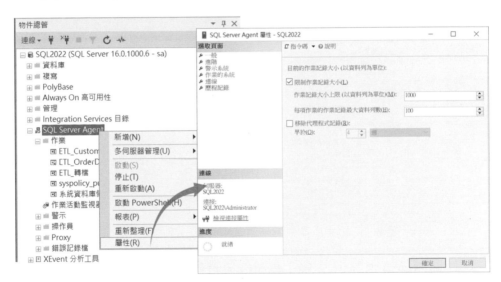

圖 6.10　設定 SQL Server Agent 執行記錄的保存筆數限制

6.2.4　使用指令碼管理作業

　　當你在開發環境建立多個「作業」時，若要將這些物件完整無誤地
搬到正式環境，就如同其他資料庫物件一樣，透過 SSMS 工具可快速產
生建立該作業的 T-SQL 陳述式。

在「物件總管視窗」中，點選取欲編寫指令碼的「作業」，按下滑鼠右鍵選擇快捷選單中的「編寫作業的指令碼為」→「CREATE 至」→「新增查詢編輯器視窗」，如圖 6.11 所示。即可取得建立作業的 T-SQL 陳述式。以此指令碼就可以備份定義，或是在其他 SQL Server 上重新建立此「作業」。

圖 6.11　檢視所產生用來建立「作業」用的 T-SQL 陳述式

雖然使用 SSMS 管理工具可以很方便產生各項物件之 T-SQL 陳述式，但仍要小心其他伺服器執行個體是否有相同的環境，例如：該作業「擁有者」的「登入」帳號、執行步驟的代理帳號、執行作業時所用到的資料庫、物件等。否則，可能無法執行以上述方式產生的 T-SQL 陳述式，或是在另一 SQL Server 執行個體建立了「作業」，卻無法正確執行。

6.3 SQL Server Database Mail

當有多個自動化作業執行時，從 SSMS 工具的物件總管詳細資料視窗（參見圖 6.8）無法立即得知目前執行的成功失敗狀態，必須開起記錄檔檢視器（參見圖 6.9），才能知道排程執行狀態。若要及時掌握執行失敗的作業，可透過 SQL Server 的 Mail 機制通知管理者。下一節將說明如何建立 SQL Server 提供的 Database Mail，在排程執行成功或失敗時可透過 Mail 自動化通知使用者。

Database Mail 是 SQL 2005 版本之後所新增的功能，如圖 6.12 所示。應用程式經由外部 SMTP 伺服器，使用 Database Mail 傳送電子郵件給使用者。這類訊息能包含查詢結果，也可以夾帶檔案。

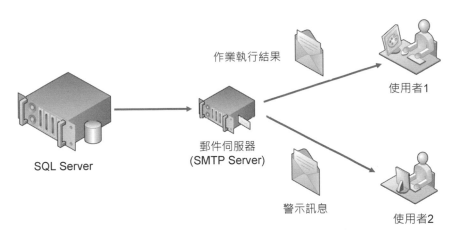

圖 6.12 Database Mail 可以讓 SQL Server 透過郵件伺服器傳送訊息給資料庫管理師

6.3.1 Database Mail 的運作方式

Database Mail 由以下四個主要元件組成：

■ **組態與安全性元件**：因為 Database Mail 會將組態與安全性資訊儲存於 msdb 系統資料庫，「組態與安全性物件」會建立 Database Mail 的設定檔與帳戶。

■ **訊息元件**：針對郵件傳送，msdb 系統資料庫也是此功能的資料庫，內含 Database Mail 用以傳送電子郵件的機制，包含 sp_send_dbmail 預存程序，以及傳送訊息的資料結構。

■ **記錄與稽核元件**：會將 Database Mail 執行記錄儲存於 msdb 系統資料庫，以及 Windows 作業系統的應用程式日誌檔。

■ **Database Mail 可執行檔**：是一個外部程式（DatabaseMail.exe，位於 SQL Server 安裝的 MSSQL\Binn 目錄中），會從 msdb 系統資料庫的郵件佇列讀取郵件，再傳送給郵件伺服器。

Database Mail 使用以 Service Broker 技術為基礎的佇列架構，其內部運作流程為：

■ 當使用者執行 sp_send_dbmail 預存程式，或 SQL Server 準備傳送郵件訊息，「訊息元件」會產生一筆包含郵件內容的記錄，並在「郵件佇列」內新增一個寄送項目。由於僅是放入佇列等待寄送，所以 sp_send_dbmail 系統預存程序會立即返回執行權，不會因為要直接與 SMTP 郵件伺服器溝通，而卡住你的程式邏輯導致無法執行。

■ 當郵件佇列內產生一個寄送項目，就會呼叫 Database Mail 可執行檔（DatabaseMail.exe），由此外部程序將郵件傳送給 SMTP 郵件伺服器。

■ DatabaseMail.exe 處理外送郵件以後，會在「狀態佇列」加入一筆寄送記錄，並啟動一個內部程序（更改先前寄送郵件的狀態）。

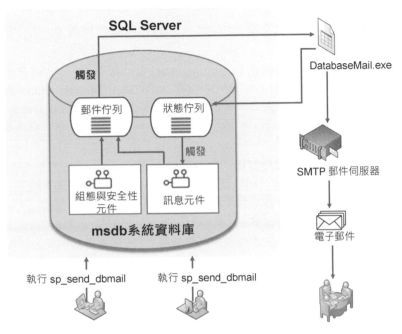

圖 6.13　Database Mail 主要組成元件的運作方式

以下整理了使用 Database Mail 在可靠性、延展性、安全性及可支援性等方面的優點：

表 6.2　使用 Database Mail 具備的優點

特性	優點
可靠性	• 使用標準的 **Simple Mail Transfer Protocol (SMTP)** 來傳送郵件：不需要在執行 SQL Server 的電腦上安裝「擴充 MAPI」用戶端，就可以使用 Database Mail。 • **處理序隔離**：為了將對 SQL Server 的影響減到最小，傳遞電子郵件的元件必須在 SQL Server 外部的個別處理序中執行。即使外部處理序停止或失敗，SQL Server 仍會繼續將電子郵件訊息排入佇列中。佇列的訊息會在外部處理序或是 SMTP 伺服器恢復連線後傳送。

特性	優點
	• **容錯移轉帳戶**：使用 Database Mail 設定檔，可以指定多個 SMTP 伺服器。萬一其中一台 SMTP 伺服器無法使用，還是可以將郵件傳遞到另一個 SMTP 伺服器（參見圖 6.17 所示）。 • **叢集支援**：Database Mail 可感知 SQL 叢集，而且完全支援叢集。
延展性	• **背景傳遞**：Database Mail 提供背景或非同步傳遞功能。呼叫 sp_send_dbmail 以傳送訊息時，Database Mail 會將其要求加入到 Service Broker 佇列內，此舉可讓 sp_send_dbmail 預存程序立即結束。外部電子郵件代理程式會收到該要求，並傳遞電子郵件。 • **多個設定檔**：在規劃使用 Database Mail 時，可以在 SQL Server 執行個體內建立多個設定檔。選擇不同的 Database Mail 設定檔來授權以區別傳遞各項訊息。 • **多個帳戶**：每個設定檔都可以包含多個容錯移轉帳戶。可針對各個設定檔使用不同帳戶，在多個電子郵件伺服器散發電子郵件。
安全性	• **預設為關閉狀態**：為了要縮小 SQL Server 的介面區，預設會停用 Database Mail 預存程序。 • **郵件安全性**：若要傳送 Database Mail，必須是 msdb 資料庫中 DatabaseMailUserRole 資料庫角色的成員。 • **設定檔安全性**：需要擁有 Database Mail 設定檔存取權的 msdb 資料庫使用者或群組，才可以透過該設定檔寄發郵件。 可以將存取權授與給 msdb 中的特定使用者或所有使用者。私人設定檔限制清單上指定的使用者才可存取。公用設定檔可供資料庫的所有使用者使用。 • **附件大小管理**：Database Mail 會限制附加檔案的大小。可以使用 sysmail_configure_sp 預存程序來變更這限制。 • **禁止的副檔名**：Database Mail 維護一個預設被禁止的副檔名清單。使用者無法附加副檔名出現在清單中的檔案。可以使用 sysmail_configure_sp 預存程序變更此清單。 • **Database Mail 使用 SQL Server 的服務啟動帳戶執行**。若要從資料夾將檔案附加至電子郵件，則 SQL Server 的服務啟動帳戶應先具備存取該資料夾/檔案的權限。

特性	優點
可支援性	• **整合式組態**：Database Mail 可維護 SQL Server Database Engine 內電子郵件帳戶的資訊。毋須在外部用戶端應用程式管理郵件設定檔。 「Database Mail 組態精靈」提供方便的介面設定 Database Mail。也可以透過 T-SQL 來建立並維護 Database Mail 組態。 • **記錄功能**：Database Mail 會將電子郵件活動記錄到 SQL Server、Microsoft Windows 應用程式事件記錄，以及 msdb 系統資料庫中的資料表。 • **稽核**：Database Mail 會在 msdb 系統資料庫中保留所傳送的郵件與附加檔案的副本。可以稽核 Database Mail 的使用狀況，檢閱所保留的郵件。 • **支援 HTML 格式**：可以傳送 HTML 格式的電子郵件。

6.3.2 設定 Database Mail

Database Mail 是透過 SMTP 通訊協定連接至郵件伺服器。在設定 Database Mail 之前，應該先在郵件伺服器上建立 SQL Server 專用的帳戶，此帳戶僅供 SQL Server 發送郵件訊息，但不接收郵件。SSMS 提供的「Database Mail 組態精靈」可以協助設定 SMTP 郵件伺服器與帳戶資訊。

使用此精靈以前，必須先瞭解以下兩點：

■ 郵件伺服器所在位置與 SMTP 連接埠號。

■ Database Mail 所使用的 SMTP 帳戶名稱與密碼。

啟動「Database Mail 組態精靈」的方式如圖 6.14 所示，在「物件總管」視窗內展開「管理」節點，以滑鼠右鍵點選「Database Mail」，選擇快捷選單中的「設定 Database Mail」選項。

圖 6.14 執行 Database Mail 組態精靈

開起「Database Mail 組態精靈」對話窗之後,點選「下一步」進入「選取組態工作」視窗,如圖 6.15 所示。在「Database Mail 組態精靈」頁面提供下列幾項主要的工作選項:

- 建立新的郵件設定檔(設定 SMTP 郵件帳戶、安全性與系統參數)。

- 管理 Database Mail 帳戶和設定檔。

- 檢視或變更系統參數。

第一次設定「Database Mail」時,要先建立新的電子郵件與 SMTP 帳戶。選擇視窗中預設的「執行下列工作以設定 Database Mail」選項新增電子郵件設定檔,並指定 SMTP 帳戶。

圖 6.15　指定 Database Mail 組態精靈提供的工作

　　如果是第一次執行 Database Mail 組態精靈，且 SQL Server 執行個體沒有啟動 Database Mail 功能，建立新的郵件設定檔時，會得到下圖 6.16 的訊息。請直接按下「是」，啟用 Database Mail 功能。

圖 6.16　啟用 Database Mail 功能的訊息視窗

　　上述操作也可以透過「原則管理」來啟動與停止 Database Mail 功能。或使用以下程式碼執行 sp_configure 系統預存程序來啟動。

範例程式 6.4：使用系統預存程序：sp_configure，來啟用 Database Mail 功能

```
USE master
GO
--01 檢查是否有啟用 Database Mail
SELECT name N'組態選項的名稱', value N'針對這個選項所設定的值', value_in_use N'這個選
項目前有效的執行值', description N'組態選項的描述'
FROM sys.configurations
```

```
WHERE name='Database Mail XPs'
GO

--02 設定啟用 Database Mail：使用 sp_configure 來啟用  Database Mail
EXEC sp_configure 'show advanced options',1
reconfigure
GO
-- 若要啟動，設定為 1。若要停止設定為 0
EXEC sp_configure 'Database Mail XPs',1
RECONFIGURE WITH OVERRIDE
```

在「新增設定檔」頁面，可自行輸入設定檔名稱與描述文字。點選「加入」定義 SMTP 帳戶資訊，包括：郵件伺服器名稱、SMTP 通訊埠的編號、SMTP 電子郵件的帳戶名稱與密碼。

以圖 6.17 與圖 6.18 為例，帳戶：DBA，是在 SMTP 郵件伺服器上事先建立的帳戶，其電子郵件位址為 DBA@localhost.com，郵件伺服器位址是：localhost。在此僅為示範，所以用本機（localhost）安裝的郵件伺服器。

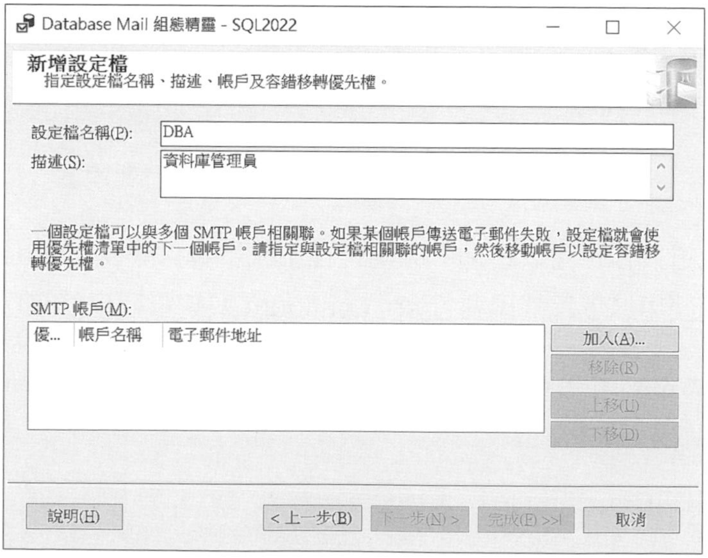

圖 6.17 新增 Database Mail 的設定檔

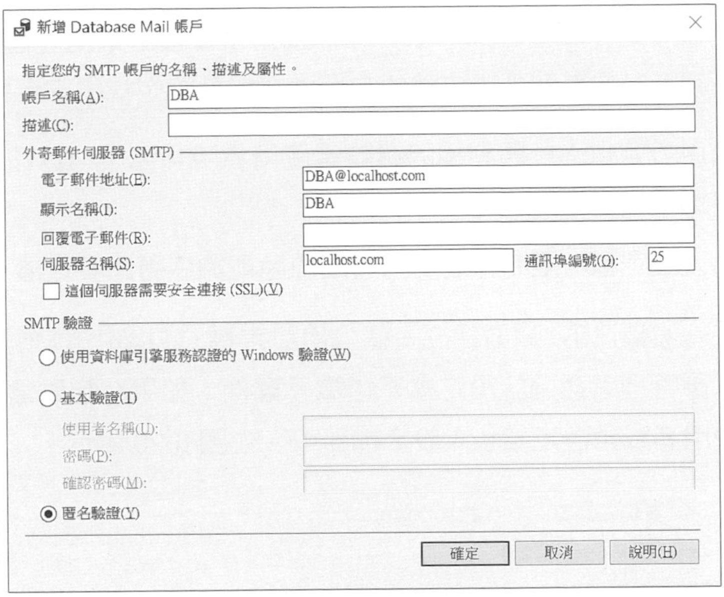

圖 6.18　設定 Database Mail 帳戶所使用的 SMTP 帳戶資訊

　　點選圖 6.18 的「確定」按鈕將指定的 SMTP 帳戶加入設定檔中，如圖 6.19 所示。Database Mail 設定檔可指定多個 SMTP 伺服器，當其中一台 SMTP 伺服器無法使用時，會改用下一個 SMTP 伺服器傳遞郵件。

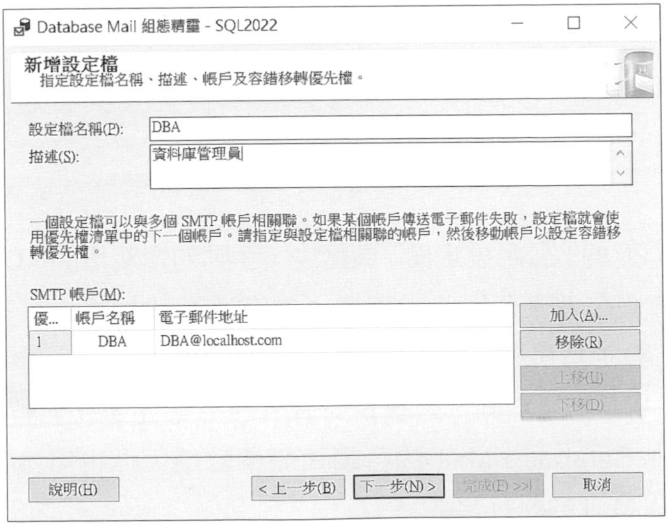

圖 6.19　Database Mail 的設定檔加入 SMTP 帳戶

上述設定完成後點選「下一步」按鈕，在接下來的「管理設定檔安全性」視窗可定義郵件設定檔的安全性。郵件設定檔的安全性分為：

- 公用設定檔：一般有權的資料庫使用者或角色，可以透過此設定檔傳送電子郵件。

- 私人設定檔：限制特定使用者或角色能夠使用此設定檔。

在一般情況下，只要建立一個公用設定檔，並指定為「預設設定檔」，就可以讓管理者透過該設定檔寄送電子郵件。如果有特殊需求，再針對個別使用者或角色定義私人設定檔即可。如圖 6.20 所示。

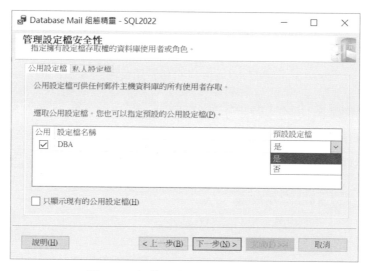

圖 6.20　組態郵件設定檔的安全性

圖 6.20 的「公用設定檔」頁籤中，手動勾選新增的「DBA」設定檔，允許合法使用者來使用此設定檔，並在「預設檔案檔」下拉選單選擇「是」，設定為預設的設定檔。完成設定後點選「下一步」按鈕，進入「設定系統參數」頁面，如圖 6.21 所示。「設定系統參數」頁面中可以檢視目前 Database Mail 的各項預設參數值，你也可以在此手動修改 Database Mail 的執行參數。

圖 6.21　設定 Database Mail 的系統參數

在圖 6.21 中，各參數的說明整理於下表 6.3：

表 6.3　Database Mail 的系統參數

系統參數名稱	說明
帳戶重試嘗試	當 Database Mail 可執行檔（DatabaseMail.exe）傳送郵件失敗時，嘗試重新傳送的次數。
帳戶重試延遲	當傳送郵件失敗時，下一次重新傳送的延遲時間。
檔案大小上限	傳送附件檔案的大小上限。
禁止的附加檔案副檔名	指定哪些檔案不能做為郵件附檔。
Database Mail 可執行檔最小存留期間（秒）	當郵件佇列含有欲寄送的郵件時，DatabaseMail.exe 的狀態為「作用中」。此選項用來設定當郵件佇列沒有外寄信件時，DatabaseMail.exe 要繼續維持「作用中」的最短時間。
記錄層次	設定 Database Mail 記錄的訊息類型，分為： • 一般：只記錄錯誤。 • 擴充：記錄錯誤、警告與其他有關資訊。 • 詳細資訊：記錄錯誤、警告、資訊性訊息、成功訊息與其他內部訊息。

上述設定完成後點選「下一步」，在「完成精靈」頁面可檢視 Database Mail 組態精靈欲執行的工作項目後，點選「完成」，等待完成組態後，點選「關閉」，即可建立此郵件設定檔。請參見圖 6.22 所示。

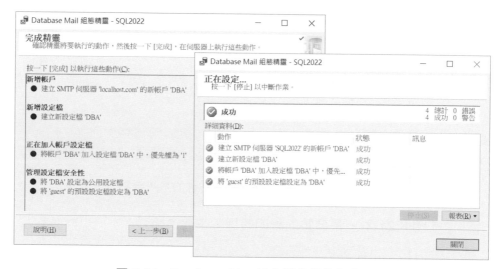

圖 6.22　Database Mail 設定檔的組態作業完成

在完成 Database Mail 的組態設定檔之後，就可以使用 SSMS 管理工具的「物件總管」，傳送一封測試郵件給資料庫管理師，確認 SMTP 郵件組態無誤。寄送測試郵件的方式如下。

在 SSMS 工具內展開「管理」項目，以滑鼠右鍵點選 Database Mail，於快捷選單中執行「傳送測試電子郵件」，如圖 6.23 所示。

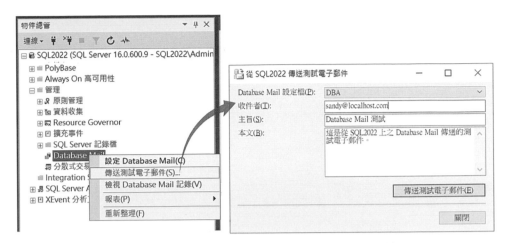

圖 6.23　使用 SSMS 管理工具，傳送測試電子郵件

　　在「傳送測試電子郵件」對話窗內，先選擇：Database Mail 設定檔，再輸入收件者、郵件主旨、郵件本文，完畢後按下「傳送測試電子郵件」。在跳出的「Database Mail 測試電子郵件」對話窗點選「確定」即可傳送郵件。電子郵件將排入佇列中處理，若是組態設定正確，而且網路速度以及 SMTP 伺服器服務一切正常，稍等片刻，就可以使用電子郵件的收信軟體來接收此封測試電子郵件[2]。

---

[2] 此處示意畫面僅是用 Windows 伺服器預設的 SMTP 服務，並未有 POP3 或 IMAP 等接收郵件的服務。所以是 Outlook 直接開啟預設放在 C:\inetpub\mailroot\Drop 目錄下的.eml 檔案。若測試郵件是寄到你個人信箱，則可以一般的電子郵件軟體接收。

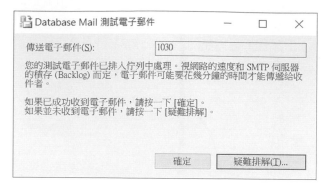

圖 6.24 輸入要傳送的相關資料

以下是使用電子郵件收信軟體,以 Microsoft Outlook 為例,所呈現的測試電子郵件之訊息,如圖 6.25 所示:

圖 6.25 使用 Microsoft Outlook 開啟由 Database Mail 傳送的測試電子郵件

如果有需要,資料庫管理師可以隨時修改現有的 Database Mail 設定檔,例如,更換郵件伺服器或 SMTP 帳戶資訊等。

除了利用 SSMS 工具檢視 Database Mail 設定檔與郵件帳戶之外,也可利用 msdb 系統資料表 sysmail_profile、sysmail_account、sysmail_profileaccount 檢視設定值,參見範例程式 6.5 所示。

範例程式 6.5：查詢 Database Mail 相關設定

```
--查詢 Database Mail 設定檔
SELECT * FROM msdb.dbo.sysmail_profile
--查詢 Database Mail 帳戶
SELECT * FROM msdb.dbo.sysmail_account
--查詢設定檔對應的帳戶
select * from msdb.dbo.sysmail_profileaccount
```

　　欲修改 Database Mail 設定檔時，只要重新執行 Database Mail 組態精靈，就可以在「選取組態工作」頁面選擇適當的管理工作，包括：「管理 Database Mail 帳戶和設定檔」、「管理設定檔安全性」、「檢視或變更系統參數」，如圖 6.26 所示。設定方式請參見先前的設定。

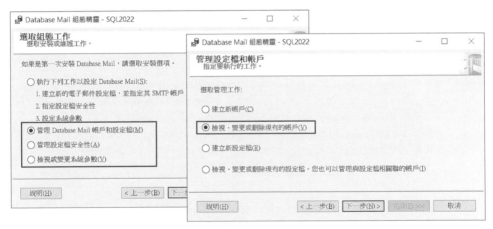

圖 6.26　管理目前的 Database Mail 設定檔和帳戶、安全性以及系統參數

6.3.3　使用 sp_send_dbmail 預存程序寄送郵件

　　Database Mail 設定好之後，使用者也可以透過 sp_send_dbmail 系統預存程序來寄送客製化電子郵件。訊息可能包含查詢結果集、檔案附件，或兩者皆有，而這個預存程序是位在 msdb 系統資料庫中。此外，也可以設定 SQL Server Agent 自動寄送通知訊息。

sp_send_dbmail 系統預存程序的語法定義如下：

```
sp_send_dbmail [ [ @profile_name = ] 'Database Mail 郵件設定檔' ]
    [ , [ @recipients = ] '電子郵件列表 [ ; ...n ]' ]
    [ , [ @copy_recipients = ] '接收副本的電子郵件列表 [ ; ...n ]' ]
    [ , [ @blind_copy_recipients = ] '接收密件副本的電子郵件列表 [ ; ...n ]' ]
    [ , [ @from_address = ] '寄件者位址' ]
    [ , [ @reply_to = ] '回復位址' ]
    [ , [ @subject = ] '郵件主旨' ]
    [ , [ @body = ] '郵件內容主體' ]
    [ , [ @body_format = ] '郵件內容格式' ]
    [ , [ @importance = ] '郵件重要性代號' ]
    [ , [ @sensitivity = ] '郵件敏感度代號' ]
    [ , [ @file_attachments = ] '郵件附加檔案清單 [ ; ...n ]' ]
    [ , [ @query = ] 'SQL 查詢' ]
    [ , [ @execute_query_database = ] '執行查詢的資料庫名稱']
    [ , [ @attach_query_result_as_file = ] 查詢的結果集是否以附加檔案的形式傳回 ]
    [ , [ @query_attachment_filename = ] 查詢附件結果集的檔案名 ]
    [ , [ @query_result_header = ] 查詢結果是否包含資料行標頭 ]
    [ , [ @query_result_width = ] 格式化查詢結果的行寬 ]
    [ , [ @query_result_separator = ] '分隔查詢輸出中資料行的字元' ]
    [ , [ @exclude_query_output = ] 是否要在電子郵件訊息中傳回查詢執行的輸出 ]
    [ , [ @append_query_error = ] 查詢失敗時,是否附加錯誤訊息 ]
    [ , [ @query_no_truncate = ] 是否截斷 varchar 或 nvarchar 長度超過 256 字元的資料 ]
    [ , [ @query_result_no_padding = ] @query_result_no_padding ]
    [ , [ @mailitem_id = ] mailitem_id ] [ OUTPUT ]
```

表 6.4 整理了 sp_send_dbmail 常用的參數意義,更多內容請參考線上說明。

表 6.4 sp_send_dbmail 系統預存程序所提供的各項參數之意義

預存程序的參數	說明
body_format	郵件內容格式,可設為 HTML 或 TEXT,預設值為 TEXT。
Importance	郵件重要性,可設為 Low（低）、Normal（一般）、High（高）
Sensitivity	郵件敏感度,可設為 Normal（一般）、Personal（個人）、Private（私用）、Confidential（機密）。預設值為 Normal

預存程序的參數	說明
file_attachments	郵件附加檔案清單，檔案大小限制為 1 MB
attach_query_result_as_file	是否以附加檔案傳回查詢結果，參數類型為 **bit**，預設值為 0。 當值為 0 時，表示查詢結果會包含在電子郵件訊息的本文中。 當值為 1 時，表示會以附加檔案的方式傳回查詢結果。
query_attachment_filename	指定以附加檔案傳回查詢結果時的檔案名稱為何預設值為 Null。若不指定，Database Mail 會建立任意檔案名。
query_result_header	指定查詢結果是否包含資料行標頭。 當值為 0 時，查詢結果不會包含資料行標頭。 當值為 1 時，查詢結果會包含資料行標頭。
query_result_width	指定以字元為單位的行寬，以格式化查詢結果
query_result_separator	查詢結果用來分隔資料行的字元
exclude_query_output	是否在郵件訊息中包含查詢指令的輸出訊息
append_query_error	查詢失敗時，是否附加錯誤訊息
query_no_truncate	是否截斷 varchar 或 nvarchar 長度超過 256 字元的資料
mailitem_id	選擇性參數，可傳回郵件訊息的項目編號

範例程式 6.6 示範如何用預存程序參數寄送郵件。

範例程式 6.6：使用 sp_send_dbmail 系統預存程序傳送一封電子郵件

```
EXEC msdb.dbo.sp_send_dbmail
@profile_name = 'DBA', --郵件設定檔名稱
@recipients = 'Sandy@localhost.com',
@body = N'這是電子郵件訊息的主體',
@subject -N'這是電子郵件訊息的主旨，如果未指定主旨，預設值便是「SQL Server Message」。'
```

sp_send_dbmail 系統預存程序利用 recipients 參數，輸入收件者電子郵件信箱，若是有多位接收者時，使用分號分隔各個電子郵件地址。

body 參數是電子郵件訊息的主體，也就是郵件的內文。subject 參數是電子郵件訊息的主旨，請參見圖 6.27 的執行結果。

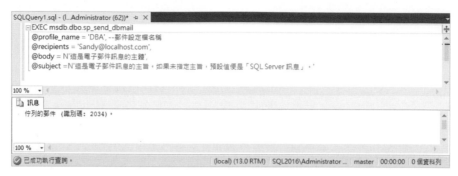

圖 6.27　使用 sp_send_dbmail 系統預存程序傳送一封電子郵件

以 Microsoft Outlook 為例，呈現測試電子郵件之訊息，如圖 6.28：

圖 6.28　使用 Microsoft Outlook 呈現由 sp_send_dbmail 系統預存程序傳送過來的電子郵件

還可以再搭配 query 參數，輸入要執行的 T-SQL 陳述式，其查詢結果當成電子郵件訊息的主體，也可以設計成附加檔案的形式。請參見以下的範例程式：

範例程式 6.7：使用 sp_send_dbmail 系統預存程序，搭配 query 參數

```
--將查詢結果以本文寄出
EXEC msdb.dbo.sp_send_dbmail
    @recipients = 'u99@localhost.com',
    @query = N'SELECT CompanyName 公司名稱,ContactName 聯絡人
```

```
    FROM dbo.Customers
    WHERE Country=''Mexico'''
  @subject = N'Mexico 客戶';

--將查詢結果以附件寄出
EXEC msdb.dbo.sp_send_dbmail
    @recipients = 'u99@localhost.com',
    @query = N'SELECT CompanyName 公司名稱,ContactName 聯絡人
    FROM dbo.Customers
    WHERE Country=''Mexico''' ,
    @execute_query_database='Northwind',
    @subject = N'Mexico 客戶',
    @attach_query_result_as_file = 1 ,
    @query_attachment_filename='Mexico 客戶清單.txt',
    @query_result_header=1 ;
```

　　範例程式 6.7 使用 sp_send_dbmail 系統預存程序，利用參數 subject，將電子郵件的主旨設定為「Mexico 客戶」。為 query 參數輸入一段要執行的 T-SQL 陳述式，查詢結果預設以電子郵件內文回傳。因為在圖 6.17 的 Database Mail 組態設定精靈已指定了預設的郵件設定檔。所以指令碼中可省略 profile_name 參數值，預設會使用「DBA」設定檔所指定的郵件帳戶寄出。執行結果如圖 6.29 所示。

圖 6.29 接收由 sp_send_dbmail 系統預存程序搭配 query 參數傳送的電子郵件

若希望回傳的電子郵件內文,能夠有指定的色彩、字形...等需求時,這時請利用參數: body_format。依據預設值,使用 sp_send_dbmail 系統預存程序回傳的訊息預設是 TEXT 文字格式。若設定為 HTML 格式,就能夠利用 HTML 語法來豐富此封電子郵件的內容。

以下為發送 HTML 格式的電子郵件之範例程式:

範例程式 6.8:使用 sp_send_dbmail 系統預存程序,設定使用 HTML 格式

```
-- 使用 HTML 格式來傳送電子郵件訊息
USE master
GO
DECLARE @m_recipients varchar(max),
    @m_subject nvarchar(255), @m_body nvarchar(max),
    @m_body_format varchar(20)

SELECT @m_recipients = N'Byron@localhost.com',
    @m_subject = N'使用 Database Mail 傳送 HTML 格式的電子郵件訊息',
    @m_body =N'<p>輸入電子郵件訊息的主體內容:</p>
            <font color="#0000ff"><strong>傳送 HTML 格式的電子郵件訊息
</strong></font>',
    @m_body_format ='HTML'

EXEC msdb.dbo.sp_send_dbmail
    @recipients = @m_recipients,
    @subject = @m_subject,
    @body = @m_body,
    @body_format = @m_body_format
```

在範例程式 6.8 中,幾個主要有改變的參數是,先設定參數 body_format 為 HTML,在參數 body 內填入 HTML 格式的內容,就可以讓 Database Mail 發送 HTML 格式的電子郵件,如圖 6.30 所示:

圖 6.30 接收以 HTML 格式回傳的電子郵件

以下提供 T-SQL 陳述式整合 HTML 語法的範例程式：

範例程式 6.9：使用 T-SQL 陳述式整合 HTML 語法

```
/*
使用 T-SQL 陳述式整合 HTML 格式來傳送電子郵件訊息。
若是找不到資料時，會以空白的文字格式回傳
 */
USE Northwind
GO
DECLARE @m_recipients varchar(max),
    @m_subject nvarchar(255), @m_body nvarchar(max),
    @m_body_format varchar(20)

SELECT @m_recipients = N'Byron@localhost.com',
    @m_subject = N'資料表明細，使用 HTML 格式',
    @m_body_format ='HTML',
    @m_body =
        N'<style>'+
        N' table {   border:1px solid #000;   font-family: 微軟正黑體;
        font-size:12px; '+
        +'border:1px solid #000;  border-collapse:collapse;} '+
        N' td {   border:1px solid #000;  padding:5px;} </style>'+
        N'<FONT COLOR="#800000"><H1>France 客戶聯絡表</H1></FONT>' +
        N'<table border="2">' +
        N'<tr style="background-color:#9EC5D8"  ><th>公司名稱</th><th>聯絡人</th>' +
        N'<th>職稱</th><th>連絡電話</th>' +
        N'</tr>' +
        CAST ( ( SELECT    td = CompanyName ,           '',
                        td = ContactName ,          '',
                        td = ContactTitle      ,      '',
```

```
                        td = Phone   ,        ''
                FROM dbo.Customers Where Country='France'
                ORDER BY  CompanyName
                FOR XML PATH('tr'), TYPE
        ) AS NVARCHAR(MAX) ) +
        N'</table>' ;

EXEC msdb.dbo.sp_send_dbmail
    @recipients = @m_recipients,
    @subject = @m_subject,
    @body = @m_body,
    @body_format = @m_body_format
```

在範例程式 6.9 中，先設定參數 body_format 為 HTML，在參數 body
內，輸入了 T-SQL 陳述式整合 HTML 語法，讓回傳內容表格化、有不同
的顏色及字形大小等變化，如此就可以讓 Database Mail 發送 HTML 格
式的電子郵件，如圖 6.31 所示：

圖 6.31　接收以 T-SQL 陳述式整合 HTML 格式回傳的電子郵件

在圖 6.31 中，可以看到有不同的字形大小與顏色，並且資料是以表格的方式呈現。

但若執行的 T-SQL 陳述式查詢不到資料，Database Mail 會沒有任何資料回傳，並且以文字格式傳送此電子郵件，如圖 6.32 所示：

圖 6.32　若是查詢不到資料，接收到以「純文字」格式回傳的電子郵件

延續範例程式 6.10，我們加入了判斷式，若是找不到資料，則讓系統回傳：無符合條件式的資料，請參見以下的範例程式，並參見圖 6.33：

範例程式 6.10：呼叫 sp_send_dbmail 系統預存程序，以 T-SQL 陳述式整合 HTML 語法，加入判斷式，若找不到資料便回傳：無符合條件式的資料

```
/*
使用 T-SQL 陳述式整合 HTML 格式來傳送電子郵件訊息。
若是找不到資料時，會以空白的文字格式回傳
*/
USE Northwind
GO
CREATE OR ALTER PROC sp_sendCustomerMail @country varchar(20)
AS
DECLARE @m_recipients varchar(max),
    @m_subject nvarchar(255), @m_body nvarchar(max),
    @m_body_format varchar(20)
IF not exists(SELECT * FROM dbo.Customers Where Country=@country )
    BEGIN
```

```
            SELECT @m_recipients = N'Byron@localhost.com',
                @m_subject = N'客戶聯絡表，使用 HTML 格式：無符合資料',
                @m_body = N'<p align="center"><font color="#ff0000" size="7">
<strong>無符合條件式的資料</strong></font></p>',
                @m_body_format ='HTML';

            EXEC msdb.dbo.sp_send_dbmail
                @recipients = @m_recipients,
                @subject = @m_subject,
                @body = @m_body,
                @body_format = @m_body_format;
        END
ELSE
    BEGIN
    SELECT @m_recipients = N'Byron@localhost.com',
    @m_subject = N'客戶聯絡表，使用 HTML 格式',
    @m_body_format ='HTML',
    @m_body =
        N'<style>'+
        N' table {  border:1px solid #000;  font-family: 微軟正黑體;
font-size:12px; '+
        +'border:1px solid #000;  border-collapse:collapse;} '+
        N' td {  border:1px solid #000;  padding:5px;} </style>'+
        N'<FONT COLOR="#800000"><H1>'+@country+'客戶聯絡表</H1></FONT>' +
        N'<table border="2">' +
        N'<tr style="background-color:#9EC5D8"  ><th>公司名稱</th><th>聯絡人</th>' +
        N'<th>職稱</th><th>連絡電話</th>' +
        N'</tr>' +
        CAST ( ( SELECT     td = CompanyName ,          '',
                           td = ContactName ,           '',
                           td = ContactTitle    ,         '',
                           td = Phone     ,         ''
                FROM dbo.Customers Where Country=@country
                ORDER BY  CompanyName
                FOR XML PATH('tr'), TYPE
        ) AS NVARCHAR(MAX) ) +
        N'</table>' ;

    EXEC msdb.dbo.sp_send_dbmail
        @recipients = @m_recipients,
        @subject = @m_subject,
        @body = @m_body,
```

```
            @body_format = @m_body_format
END
GO


EXEC sp_sendCustomerMail 'Mexico2'
GO
```

圖 6.33　加入判斷式，若是找不到資料便回傳：無符合條件式的資料之電子郵件

6.3.4　檢視與移除 Databases Mail 的歷史記錄

依據預設值，Database Mail 會保留外寄電子郵件訊息的副本，存放在 msdb 系統資料庫內，資料庫管理師可以使用以下的系統檢視來查詢相關資料，例如：sysmail_allitems、sysmail_sentitems、sysmail_unsentitems、sysmail_faileditems、sysmail_mailattachments 等。有關於 Database Mail 的運作記錄，系統亦會記錄到「Windows 應用程式事件記錄檔」內，管理者可以查詢 msdb 系統資料庫內 sysmail_event_log 系統檢視來取得相關記錄。

若要使用 SSMS 管理工具來檢視 Database Mail 的記錄資料，請參見以下的步驟：

在「物件總管」內,以滑鼠右鍵點選「管理」項目下的 Database Mail,選擇快捷選單中的「檢視 Database Mail 記錄」。即可透過「記錄檔檢視器」視窗觀察到「Database Mail」每次運作的記錄。如圖 6.34 所示。

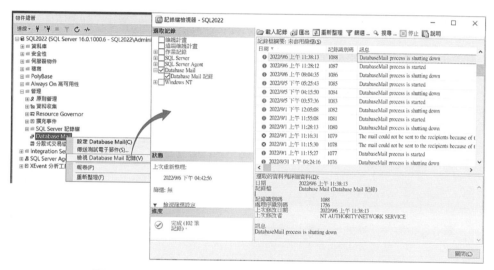

圖 6.34 使用 SSMS 管理工具檢視 Database Mail 記錄

以「記錄檔檢視器」視窗可初步排除未傳遞郵件的問題,若要進一步監控未傳遞郵件可透過另一台資料庫伺服器建立自動化作業;利用 msdb 資料庫提供的系統預存程序、檢視表並針對未傳送郵件進行主動式監控。若仍有部分郵件無法確實傳遞,可透過 SSMS 工具,在「物件總管」內,以滑鼠右鍵點選「管理」項目下的「Database Mail」,選擇快捷選單中的「設定 Database Mail」,接著在對話窗選擇「檢視或變更系統參數」,開啟如圖 6.21 的 Database Mail 系統參數對話窗,確認郵件大小是否超出所定義的上限。

以下依序介紹幾個常用的預存程序、檢視表：

❖ 系統預存程序：msdb.dbo.sysmail_help_queue_sp;

Database Mail 中有兩個佇列：郵件佇列和狀態佇列。郵件佇列儲存等候傳送的郵件項目，狀態佇列儲存已傳送之項目的狀態。透過 sysmail_help_queue_sp 預存程序可檢視郵件或狀態佇列的內容。執行範例程式 6.11 可檢視上述相關記錄。

範例程式 6.11：使用系統預存程序：sysmail_help_queue_sp 檢視佇列中的資訊

```
EXEC msdb.dbo.sysmail_help_queue_sp;
```

如果未指定參數 queue_type，預存程序會針對每個佇列，各傳回一筆資料列。依預設，只有「系統管理員（sysadmin）」固定伺服器角色的成員能夠存取這個程序。針對 Database Mail 進行疑難排解時，可以使用 sysmail_help_queue_sp 來查看佇列中的項目數、佇列的狀態和上次啟動的時間。

	queue_type	length	state	last_empty_rowset_time	last_activated_time
1	mail	0	INACTIVE	2022-09-06 08:47:11.470	2022-09-06 08:47:16.610
2	status	0	INACTIVE	2022-09-06 08:37:12.483	2022-09-06 08:37:12.480

圖 6.35 使用系統預存程序：sysmail_help_queue_sp

❖ 檢視表：msdb.dbo. sysmail_event_log

檢視表 sysmail_event_log 會列出由 Database Mail 系統傳回的 Windows 或 SQL Server 訊息，各包含一筆資料列。（這個內容中的訊息指的是系統的記錄，不是電了郵件訊息。使用範例程式 6.12 的執行結果如圖 6.36 所示，取得的內容就如同圖 6.34 透過 SSMS 管理工具來檢視 Database Mail 的記錄資料。

範例程式 6.12：使用檢視：sysmail_event_log

```
SELECT * FROM msdb.dbo.sysmail_event_log ORDER BY  log_id DESC
```

結果　訊息

	log_id	event_type	log_date	description	process_id	mailitem_id	account_id	last_mod_date	last_mod_user
1	1098	information	2022-09-06 16:47:11.493	DatabaseMail process is shutting down	10640	NULL	NULL	2022-09-06 16:47:11.493	NT AUTHORITY\NETWORK SERVICE
2	1097	information	2022-09-06 16:33:33.387	DatabaseMail process is started	10640	NULL	NULL	2022-09-06 16:33:33.387	NT AUTHORITY\NETWORK SERVICE
3	1096	information	2022-09-06 16:27:25.240	DatabaseMail process is shutting down	6216	NULL	NULL	2022-09-06 16:27:25.240	NT AUTHORITY\NETWORK SERVICE
4	1095	information	2022-09-06 16:06:38.153	DatabaseMail process is started	6216	NULL	NULL	2022-09-06 16:06:38.153	NT AUTHORITY\NETWORK SERVICE
5	1094	information	2022-09-06 16:02:06.380	DatabaseMail process is shutting down	11236	NULL	NULL	2022-09-06 16:02:06.380	NT AUTHORITY\NETWORK SERVICE
6	1093	information	2022-09-06 15:39:41.280	DatabaseMail process is started	11236	NULL	NULL	2022-09-06 15:39:41.280	NT AUTHORITY\NETWORK SERVICE
7	1092	information	2022-09-06 15:29:31.350	DatabaseMail process is shutting down	9608	NULL	NULL	2022-09-06 15:29:31.350	NT AUTHORITY\NETWORK SERVICE

圖 6.36 查詢檢視：sysmail_event_log

❖ 檢視表：msdb.dbo.sysmail_allitems

檢視表 sysmail_allitems 會列出 Database Mail 所發出的每一封電子郵件的詳細資料，執行範例程式 6.13 的結果如圖 6.37 所示。利用檢視表中的 send_status 欄位可確認電子郵件是否傳送成功。郵件的狀態。 可能的值包括：

- sent ： 已傳送郵件。
- unsent ：仍在嘗試傳送訊息。
- retrying ：無法傳送訊息，但嘗試再次傳送訊息。
- failed ：無法傳送訊息。

若要搜尋特定電子郵件的相關錯誤，可查閱 sysmail_faileditems 檢視回傳的失敗電子郵件 mailitem_id，然後在 sysmail_event_log 搜尋該 mailitem_id 的相關訊息。

範例程式 6.13：使用檢視：sysmail_allitems

```
SELECT recipients,subject,body,send_request_user,sent_date,sent_status
FROM msdb.dbo.sysmail_allitems
ORDER BY sent_date DESC
```

結果 訊息

	recipients	subject	body	send_request_user	sent_date	sent_status
1	Byron@localhost.com	客戶聯絡表，使用 HTML 格式：無符合資料	<p align="center"><font color="#ff0000" size="7"><strong>無符合條...	SQL2022\Administrator	2022-09-06 16:37:12.000	sent
2	Byron@localhost.com	客戶聯絡表，使用 HTML 格式	<style> table { border:1px solid #000; font-family: 微軟正黑體; ...	SQL2022\Administrator	2022-09-06 16:36:34.000	sent
3	Byron@localhost.com	資料表明細，使用 HTML 格式	<style> table { border:1px solid #000; font-family: 微軟正黑體; ...	SQL2022\Administrator	2022-09-06 16:36:08.000	sent
4	Byron@localhost.com	資料表明細，使用 HTML 格式	<style> table { border:1px solid #000; font-family: 微軟正黑體; ...	SQL2022\Administrator	2022-09-06 16:33:35.000	sent
5	Byron@localhost.com	資料表明細，使用 HTML 格式	NULL	SQL2022\Administrator	2022-09-06 16:17:27.000	sent
6	Byron@localhost.com	資料表明細，使用 HTML 格式	<style> table { border:1px solid #000; font-family: 微軟正黑體; ...	SQL2022\Administrator	2022-09-06 16:14:58.000	sent
7	Byron@localhost.com	資料表明細，使用 HTML 格式	<style> table { border:1px solid #000; font-family: 微軟正黑體; ...	SQL2022\Administrator	2022-09-06 16:14:36.000	sent

圖 6.37 查詢檢視：sysmail_allitems

如果錯誤是從預存程序 sp_send_dbmail 傳回，電子郵件不會提交到 Database Mail 系統，錯誤也不會顯示在這個檢視中。當個別帳戶傳遞嘗試失敗時，Database Mail 會在重試期間保留錯誤訊息，直到郵件項目傳遞成功或失敗為止。可能的情況有二：

- 最終傳遞成功：所有累積的錯誤會成為包括 account_id 的不同警告。即使電子郵件已傳送，這仍可能會使警告出現。
- 最終傳遞失敗：所有先前的警告會記錄為一個不含 account_id 的錯誤訊息，因為所有的帳戶均已失敗。

❖ 系統預存程序：sysmail_delete_mailitems_sp

檢視表 sysmail_allitems 所列列出的電子郵件記錄包含所有成功、失敗的訊息，若沒有定期刪除舊訊息會導致 msdb 資料庫持續成長。請定期從檢視刪除舊訊息，以減少資料表大小。利用系統預存程序 sysmail_delete_mailitems_sp 可刪除系統所保留的電子郵件副本，執行後會將電子郵件訊息從 Database Mail 內部資料表中永久刪除。搭配 sent_before 參數，藉由提供的日期和時間指定刪除較舊的電子郵件。另一個選擇性的參數可讓你選擇只刪除 sent_status 引數所指定的特定類型記錄檔。請參見以下的範例程式 6.14：

範例程式 6.14：使用系統預存程序刪除郵件紀錄

```
-- 會刪除 Database Mail 系統中的一個月以前的電子郵件。
DECLARE @Day datetime= DATEADD(MONTH,-1,CURRENT_TIMESTAMP)
EXECUTE msdb.dbo.sysmail_delete_mailitems_sp  @sent_before =@Day;
GO
```

```
/*@sent_status 的有效參數為：sent、unsent 和 retrying */
-- 刪除已發送的郵件記錄
exec sysmail_delete_mailitems_sp @sent_status='sent'
-- 刪除未發送的郵件記錄
exec sysmail_delete_mailitems_sp @sent_status='unsent'
-- 刪除重試中的郵件記錄
exec sysmail_delete_mailitems_sp @sent_status='retrying'
-- 刪除發送失敗的郵件記錄
exec sysmail_delete_mailitems_sp @sent_status='failed'


--使用檢視表再度查詢電子郵件歷史記錄
SELECT * FROM msdb.dbo.sysmail_allitems
```

刪除電子郵件記錄檔時也會刪除這些訊息的相關附加檔案，但不會刪除 sysmail_event_log 中的對應項目。若要刪除記錄可使用預存程序 sysmail_delete_log_sp。

❖ 系統預存程序：**sysmail_delete_log_sp**

若是要刪除系統層級的 Database Mail 記錄（如圖 6.34 的記錄資訊），可使用 sysmail_delete_log_sp 預存程序搭配 logged_before 或 event_type 兩個參數。若有指定參數，則會刪除 Database Mail 記錄中的所有事件、符合日期或類型條件的事件。若未指定參數則刪除所有記錄。請參見以下的範例程式：

範例程式 6.15：使用系統預存程序刪除 Database Mail 的 log 紀錄

```
--刪除 1 個月前的 log 資料
DECLARE @Day DATETIME=DATEADD(MONTH,-1,CURRENT_TIMESTAMP)
EXECUTE msdb.dbo.sysmail_delete_log_sp @logged_before = @Day


--刪除 Database Mail 記錄中的成工資訊
/*@event_type 的有效參數為：success、warning、error 和 information */
EXECUTE msdb.dbo.sysmail_delete_log_sp @event_type = 'success' ;  ;
GO
```

```
-- 刪除警示的記錄
EXECUTE msdb.sysmail_delete_log_sp @event_type = 'warning'
-- 刪除錯誤的記錄
EXECUTE msdb.sysmail_delete_log_sp @event_type = 'error'
-- 刪除資訊的記錄
EXECUTE msdb.sysmail_delete_log_sp @event_type = 'information'
-- 刪除 Database Mail 記錄中的所有事件。
EXECUTE msdb.dbo.sysmail_delete_log_sp ;
GO

-- 再度檢視刪除後的記錄檔內容
SELECT * FROM msdb.dbo.sysmail_event_log
```

Database Mail 功能需要是系統管理員（sysadmin）固定伺服器角色的成員才有權設定。若登入帳號不屬於系統管理員固定伺服器角色的成員，則必須授予 msdb 資料庫中的 DatabaseMailUserRole 資料庫角色，就可以執行預存程序寄送郵件，以及使用系統檢視表查詢該帳號所提交的所有訊息。該帳號也只能刪除本身所傳送的電子郵件紀錄。

6.4 設定 SQL Server Agent Mail 使用的郵件設定檔

建立 Database Mail 郵件設定檔之後，可以讓 SQL Server Agent 服務經由該郵件設定檔來寄送警示、通知郵件。但必須在 SQL Server Agent 屬性內設定事先所定義的郵件服務與設定檔名稱，才能正常發送件。SQL Server Agent Mail 可以用於「警示」或是「作業」執行後的自動通知功能。舉例來說：

- **「警示」被觸發時**：為發生的特定事件傳送電子郵件通知。例如，將「警示」設在發生管理者必須立即處理的資料庫事件上，或是將「作業」執行後的狀況通知「操作員」。

■ 「作業」執行後的狀態：例如，若是資料庫備份或是複寫作業因故失敗，可以此通知「操作員」。

設定 SQL Server Agent Mail 的方式如下：

在物件總管的「SQL Server Agent」節點上，滑鼠右鍵選取「屬性」。這個動作將開啟 SQL Server Agent 的屬性對話窗。切換「警示系統」頁面。勾選「啟用郵件設定檔」，並指定「郵件系統」為「Database Mail」，再指定之前練習時所建立的 DBA「郵件設定檔」，如圖 6.38 所示。最後須重新啟動 SQL Server Agent 才可套用新的設定。

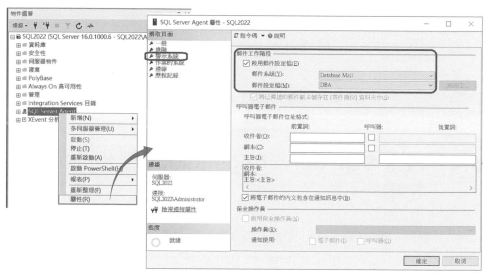

圖 6.38 設定 SQL Server Agent 所使用的郵件設定檔

最後要提醒的是，SQL Server 2012 版本的郵件系統已經不再支援 SQL Mail，若要進行版本升級時，應留意這部分的設定。

6.4.1 定義操作員

在自動化管理機制中，「操作員（Operator）」是預先設定的訊息通知對象，可以在下列情況收到通知：

- 作業執行成功、失敗、結束時

- 發生特定警示時

SQL Server 2022 目前支援下列兩種操作員的通知方式：

- 電子郵件：透過 Database Mail 傳送給 SMTP 郵件伺服器，再由郵件伺服器傳送給操作員。這是使用 SQL Server Agent Mail 來發送。

- 呼叫器：由電子郵件實作呼叫器通知，但是郵件伺服器必須安裝特定的軟體。未來的版本將會移除呼叫器選項，若是新開發的系統請避免使用這些功能，舊版升級則須停止使用此功能。

若要建立「操作員」，可從「SQL Server Agent」節點以滑鼠右鍵點選「操作員」，選擇快捷選單中的「新增操作員」。在「新增操作員」對話窗的「一般」頁面，輸入操作員的名稱與相關的通知選項。在此建立一個名為 DBA 的操作員，對應的電子郵件名稱為「DBAGroup@localhost.com」。假設未來將某「作業」執行的結果傳送給此 DBA 操作員，系統就會由 SQL Server Agent Mail 將郵件寄到：DBAGroup@localhost.com 信箱內。

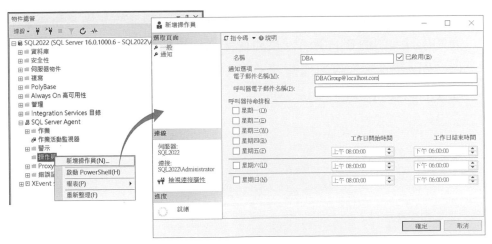

圖 6.39　設定操作員的名稱與電子郵件的信箱位址

透過指令碼建立「操作員」如下所示：

```
EXEC msdb.dbo.sp_add_operator @name=N'DBA',
  @enabled=1,
  @pager_days=0,
  @email_address=N'DBAGroup@localhost.com'
GO
```

新增後的結果如圖 6.40 所示：

圖 6.40 檢視已經建立好的操作員

接下來簡單的建立一個執行失敗的作業，並測試失敗後是否會寄送通知信件。如圖 6.41 所示，於新增作業的步驟內建立一個 T-SQL 類型的指令碼。於命令文字方塊輸入 SELECT 1/0 的指令碼，透過此指令碼產生除零的錯誤訊息。

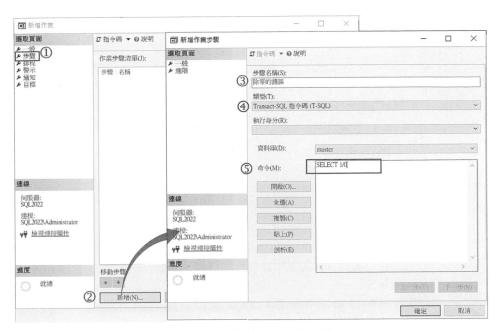

圖 6.41　建立執行失敗的步驟

　　完成上述設定後，切回「通知」頁面指定作業執行後應回報的執行結果。如圖 6.42 所示，共有三種通知方式。若作業只需要執行一次，並且無須保留在系統上時，可以勾選「自動刪除作業」。此範例將模擬執行失敗時通知「操作員」，因此勾選電子郵件後，透過下拉選單選擇先前所建立的操作員 DBA。最後再經由下拉選單選擇「當作業失敗時」即可。

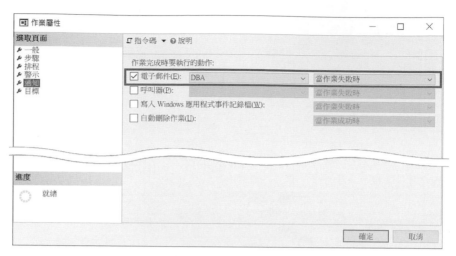

圖 6.42 設定作業執行完成時，要執行的動作

完成上述設定後，手動執行作業觸發失敗的執行結果。最後指定的操作員應該會收到如圖 6.43 的郵件通知訊息。

圖 6.43 當作業執行失敗後，操作員所接收的電子郵件的通知訊息

6.4.2 定義警示

因為資料庫管理師無法 24 小時守在 SQL Server 前面，萬一資料庫發生問題，資料庫管理師又恰好不在，不管有什麼重大理由，大概都會被老闆劈頭痛罵。

試想，如果能及早發現 SQL Server 異常或即將發生異常，讓 SQL Server 自動通知管理者在第一時間處理，就可以避免可能影響擴大。這種資料庫先期管理並非幻想，而是 SQL Server 早已內建的管理功能。在 SQL Server 自動化管理機制，資料庫管理師可以針對特定事件預先定義「警示（Alert）」，當事件發生時，由 SQL Server 主動通知「操作員」，或是執行預先定義的「作業」。如果善用「警示」，搭配相對應的「操作員」以及「作業」，將可減輕資料庫管理師的負擔。

❖ 建立警示

　　若要在 SQL Server 內建立「警示」，並透過警示監控作業、寄發 Email 通知管理者，需要事先在 SQL Server 伺服器完成 Database Mail 郵件設定檔、定義 SQL Server Agent 服務所使用的郵件設定檔名稱（參見圖 6.38）與建立操作員（參見圖 6.39）。接著，在「物件總管」內展開 SQL Server Agent，以滑鼠右鍵點選「警示」節點，選擇快捷選單中的「新增警示」，在「新增警示」對話窗的「一般」頁面需設定警示「名稱」與「類型」。如圖 6.44 所示。

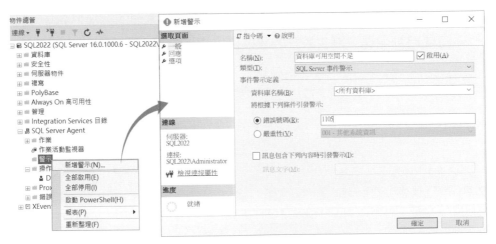

圖 6.44　新增 SQL Server 事件警示

SQL Server 提供下列三種警示類型：

■ SQL Server 事件警示：根據 SQL Server 錯誤代碼或嚴重性來觸發警示。

■ SQL Server 效能條件警示：根據某物件的效能計數器來判斷警示觸發時機。

■ WMI 事件警示：根據 Windows Management Instrumentation 事件來觸發警示。

以圖 6.44 為例，建立一個新的 SQL Server 事件警示，來回應錯誤訊息：1105（資料庫的可用空間不足時，將會產生此錯誤訊息）。在定義事件警示時，可以在下方的「訊息包含下列內容時引發警示」方塊，輸入想要篩選事件的字串，只有包含該字串的事件會觸發警示。

在「回應」頁面除了設定警示觸發時應通知的對象，也可以要求 SQL Server Agent 服務立刻執行某個「作業」來回應此「警示」。例如，當 SQL Server 交易記錄檔的磁碟空間不足之警示發生時，除了使用電子郵件通知資料庫管理師外，還可以自動化地執行交易記錄備份「作業」來即時處理問題。善用此技巧能主動預防來不及處理的突發狀況，並在第一時間自動處理，減少系統因故停機維護的衝擊。如圖 6.45 所示：

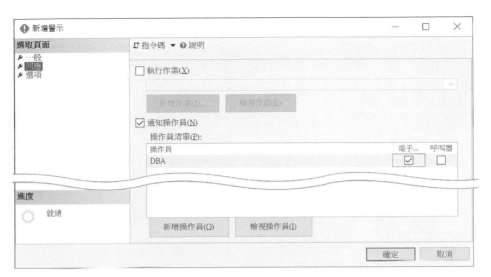

圖 6.45　組態「警示」回應的方式

在「新增警示」對話窗切換到「選項」頁面（如圖 6.46 所示），可設定下列三個項目：

- 將警示的錯誤文字包含於：利用電子郵件、呼叫器通知時，是否包含該警示的描述文字。如果未勾選此項目，收到的警示訊息只會包含警示發生時間、發生位置等。

- 待傳送的其他通知訊息：除了錯誤訊息以外，手動輸入欲通知操作員的其他訊息。

- 回應之間延遲：指定警示訊息回應的間隔時間。在指定的間隔時間內如果繼續發生相同事件，警示會暫停回應。換句話說，超過間隔時間後，再發生相同的事件才會再發出警示。

圖 6.46 定義通知的訊息內是否包含警示的錯誤文字，以及組態回應之間隔延遲

　　監控 SQL Server 效能可搭配「回應之間延遲」，例如監視目前 SQL Server 的使用者連線數，定義此連線數量超過某個數值且持續一段時間，就自動寄發通知給管理者。

　　如圖 6.47 所示，將警示的類型更改為「SQL Server 效能條件警示」之後，透過 SQL Server 的效能物件與計數器來監控系統事件。在對話窗下方的條件設定當使用者的連線數量超過 100 條時，此警示就會被觸發。以此監視目前連線到 SQL Server 的使用者連線數。

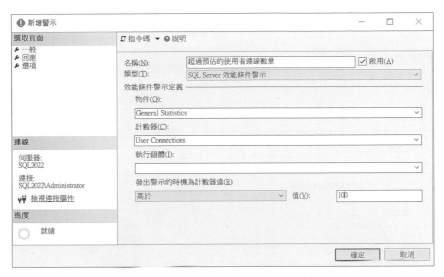

圖 6.47　組態「SQL Server 效能條件警示」

　　應特別注意「回應之間延遲」項目的設定，此時間設得太長或太短都不好！如果延遲時間太長，資料庫管理師也許錯過或故意將第一次警示當作偶發事件，但代表問題持續的第二次警示來得太晚，因而延誤管理工作。反之，若延遲時間太短，資料庫管理師尚未能處理該問題，SQL Server 警示系統卻持續發出通知，無形中加重系統的負擔。

6.4.3　使用警示功能監控資料庫磁碟使用空間

　　當資料庫的資料檔案使用空間超過一定磁碟空間大小時，此警示可以立刻傳送警告訊息給管理者（在本次實作中，仍是使用操作員：DBA）。讓資料庫管理師能夠提早注意到磁碟空間不足的問題。

　　建立警示以前，先檢查資料庫 Northwind 目前的資料檔空間使用量。在「物件總管」內以滑鼠右鍵點選目標資料庫 Northwind，選快捷選單中的「報表」→「標準報表」，「磁碟使用量」。以目前的環境為例，觀察到的資料檔空間使用量為「16 MB」。如圖 6.48 所示：

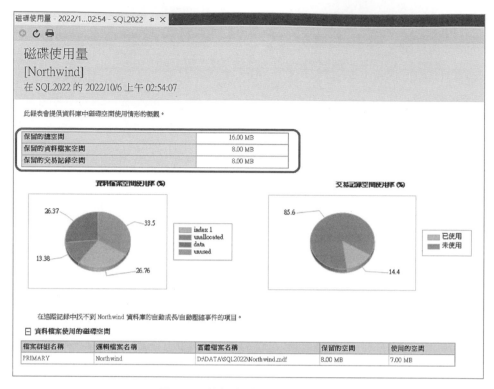

圖 6.48 檢視報表：磁碟使用量

依照下列步驟，新增一個 SQL Server 效能條件警示：

在「物件總管」內展開 SQL Server Agent，以滑鼠右鍵點選「警示」節點，選擇快捷選單中的「新增警示」選項，開啟「新增警示」對話窗。在「一般」頁籤的「名稱」輸入「資料檔案使用空間超過的預期大小」，類型選擇「SQL Server 效能條件警示」。

效能條件警示定義分別設定如下：

■ 物件：Database

■ 計數器：Data File(s) Size (KB)

■ 執行個體：Northwind

- 發出警示的時機為計數器達：高於

- 值：20480

其設定後的畫面如圖 6.49 所示：

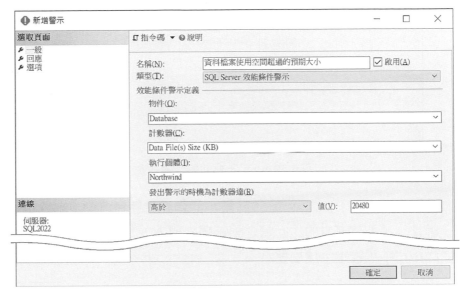

圖 6.49　定義 SQL Server 效能條件警示之選項

由於效能條件警示所設定的計數器為「Data File(s) Size (KB)」(資料檔案所使用的磁碟空間大小)，所以，在資料庫 Northwind 資料檔使用空間超過 20 MB 時，此警示就會被觸發，提醒管理人員注意此事。

在「新增警示」對話窗點選「回應」頁面，勾選「通知操作員」，並選取操作員 DBA 的核取方塊：電子郵件。如圖 6.50 所示：

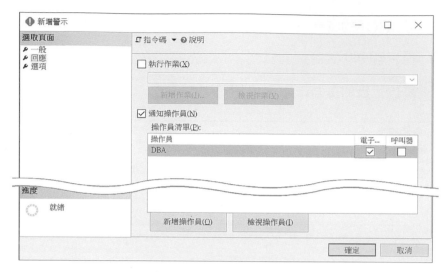

圖 6.50 設定要通知的「操作員」

點選至「選項」頁面，在「將警示的錯誤文字包含於」方塊勾選「電子郵件」，並於下方的「回應之間延遲」填入 5 分鐘，如圖 6.51 所示。完成後按下「確定」建立警示。

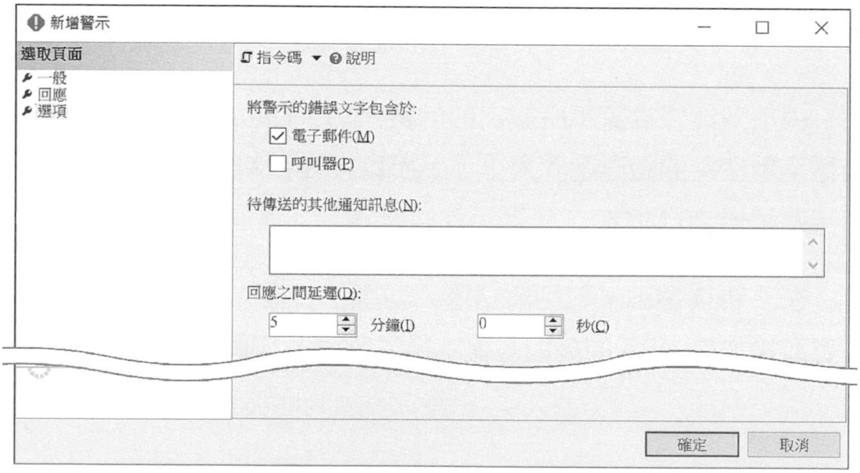

圖 6.51 組態在傳送電子郵件時，要包含錯誤訊息

由於在警示中指定了當 Northwind 資料檔案使用空間超過 20 MB 時，就會被觸發，進而發送電子郵件來通知管理人員。所以，接下來範

例程式 6.16 建立資料表並新增大量資料列，讓資料檔案空間的使用量超過預期的大小。

範例程式 6.16：新增資料列，讓資料檔案空間的使用量超過預期的大小

```
--建立資料表
CREATE TABLE Northwind.dbo.tb1
(CH char(8000))
GO

--新增 1000 筆資料列
INSERT Northwind.dbo.tb1
   VALUES (CAST(SYSDATETIME() AS varchar(50))+'_'+APP_NAME())
GO 1000
```

上述步驟完成後，再度執行先前的報表「磁碟空間」使用量，此時檔案空間使用量已經膨脹到 144 MB。超過當初警示所設定的 20 MB 臨界值。如圖 6.52 所示：

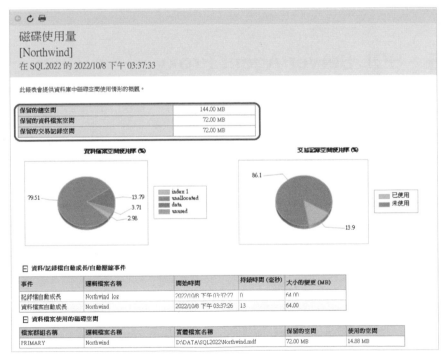

圖 6.52　資料檔案空間使用量已經超過預期的臨界值：20 MB

所得到的警示通知請參見圖 6.53。Email 內文說明了 Northwind 資料庫的效能計數器「Data File(s) Size(KB)」，其目前的值：73728.00，超過預期的臨界值：20480.00。

圖 6.53 「警示」所傳送的電子郵件之通知訊息

6.5　SQL Server Agent Proxy

為了符合「最小權限原則（Principle of Least Privilege）」的安全理念，管理者通常僅會授權對應的資料庫角色成員。當這權限受限的帳號在建立 SQL Server Agent 作業時，需要特別注意執行時使用的身分是否可順利完成作業。例如，當作業的擁有者帳戶屬於伺服器層級的 sysadmin 角色，排程執行時若需要存取 SQL Server 外部資源，預設會以 SQL Server Agnet 服務帳戶的身份來完成作業。這時需要留意 SQL Server Agent 服務帳戶是否有足夠權限存取相對應的資源。若執行帳戶

不屬伺服器層級的 sysadmin 角色，或無法以 SQL Server Agent 服務帳戶存取外部資源時，就需透過 proxy 更換執行身分[3]。

為了讓系統更為安全，一般建議使用非系統管理員群組的成員帳戶作為 SQL Server Agent 服務帳戶。不過需注意，當 SQL Server Agent 服務帳戶不是本機 Administrators 群組的成員時，會限制多伺服器管理的使用。

此外，SQL Server Agent 服務帳戶登入 SQL Server 時，需要是 SQL Server 系統管理員（sysadmin）固定伺服器角色的成員。若要使用「多伺服器作業」，SQL Server Agent 的服務帳戶需要是主要伺服器上；msdb 資料庫「TargetServersRole」角色的成員。若使用「主要伺服器精靈」，會自動將服務啟動帳戶加入至 TargetServersRole 角色內。

以下透過簡單的範例說明，使用最小權限的 SQL 登入建立 SQL Server Agent 作業時，會遇到的狀況，以及如何建立 Proxy 讓此作業更換身分執行作業。建立作業前，先以系統管理員身分執行下列 t-sql 指令，建立 SQL Server 登入帳號 op。同時賦予 msdb 系統資料庫中的「SQLAgentUserRole[4]」；和 Northwind 資料庫中的「db_backupoperator」

---

[3] proxy 也常用於 SSIS 類型的作業中。有時會發生 SSIS 封裝在互動設計與除錯時，可以正常執行，但透過 SQL Server Agent 服務背景批次執行該封裝卻會失敗。這往往是因為 Agent 服務在執行封裝時，所使用的 Windows 帳號不對，沒有權利存取所需的資源。
而要讓封裝被不同的帳號執行，就需要利用「認證」與「SQL Server Agent Proxy」。在設定「作業」的「步驟」時，才能模擬不同的 Windows 帳號存取資源。

[4] Msdb 資料庫的 SQLAgentUserRoler 角色權限最小，只對所擁有的作業有編輯權限且不能檢視其他帳號所建立的作業。SQLAgentReaderRoler 角色可檢視 SQL Server Agent 中所有的作業排程與屬性，但只能編輯該帳號所擁有的作業。SQLAgentOperatorRole 權限最大，除了可編輯該帳號所建立的作業之外，還可檢視其他帳號所建立的作業、啟用／停用所有排程。可以看見 SSMS「物件總管」中的「作業」、「警示」、「操作員」和「Proxy」節點。

固定資料庫角色成員。稍後將使用此帳號建立 SQL Server Agent 作業完成資料庫備份作業。

建立一個簡單的作業，觀察作業執行過程中使用的身分認證。

範例程式 6.17：建立 SQL 帳號，並賦予最小權限

```
USE [master]
CREATE LOGIN [op] WITH PASSWORD=N'1234', DEFAULT_DATABASE=[master],
CHECK_EXPIRATION=OFF, CHECK_POLICY=OFF
GO
USE [msdb]
CREATE USER [op] FOR LOGIN [op]
ALTER ROLE [SQLAgentUserRole] ADD MEMBER [op]
GO
USE [Northwind]
CREATE USER [op] FOR LOGIN [op]
ALTER ROLE [db_backupoperator] ADD MEMBER [op]
```

❖ 建立認證與 PROXY 帳戶

建立 SQL Server Agent 的 proxy 帳戶需使用 sysamdin 權限的登入帳號執行。需先在 SQL Server 建立認證[5]，可透過 Management Studio 的「安全性」→「認證」節點，經由使用者介面設定對應到 Windows 帳號的認證，並賦予 SQL Server 在模擬該帳號時，需要告知 Windows 系統該帳號的密碼。

透過下列 t-sql 指令碼也可快速建立認證。

```
USE [master]
GO
CREATE CREDENTIAL [BackupUser] WITH IDENTITY = N'SQL2022\Administrator',
SECRET = N'1qaz2WSX'
```

---

[5] 當 SQL Server 存取外部資源需要特定的證明時，例如存取 Windows 的檔案資源，或是 Microsoft Azure 上的 SQL 資料庫服務、儲存體服務時，需要的登入資訊可以建立成「認證」。

執行後結果如圖 6.54 所示：

圖 6.54　建立 SQL Server 認證

接著，在 SSMS 的「物件總管」視窗中展開「SQL Server Agent」→「Proxy」節點，新增 proxy 並指到先前建立的認證，如圖 6.55 所示。在「Proxy」下有「SQL Server Agent 子系統（Subsytem）」，所謂「子系統」是指 Agent 服務預設支援的多種不同技術類型[6]。建立「Proxy」時可以設定一到數個「子系統」之存取權，也就是限制該「Proxy」能夠使用的功能，藉此提高安全性。

因為當 SQL Server Agent 服務在執行有「Proxy」的「步驟」前，將先取得在「Proxy」中所對應的「認證」之資訊（可能是帳號/密碼，也可能是其他種形式），並模擬成指定的帳戶，以此帳戶的安全性內容來執行作業的步驟。若讓使用者可自行定義 Job 的步驟內容（例如以 CmdExec 執行作業系統上的程式），而「Proxy」代表的又是較高權限帳號，就有安全疑慮。

---

[6] 可以查詢 msdb.dbo.syssubsystems 系統資料表，檢視 Agent 服務預設提供作業內不同步驟可選用的技術類型，以及實作該類技術的工具程式。

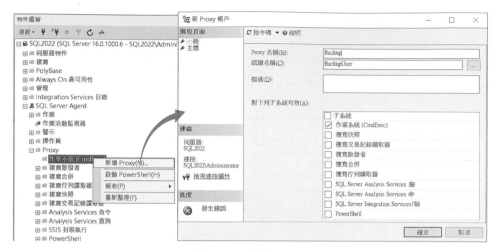

圖 6.55 新增 proxy

接著，授權 SQL 登入帳號可存取先前所建立的 proxy 帳戶，若該帳戶已是 sysadminr 角色成員則自動擁有存取權，就不必加入。以下指令碼為授權 SQL 登入帳號 op 使用圖 6.55 所建立的 proxy。切換到主體頁面後透過加入按鈕，將 op 帳號加入 proxy 主體中，如圖 6.56 所示。

圖 6.56 授權 op 帳號使用 proxy 帳戶

❖ 建立 SQL Agent 作業

以下示範如何使用範例程式 6.17 所建立的最小權限 op 帳號建立作業，執行前請記得切換登入身分。以 op 帳號登入 SQL Server 後，透過 SSMS 工具建立作業時，作業的擁有者即為範例程式當下登入的帳號，如圖 6.57 所示：

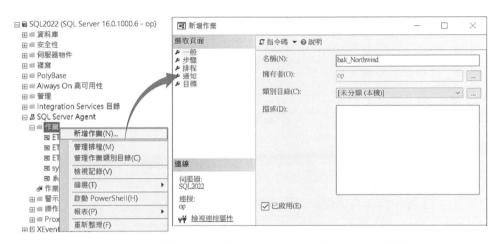

圖 6.57　建立作業時，作業的擁有者會使用當下登入的帳號。

切換到作業屬性的步驟頁面，在「步驟」屬性視窗的「作業名稱」填入 bakNorthwind，步驟類型選擇 T-SQL 指令碼。命令文字方塊填入備份 Northwind 資料庫指令碼，如圖 6.58 所示。

```
BACKUP DATABASE [Northwind] TO  DISK = N'D:\Backup\MSSQL\Northwind.bak'
WITH NOFORMAT, INIT,
NAME = N'Northwind-完整 資料庫 備份', SKIP, NOREWIND, NOUNLOAD,  STATS = 10
```

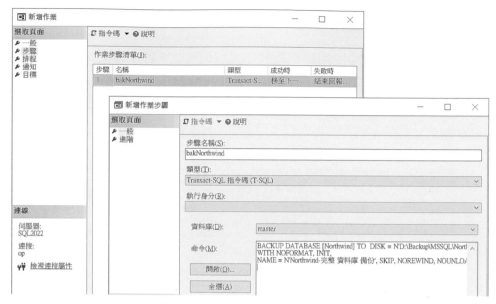

圖 6.58 建立備份資料庫的步驟

接著在作業中新增一個「步驟」，並藉由不同的作業類型觀察 SQL Server Agent 作業所使用的執行身分。於作業步驟屬性視窗中的「作業名稱」填入 xCopy，步驟類型選擇「作業系統 CmdExec」，執行身分透過下拉選單選擇 Backup 身分。最後，命令文字方塊填入下列指令，將資料庫備份檔複製到網路磁碟機，如圖 6.59 所示。

```
xCopy "D:\Backup\MSSQL\Northwind.bak" "\\sql2022\BackupFile\ " /Y
```

最後，於作業步驟屬性的「進階」頁面，透過下拉選單選擇步驟成功時「結束回報成功的作業」。

圖 6.59　新增作業系統類型的步驟，執行 xCopy 指令

　　上述設定完成後，在 SSMS 工具的「物件總管」視窗中手動執行作業。當作業結束後檢視作業執行記錄，如圖 6.60 所示。從記錄檢視器可發現作業會由排程的擁有者叫用，而真正執行 cmd 指令的身分為 proxy 服務帳戶。因此執行 xCopy 指令時，來源與目的的目錄和檔案需要授予該 Windows 帳戶有存取的權限。

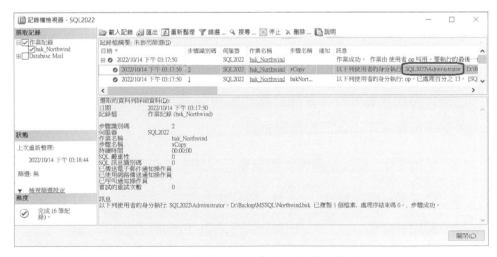

圖 6.60　使用 proxy 身分執行檔案備份

利用「認證（Credential）」、「SQL Server Agent Proxy」方式所設計的「作業」，可精準地設定執行作業所使用的帳號與權限，以符合「最小權限原則（Principle of Least Privilege）」的安全理念。

在授與「SQL Server 代理程式」資料庫角色 Proxy 存取權之前，需考慮安全性隱含意義。例如，SQLAgentReaderRole 和 SQLAgentOperatorRole 自動為 SQLAgentUserRole 的成員，這表示 SQLAgentReaderRole 和 SQLAgentOperatorRole 的成員可以存取所有授與 SQLAgentUserRole 的 SQL Server Agent Proxy，也可以使用這些 Proxy。

例如，如果授與擁有最少權限的 SQLAgentUserRole 角色存取某個 proxy 帳戶的權限，而 SQLAgentReaderRole 和 SQLAgentOperatorRole 兩者的成員自動就會擁有存取此 Proxy 的權限，即使沒有明確授與他們存取該 proxy 的權限，這在規劃安全時需要注意。

6.6　資料庫維護計畫

為了簡化資料庫管理師的資料庫維護工作，SQL Server 提供「維護計劃精靈」，將例行性管理工作組態為單一作業，由 SQL Server Agent 在指定時間自動執行。維護計畫可以包含多個要執行工作，每個工作也可以個別設定於不同的時間點執行。

使用 SQL Server 維護計畫精靈可以組態的例行工作包括：

- 檢查資料庫完整性
- 壓縮資料庫
- 重新組織索引
- 重建索引
- 執行作業

- 更新統計資料
- 執行 SQL Server Agent 作業
- 備份資料庫（完整、差異和交易記錄）
- 清除記錄
- 維護清除工作

舉例來說：

■ 依「填滿因數」重建索引，重新整理索引頁上的資料。重建索引可以確保資料頁面包含平均分佈的資料量和可用空間。

■ 更新索引統計資料，以確保查詢最佳化工具對於資料表中的值分佈，擁有最新的統計資訊。由於查詢最佳化工具對資料掌握詳細資訊，可更準確地判斷存取的最佳方式。雖然 SQL Server 會定期自動更新索引統計資料，但此選項可以強制統計資料立即更新，避免雖已大量更新紀錄，但未達更新統計的門檻值。

■ 對資料庫內的資料及分頁執行一致性檢查，確保系統或軟體問題未損毀資料。

■ 備份資料庫及交易記錄檔。資料庫及記錄備份可以保留至特定的時間。並建立備份的歷程，當需要將資料庫還原到比上一次資料庫備份更早之前的時間，即可使用此資料。也可以執行差異備份。

■ 執行 SQL Server Agent 作業。這可用來執行各種作業。

在「物件總管」內展開「管理」節點，滑鼠右鍵選取「維護計畫」[7]後，選擇執行「維護計畫精靈」，即可啟動 SQL Server 維護計畫精靈，請參見圖 6.61。接下來，透過 SSMS 工具所提供的「維護計畫精靈」說明如何建立基本的日常維護作業。

---

[7] 筆者目前（2022/11）使用的 SSMS 最新版為 v19.0 預覽 3 尚未支援維護計畫功能，故改用 v18.3.1 版本編輯。該版可正常建立 SQL Server 2022 資料庫維護計畫，並將設計好的 SSIS 封裝儲存於預設的 Integration Services (msdb) 中。但若要匯出 SSIS 封裝則需透過 v19.0 預覽 3，因 v18.3.1 無法存取 SQL Server 2022 版的 SSIS 伺服器。

圖 6.61 啟動 SQL Server 維護計畫精靈

以下是維護計畫精靈各項步驟的摘要說明。

❖ 步驟 1：設定維護計畫的屬性與排程

在「名稱」方塊請輸入此維護計畫的名稱，例如：我的維護計畫；在「描述」方塊可以輸入進一步描述的相關文字。為了簡化後續的操作步驟，在排程設定的部分選擇預設的「對整個計畫單一排程或沒有排程」，就會將後續所設定的步驟由同一排程啟動。接著，再點選「變更」按鈕開啟「新增作業排程」視窗，設定維護計畫的執行排程。如圖 6.62 所示：

若希望維護計畫中的每個工作使用不同的時間排程，則可點選「對每一項工作個別排程」。

圖 6.62　設定此維護計畫的屬性

❖ 步驟 2：指定維護計畫欲執行的工作

組態此維護計畫要包含哪些資料庫維護工作。如前所述，整個資料庫維護計畫可以包含：資料庫完整性檢查、壓縮資料庫、索引維護、執行 SQL Server Agent 作業、備份資料庫、清除記錄以及維護清除工作等。然而，並非每個維護計畫都需要包含上述所有工作。可視實際需要建立多個維護計畫，分別包含特定工作，再設定其執行排程。

以圖 6.63 為例，在維護計畫精靈中只包含：檢查資料庫完整性、重建索引、清除紀錄三項工作。

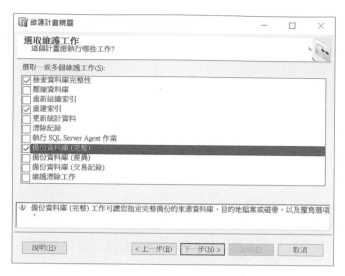

圖 6.63 選取維護計畫要執行的工作

❖ 步驟 3：設定維護工作的順序

在「選取維護工作順序」視窗上，會列出上一步選取的維護工作，如圖 6.64 所示。若要變更執行的先後順序，請先選取某個工作後，點選「上移」或「下移」調整其執行順序。

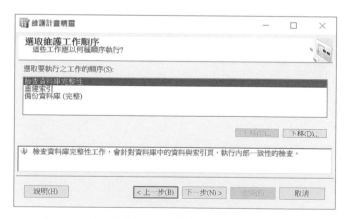

圖 6.64 調整維護計畫內各項工作的執行順序

❖ **步驟 4：設定各維護工作的執行細節**

　　由於先前在任務三上勾選的維護工作只有三項，分別是：檢查資料庫完整性、重建索引、更新統計資料。接下來就要根據這些工作設定其執行細節。如果選取了其他維護工作，後續的設定畫面也會不同。

　　以圖 6.65 為例，可以指定哪些資料庫需執行完整性檢查，通常是設定為「所有使用者資料庫」。

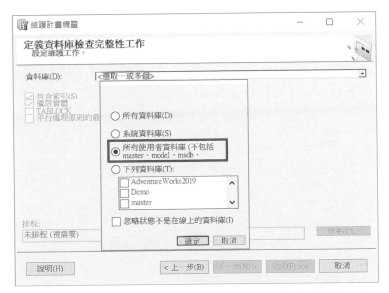

圖 6.65　指定所有使用者資料庫要執行資料庫檢查完整性工作

　　在圖 6.65 中，SQL Server 是使用 DBCC CHECKDB T-SQL 陳述式來檢查資料庫完整性，以便資料庫管理師進行後續的處理。

接下來，在「定義重建索引工作」頁面，可以組態索引的重建方式以及相關屬性的設定選項。如圖 6.66 所示：

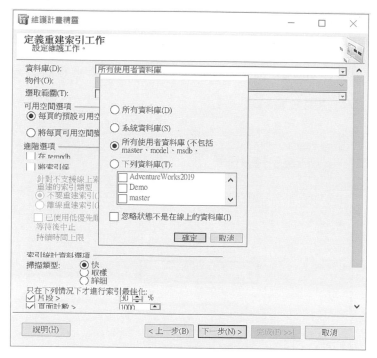

圖 6.66 組態重建索引的相關屬性設定

表 6.5 整理了各個選項的用途：

表 6.5 重建索引時，可使用的選項

重建索引工作可使用的選項	說明
使用預設的可用空間量重新組織頁面	將資料庫中的資料表索引卸除，並以建立索引時所指定的填滿因數重新建立它們。
將每頁可用空間百分比變更為	將資料庫中的資料表索引卸除，並以新的填滿因數重新建立它們，以便在索引頁面上保留指定的可用空間。百分比愈高，在索引頁面上保留的可用空間就愈多，而索引整體占用的空間也會愈大。有效的數值範圍為 0 到 100。使用 FILLFACTOR 選項。

重建索引工作可使用的選項	說明
在 tempdb 中排序結果	使用 SORT_IN_TEMPDB 選項，來決定索引建立期間產生的中繼排序結果的暫存位置。如果不需要排序作業，或排序可以在記憶體中執行，便會忽略 SORT_IN_TEMPDB 選項。
重新索引時，索引保持在線上 [8]	使用 ONLINE 選項，即可讓使用者在索引作業期間存取基礎資料表或叢集索引資料，以及與非叢集索引相關聯的任何項目。

最後，進入「資料庫備份（完整）工作」對話窗，在一般頁面的資料庫下拉選單選擇對所有使用者資料庫備份。

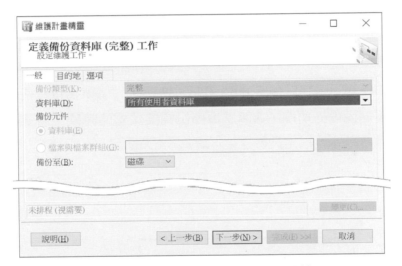

圖 6.67　組態更新統計資料的相關屬性

切換到「目的地」頁籤，選取「為每個資料庫建立一個備份檔」並勾選「為每個資料庫建立一個子目錄」。確認備份路徑無誤後切換到下一個頁籤。

---

[8] 只有 SQL Server Developer、Evaluation 以及 Enterprise Edition 才支援線上索引。

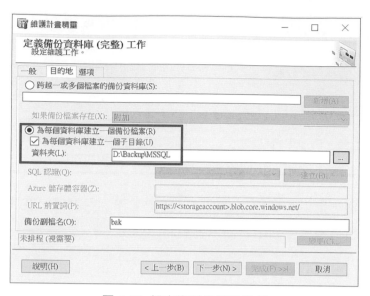

圖 6.68 設定資料庫備份路徑

切換到「選項」如圖 6.69 所示,透過下拉選單選擇備份的檔案需要使用壓縮備份的功能,接著選擇備份檔要保留的時間。若要備份檔需保留 2 週,則在「指定天數之後」填入 14 天即可。

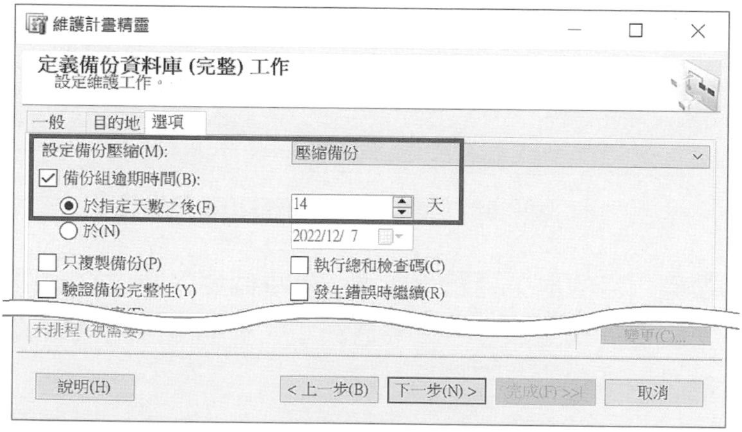

圖 6.69 設定資料庫備份檔要保留的時間

完成後點選「下一步」按鈕進入「選取報表選項」視窗,指定如何傳送維護計畫的執行報表,方式有兩種,如圖 6.70 所示。

■ 將報表寫入文字檔：將執行報表儲存於 Windows 資料夾，預設為「C:\Program Files\Microsoft SQL Server\MSSQL13.MSSQL SERVER\MSSQL\Log」。

■ 以電子郵件傳送報表：透過 SQL Server Agent Mail 來傳送執行記錄的報表。有關收件者的部分，請事先設定好 SQL Server Agent 的操作員。

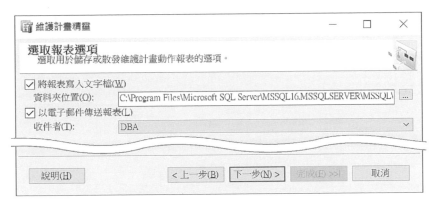

圖 6.70　選擇維護計畫執行記錄的報表之傳送方式

在最後的「完成精靈」頁面，確認所有維護工作的組態是否正確，按下「完成」就可以建立此維護計畫。

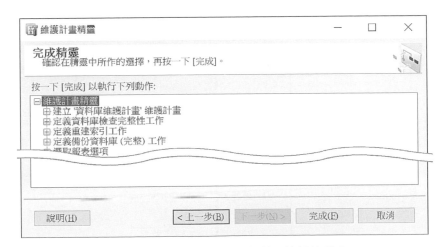

圖 6.71　確認此維護計畫的所要執行的動作

❖ 步驟 5：檢視執行維護計畫精靈建立的內容

有一點需要注意，SQL Server 會將這份維護計畫建立成 SSIS 封裝，再利用 SQL Server Agent 的作業來執行此封裝，如圖 6.72 所示：

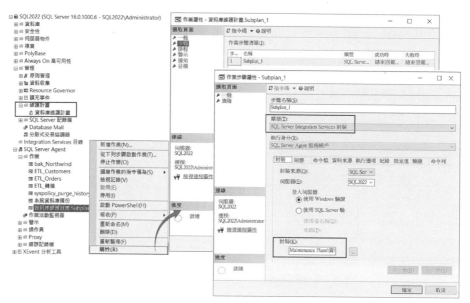

圖 6.72 檢視維護計畫精靈所建立的作業、步驟以及所執行的 SSIS 封裝

若後續有要修改維護精靈內容，可透過滑鼠點選已建立的維護計畫，選擇快捷選單中的「修改」選項，即可開啟編輯畫面修改內容。

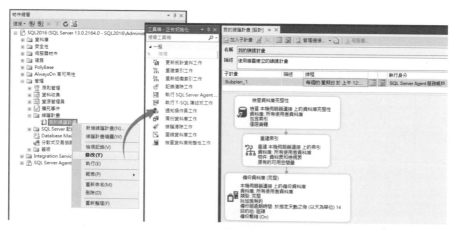

圖 6.73 修改維護計畫精靈所建立的作業

使用滑鼠雙擊圖 6.73 的重建索引圖示可編輯「重建索引」提供的功能，如圖 6.74 所示。下方於 SQL Server 2017 版本開始增加了「索引統計資料選項」，讓你可以自行調整那些條件下才需要進行索引重建。以往這部分需要透過 SSIS 開發工具開發，透過 T-SQL 指令取得索引實體統計資訊後再判斷是否執行索引重建。

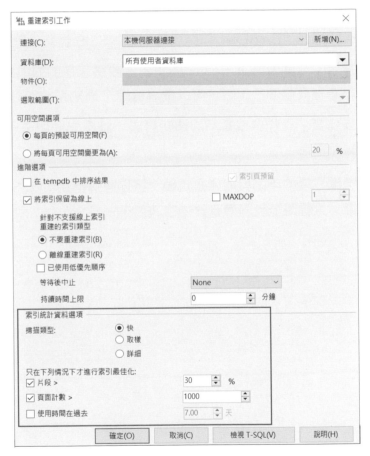

圖 6.74　修改索引工作

到此為止，我們已經學習 SQL Server 自動化管理機制最重要的組態技巧。善用 SQL Server 提供的自動管理功能將可簡化許多複雜的管理作業。

6.7 結語

本章內容涵蓋 SQL Server 自動化管理機制的組態技巧，包括：作業、警示、操作員。善用 SQL Server 提供的自動管理功能將可簡化許多複雜的管理作業。

- 「作業」：可以包含一個以上的「步驟」，分別對應：T-SQL 指令、PowerShell、CmdExec 作業系統指令，SSIS 封裝...等。

- 「警示」：回應 SQL Server 錯誤事件或是潛在的效能問題，例如：資料庫檔案空間不足時，可以透過警示來通知系統管理者。

- 「操作員」：作業或警示的通知對象，請優先使用電子郵件方式傳遞警示訊息。

熟悉這三項的用途與組態方式後，讓你可以善用 SQL Server 自動化管理技術，大幅降低資料庫管理的複雜度。

基礎監控工具

　　資料庫效能牽涉層面極廣，妥善的架構與適當的調校方法，是維持效能的必要條件。想要了解 SQL Server 運作狀況，需要透過效能基準線來分辨好或壞的趨勢，以及判斷各種硬體效能是否遇到瓶頸等，就必須持續地監控資料庫主機，並產出相關數據分析。當問題發生時，才有數據參考來分析出真正的效能瓶頸點，並採取合宜的行動來解決問題。持續監控資料庫資源使用狀況，才有助於評估伺服器的執行效能。

　　效能調校需要有廣泛的經驗與知識，善用各種工具找尋瓶頸，建立理論模型，以尋找最適合的解法去除瓶頸。在本章節，介紹下列幾種監控工具來蒐集資料，方便追蹤效能問題。

7.1 SQL Server Profiler

自 SQL Server 7.0 版開始提供 SQL Server Profiler[1] 工具程式，經由彈性地設定方式，以友善的圖形介面與使用者互動，可設定各種條件，追蹤 Database Engine 或 Analysis Services[2] 執行個體各式的事件，記錄下你有興趣的資料。以供除錯、效能調校、安全控管及重新執行追蹤結果等供參考佐證。

當應用程式與 SQL Server 溝通有問題時，如遇到效能不足，或想要做安全監控，當多人同時上線時所引發的複雜關聯，抑或是觀察某些應用程式如何使用 SQL Server，都可以透過 SQL Server Profiler 工具程式定義追蹤，藉由錄製 SQL Server 所觸發的事件來分析。這裡的事件指得是 SQL Server 引擎所執行的各種動作，如使用者登入、登出，執行 SQL 語法等等，有非常多的事件。擷取每個事件的相關資料，並將資料儲存至檔案或資料表，以供分析。

可透過 SQL Server Management Studio（SSMS）工具列開啟 SQL Server Profiler 或由「開始」→「Microsoft SQL Server Tools 19」開啟「SQL Server Profiler 19」應用程式後，在主選單選擇「檔案」→「新增追蹤」選項開啟「連接到伺服器」對話窗，指定要追蹤的類型與伺服器，如圖 7.1 所示。「伺服器類型」下拉選單提供資料庫引擎或 Analysis Services 兩種選擇。連接 Analysis Services 類型的伺服器，一樣可以挑選需要錄製的 Analysis Services 事件、資料欄位以及設定過濾條件。

---

[1] SQL Server Profiler 與 SQL Trace 以及它們包含的執行物件 Microsoft.SqlServer.Management.Trace 命名空間，在 SQL Server 2012 版後停止支援，所以新的功能都未有對應的事件。因為使用者眾多，本書依然介紹。但未來的版本可能移除這項功能。建議在新的開發或管理規劃改以「擴充事件」等方式。

[2] SQL Server 2005 版後提供擷取 Analysis Services 執行個體運作時所觸發的事件。

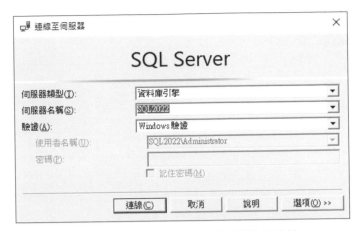

圖 7.1 建立 Profiler 對資料庫引擎的連接

　　在圖 7.1 選擇「資料庫引擎」類型之後，設定完登入方式，就會看到如圖 7.2 的「追蹤屬性」對話窗，它是整個 Profiler 設定的核心。在「一般」頁籤可指定追蹤結果的存放位置、追蹤的停止時間，「事件選取範圍」頁籤則是用來勾選你要關注的 SQL Server 事件。在設定錄製的事件時，要慎選與分析目標相關之事件，一是減少錄製事件所花的記憶體或硬碟空間，且不要因錄製 SQL Server Profiler 再次響影 SQL Server 執行個體之效能。尤其某些事件會大量發生，例如掃描（Scan）或鎖定（Lock）[3]事件，它們在資料庫運作時頻繁觸發，除非需求特殊，否則盡量不要錄製這類的事件，若要錄製也須搭配嚴謹的過濾條件。

---

[3]　依我們的經驗，在忙碌的 SQL Server 伺服器上，隨便進行錄製個幾分鐘就有幾萬筆記錄。

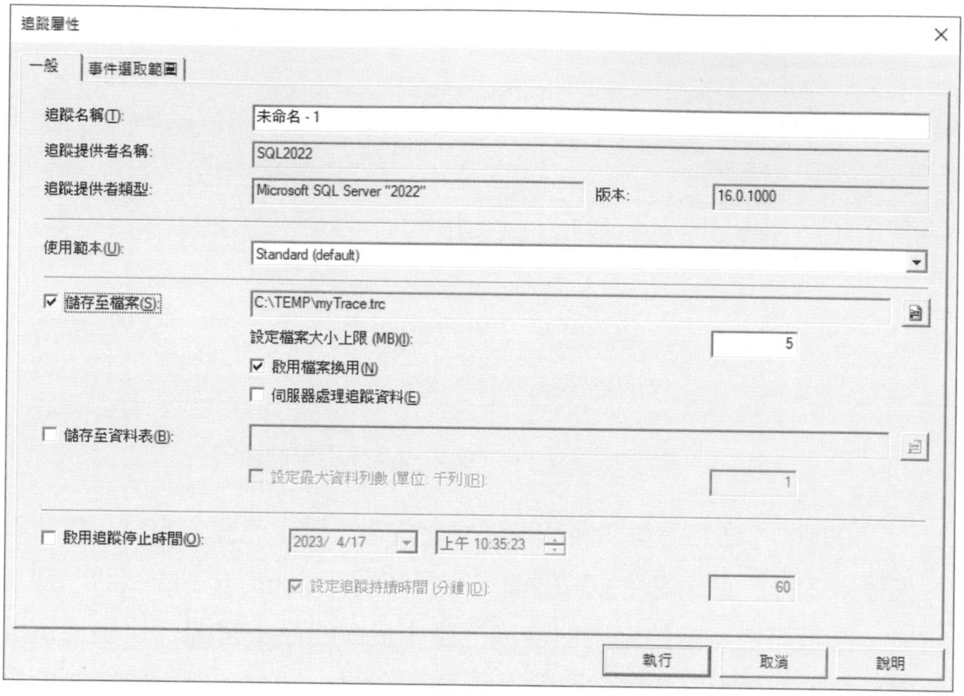

圖 7.2　追蹤屬性對話窗

　　「追蹤屬性」對話窗設定完成後，點選「執行」，Profiler 就會將錄製的資料依照你所指定的位置存放。若將 Profiler 所錄製的事件存放在檔案中，稱為「追蹤檔案」，存放到資料庫的資料表內，稱為「追蹤資料表」。兩種形式都可以交給「Database Engine Tuning Advisor」工具程式[4]，針對錄製下來的使用者存取資料庫之歷程，找出應該針對哪些資料表的某些欄位建立索引，以提升效能。通常只要追蹤以下事件，就可以擷取正在執行的語法與效能相關的大部分資訊：預存程序的「RPC:Complete」與「SP:StmtCompleted」事件，以及 T-SQL 的「SQL:BatchCompleted」事件。

---

[4]　但在「Database Engine Tuning Advisor」中稱之為「工作負載檔案」和「工作負載資料表」☺

透過 SQL Server Profiler 記錄事件的起始與結束，可以觀察某些事件是否有異常，例如：透過「Errors and Warnings」項目下的「User Error Message」事件，能夠直接看到 SQL Server 傳回的錯誤訊息，或是 T-SQL 項目下的「SQL:BatchStarting」事件可以觀察到某個語法啟動了，但若沒有對應的「SQL:BatchCompleted」事件，則表示該語法執行有問題。當「SQL:BatchCompleted」事件發生時，所收集的「Duration」欄位資料，在 SQL Server Profiler 使用者介面以毫秒（千分之一秒）為單位呈現，但是當追蹤儲存到檔案或資料庫資料表時，是以微秒（百萬分之一秒）為單位，計算該語法執行時間，藉以觀察哪些語法執行沒有效率，或是因搶資源而被鎖定等等。

可以審視 Profiler 資料行擷取的資訊，例如，若要找尋大量 CPU 或是 I/O 資源的事件，可看 CPU、Writes 與 Reads 資料行。通常很少會對 duration 非常短的查詢感興趣。ApplicationName 資料行會呈現哪個應用程式執行查詢，假如你正在監控某段時間內的活動，及產生這些活動的特定資料庫應用程式，就可以在這個欄位設定篩選。當有使用者查詢報表時，若要確認哪些使用者執行缺乏效率的查詢，Login-Name 資料行會很有幫助。

對 SQL Server Profiler 工具稍有概念之後，以下依序介紹幾個常用的追蹤設定。

7.1.1 透過 SQL Server Profiler 錄製事件的設定

在開啟「SQL Server Profiler」應用程式後，選擇「檔案」→「新增追蹤」選項，即可設定錄製某個 SQL Server 執行個體的「連接到伺服器」對話窗，指定要追蹤的伺服器類型、名稱及驗證方式。接著點選右下方的「選項」按鈕，切換到「連接屬性」頁籤設定連接的細節。由於被追

蹤的執行個體不一定在本機，因此，可在「連接屬性」頁籤內設定網路的通訊協定、封包大小以及連接逾時..等相關設定，如圖 7.3 所示。

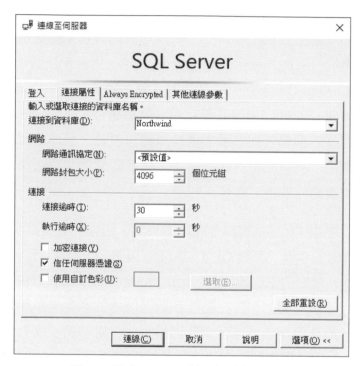

圖 7.3 建立 Profiler 對目標引擎的連接

設定完登入方式後，就會看到「追蹤屬性」對話窗列出目前連線的伺服器名稱，以及伺服器的版本與編號。在使用範本的下拉選單除了 Standard（預設）範本[5]，提供 9 種範本，參考線上叢書（https://learn.microsoft.com/zh-tw/sql/tools/sql-server-profiler/sql-server-profiler-templates?redirectedfrom＝MSDN&view＝sql-server-ver16）說明，分別作為不同用途的監控。當選擇不同的追蹤範本時，「事件選取範圍」頁

---

[5] 此部分說明 SQL Server 追蹤範本的定義檔存放在「＜系統磁碟機＞\Program Files (x86)\Microsoft SQL Server Management Studio 19\Common7\Profiler\Templates\Microsoft SQL Server」目錄中。使用範本的好處在於避免每次要做相同條件的追蹤時，都要在「事件選取範圍」頁籤重新設定。

籤中所設定的追蹤項目會依不同的範本而不同，如圖 7.4 所示。也可以自行調整追蹤事件，透過勾選右下方的「顯示所有事件」以及「顯示所有資料行」，即可列出所有可追蹤的項目。

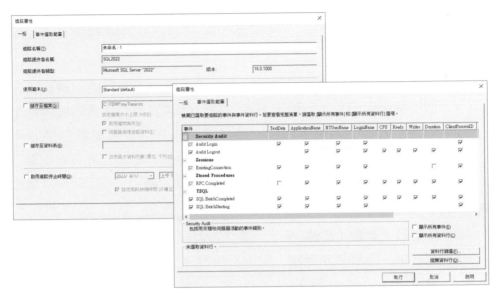

圖 7.4　設定要追蹤哪些 SQL Server 所發生的事件

接下來分別介紹幾個常用的設定：

「一般」頁籤

■ **設定最大檔案大小（MB）**：若儲存追蹤資料到檔案，則需要指定追蹤檔案的最大容量。當追蹤記錄的資料達到極限的大小設定時，但沒有勾選下述的「啟用檔案換用」，則追蹤會自動停止。

■ **啟用檔案換用**：預設會啟動此功能。當達到檔案大小限制時，開啟新的檔案來繼續儲存追蹤資料。新檔案的名稱為原有的.trc 檔名加上數字，例如，若原始追蹤檔案名稱為 myTrace.trc，則新增檔案的名稱為 myTrace_1.trc、myTrace_2.trc...，只要達到檔案大小的最大值，即以此方式命名新檔案。

■ **伺服器處理 SQL Server 追蹤資料**：若不想要遺失任何事件，可以設定這個選項。指定被追蹤的 SQL 伺服器自行輸出追蹤檔案，若寫入的檔案與 SQL Server 執行個體是在不同的機器上，要透過 UNC 的命名方式設定檔名，因為背景服務無法存取對應的網路磁碟機，如 X:、Y:碟，而必須以「\\伺服器名稱\共享路徑名稱\檔案名稱」形式指定。

■ **儲存至資料表**：擷取追蹤資料，將其儲存到資料庫內的資料表，供稍後檢視與分析，然而，將追蹤資料儲存到資料表會對儲存追蹤的伺服器造成的負擔。建議不要將錄製結果存回要錄製的來源伺服器，我們曾遇過的案例，原先 SQL Server 伺服器已經效能吃緊了，結果 DBA 還將錄製的結果存回該伺服器，導致 SQL Server 無法提供服務。

■ **設定最大列數（單位: 千）**：儲存到資料表的最大列數。當達到最大列數後，追蹤依然繼續，只是不再寫入到資料庫中，也就是你可以繼續透過 Profiler 觀察追蹤的結果，但資料表不會新增超過的記錄筆數。

■ **啟用追蹤停止時間**：設定追蹤結束自動關閉的日期與時間。

「事件選取範圍」頁籤

■ **追蹤的事件（Event）**：事件類別是可追蹤的事件類型，包含該事件相關的資料。事件的範例如下，SQL：BatchCompleted、稽核登入、稽核登出、Lock：Acquired、Lock：Released…等。追蹤會根據所選取的事件類別、資料行及篩選，來擷取資料。例如，監視異常錯誤時可選取「Exception」事件類別及「Error」、「State」和「Severity」資料行。同時收集這三個資料行的資料，追蹤結果較能提供可分析的資料。接著，開始以此方式設定的追蹤，並收集出現 Exception 事件的資料。

■ **追蹤的事件資料行**：各種事件發生時，可被錄製的資料內容不盡相同。因此在「事件選取範圍」頁籤中，可以勾選事件名稱右方的資料欄位，代表事件發生時，要記錄這些資料內容。

各版本的 SQL Server 提供之事件和資料行都不盡相同，需要在所使用的 SQL Server 執行個體選擇與要處理之問題可用的事件和資料行。

點選「事件選取」頁籤右下角的「組織資料行」按鈕，如圖 7.5 所示。透過「組織資料行」對話窗，依照欄位資訊的重要性，以及彼此的相關性來調整追蹤內容的順序，當要分析特定的目標時，還可以將資料行移到群組，則追蹤結果會依照該欄位不同值群組。一旦使用「群組」，則呈現追蹤結果的資料視窗中，呈現每筆記錄不再遵循事件發生的順序，而是依照某個欄位的值分群。

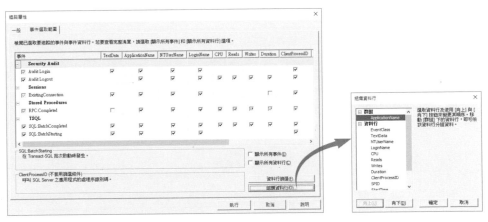

圖 7.5　設定事件發生時，要記錄哪些資料下來

另外，點選右下角的「資料行篩選」按鈕或點選某個資料行首，可叫出「編輯篩選」對話窗。透過「編輯篩選」對話窗可過濾掉較沒有參考價值的內容，例如系統事件，或是對某個應用程式所提出的要求有興趣，以及 Duration 大於 1000（1 秒），抑或是存取特定的資料庫。透過篩選的方式可減少記錄的資料量，降低損傷伺服器的效能，增加系統穩

定性。另一是只記錄相關的事件才能突顯問題，否則一堆事件都錄下來找不到重點，反過來，若選錯了錄製的事件，未錄到會呈現問題的事件，也是徒勞無功。

如圖 7.6 中 SQL Server Profiler 預設會先排除追蹤 Profiler 工具程式所引發的事件，因為當使用 Profiler 進行效能調校時，通常不會要記錄 Profiler 背後對 SQL Server 發出的命令。若你要避免錄到這些應用程式所產生的事件，可直接在「類似」、「不類似」等節點設定如 "SQL%" 或 "MS%" 等包含萬用字元的字串，以進行多重篩選。若要套用多個篩選條件，可使用萬用字元（%）和分號（；）來包含任何字元序列。例如："SQL%;MS%" 指定追蹤中包含以 SQL 與 MS 開頭的所有事件。當鍵入分號時，「編輯篩選」視窗會自動幫你新增一行，以輸入上例中其後的 MS%。

圖 7.6　追蹤編輯器預設會將 Profiler 所觸發的事件剃除

部分的追蹤事件可能與存取系統物件相關，而通常系統物件的識別碼小於或等於 100，若追蹤欄位有 ObjectID 選項，只要在編輯篩選對話窗設定大於或等於 100，就可以消除大部分與系統物件相關的追蹤事件，

如圖 7.7 所示。藉由排除參照到系統物件的事件，可減少追蹤事件的記錄數目，讓追蹤記錄更符合需求。

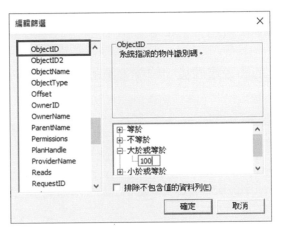

圖 7.7 排除追蹤大部分與系統物件相關的事件

要注意的是，設定篩選過濾時，想要錄製的事件沒有支援該資料行，若未勾選下方的「排除不包含值的資料列」，則不會濾掉該事件。例如勾選了 SQL:BatchStarting 事件，且設定了 Duration 資料行要大於 1000（1 秒）才錄製事件的條件，依然會錄到所有的 SQL:BatchStarting 事件，因為該事件並沒有 Duration 資料行。但若勾選了「排除不包含值的資料列」則會什麼都錄不到，因為該事件不包含 Duration 值。

當設定完要錄製的事件、資料欄位、過濾條件後，可以透過主選單「檔案」→「另存新檔」→「追蹤範本」將這些錄製條件存成你自己的範本，在選取範本名稱對話窗中，給予範本名稱後，SQL Server Profiler 會將客製化的範本存放在如下的目錄中：

```
<系統磁碟機>\Users\<登入帳號>\AppData\Roaming\Microsoft\SQL Profiler\<版號，例如2022
是 16.0>\Templates\Microsoft SQL Server\<版號，SQL Server 2022 是 160>
```

久而久之，可累積自己針對各種問題所建立的 SQL Server Profiler 錄製範本。

設定完畢後，就可以點選「執行」按鈕，開始啟動追蹤。觀察 SQL Server 執行個體處理當下來自各方需求的執行狀況，透過主選單「檔案」的「執行追蹤」、「暫停追蹤」以及「停止追蹤」等選項，或是工具列上相關的按鈕，可以設定是否要追蹤。

完成上述的設定畫面後，檢視追蹤的結果如圖 7.8 所示。

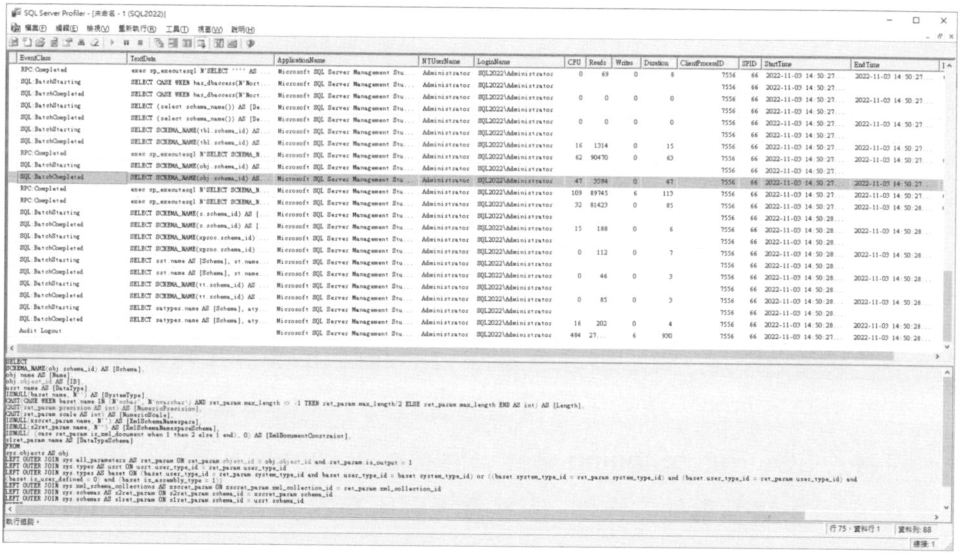

圖 7.8　透過 SQL Server Profiler 追蹤當下 SQL Server 執行個體所發生的事件

通常在檢視效能問題時，會同時啟動 SQL Server Profiler 與 Windows 系統的「效能」監視器，藉以觀察 SQL Server 的執行個體在完成什麼樣的動作時，系統的資源如何運用，一般在系統正常運行時，會先錄製相關的 SQL Server 執行個體與系統資源的使用狀況，作為效能調校的基本值（baseline），在異常狀況時，有個相對的比較值。

有了追蹤的記錄，當要分析 SQL Server 的使用狀況時，也可以將追蹤記錄存到資料表內，以 T-SQL 分析。若僅將追蹤的內容儲存於*.trc 檔案中，如範例程式 7.1 所示，將資料放到 c:\myTrace.trc 內，可利用

fn_trace_gettable('c:\myTrace.trc', default) 語法讀出資料，並暫存於 #Temp 資料表。

範例程式 7.1：以 T-SQL 分析存放在資料表內錄製的結果

```
/*分析 Trace 所得的資料*/
-- 原始資料在「工作負載檔案」，透過暫時資料表來分析
SELECT * INTO #Temp FROM  fn_trace_gettable('c:\temp\myTrace.trc', default)

--對 Recompile 的現象做分析
SELECT StartTime,EventClass, TextData, SPID, Duration, CPU, Reads, Writes
FROM  #Temp
WHERE Duration > 10 AND TextData is NOT NULL AND EventClass = 37  -- sp:Recompile
事件
ORDER BY Duration DESC


-- 追蹤所得的資料本來就在資料表內，直接透過 T-SQL 分析
SELECT SUBSTRING(TextData, 1,30) AS '查詢內容',
COUNT(*) '執行次數',
AVG(duration) AS '平均執行時間(ms)',
AVG(cpu) AS '平均 CPU 時間(ms)',
AVG(reads) AS '平均閱讀次數',
AVG(writes) AS '平均寫入次數'
FROM #Temp
WHERE EventClass=12    -- 12 代表 SQL:BatchCompleted 事件
GROUP BY SUBSTRING(TextData, 1,30)

--找出一段時間內，最耗時的 SQL 語法
SELECT SUBSTRING(TextData, 1,150) AS '查詢內容',
COUNT(*) '執行次數',
SUM(duration) AS '總執行時間(ms)',
AVG(duration) AS '平均執行時間(ms)',
AVG(cpu) AS '平均 CPU 時間(ms)',
AVG(reads) AS '平均閱讀次數',
AVG(writes) AS '平均寫入次數'
FROM #Temp
GROUP BY SUBSTRING(TextData, 1,150)
ORDER BY SUM(duration) DESC
```

範例程式 7.1 的最後一項讓你可以找出需要調校分析的 SQL 語法，因為是以執行總耗時間排序，所以前幾名的 SQL 語法自然應優先考慮最佳化。

最後再來看一些使用 Profiler 的技巧與提示：

■ 可以利用 Ctrl+F2/ F2 在追蹤檔中設定與切換方便瀏覽的書籤。

■ SQL Server Profiler 的狀態列會呈現事件數目，Profiler 建立的連接數目。

■ 在指定所有對 SQL Trace 預存程序使用的參數必須是 Unicode。

■ SQL Server Profiler 在載入追蹤檔時是以非同步的方式，當既有追蹤檔案太大時，可以開啟後重新設定過濾條件再另存新檔，藉以存放與特定事件相關的資料。

SQL Server Profiler 是觀察 SQL Server 執行個體非常重要的工具，我們在遇到問題，或是想要了解某個程式如何使用 SQL Server 時，如 Management Studio 如何管理 SQL Server、觀察 ADO 或 ADO.NET 到底是如何傳遞命令、斷線或連接資料的存取…等等，都可以藉由這個工具更進一步了解整個運作過程的來龍去脈。對工具有了基本的操作概念後，接下來進一步說明幾個常用的 SQL Server Profiler 追蹤設定。

7.1.2 透過 SQL Server Profiler 分析死結

SQL Server Profiler 提供圖形化的呈現方式分析死結（Deadlock）事件，相較於一般的文字敘述方式，圖型化可以讓管理者更快的掌握現況，此功能從 SQL Server 2005 版開始提供。由於 Profiler 預設並不會追蹤死結，需要手動勾選追蹤事件。接著就來示範如何以 Profiler 追蹤死結事件，並解釋圖形呈現的意義。

開啟 SQL Profiler 後，點選工具列上的「新增追蹤」按鈕，接著在「連接到伺服器」視窗設定伺服器類型為「Database Engine」、賦予伺服器名稱以及登入服務執行個體的驗證方式，完成後點選「連接按鈕」。在「追蹤屬性」視窗內點選「事件選取範圍」頁籤後，勾取「顯示所有事件」選項，接著在圖 7.9 上方展開 Locks 事件後，勾取「Deadlock graph」事件。

圖 7.9 在「追蹤屬性」視窗內勾選 Deadlock graph 事件

此時 Profiler 會自動在「事件擷取範圍」頁籤後方增加一個「事件擷取設定」頁籤，可在此設定將擷取到的 Deadlock 資訊儲存在 XML 檔案中，或為每筆死結紀錄建立新的 XML 檔，如圖 7.10 所示，以方便後續使用 SSMS 開啟此 *.xdl 檔案檢視。

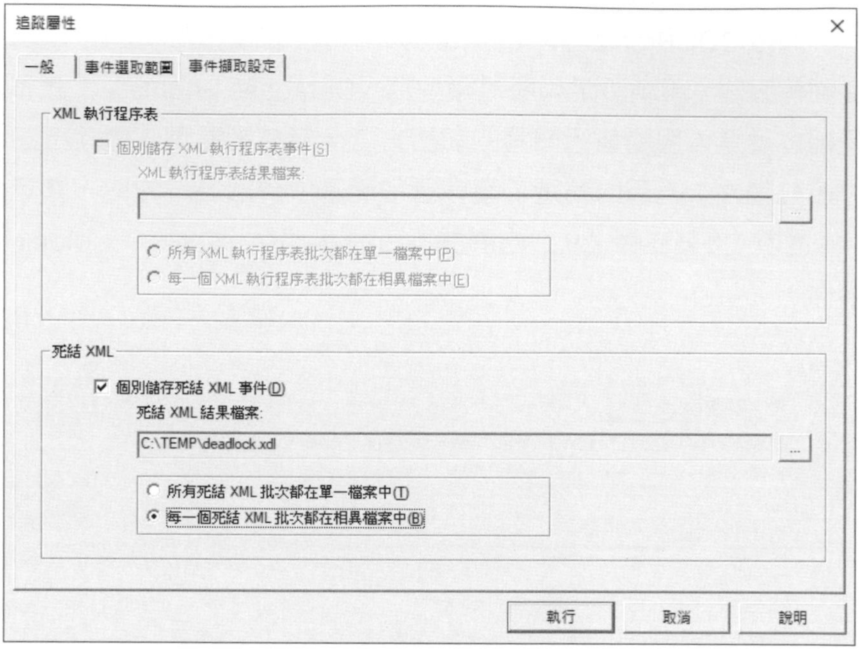

圖 7.10 將所有死結圖表事件儲存在單一 XML 檔案中

完成追蹤事件設定後，便開始監控目前資料庫引擎內的運作情形。接下來，製造資料庫引擎的死結事件做為示範。開啟 SSMS 在工具列上重複點選「新增查詢」按鈕；開啟兩個 T-SQL 語法的編輯視窗，利用 Northwind 範例資料庫，在這兩條連接中分別執行下列語法，模擬死結的發生。

第一個新增查詢視窗執行連接 A。

```
BEGIN TRAN
 UPDATE dbo.Customers SET CompanyName='Alfreds'
 WHERE CustomerID='ALFKI'
```

第二個新增查詢視窗執行連接 B。

```
BEGIN TRAN
 UPDATE dbo.Customers SET CompanyName='Ana'
 WHERE CustomerID='ANATR'
```

上述程式碼執行完成後，再切回 A 連接視窗執行以下語法。

```
SELECT * FROM [dbo].[Customers] WHERE CustomerID ='ANATR'
```

然後在 B 視窗內執行：。

```
SELECT * FROM [dbo].[Customers] WHERE CustomerID='ALFKI'
```

在某條連接執行結果的視窗內發生死結的錯誤訊息，如圖 7.11 所示。

訊息 1205，層級 13，狀態 51，行 7
交易 (處理序識別碼 59) 在 鎖定 資源上被另一個處理序類死並已被選擇作為死結的犧牲者，請重新執行該交易。

圖 7.11　發生死結的錯誤訊息

由於先前已指定追蹤死結（Deadlock）並將此事件透過圖示的方式呈現，因此發生死結後，可圖形化顯示死結的原因，描述死結鎖定的資源，連接的細節，以及被犧牲掉的連接。此外，可在主選單上選擇「檔案」→「匯出」→「擷取 SQL Server 事件」→「擷取死結事件」，將死結的結果儲存起來。或者使用滑鼠右鍵按一下特定事件紀錄，然後選擇快捷選單內的「擷取事件資料」，以擷取並儲存個別事件，如圖 7.12 所示。

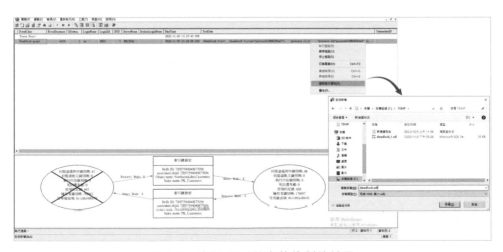

圖 7.12　資料庫引擎事件錄製的結果

死結的圖示如圖 7.13 所示，主要包含以下三種類型：

1. 邊緣（線條圖示）：表示鎖定類型。

2. 資源節點（矩型圖示）：資料庫物件（Table、Index、Page 等）資訊。

3. 處理序節點（橢圓型圖示）：執行與死節相關的操作（INSERT、UPDATE 和 DELETE），使用滑鼠點選橢圓形圖式即可顯示 T-SQL 語法。當被選為死結犧牲品的處理序，其橢圓型圖式上會有一個大 X。

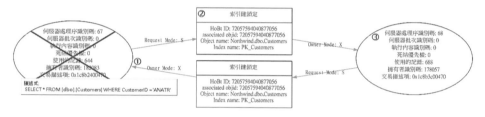

圖 7.13 死結圖示描述

從上圖的資源節點可看到死結發生原因為索引鍵鎖定，取得 HoBT ID（代表 Heap or B-tree ID）之後，透過以下語法即可得知索引名稱。

```
SELECT o.name, i.name
FROM sys.partitions p
    JOIN sys.objects o ON p.object_id = o.object_id
    JOIN sys.indexes i ON p.object_id = i.object_id AND p.index_id = i.index_id
WHERE p.hobt_id= 72057594040877056
```

執行結果，如圖 7.14 所示。

	name	name
1	Customers	PK_Customers

圖 7.14 透過系統檢視表取得死結發生原因

實務上，發生死結的原因不會如上述簡單，所捕捉到的圖示有時會非常複雜，往往需要進一步檢視 XML 檔案內容，以分析多條連結同時存取多種資源造成死結的前因後果。

7.1.3 使用指令碼追蹤定義

使用 SQL 追蹤（SQL Trace)時，可以透過 SQL Server Profiler 工具程式，將所設定的追蹤直接轉成 T-SQL 語法，讓追蹤的工作交由 SQL Server 的執行個體執行，以批次指令啟動，而不必透過前端的 Profiler 程式進行互動，只要觀察 SQL 追蹤所產出的「工作負載檔案」即可。

就以 Profiler 的使用者範本為例，在「追蹤屬性」對話窗選擇「Tuning」使用者範本。接著設定追蹤的內容儲存於 C:\temp\myTrace.trc，以及停止追蹤的時間。完成設定後，點選對話窗的「執行」按鈕。最後，點選主選單「檔案」-「匯出」-「指令碼追蹤定義」-「對於 SQL Server 2005-vNext(S)[6]」選項，在「另存新檔」對話窗中，指定 Profiler 所建立的 T-SQL 要存放的檔案名稱。最後以 Management Studio 開啟該.sql 檔案後，在範例程式 7.2 中，可以看到相關的 T-SQL 預存程序及函數。

範例程式 7.2：透過 SQL Server Profiler 建立出來執行在伺服器端的追蹤

```
/******************************************************/
/* Created by: SQL Server vNext CTP1.0 Profiler       */
/* Date: 2022/11/03  04:32:53 PM          */
/******************************************************/

-- Create a Queue
declare @rc int
```

---

[6] 各版 Profiler 此處的文字不同，此處為搭配 SSMS 19.x 一起安裝的 Profiler 所呈現的選單文字。若是與 SSMS 18.x 一起安裝的 Profiler，此選項呈現的文字是「若是 SQL Server 2005-2019(S)」。

```
declare @TraceID int
declare @maxfilesize bigint
set @maxfilesize = 5

-- Please replace the text InsertFileNameHere, with an appropriate
-- filename prefixed by a path, e.g., c:\MyFolder\MyTrace. The .trc extension
-- will be appended to the filename automatically. If you are writing from
-- remote server to local drive, please use UNC path and make sure server has
-- write access to your network share

exec @rc = sp_trace_create @TraceID output, 0, N'InsertFileNameHere',
@maxfilesize, NULL
if (@rc != 0) goto error

-- Client side File and Table cannot be scripted

-- Set the events
declare @on bit
set @on = 1
exec sp_trace_setevent @TraceID, 10, 1, @on
exec sp_trace_setevent @TraceID, 10, 3, @on
exec sp_trace_setevent @TraceID, 10, 11, @on
exec sp_trace_setevent @TraceID, 10, 12, @on
exec sp_trace_setevent @TraceID, 10, 13, @on
exec sp_trace_setevent @TraceID, 10, 35, @on
exec sp_trace_setevent @TraceID, 45, 1, @on
exec sp_trace_setevent @TraceID, 45, 3, @on
exec sp_trace_setevent @TraceID, 45, 11, @on
exec sp_trace_setevent @TraceID, 45, 12, @on
exec sp_trace_setevent @TraceID, 45, 13, @on
exec sp_trace_setevent @TraceID, 45, 28, @on
exec sp_trace_setevent @TraceID, 45, 35, @on
exec sp_trace_setevent @TraceID, 12, 1, @on
exec sp_trace_setevent @TraceID, 12, 3, @on
exec sp_trace_setevent @TraceID, 12, 11, @on
exec sp_trace_setevent @TraceID, 12, 12, @on
exec sp_trace_setevent @TraceID, 12, 13, @on
exec sp_trace_setevent @TraceID, 12, 35, @on


-- Set the Filters
declare @intfilter int
declare @bigintfilter bigint
```

```
-- Set the trace status to start
exec sp_trace_setstatus @TraceID, 1

-- display trace id for future references
select TraceID=@TraceID
goto finish

error:
select ErrorCode=@rc

finish:
go
```

　　追蹤檔的大小上限為 5M，可依實際需求修改程式碼範例中的 @maxfilesize 變數值。接著，依照範例程式 7.2 中的註解說明，修改 sp_trace_create 預存程序參數中的關鍵字 InsertFileNameHere，指定存放路徑為 C:\temp\myTrace.trc。若要加入追蹤停止的時間，可修改 sp_trace_create 的 @stoptime 參數，程式碼如下所示。

```
declare @StopTime datetime='2022-11-03 17:00:00.000'
exec @rc = sp_trace_create @TraceID output, 0, N'C:\temp\myTrace', @maxfilesize,
@StopTime
```

　　完成上述修改，透過「查詢編輯器」執行範例程式 7.2 啟動追蹤，最需要注意的是回傳的參數，不管是回傳的 TraceID 或 ErrorCode 都需要記錄下來，好觀察或停止該追蹤。

　　以 fn_trace_getinfo 系統函數可取得目前所有追蹤的相關資訊。

```
SELECT * FROM fn_trace_getinfo(default)
```

　　上述查詢，如下圖所示，其中 TraceID=3 就是執行範例程式 7.2 所取得的回傳值。

	traceid	property	value
1	1	1	6
2	1	2	\\?\C:\Program Files\Microsoft SQL Server\MSSQL16.MSSQLSERVER\MSSQL\DATA\audittrace987061792202211030911000000000000000000034.trc
3	1	3	200
4	1	4	NULL
5	1	5	1
6	2	1	2
7	2	2	C:\Program Files\Microsoft SQL Server\MSSQL16.MSSQLSERVER\MSSQL\Log\log_40.trc
8	2	3	20
9	2	4	NULL
10	2	5	1
11	3	1	0
12	3	2	C:\temp\myTrace.trc
13	3	3	5
14	3	4	2022-11-03 17:00:00.000
15	3	5	1

圖 7.15 透過 fn_trace_getinfo(default) 觀察 SQL Server 執行個體當下所有的追蹤

利用 sp_trace_setstatus 系統函可指定「SQL 追蹤」啟動、停止，範例程式如下：

```
--停止追蹤
EXEC sp_trace_setstatus @traceid = 3 , @status = 0
GO
--關閉指定的追蹤，並從伺服器中刪除其定義。
EXEC sp_trace_setstatus @traceid = 3 , @status = 2
```

參數 @status 的說明如下：

■ 0：停止指定的追蹤。

■ 1：啟動指定的追蹤。

■ 2：關閉指定的追蹤，並從伺服器中刪除其定義。

如要刪除追蹤時，必須先停止追蹤，才能刪除定義。

透過下列查詢語法可以知道系統目前正在執行的追蹤。

```
-- status (追蹤狀態)說明：
--0 = 已停止
--1 = 執行中
--條件式部分，設定不查詢 SQL Server 自行啟動的「預設追蹤(Default Trace)」
```

```
SELECT * FROM sys.traces WHERE is_default <> 1
```

可以使用 sys.fn_trace_gettable 指令查詢記錄，代入 .trc 檔案的完整路徑，即可查詢. trc 檔案的內容。

```
SELECT * FROM sys.fn_trace_gettable('C:\temp\myTrace.trc', default)
```

將這些追蹤檔載入或是轉存到資料庫中，透過排序找出最常看的四個面向問題，如 [Duration]、[CPU]、[Reads]、[Writes]，藉以找出問題發生時各種情況的語法，再進行調整。

7.2 擴充事件（Extended Events）

「擴充事件（Extended Events）」是以現有的 SQL 與作業系統事件之追蹤與為基礎，並導入新的事件追蹤概念。「擴充事件」基礎結構可支援 SQL Server 中資料的相互關聯，部分還可支援作業系統和資料庫應用程式的相互關聯。在後者的情況下，「擴充事件」必須輸出到 Windows 事件追蹤（ETW），才能讓此事件資料與作業系統或應用程式事件資料相互關聯

透過「擴充事件工作階段」可收集許多資訊，並提供 DBA 辨別以下常見的效能問題：

- 尋找最耗時的查詢
- 尋找導致閂鎖競爭的根本原因
- 解決資料庫引擎中的封鎖（blocking）問題
- 解決因重新編譯查詢所導致的 CPU 資源過度使用
- 排除死結（Deadlock）

　　擴充事件架構可讓使用者盡可能收集適當的資料，使用「擴充事件」所消耗的效能資源相對較少，屬於輕量的效能監視方式，且具有可擴充性、高效能、跨執行序追蹤以及與 Windows 事件追蹤整合等優勢。「擴充事件」適用於收集伺服器系統的事件，取代 SQL Server Trace 和 SQL Server Profiler，成為 SQL Server 的主要診斷工具。

　　「擴充事件」與 DMV 所提供的效能資訊差別在於：DMV 主要提供記錄於記憶體之伺服器的活動狀態，而「擴充事件」收集的事件資訊可另存於檔案中，當伺服器或 SQL 服務重啟後，這些資訊不會清除，透過 T-SQL 指令仍可繼續查詢。

　　透過圖 7.16 的擴充事件架構進一步瞭解「擴充事件引擎」與工作階段的整個流程。

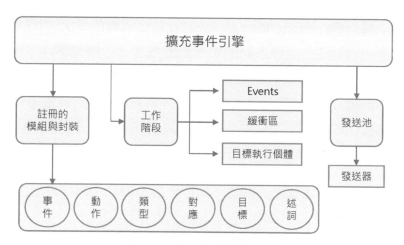

圖 7.16　擴充事件引擎架構

　　結合「擴充事件引擎」的應用程式（例如：SQL Server 執行個體）內只會有一個「擴充事件引擎」，「擴充事件引擎」本身並未提供某個事件觸發時，所要啟用的事件定義或動作。引擎不受事件內容的限制，因此可讓此引擎將任何事件繫結至任何目標。它僅提供以下服務：

- 啟用事件的定義。

- 啟用事件資料的程序。

- 管理系統中的「擴充事件」服務和物件（例如，列舉工作階段）。

- 維護「擴充事件」工作階段清單及管理對此清單的存取。

- 處理分派（發送器）。這與執行緒集區非常類似。

- 處理事件的記憶體緩衝區（緩衝區）。當填滿緩衝區後，會將緩衝區分派給目標。

每個應用程式都可包含一個以上的擴充事件封裝（Package），封裝包含的物件有類型（Type）、目標（Target）、動作（Action）、對應（Map）、述詞（Predicate）和事件（Event）。向「擴充事件引擎」註冊的封裝會公開事件，事件引發時可以採取的動作，以及同步和非同步處理事件資料的目標。

在「工作階段」的定義中會描述與「擴充事件引擎」的互動。「工作階段」會加入事件點，並提供事件觸發後所要採取的回應動作。建立工作階段且選擇特定事件後：

- 建立「目標」的執行個體，並將其加入工作階段。

- 「工作階段」中定義的「目標」可以接收任何事件。透過封裝所提供的述詞可篩選需要追蹤的事件資料，可增加「擴充事件」基礎結構的彈性。

- 當緩衝區填滿時，會將緩衝區內資料傳送給目標。

SQL 2008 版後提供「擴充事件」，至 SQL Server 2012 整合到 SSMS 管理介面，從「物件總管」視窗中展開 SQL Server 執行個體下的「管理」節點，即可看到「擴充事件」節點，以及 SQL Server 預設的系統擴充事件，如下圖。

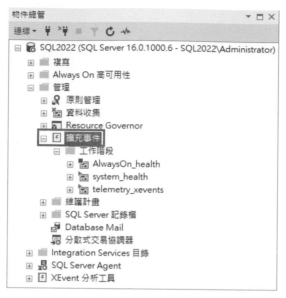

圖 7.17 在「物件總管」視窗中管理與維護「擴充事件」

　　透過滑鼠右鍵點選「工作階段」，可開啟「新增工作階段」對話窗，自行定義事件的組合，包含「動作」、「過濾條件」與「目標」。透過滑鼠右鍵點選建立完的工作階段，提供「啟用工作階段」、「停止工作階段」、「監看即時資料」..等管理相關工作。

　　簡單說明預設工作階段定義：

- AlwaysOn_health 工作階段，主要用於追蹤 Always On 可用性群組。

- system_health 類似 SQL Server 的預設追蹤（採用 SQL Trace 機制），收集系統資料，可用於追蹤、診斷、疑難排解與效能問題。

- telemetry_xevents 工作階段，為 SQL Server 2016 版本新增的工作階段，主要追蹤一些重要事件，及特定錯誤的詳細錯誤訊息。

　　system_health 與 telemetry_xevents 工作階段在 SQL Server Database Engine 啟動時就會自動啟動。然而在 SQL Server 各版本的「system_health」所記錄的事件（Event）及存放目標（Target）不盡

相同，在 SQL Server 2008 R2 版本時，僅提供 package0、sqlos、sqlserver、SecAudit 四個封裝，陸續在各版本中增加不同類型的封裝，其中較常使用的封裝如下：

- package0 -這是預設封裝，其中包含擴充事件的系統物件。
- sqlserver - SQL Server 相關的物件。
- sqlos - SQL Server 作業系統（SQLOS）相關的物件。

從 msater 資料庫可檢視各 SQL Server 版本提供的擴充事件封裝，利用 sys.dm_xe_packages 與 sys.dm_os_loaded_modules 系統檢視即可取得該封裝是由哪個模組提供。透過擴充事件動態管理檢視表可查詢 SQL Server 所提供的封裝列表，如範例程式 7.3 所示。

範例程式 7.3：取得目前可用的擴充事件封裝

```
select pkg.name, pkg.description, m.description,m.name
from  sys.dm_xe_packages pkg
    INNER JOIN sys.dm_os_loaded_modules m ON m.base_address = pkg.module_address
```

在 SQL Server 2022 查詢的結果如下圖所示。

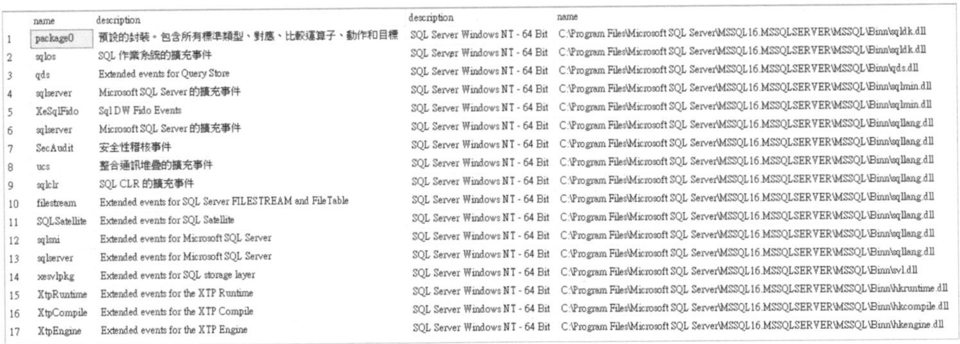

	name	description	description	name
1	package0	預設的封裝。包含所有標準類型、對應、比較運算子、動作和目標	SQL Server Windows NT - 64 Bit	C:\Program Files\Microsoft SQL Server\MSSQL16.MSSQLSERVER\MSSQL\Binn\sqldk.dll
2	sqlos	SQL 作業系統的擴充事件	SQL Server Windows NT - 64 Bit	C:\Program Files\Microsoft SQL Server\MSSQL16.MSSQLSERVER\MSSQL\Binn\sqldk.dll
3	qds	Extended events for Query Store	SQL Server Windows NT - 64 Bit	C:\Program Files\Microsoft SQL Server\MSSQL16.MSSQLSERVER\MSSQL\Binn\qds.dll
4	sqlserver	Microsoft SQL Server 的擴充事件	SQL Server Windows NT - 64 Bit	C:\Program Files\Microsoft SQL Server\MSSQL16.MSSQLSERVER\MSSQL\Binn\sqlmin.dll
5	XeSqlFido	Sql DW Fido Events	SQL Server Windows NT - 64 Bit	C:\Program Files\Microsoft SQL Server\MSSQL16.MSSQLSERVER\MSSQL\Binn\sqlmin.dll
6	sqlserver	Microsoft SQL Server 的擴充事件	SQL Server Windows NT - 64 Bit	C:\Program Files\Microsoft SQL Server\MSSQL16.MSSQLSERVER\MSSQL\Binn\sqllang.dll
7	SecAudit	安全性稽核事件	SQL Server Windows NT - 64 Bit	C:\Program Files\Microsoft SQL Server\MSSQL16.MSSQLSERVER\MSSQL\Binn\sqllang.dll
8	ucs	整合通訊堆疊的擴充事件	SQL Server Windows NT - 64 Bit	C:\Program Files\Microsoft SQL Server\MSSQL16.MSSQLSERVER\MSSQL\Binn\sqllang.dll
9	sqlclr	SQL CLR 的擴充事件	SQL Server Windows NT - 64 Bit	C:\Program Files\Microsoft SQL Server\MSSQL16.MSSQLSERVER\MSSQL\Binn\sqllang.dll
10	filestream	Extended events for SQL Server FILESTREAM and FileTable	SQL Server Windows NT - 64 Bit	C:\Program Files\Microsoft SQL Server\MSSQL16.MSSQLSERVER\MSSQL\Binn\sqllang.dll
11	SQLSatellite	Extended events for SQL Satellite	SQL Server Windows NT - 64 Bit	C:\Program Files\Microsoft SQL Server\MSSQL16.MSSQLSERVER\MSSQL\Binn\sqllang.dll
12	sqlsni	Extended events for Microsoft SQL Server	SQL Server Windows NT - 64 Bit	C:\Program Files\Microsoft SQL Server\MSSQL16.MSSQLSERVER\MSSQL\Binn\sqllang.dll
13	sqlserver	Extended events for Microsoft SQL Server	SQL Server Windows NT - 64 Bit	C:\Program Files\Microsoft SQL Server\MSSQL16.MSSQLSERVER\MSSQL\Binn\sqllang.dll
14	xesvlpkg	Extended events for SQL storage layer	SQL Server Windows NT - 64 Bit	C:\Program Files\Microsoft SQL Server\MSSQL16.MSSQLSERVER\MSSQL\Binn\svl.dll
15	XtpRuntime	Extended events for the XTP Runtime	SQL Server Windows NT - 64 Bit	C:\Program Files\Microsoft SQL Server\MSSQL16.MSSQLSERVER\MSSQL\Binn\hkruntime.dll
16	XtpCompile	Extended events for the XTP Compile	SQL Server Windows NT - 64 Bit	C:\Program Files\Microsoft SQL Server\MSSQL16.MSSQLSERVER\MSSQL\Binn\hkcompile.dll
17	XtpEngine	Extended events for the XTP Engine	SQL Server Windows NT - 64 Bit	C:\Program Files\Microsoft SQL Server\MSSQL16.MSSQLSERVER\MSSQL\Binn\hkengine.dll

圖 7.18　SQL Server 提供的擴充事件封裝

以下透過幾個簡單的追蹤範例，說明如何在擴充事件中建立工作階段，在工作階段中選擇想追蹤的事件，以及檢視追蹤結果。

7.2.1 透過圖形介面建立擴充事件工作階段

接下來示範如何在「擴充事件」中建立「工作階段」，追蹤 T-SQL 批次執行狀態，觀察執行所耗時間，以及相關的資源使用狀況。

首先，於「物件總管」視窗展開「管理」→「擴充事件」節點，以滑鼠右鍵點選「工作階段」節點，從快捷選單中開啟「新增工作階段」對話窗。如圖 7.19 所示，在「一般」頁面中的「工作階段名稱」輸入 Trace_QueryStatus 內容，為「擴充事件工作階段」建立新的名稱。「一般」頁面中，可從範本下拉選單選擇適合的追蹤範本，切換到「事件」頁面時會同步載入相對應的事件選項。以下練習不使用範本，也就是保留「範本」下拉選單為「空白」選項，切換到「事件」頁面自行挑選事件。在頁面中，勾選「排程」下第一個選項「在伺服器啟動時啟動事件工作階段(S)」，完成擴充事件定義後立即啟動工作階段。

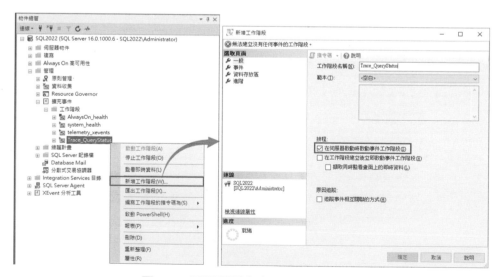

圖 7.19 透過圖型化介面新增工作階段

　　在上圖點選「事件」頁面會列出所有的擴充事件，在「事件程式庫」文字方塊內可以直接輸入關鍵字搜尋需要的事件。滑鼠點選某個「事件」後（例如：sql_statement_completed），下方會列出該事件的相關說明以及它的資料欄位，也就是可追蹤的資訊。接著再滑鼠雙擊該事件，或透過「＞」按鈕即可將事件搬移至右側視窗中。

圖 7.20　在事件程式庫選擇事件

　　上方的「事件程式庫」文字方塊提供模糊查詢，輸入部分字串後下方會列出符合條件的事件。事件清單的欄位名稱提供下拉選單，讓管理者可依追蹤的類別篩選符合的事件。透過動態管理檢視 sys.dm_xe_object_columns 也可檢視 sql_statement_completed 事件可用的欄位資訊。

```
SELECT * FROM sys.dm_xe_object_columns
WHERE object_name in ('sql_statement_completed') and column_type='data'
order by name
```

點選圖 7.20 右上角「設定」按鈕，切換到事件組態選項畫面，以滑鼠選取 sql_statement_completed 事件時，右側視窗列出「全域欄位」、「事件欄位」以及「篩選條件」等頁籤可做進階設定，如圖 7.21 所示。以 sql_statement_completed 事件為例，在事件欄位頁籤會列出該事件可蒐集到的相關資訊，例如每條連接所耗的 Duration、CPU 以及讀寫的 Page 數…等。若需要判別這些連接是由哪些用戶端登入哪個資料庫執行什麼作業，可於「全域欄位（動作）」頁籤勾選以下項目。

- clinet_app_name：收集用戶端程式名稱

- process_id：收集 windows 處理序識別碼

- database_name：收集資料庫名稱

- username：使用者名稱

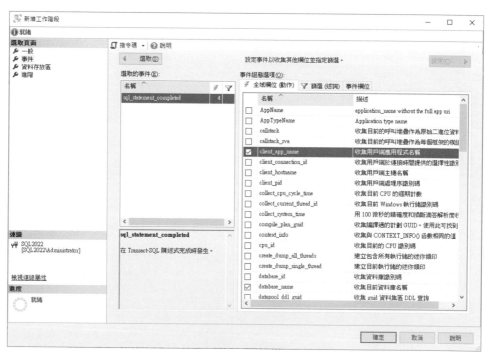

圖 7.21　選擇事件可用的組態選項

透過動態管理檢視 sys.dm_xe_objects 也可檢視擴充事件提供的動作。

```
SELECT * FROM sys.dm_xe_objects WHERE object_type='action'
```

當設定完「事件」與「動作」後，點選「確定」按鈕即完成初步設定，且由於先前在「一般」畫面中的「排程」勾選「在伺服器啟動時啟動事件工作階段」，所以透過滑鼠右建點選工作階段，選擇快捷選單中的「監看即時資料」，即可呈現追蹤資料，如下圖所示。

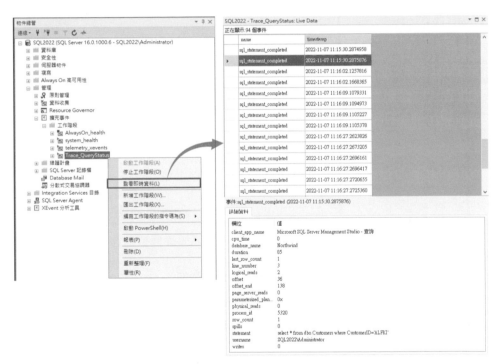

圖 7.22 在 SSMS 工具中監看擴充事件追蹤的即時資料

若是第一次使用擴充事件的即時監看畫面，預設只會呈現「事件名稱（name）」和「時間戳記（timestamp）」兩個欄位。若要在追蹤視窗中加入其他資料行，可在錄到某個事件後，經由擴充事件工具列的「選擇資料行」按鈕，或透過滑鼠右鍵點選監看視窗中的欄位名稱，透過快

捷選單中的「選擇資料行」都可開啟「選擇資料行」對話窗，修改監看畫面中的欄位是否顯示，以及編排欄位的前後順序，如圖 7.23 所示。另外，也可透過擴充事件工具選單中的啟動、暫停、清除按鈕，控制事件監看畫面中的資料表內容。

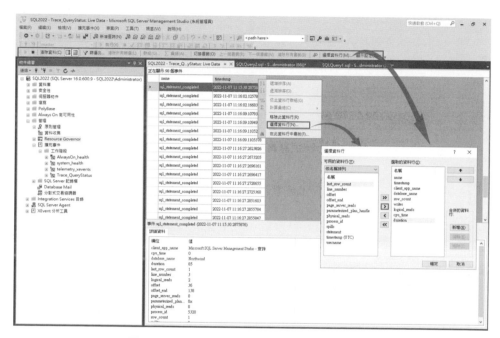

圖 7.23 修改擴充事件的監看畫面欄位內容

事件監看畫面中的資料預設每 30 秒更新一次，若想要變更畫面的更新速度，可在 SSMS 工具中的「物件總管視窗」先停用該工作階段後，開啟該工作階段「屬性」視窗，切換到「進階」頁面修改「最大分派延遲」，如下圖所示。

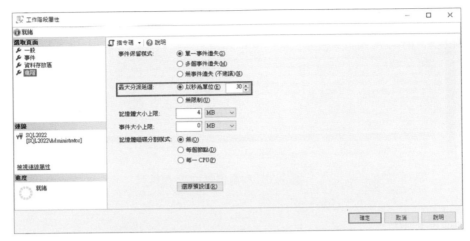

圖 7.24　修改擴充事件進階屬性中的「最大分派延遲」

以下介紹幾個「監看即時畫面」使用者介面提供的常用功能，這些功能提供管理者快速地尋找問題原因：

資料排序

在追蹤結果視窗中，以滑鼠右鍵按一下要排序的資料行標題，然後按一下「遞增排序」或「遞減排序」，可設定欄位內容的遞增或遞減順序。

搜尋文字

按一下「擴充事件」工具列上的「尋找」圖示按鈕，即可利用對話窗在擴充事件中搜尋資料行內的文字。

書籤

如下圖所示，可將目標資料中一或多個的資料列設定為書籤，滑鼠右鍵點選該記錄選「切換書籤」選項，將此筆設定為書籤後，透過「擴充事件」工具列的「上一個書籤」和「下一個書籤」按鈕，可往返設為書籤的資料列。

圖 7.25 利用書籤往返資料列

結果群組

群組相當於 T-SQL 中 GROUP BY 子句的功能。將顯示分成多組的資料，可透過展開或摺疊的方式檢視相關連的資料，如圖 7.26 所示。需要停用即時監控畫面，才能使用群組功能。

彙總結果

必須先將資料群組，然後才能彙總。在群組後的畫面中，點選工具選單上的「彙總」按鈕，可透過「彙總」對話窗選擇彙總的欄位以及函數，如下圖所示。

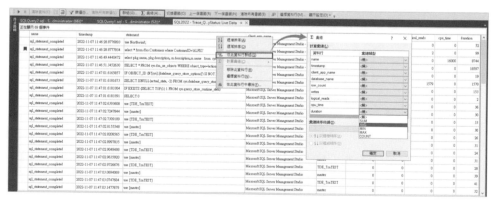

圖 7.26 在監看畫面群組資料行

群組後的資料內容，如下圖所示。

圖 7.27 在監看畫面中群組後的結果

篩選

若要篩選事件收集的結果，以縮小追蹤視窗中結果顯示的範圍。可在擴充事件工具選單上點選「篩選」按鈕，開啟「篩選」對話窗設定過濾條件。例如，只要檢視 Northwind 資料庫，且陳述式所花費的時間大於 1000（微秒）的資料，則應於篩選欄位定義 duration >1000，database_name Like North*。注意這裡使用的萬用字元為「*」而不是「%」，如下圖所示。

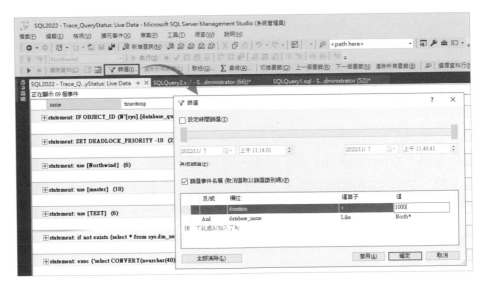

圖 7.28 設定事件的篩選值，過濾追蹤結果

　　「篩選」包含時間篩選和進階篩選。時間篩選可依事件時間戳記篩選追蹤結果，而進階篩選可透過事件欄位和動作建構篩選條件。時間篩選和進階篩選之間存在「And」關聯性。

　　除了在即時監看畫面中可以篩選事件內容，也可以在工作階段修改篩選述詞，如圖 7.29 所示。工作階段只追蹤符合條件的事件，這可大幅減少工作階段的負擔，也不會取得一堆垃圾資料。舉例來說，若要排除系統資料庫，以及工作階段定義內所包含的系統相關事件，可設定 sqlserver.is_system 欄位值為 0。

圖 7.29　設定事件的篩選值，過濾追蹤結果

　　另外，自 SSMS v17.3 版本或更高的版本，在「物件總管」的樹狀結構提供「XEvent 分析工具」節點，預設有「標準」與「TSQL」兩種分析工具，它可直接與擴充事件的工作階段整合，如未建立工作階段時，則會自動在擴充事件的工作階段建立「QuickSessionStandard」與「QuickSessionTSQL」，並可直接監看即時資料。

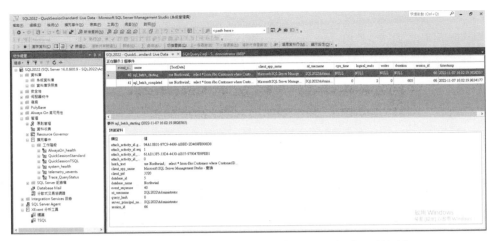

圖 7.30 使用 XEvent 分析工作的「標準」監看即時資料

「QuickSessionStandard」工作階段與 SQL Profiler 的 Standard 範本相似，透過擴充事件收集登入、登出、ExistingConnection、rpc_completed、sql_batch_completed 和 sql_batch_starting 等；另「QuickSessionTSQL」工作階段與 SQL Profiler 的 TSQL 範本相似，透過擴充事件收集登入、登出、ExistingConnection、rpc_starting 和 sql_batch_starting 等，以監視 SQL Server 資料庫的現行狀況。

在新增工作階段精靈或新增工作階段時，可以選擇 SSMS 預設提供的事件工作階段範本，對效能追查提供方向，如下圖所示。

圖 7.31　可使用擴充事件的新增工作階段精靈建立工作階段

7.2.2 儲存與檢視目標資料

使用 SQL Trace/Profiler 追蹤 SQL Server 事件時，除了 SQL Trace 是直接寫入檔案外，也可以透過 Profiler 工具檢視當下追蹤的結果，並將追蹤結果存於 *.trc 追蹤檔，或另儲存於資料庫中。同理，使用擴充事件追蹤 SQL Server 的事件資料，除了可在即時監看畫面中檢視，也可以另存成其他類型的檔案。

不過擴充事件提供的儲存目標較 SQL Trace/Profiler 更為豐富，它可以寫入檔案、在記憶體緩衝區中儲存事件細節，或彙總事件資料。目標也能夠同步或非同步處理資料。擴充事件的設計可保證目標一定會收到事件一次，而且每個工作階段只會收到一次。

目前擴充事件的工作階段提供之目標類型如表 7.1 所示：

表 7.1 SQL Server 擴充事件目標

	目標類型	說明
非同步目標	信號緩衝區（ring_buffer）	根據先進先出（FIFO）規則，將事件資料短暫存放於記憶體。
	事件檔案（event_file）	完整將事件工作階段所用記憶體緩衝區內的資料寫入磁碟。
	事件配對（pair_matching）	許多種類的事件都是以成對的形式發生，例如取得和釋放鎖定。用於判斷指定之配對事件未發生在相符集合中的時機。
同步目標	長條圖（histogram）	根據指定的事件資料行或動作，計算事件的發生次數分布。
	事件計數器（event_counter）	計算所有指定的事件於工作階段期間發生的數目。用於取得有關工作負載特性的資訊，而不會增加完整事件收集的負擔。
	Windows 事件追蹤（etw_classic_sync_target ,ETW）	用於建立 SQL Server 事件與 Windows 作業系統或應用程式事件資料的關聯。

使用以下語法查詢擴充事件工作階段的指定目標資訊：

```
SELECT ES.name AS [SessionName], ET.*
FROM sys.server_event_sessions ES
    LEFT JOIN sys.server_event_session_targets ET ON
ES.event_session_id=ET.event_session_id
```

其結果，如下圖。

	SessionName	event_session_id	target_id	name	package	module
1	system_health	65536	48	ring_buffer	package0	5B2DA06D-898A-43C8-9309-39BBBE93EBBD
2	system_health	65536	67	event_file	package0	5B2DA06D-898A-43C8-9309-39BBBE93EBBD
3	AlwaysOn_health	65537	18	event_file	package0	5B2DA06D-898A-43C8-9309-39BBBE93EBBD
4	Trace_QueryStatus	65646	6	ring_buffer	package0	5B2DA06D-898A-43C8-9309-39BBBE93EBBD
5	QuickSessionStandard	NULL	NULL	NULL	NULL	NULL
6	QuickSessionTSQL	NULL	NULL	NULL	NULL	NULL
7	telemetry_xevents	65660	103	ring_buffer	package0	5B2DA06D-898A-43C8-9309-39BBBE93EBBD

圖 7.32 使用語法查詢擴充事件工作階段的指定目標資訊

每個擴充事件工作階段的目標資訊屬性，可使用以下語法查詢相關內容。

```
SELECT ES.name AS [SessionName], EF.*
FROM sys.server_event_sessions ES
    LEFT JOIN sys.server_event_session_fields EF ON
ES.event_session_id=EF.event_session_id
WHERE ES.name='system_health'
```

其結果，如下圖。

	SessionName	event_session_id	object_id	name	value
1	system_health	65536	34	collect_call_stack	0
2	system_health	65536	37	collect_call_stack	0
3	system_health	65536	40	collect_data	1
4	system_health	65536	48	max_memory	4096
5	system_health	65536	48	max_events_limit	5000
6	system_health	65536	67	filename	system_health.xel
7	system_health	65536	67	max_file_size	100
8	system_health	65536	67	max_rollover_files	10

圖 7.33 system_health 工作階段的目標資訊屬性

最常使用的是 ring_buffer 與 event_file，就上述的目標類型進行說明。

❖ 信號緩衝區目標

目標指得是當事件工作階段執行時，要如何儲存事件資料。修改前一節所建立的 Trace_QueryStatus 工作階段屬性，在「資料存放區」頁

面加入 ring_buffer 非同步信號緩衝區目標,如下圖所示。其下方「屬性」
的部分,「要保留的事件數目」使用預設值 1000,並且不設定「緩衝區
記憶體大小上限[7]」。

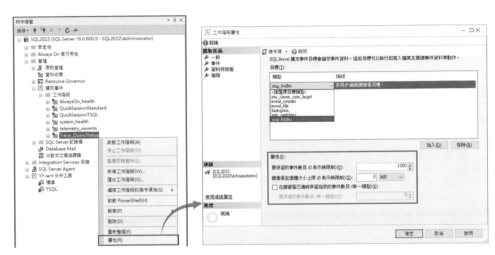

圖 7.34 建立 ring_buffer 類型的目標

在工作階段屬性中,「資料存放區」頁籤之「屬性」會指定用於事
件資料的記憶體數量及事件的遺失原則。而「進階」頁籤內的「分派」
則是事件在傳送至「目標」之前停留在擴充事件記憶體內的時間。

檢閱 ring buffer 的目標較常使用的方法,就是透過 T-SQL 查詢擴充
事件動態管理檢視表 sys.dm_xe_session_targets 的 target_data 欄位。
以之前所建立的 Trace_QueryStatus 工作區為例,透過以下語法即可取
得 ring buffer 目標資料內容。停用擴充事件工作階段後,所收集的資料

---

[7] 使用 ring_buffer 要小心,不管「緩衝區記憶體大小上限」設定為何,單一事件最大內容就只能小於
4Mbyte,超過的內容就看不到了,詳情可以參看以下的說明:https://blogs.msdn.microsoft.com/
psssql/2009/09/17/you-may-not-see-the-data-you-expect-in-extended-event-ring-buffer-targets/

會從系統資料移除,因此,再執行以下語法查詢將無法取得事件追蹤內容。

```
SELECT name, target_name, CAST(xet.target_data AS xml)
FROM sys.dm_xe_session_targets AS xet
JOIN sys.dm_xe_sessions AS xe
   ON (xe.address = xet.event_session_address)
WHERE xe.name = 'Trace_QueryStatus' AND target_name = 'ring_buffer'
```

若要透過 SSMS 工具檢視目標資料,可以滑鼠右鍵按一下目標名稱,然後選擇「檢視目標資料」選項。「信號緩衝區(ring_buffer)」內的資料格式為 XML,因此在右方視窗中點選「資料」欄位下的連結。即可在 SSMS 工具程式中檢視 ring_buffer.xml 檔案,如下圖所示。

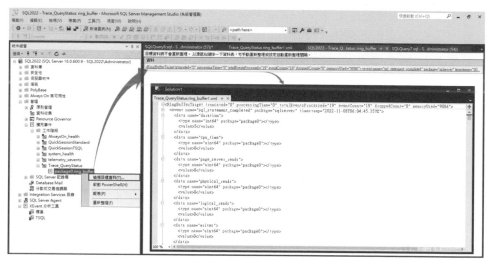

圖 7.35 檢視 ring_buffer 目標資料

以滑鼠右鍵點選目標視窗，可重新整理目標視窗或設定自動重新整理的時間間隔：

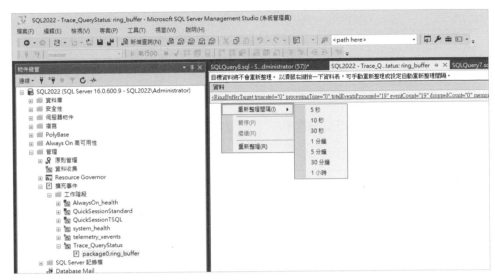

圖 7.36　設定目標資料自動重新整理間隔

一般使用 T-SQL 檢視信號緩衝區目標存放的追蹤資訊，透過 T-SQL 的 XQuery 語法即可查詢相關內容，如範例程式 7.4 所示：

範例程式 7.4：透過 XQuery 檢視 ring_buffer 目標內容

```
SELECT
event.value('(event/@name)[1]', 'varchar(50)') AS event_name,
event.value( '(/event/data[@name="cpu_time"]/value)[1]','INT') AS [CPU(ms)],
CONVERT(FLOAT,event.value('(/event/data[@name="duration"]/value)[1]','BIGINT')
)/1000 AS [Duration(s)],
event.value('(event/data[@name="logical_reads"]/value)[1]', 'int') AS
logical_reads,
event.value('(event/data[@name="writes"]/value)[1]','int') AS writes,
event.value('(/event/action[@name="database_name"]/value)[1]','varchar(max)')
AS DBName,
event.value('(/event/action[@name="client_app_name"]/value)[1]','varchar(max)'
) AS clientApp,
event.value('(event/data[@name="statement"]/value)[1]', 'nvarchar(max)') AS
statement
FROM(SELECT evnt.query('.') AS event
```

```
        FROM
          ( SELECT CAST(target_data AS xml) AS TargetData
            FROM sys.dm_xe_sessions AS s
                JOIN sys.dm_xe_session_targets AS t ON s.address =
                t.event_session_address
            WHERE s.name = 'Trace_QueryStatus' AND t.target_name = 'ring_buffer'
         ) AS tab
        CROSS APPLY TargetData.nodes ('RingBufferTarget/event') AS split(evnt)
      ) AS evts(event)
```

查詢結果如圖 7.37 所示：

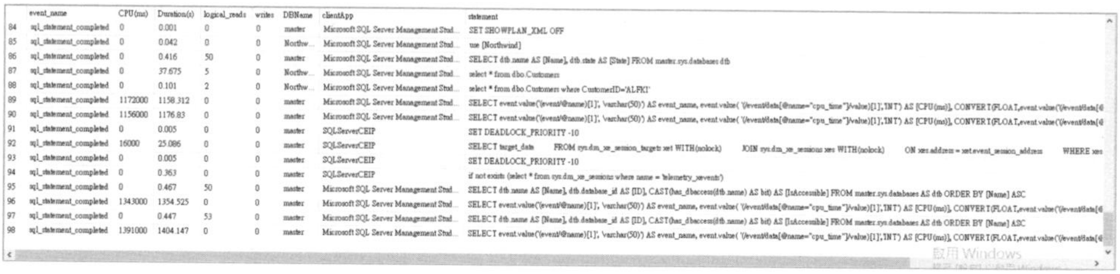

	event_name	CPU(ms)	Duration(s)	logical_reads	writes	DBName	clientApp	statement
84	sql_statement_completed	0	0.001	0	0	master	Microsoft SQL Server Management Stud...	SET SHOWPLAN_XML OFF
85	sql_statement_completed	0	0.042	0	0	Northw...	Microsoft SQL Server Management Stud...	use [Northwind]
86	sql_statement_completed	0	0.416	50	0	master	Microsoft SQL Server Management Stud...	SELECT dtb.name AS [Name], dtb.state AS [State] FROM master.sys.databases dtb
87	sql_statement_completed	0	37.675	5	0	Northw...	Microsoft SQL Server Management Stud...	select * from dbo.Customers
88	sql_statement_completed	0	0.101	2	0	Northw...	Microsoft SQL Server Management Stud...	select * from dbo.Customers where CustomerID='ALFKI'
89	sql_statement_completed	1172000	1158.312	0	0	master	Microsoft SQL Server Management Stud...	SELECT event.value('(event/@name)[1]', 'varchar(50)') AS event_name, event.value('(event/data[@name="cpu_time"]/value)[1]','INT') AS [CPU(ms)], CONVERT(FLOAT,event.value('(event/data[@
90	sql_statement_completed	1156000	1176.83	0	0	master	Microsoft SQL Server Management Stud...	SELECT event.value('(event/@name)[1]', 'varchar(50)') AS event_name, event.value('(event/data[@name="cpu_time"]/value)[1]','INT') AS [CPU(ms)], CONVERT(FLOAT,event.value('(event/data[@
91	sql_statement_completed	0	0.005	0	0	master	SQLServerCEIP	SET DEADLOCK_PRIORITY -10
92	sql_statement_completed	16000	25.086	0	0	master	SQLServerCEIP	SELECT target_data FROM sys.dm_xe_session_targets xet WITH(nolock) JOIN sys.dm_xe_sessions xes WITH(nolock) ON xes.address = xet.event_session_address WHERE xes
93	sql_statement_completed	0	0.005	0	0	master	SQLServerCEIP	SET DEADLOCK_PRIORITY -10
94	sql_statement_completed	0	0.363	0	0	master	SQLServerCEIP	if not exists (select * from sys.dm_xe_sessions where name = 'telemetry_xevents')
95	sql_statement_completed	0	0.467	50	0	master	Microsoft SQL Server Management Stud...	SELECT dtb.name AS [Name], dtb.database_id AS [ID], CAST(has_dbaccess(dtb.name) AS bit) AS [IsAccessible] FROM master.sys.databases AS dtb ORDER BY [Name] ASC
96	sql_statement_completed	1343000	1354.525	0	0	master	Microsoft SQL Server Management Stud...	SELECT event.value('(event/@name)[1]', 'varchar(50)') AS event_name, event.value('(event/data[@name="cpu_time"]/value)[1]','INT') AS [CPU(ms)], CONVERT(FLOAT,event.value('(event/data[@
97	sql_statement_completed	0	0.447	53	0	master	Microsoft SQL Server Management Stud...	SELECT dtb.name AS [Name], dtb.database_id AS [ID], CAST(has_dbaccess(dtb.name) AS bit) AS [IsAccessible] FROM master.sys.databases AS dtb ORDER BY [Name] ASC
98	sql_statement_completed	1391000	1404.147	0	0	master	Microsoft SQL Server Management Stud...	SELECT event.value('(event/@name)[1]', 'varchar(50)') AS event_name, event.value('(event/data[@name="cpu_time"]/value)[1]','INT') AS [CPU(ms)], CONVERT(FLOAT,event.value('(event/data[@

圖 7.37　透過 XQuery 檢視 ring_buffer 目標中的事件資料

若要透過 T-SQL 語法直接編輯擴充事件，可參見下列範例程式所提供的常用指令。

範例程式 7.5：建立工作階段指令常用的 DDL 語法

```
CREATE EVENT SESSION 工作階段名稱
ON { SERVER | DATABASE }
{
   ADD EVENT 事件封裝名稱.事件名稱
         [ ( {
                 [ SET { 事件的客製化屬性 = <value> [ ,...n] } ]
                 [ ACTION ( {事件封裝名稱.動作名稱 [ ,...n] } ) ]
                 [ WHERE <過濾事件述詞> ]
        } ) ]

    [ADD TARGET 事件封裝名稱.目標名稱
        [ ( SET { 目標參數名稱 = <value> [ ,...n] } ) ] ]
    [ WITH ( <工作階段選項> [ ,...n] ) ]
}
```

範例程式 7.5 所需的事件名稱、動作、目標..等，都可透過動態檢視表 sys.dm_xe_objects 取得相關資訊，經由 sys.dm_xe_objects 檢視表中的 package_guid 欄位值，即可從 sys.dm_xe_packages 檢視表取得相關的事件封裝名稱。由範例程式 7.6 說明如何取得事件名稱、動作、與目標名稱。

範例程式 7.6：擴充事件的動態檢視表取得相關的物件名稱

```
-- Event objects
SELECT p.name AS package_name,o.name AS event_name,o.description
FROM sys.dm_xe_packages AS p
    JOIN sys.dm_xe_objects AS o ON p.guid = o.package_guid
WHERE o.object_type = 'event'
    AND (p.capabilities IS NULL OR p.capabilities & 1 = 0)
    AND (o.capabilities IS NULL OR o.capabilities & 1 = 0)



-- Actions
SELECT p.name AS package_name,o.name AS event_name,o.description
FROM sys.dm_xe_packages AS p
    JOIN sys.dm_xe_objects AS o ON p.guid = o.package_guid
WHERE o.object_type = 'action'
    AND (p.capabilities IS NULL OR p.capabilities & 1 = 0)
    AND (o.capabilities IS NULL OR o.capabilities & 1 = 0)

-- Target
SELECT p.name AS package_name,o.name AS event_name,o.description
FROM sys.dm_xe_packages AS p
    JOIN sys.dm_xe_objects AS o ON p.guid = o.package_guid
WHERE o.object_type = 'target'
    AND (p.capabilities IS NULL OR p.capabilities & 1 = 0)
    AND (o.capabilities IS NULL OR o.capabilities & 1 = 0)
```

以先前所建立的 Trace_QueryStatus 工作階段為例,透過以下 CREATE EVENT SESSION 指令即可建立。若要在建立工作階段的指令碼之前,刪除相同名稱的工作階段,可透過動態檢視表 sys.server_event_sessions 判斷。

範例程式 7.7:透過 CREATE EVENT SESSION 指令建立擴充事件工作階段

```
IF EXISTS (SELECT * FROM sys.server_event_sessions WHERE name =
'Trace_QueryStatus')
    DROP EVENT SESSION Trace_QueryStatus ON SERVER;

CREATE EVENT SESSION [Trace_QueryStatus] ON SERVER
ADD EVENT sqlserver.sql_statement_completed(SET collect_statement=(1)

ACTION(package0.process_id,sqlos.task_time,sqlserver.client_app_name,sqlserver
.database_name,sqlserver.plan_handle,sqlserver.sql_text,sqlserver.username)
    WHERE ([sqlserver].[is_system]=(0)))
ADD TARGET package0.ring_buffer
WITH (MAX_MEMORY=4096
KB,EVENT_RETENTION_MODE=ALLOW_SINGLE_EVENT_LOSS,MAX_DISPATCH_LATENCY=30
SECONDS,MAX_EVENT_SIZE=0
KB,MEMORY_PARTITION_MODE=NONE,TRACK_CAUSALITY=OFF,STARTUP_STATE=ON)
GO
```

若對相關的指令碼不熟,可透過圖形介面產生指令碼,在「物件總管」視窗中以滑鼠右鍵點選工作階段,而後選擇快捷選單中的「編寫工作階段的指令碼為(S)」→「CREATE 至(C)」→「新增查詢編輯器視窗」。如下圖所示,取得建立工作階段所需的程式碼。

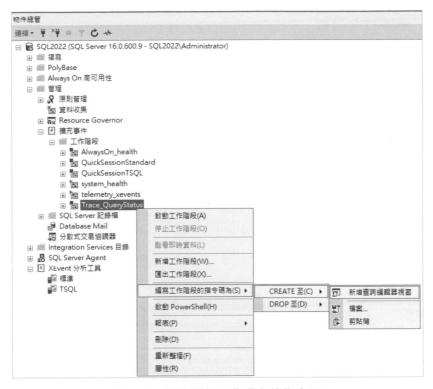

圖 7.38　產生編輯工作階段的指令碼

在另一台伺服器執行產出的 T-SQL 指令碼，即可快速建立擴充事件工作階段。

建立好的工作階段預設不會啟動，透過以下 ALTER EVENT SESSION 指令碼修改工作階段狀態，即可啟動或停用擴充事件工作階段。

```
--啟動擴充事件工作階段
ALTER EVENT SESSION Trace_QueryStatus ON SERVER STATE=START;

--停用擴充事件工作階段
ALTER EVENT SESSION Trace_QueryStatus ON SERVER STATE=STOP;
```

❖ **事件檔案目標**

　　事件檔案目標是將完整的記憶體內容寫入檔案。接下來修改先前建立 Trace_QueryStatus 的工作階段屬性，在資料存放區增加「事件檔案（event_file）」，如圖 7.39 所示。

　　當加入事件檔案目標之後，需在「屬性」設定目標檔案存放的路徑與名稱，範例中使用 C:\TEMP\Trace_QueryStatus.xel。檔案大小上限預設為 1GB，這裡可依實際需求自行修改（如果未指定檔案大小上限，檔案可以成長到塞滿磁碟。啟用檔案換用後，預設事件檔案最多保留 5 份檔案）。

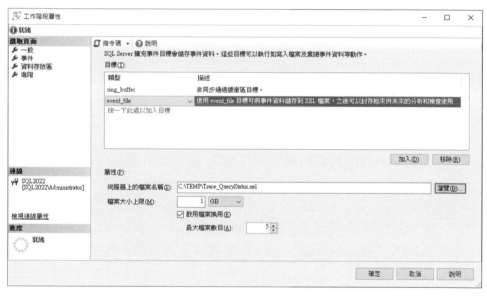

圖 7.39　建立 event_file 類型的資料儲存區

　　當「事件檔案」第一次建立檔案時，會在指定的檔案名稱附加_0_和一長串整數。這個整數值會計算成介於 1601 年 1 月 1 日與建立檔案之 UTC 日期時間差之 10 的負七次方秒數，後續的換用檔案也會使用這個格式。透過檢查長整數的值，可以判斷出最新的檔案。

　　以上圖所建立的檔案路徑 C:\TEMP\Trace_QueryStatus.xel 為例。在 C:\TEMP 目錄所建立的第一個檔案為 C:\TEMP\Trace_QueryStatus_0_133124478451920000.xel。可以 PowerShell 計算出建立日期：

```
$sec=133124478451920000
$sec*=0.0001
$d=new-object datetime(1601,1,1)
$d.AddMilliseconds($sec).AddHours(8)
```

　　啟動工作階段 Trace_QueryStatus 後，透過以下擴充事件管理檢視表可查詢 event_file 屬性：

```
SELECT s.name,o.object_name, o.column_name, o.column_value
FROM sys.dm_xe_sessions s
   JOIN sys.dm_xe_session_object_columns o ON s.address = o.event_session_address
WHERE s.name = 'Trace_QueryStatus' AND o.object_name = 'event_file'
```

　　查詢結果，如下圖所示。

	name	object_name	column_name	column_value
1	Trace_QueryStatus	event_file	filename	C:\TEMP\Trace_QueryStatus.xel
2	Trace_QueryStatus	event_file	max_file_size	1024
3	Trace_QueryStatus	event_file	max_rollover_files	5
4	Trace_QueryStatus	event_file	increment	0
5	Trace_QueryStatus	event_file	metadatafile	NULL
6	Trace_QueryStatus	event_file	lazy_create_blob	false
7	Trace_QueryStatus	event_file	is_indexed_file_target	false
8	Trace_QueryStatus	event_file	external_tolomotry_query	false
9	Trace_QueryStatus	event_file	add_app_name	false

圖 7.40　經由擴充事件管理檢視表查詢「事件檔案」屬性

　　若要檢視「事件檔案」內容，可經由「物件總管」視窗中以滑鼠右鍵點選 Trace_QueryStatus 工作階段底下的 package0.event_file 節點，選擇快捷選單中的「檢視目標資料」，即可以資料表型態檢視事件檔案的內容，如圖 7.41 所示。

圖 7.41　檢視「事件檔案」目標資料

　　此外，滑鼠雙擊 C:\TEMP\Trace_QueryStatus.xel 檔案，或將檔案拖放至 SSMS 也可直接開啟。若要檢視多個.XEL 檔案，可在 SSMS 工具選單的「檔案」→「開啟」功能表中選取「合併擴充的事件檔案」。

　　除了可經由 SSMS 提供的使用者介面工具檢視目標檔案，也可利用系統函數 sys.fn_xe_file_target_read_file 讀取 XEL 事件檔案，它以 XML 格式針對每個事件傳回一筆資料列。函數的參數定義如下所示，所有參數沒有預設值，且資料型態均為 nvarchar(260)。

```
sys.fn_xe_file_target_read_file ( path, mdpath, initial_file_name, initial_offset )
```

參數的個別用途說明如下：

- path：目標檔案的路徑，可包含萬用字元和檔案名稱。預設目錄為「<安裝資料夾位置>\MSSQL\Log」，如非使用預設目錄則需要輸入指定路徑。

- mdpath：對應至 path 引數所指定之檔案的中繼資料檔路徑，資料型態為 nvarchar(260)。SQL Server 2012 後不需要 mdpath 參數。但是，為了與舊版 SQL Server 產生之記錄檔相容而保留。

- initial_file_name：指定要從 path 中讀取的第一個檔案。若指定為 null，就會讀取在 path 中找到的所有檔案。

- initial_offset：指定跳過先前讀取的記錄之位移，也就是略過部分事件直到位移為止（含），列舉從指定位移之後的事件。initial_offset 資料類型是 bigint。若指定為 null，就會讀取整個檔案。initial_file_name 和 initial_offset 是成對的引數，必須同時指定。

```
----查詢 UTC 前一天的數據語法，SQL 2012 之後的查詢語法只需要指定.xel
SELECT module_guid,package_guid,OBJECT_NAME,CONVERT(XML,EVENT_DATA)  AS
DATA ,FILE_NAME,timestamp_utc
FROM  sys.fn_xe_file_target_read_file('C:\TEMP\Trace_QueryStatus_*.xel',
NULL,NULL, NULL)
WHERE cast(timestamp_utc as datetime2(7)) > dateadd(day, -1, GETUTCDATE())
```

動態管理檢視函數 sys.fn_xe_file_target_read_file 讀取的結果如下圖所示，系統會以 XML 格式[8]針對每個資料列傳回一個事件。

---

[8] SQL Server 2008 和 SQL Server 2008 R2 會接受 XEL 與 XEM 格式所產生的追蹤結果。SQL Server 2012 擴充事件只支援 XEL 格式的追蹤結果。

圖 7.42 透過動態管理函數檢視事件檔案目標資料

以滑鼠點選圖 7.42 的 DATA 欄位內容，可在 SSMS 工具中檢視 XML 資料。使用下列範例程式可解析 XML 中的 DATA 欄位資料。

範例程式 7.8：透過 XQuery 檢視事件檔案目標內容

```sql
SELECT
d.value( '(/event[@name=''sql_statement_completed'']/@timestamp)[1]','DATETIME
') AS [TIME] ,
d.value( '(/event/data[@name=''cpu_time'']/value)[1]','INT') AS [CPU(ms)],
CONVERT(FLOAT,d.value('(/event/data[@name=''duration'']/value)[1]','BIGINT'))/
1000 AS [Duration(s)],
d.value( '(/event/data[@name=''logical_reads'']/value)[1]','INT') AS
logical_reads,
d.value( '(/event/data[@name=''physical_reads'']/value)[1]','INT') AS
physical_reads,
d.value('(/event/data[@name=''writes'']/value)[1]','INT') AS writes,
d.value('(/event/data[@name=''statement'']/value)[1]','varchar(max)') AS
statement,
d.value('(/event/action[@name=''database_name'']/value)[1]','varchar(max)') AS
[DBNAME],
d.value('(/event/action[@name=''username'']/value)[1]','varchar(max)') AS
[username],
d.value('(/event/action[@name=''client_app_name'']/value)[1]','varchar(max)')
AS [client_app]
FROM
 (SELECT  CONVERT(XML,EVENT_DATA)  AS d
  FROM sys.fn_xe_file_target_read_file ('C:\TEMP\Trace_QueryStatus*.xel', NULL,
NULL, NULL)
 )A
 WHERE
CONVERT(FLOAT,d.value('(/event/data[@name=''duration'']/value)[1]','BIGINT'))/
1000 >0
```

其回傳結果，如下圖所示。

	TIME	CPU(ms)	Duration(s)	logical_reads	physical_reads	writes	statement	DBNAME	username	client_app
1	2022-11-08 08:38:11.837	0	0.001	0	0	0	if @edition = N'SQL Azure'	master	SQL2022\Administrator	Microsoft SQL Server Management Studio
2	2022-11-08 08:38:11.837	0	0.011	0	0	0	SELECT case when @edition = N'SQL Azure' then 2 else 1 end as 'DatabaseEngineType', SERVERPROPERTY('EngineEd...	master	SQL2022\Administrator	Microsoft SQL Server Management Studio
3	2022-11-08 08:38:11.837	0	0.135	0	0	0	exec ('select CONVERT(nvarchar(40),CONNECTIONPROPERTY(''net_transport'')) as ConnectionProtocol')	master	SQL2022\Administrator	Microsoft SQL Server Management Studio
4	2022-11-08 08:38:11.837	0	0.016	0	0	0	SET @edition = cast(SERVERPROPERTY(N'EDITION') as sysname);	master	SQL2022\Administrator	Microsoft SQL Server Management Studio
5	2022-11-08 08:38:11.837	0	0.004	0	0	0	SET LOCK_TIMEOUT 10000	master	SQL2022\Administrator	Microsoft SQL Server Management Studio
6	2022-11-08 08:38:11.837	0	0.056	0	0	0	select host_platform from sys.dm_os_host_info	master	SQL2022\Administrator	Microsoft SQL Server Management Studio
7	2022-11-08 08:38:13.130	0	0.001	0	0	0	SET LOCK_TIMEOUT -1	master	SQL2022\Administrator	Microsoft SQL Server Management Studio - 查詢
8	2022-11-08 08:38:13.130	0	0.001	0	0	0	SET DEADLOCK_PRIORITY NORMAL	master	SQL2022\Administrator	Microsoft SQL Server Management Studio - 查詢
9	2022-11-08 08:38:13.130	0	0.001	0	0	0	SET ROWCOUNT 0	master	SQL2022\Administrator	Microsoft SQL Server Management Studio - 查詢
10	2022-11-08 08:38:13.130	0	0.011	0	0	0	SELECT SYSTEM_USER	master	SQL2022\Administrator	Microsoft SQL Server Management Studio - 查詢
11	2022-11-08 08:38:13.133	0	0.02	0	0	0	select SERVERPROPERTY('ProductLevel')	master	SQL2022\Administrator	Microsoft SQL Server Management Studio - 查詢
12	2022-11-08 08:38:13.153	0	0.018	0	0	0	SELECT case when @edition = N'SQL Azure' then 2 else 1 end as 'DatabaseEngineType', SERVERPROPERTY('EngineEd...	master	SQL2022\Administrator	Microsoft SQL Server Management Studio - 查詢
13	2022-11-08 08:38:13.153	0	0.028	0	0	0	SET @edition = cast(SERVERPROPERTY(N'EDITION') as sysname);	master	SQL2022\Administrator	Microsoft SQL Server Management Studio - 查詢
14	2022-11-08 08:38:13.157	0	0.001	0	0	0	if @edition = N'SQL Azure'	master	SQL2022\Administrator	Microsoft SQL Server Management Studio - 查詢
15	2022-11-08 08:38:13.157	0	0.194	0	0	0	exec ('select CONVERT(nvarchar(40),CONNECTIONPROPERTY(''net_transport'')) as ConnectionProtocol')	master	SQL2022\Administrator	Microsoft SQL Server Management Studio - 查詢
16	2022-11-08 08:38:13.157	0	0.086	0	0	0	select host_platform from sys.dm_os_host_info	master	SQL2022\Administrator	Microsoft SQL Server Management Studio - 查詢

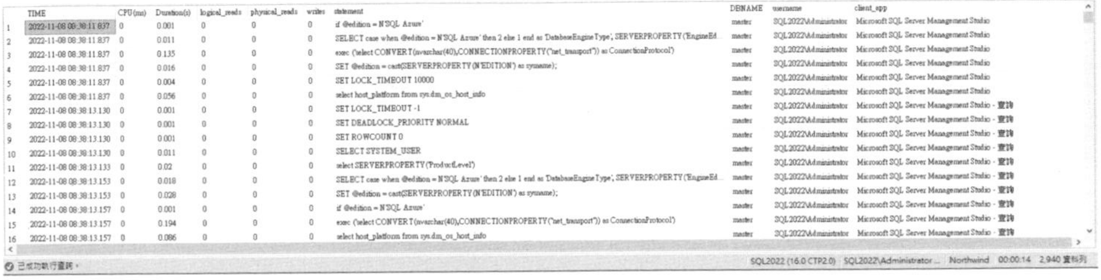

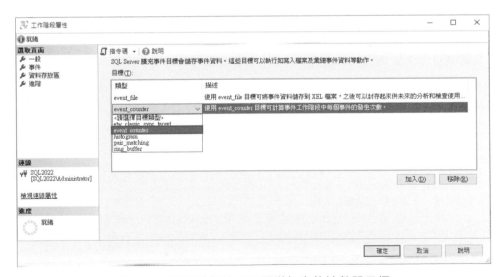

圖 7.43 透過 T-SQL 指令取得 XEL 事件檔案中 DATA 欄位資料回傳結果

❖ 事件計數器目標

事件計數器目標可用來統計擴充事件工作階段發生的事件數量，取得有關工作負載特性的資訊，避免因收集完整事件造成負擔。設定事件計數器目標時不需任何參數。以先前的範例為例，修改 Trace_QueryStatus 工作階段屬性，在資料存放區頁面中增加「事件計數器目標」後，點選下方的確定按鈕：

圖 7.44 在資料存放區頁面增加事件計數器目標

若要檢閱 Trace_QueryStatus 工作階段的事件計數器目標內容，可透過下列動態檢視表查詢：

```
SELECT s.name,CAST(target_data AS XML) as target_data
FROM sys.dm_xe_sessions AS s
JOIN sys.dm_xe_session_targets AS t ON t.event_session_address = s.address
WHERE s.name = 'Trace_QueryStatus'  AND t.target_name = 'event_counter'
```

由上述語法所取得的事件計數器目標輸出格式如下：

```
<CounterTarget truncated = "0">
  <Packages>
    <Package name = "封裝名稱">
      <Event name = "事件名稱" count = "統計數量" />
    </Package>
  </Packages>
</CounterTarget>
```

修改 Trace_QueryStatus 工作階段屬性後，需重新啟用工作階段，加入的目標才會開始啟用。透過範例程式 7.9 的查詢語法即可取得目前的統計資料。

範例程式 7.9：透過 XQuery 檢視事件計數器目標內容

```
SELECT
    n.value('../@name[1]', 'varchar(50)') as PackageName,
    n.value('@name[1]', 'varchar(50)') as EventName,
    n.value('@count[1]', 'int') as Occurence
FROM
(
SELECT CAST(target_data AS XML) as target_data
FROM sys.dm_xe_sessions AS s
JOIN sys.dm_xe_session_targets AS t ON t.event_session_address = s.address
WHERE s.name = 'Trace_QueryStatus'  AND t.target_name = 'event_counter'
) as tab
CROSS APPLY target_data.nodes('CounterTarget/Packages/Package/Event') as q(n)
```

經過一段時間的追蹤之後，透過範例程式 7.9 取得的查詢結果如下圖。此資料說明在這段期間 sql_statment_completed 共發生 71 次事件。

	PackageName	EventName	Occurence
1	sqlserver	sql_statement_completed	71

圖 7.45 計算在擴充事件工作階段期間的事件收集的統計數量

❖ 事件配對目標

許多事件應以成對的形式出現，例如：開始與完成查詢、取得和釋放鎖定。事件「配對目標」會使用每個事件一個以上資料行來比對兩個事件。當先後發生的序列事件配對後，會捨棄這兩個事件，這可輕鬆偵測尚未釋放的鎖定。

藉由事件層級的篩選，配對目標可用來擷取不符合預設準則的事件。當使用事件配對目標時，可加入要比對的兩個事件，以及比對所需的資料行。依順序對應的所有資料行都必須有相同的類型。透過以下語法可取得用來設定事件配對的可用選項：

範例程式 7.10：設定事件配對的可用選項

```
SELECT oc.name AS
column_name,oc.column_id,oc.type_name,oc.capabilities_desc,oc.description
FROM sys.dm_xe_packages AS p
JOIN sys.dm_xe_objects AS o ON p.guid = o.package_guid
JOIN sys.dm_xe_object_columns AS oc ON o.name = oc.OBJECT_NAME AND o.package_guid
= oc.object_package_guid
WHERE(p.capabilities IS NULL OR p.capabilities & 1 = 0)
  AND (o.capabilities IS NULL OR o.capabilities & 1 = 0)
  AND o.object_type = 'target'  AND o.name = 'pair_matching'
ORDER BY 3 DESC,5
```

查詢結果，如下圖所示。

	column_name	column_id	type_name	capabilities_desc	description
1	end_event	3	unicode_string_ptr	mandatory	指定配對順序中結束事件的事件名稱
2	begin_event	0	unicode_string_ptr		指定配對順序中開始事件的事件名稱
3	end_matching_actions	5	unicode_string_ptr		要執行比對的動作。已排序的動作名稱清單，以逗號分隔
4	begin_matching_actions	2	unicode_string_ptr		要執行比對的動作。已排序的動作名稱清單，以逗號分隔
5	begin_matching_columns	1	unicode_string_ptr		要執行比對的資料行。已排序的資料行名稱清單，以逗號分隔
6	end_matching_columns	4	unicode_string_ptr		要執行比對的資料行。已排序的資料行名稱清單，以逗號分隔
7	max_orphans	7	uint32		要儲存的遺棄項目上限
8	respond_to_memory_pressure	6	boolean		回應記憶體事件。0:不回應，1:有記憶體不足的壓力時停止將新遺棄項加入清單

圖 7.46 設定事件配對的可用選項

事件配對目標會擷取所有與事件有關的資料，儲存起來以配對接下來發生的事件。此外，也會收集動作所加入的資料。收到的事件資料會儲存在記憶體中，因此會有系統容量的限制。使用的記憶體數量會根據可用的系統資源而定，而不會將最大記憶體數量當作參數使用。當記憶體不足時，將卸除已經保留且未配對的事件。如果事件尚未配對且遭到卸除，則相符的事件以未配對事件的形式出現。

配對目標會將未配對的事件序列化成 XML 格式，它只包含兩個元素類型。<unpaired> 元素是根元素，後面緊接著<event>元素代表目前正在追蹤之各個未配對的事件。<event>元素包含一個屬性標示未配對事件的名稱。

以下簡單地建立一個工作階段，示範如何以配對目標擷取不符預設準則的事件。從「物件總管」視窗展開擴充事件，以滑鼠右鍵點選「工作階段」後選擇「新增工作階段」，在「工作階段屬性」對話窗的「一般」頁籤中，設定此工作階段名稱為 Trace_pair。接著，在「事件」頁籤中加入 sql_statement_starting 與 sql_statement_completed 可用來配對的事件，為避免過多的追蹤資訊，在各個事件中設定篩選條件，指定 sqlserver.is_system＝0 以省略系統程序所引發的事件。

最後，在「資料存放區」加入事件配對（pair_matching）的目標類型，並在開頭與結尾的下拉選單分別指定 sql_statement_starting 與

sql_statement_completed。設定開始和結束事件,以及要比對的動作或
資料行,如下圖所示。

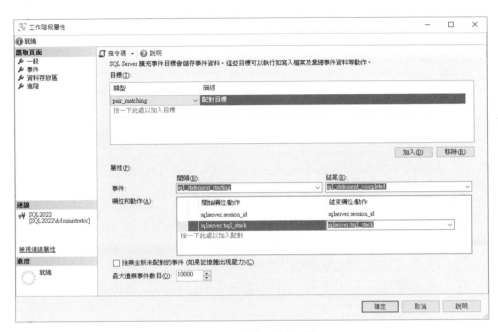

圖 7.47 設定配對目標

上述操作步驟也可透過以下 CREATE EVENT SESSION 指令建立。在
指令碼中使用 ADD TARGET package0.pair_matching 語法加入事件配對
目標,透過 SET 指令設定開始與結束的欄位對應。完整的指令碼如下:

範例程式 7.11:建立擴充事件工作階段追蹤事件配對

```
IF EXISTS (SELECT *FROM sys.server_event_sessions WHERE name = 'Trace_pair')
    DROP EVENT SESSION Trace_QueryStatus
    ON SERVER;
GO

CREATE EVENT SESSION [Trace_pair] ON SERVER
ADD EVENT sqlserver.sql_statement_completed(SET collect_statement=(1)

ACTION(sqlos.task_time,sqlserver.client_app_name,sqlserver.database_name,sqlse
rver.session_id,sqlserver.sql_text,sqlserver.tsql_stack,sqlserver.username)
```

```
    WHERE ([sqlserver].[is_system]=(0))),
ADD EVENT sqlserver.sql_statement_starting(SET collect_statement=(1)

ACTION(sqlos.task_time,sqlserver.client_app_name,sqlserver.database_name,sqlse
rver.session_id,sqlserver.sql_text,sqlserver.tsql_stack,sqlserver.username)
    WHERE ([sqlserver].[is_system]=(0)))
ADD TARGET package0.pair_matching(SET
begin_event=N'sqlserver.sql_statement_starting',begin_matching_actions=N'sqlse
rver.session_id,sqlserver.tsql_stack',end_event=N'sqlserver.sql_statement_comp
leted',end_matching_actions=N'sqlserver.session_id,sqlserver.tsql_stack')
WITH (MAX_MEMORY=4096
KB,EVENT_RETENTION_MODE=ALLOW_SINGLE_EVENT_LOSS,MAX_DISPATCH_LATENCY=30
SECONDS,MAX_EVENT_SIZE=0
KB,MEMORY_PARTITION_MODE=NONE,TRACK_CAUSALITY=OFF,STARTUP_STATE=ON)
GO

ALTER EVENT SESSION Trace_pair ON SERVER STATE=START;
```

接著，在產生一些測試用的查詢事件前，先修改以下 SSMS 工具中的「連接屬性」。如下圖，將連接的「執行逾時」修改為 3 秒。

圖 7.48　設定連線執行逾時時間為 3 秒

完成上述設定後，在查詢視窗中執行以下語法。故意在最後一個查詢中使用 WAITFOR DELAY '00:00:20' 讓執行的時間超過 3 秒鐘。

```
use [Northwind]
go


SELECT * FROM [dbo].[Customers] WHERE CustomerID='ALFKI'
WAITFOR DELAY '00:00:20'
```

最後，使用下列查詢，可檢視比對目標的輸出結果。

範例程式 7.12：透過 XQuery 語法檢視事件配對目標的輸出內容

```
SELECT
    n.value('(event/@name)[1]', 'varchar(50)') AS event_name,
    n.value('(event/@package)[1]', 'varchar(50)') AS package_name,
    DATEADD(hh,
            DATEDIFF(hh, GETUTCDATE(), CURRENT_TIMESTAMP),
            n.value('(event/@timestamp)[1]', 'datetime2')) AS [timestamp],
    n.value('(/event/action[@name=''database_name'']/value)[1]','varchar(max)')
AS [DBNAME],
    n.value('(event/data[@name="state"]/text)[1]', 'varchar(50)') as [state],
    n.value('(event/data[@name="offset"]/value)[1]', 'int') as [offset],
    n.value('(event/data[@name="statement"]/value)[1]', 'varchar(max)') as
[statement],
    n.value('(event/data[@name="offset_end"]/value)[1]', 'int') as [offset_end],
    n.value('(event/action[@name="session_id"]/value)[1]', 'int') as session_id
FROM(SELECT evnt.query('.') AS n
    FROM
      ( SELECT CAST(target_data AS xml) AS TargetData
        FROM sys.dm_xe_sessions AS s
          JOIN sys.dm_xe_session_targets AS t ON s.address = t.event_session_address
        WHERE s.name = ' Trace_pair' AND t.target_name = 'pair_matching'
      ) AS tab
      CROSS APPLY TargetData.nodes ('PairingTarget/event') AS split(evnt)
    ) AS evts(n)
```

查詢結果如下圖所示，由於最後一筆查詢指令出現逾時錯誤，因此工作階段所追蹤到的事件內容只會有 sql_statement_starting，而不會有 sql_statement_completed 事件。由於使用事件配對目標存放資料，目標存的內容只會列出沒有配對成功的事件。

	event_name	package_name	timestamp	DBNAME	state	offset	statement	offset_end	session_id
1	sql_statement_starting	sqlserver	2022-11-09 16:20:00.8710000	DEMO	Normal	0	SELECT db.name as HasMemoryOptimizedObjects from ...	316	62
2	sql_statement_starting	sqlserver	2022-11-09 16:20:48.5320000	Northwind	Normal	0	SELECT n.value('(event/@name)[1]', 'varchar(50)') A...	2378	55
3	sql_statement_starting	sqlserver	2022-11-09 16:20:43.5050000	Northwind	Normal	120	WAITFOR DELAY '00:00:20'	-1	78

圖 7.49 事件配對目標查詢結果

❖ 使用長條圖目標

在資料庫管理與維運作業，除了要管理正式環境的資料庫，也需要維護開發與測試環境的資料庫。開發與測試環境中可能會有許多不同用途的資料庫，長久累積下非常佔空間。當需要規劃資料庫伺服器的用量時，第一步就是找出使用這些資料庫的程式或相關人員。有個簡單的方法判斷，透過擴充事件追蹤 lock_acquired 事件的 shared transaction workspace（SharedXactWorkspace）鎖定狀態，確認資料庫是否有程序使用，以判斷是否可移除。

經由 SSMS 提供的使用者介面建立新的工作階段後，並命名此工作階段為 Trace_DatabaseUsage，我們將擴充事件追蹤的結果存放到長條圖目標中。在事件頁面中加入 lock_acquired 事件後，篩選頁籤設定以下條件，指定追蹤鎖定的 owner_type＝SharedXactWorkspace、resource_type ＝ Database，表示要追蹤的資源型態為資料庫層級。由於在此範例中只觀察使用者資料庫，以及使用者登入的連線，因此過濾條件中加入 sqlserver.is_system ＝ 0。最後，切換到「事件欄位」頁籤，勾選 database_name，完整設定如下圖所示。

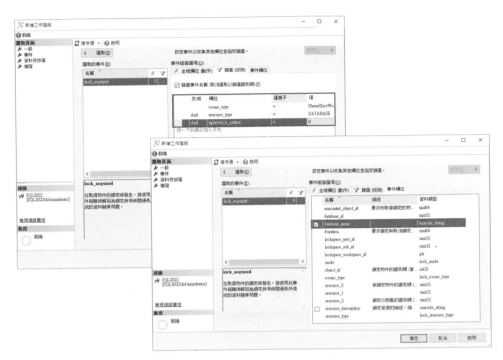

圖 7.50　設定事件屬性與過濾條件

　　在工作階段屬性的「資料存放區」頁面加入目標類型「histogram」，使用長條圖目標，根據 lock_acquired 事件中的 database_name 欄位彙總資料。在要篩選的事件中選擇 lock_acquired 事件，勾選「基底值區歸屬」欄位後，透過下拉選單選擇 lock_acquired 事件的「全域欄位」database_name 即可，如下圖所示。

圖 7.51　設定資料存放區

上述操作步驟也可透過以下 T-SQL 語法建立。

範例程式 7.13：建立工作階段追蹤資料庫使用次數

```
IF EXISTS (SELECT * FROM sys.server_event_sessions WHERE name =
'Trace_DatabaseUsage')
    DROP EVENT SESSION Trace_DatabaseUsage ON SERVER;

-- Create the Event Session
CREATE EVENT SESSION [Trace_DatabaseUsage] ON SERVER
ADD EVENT sqlserver.lock_acquired(SET collect_database_name=(1)
    WHERE ([owner_type]='SharedXactWorkspace' AND [resource_type]='DATABASE'
AND [sqlserver].[is_system]=(0)))
ADD TARGET package0.histogram(SET
filtering_event_name=N'sqlserver.lock_acquired',source=N'database_name',source
_type=(0))
WITH (MAX_MEMORY=4096
KB,EVENT_RETENTION_MODE=ALLOW_SINGLE_EVENT_LOSS,MAX_DISPATCH_LATENCY=30
SECONDS,MAX_EVENT_SIZE=0
KB,MEMORY_PARTITION_MODE=NONE,TRACK_CAUSALITY=OFF,STARTUP_STATE=OFF)
GO

-- 啟用 Event Session
ALTER EVENT SESSION Trace_DatabaseUsage ON SERVER STATE = START;
```

建立完成後，經由使用者介面檢視目標資料結果，如圖 7.51 所示。可在 SSMS 工具中開啟另一個查詢視窗不斷地執行以下語法，以測試彙總結果。

```
USE [Northwind]
GO
```

在 SSMS 工具中展開 Trace_DatabaseUsage 工作階段，以滑鼠右鍵點選 package0.histogram，選擇「檢視目標資料」，即可查詢目前各資料庫使用狀況。其中 count 欄位中的數值表示該資料庫被使用的次數，如下圖所示。

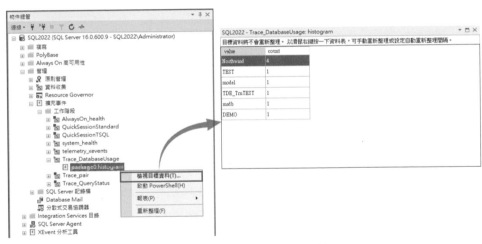

圖 7.52 檢視長條圖目標資料

長條圖目標資料所彙總後的結果可經由 sys.dm_xe_session_targets 動態管理檢視表中的 Target_data 欄位取得，此欄位的資料型態為 XML。透過下列語法解析 XML 內容即可取得與圖 7.52 相同的結果集。

範例程式 7.14：透過動態管理檢視表解析 XML 內容，取得長條圖目標資料彙總結果

```
SELECT slot.query('./value').value('.', 'VARCHAR(128)') AS
[Database] ,slot.value('./@count', 'int') AS [Count]
FROM (
```

```
SELECT CAST(target_data AS XML) AS target_data
FROM sys.dm_xe_session_targets AS t
    INNER JOIN sys.dm_xe_sessions AS s ON t.event_session_address = s.address
WHERE s.name = 'Trace_DatabaseUsage' AND t.target_name = 'histogram'
) AS tgt(target_data)
CROSS APPLY target_data.nodes('/HistogramTarget/Slot') AS bucket(slot)
ORDER BY slot.value('./@count', 'int') DESC
GO
```

❖ Windows 事件追蹤目標

ETW（Event Tracing for Windows）是 Windows 2000 後作業系統提供的追蹤機制[9]，SQL Server 擴充事件可搭配 ETW 一起使用，當作事件的接收者。擴充事件使用的 ETW 目標僅有一個，可加入至不同的工作階段。如果某個事件可能在許多工作階段同時觸發，該事件發生後只會傳至 ETW 目標一次。此外，SQL Server 服務啟動帳戶必須是 Windows 作業系統的「Performance Log Users」群組成員才可使用 ETW 目標。

ETW 工作階段中的事件組態是由裝載擴充事件引擎的處理序所控制。此引擎會控制要觸發的事件，以及必須符合的條件。當繫結至擴充事件工作階段之後（第一次附加 ETW 目標），ETW 目標會在 SQL Server 提供者上開啟單一 ETW 工作階段。之後再繫結 ETW 至擴充事件，若先前的 ETW 工作階段已經存在，ETW 目標會取得現有工作階段的參考。一台電腦上所有的 SQL Server 執行個體將共用相同的 ETW 工作階段，該 ETW 工作階段會從具有 ETW 目標的各個擴充事件工作階段接收所有的事件。

---

[9]　Windows 事件追蹤(ETW)是作業系統提供的一般用途追蹤。ETW 使用 Windows 核心實作的緩衝處理和記錄機制，追蹤使用者模式的應用程式與核心模式的裝置驅動程式所觸發的事件。

當事件觸發時，ETW 目標會傳送此事件到工作階段（此工作階段上已啟用此事件的提供者）。ETW 目標支援在觸發事件的執行緒上同步發行事件，但不支援非同步的事件發行。

接下來實作以 ETW 為目標的擴充事件工作階段。

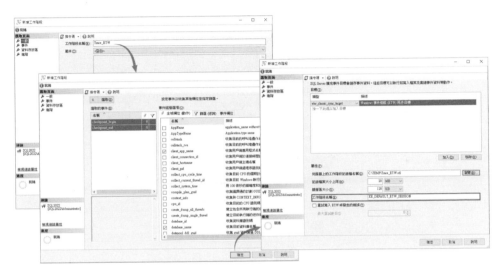

圖 7.53 設定 Window 事件追蹤目標

建立工作階段完成後，開啟效能監視器工具檢視事件追蹤工作階段，可看到新增了 XE_DEFAULT_ETW_SESSION 工作階段：

圖 7.54 檢視事件追蹤工作階段

透過滑鼠右鍵點選上圖的 XE_DEFAULT_ETW_SESSION 項目的內容，而後在「目錄」頁籤可以檢視實際存放事件資料的檔案目錄位置，接下來，整合放在此處所標示的目錄下之 XEEtw.etl 檔案。

除了使用效能監視器外，也可以開起命令提示字元工具，執行以下指令檢視目前正在執行中的工作階段：

```
logman query -ets
```

若要同時追蹤 SQL Server 運作時，在作業系統核心同時觸發了那些事件，可以系統管理員的身分在命令提示列執行以下的語法：

```
logman start "NT Kernel Logger" /p "Windows Kernel Trace" (process,thread,disk)
/o C:\TEMP\systemevents.etl /ets
```

這會啟動 NT Kernel Logger，以擷取系統核心的程序（process）、執行緒（thread）和磁碟（disk）事件資訊到 systemevents.etl 檔案中。

接下來，簡單執行下列語法，以觸發圖 7.54 所擷取的事件：

```
use northwind
select * into t from customers
checkpoint
```

之後更新 Windows 核心系統所記錄的事件，語法如下：

```
logman update "NT Kernel Logger" /fd /ets
logman stop "NT Kernel Logger" /ets
```

在命令提示字元執行三句指令，分別啟動、更新與停止 Windows 核心記錄，如下圖所示。

圖 7.55　更新事件追蹤階段的緩衝區內容

同時，透過以下指令更新 SQL Server 擴充事件所引用的 ETW 工作階段 XE_DEFAULT_ETW_SESSION：

```
logman update XE_DEFAULT_ETW_SESSION /fd /ets
logman stop XE_DEFAULT_ETW_SESSION /ets
```

而後可透過命令提式工具列呼叫 tracerpt 工具程式，以不同的格式輸出錄製的結果。使用下列語法，將 ETW 擷取到的結果輸出成文字檔：

```
tracerpt C:\TEMP\Trace_ETW.etl -o C:\TEMP\Trace_ETW.txt
```

另外，可以透過如下指令整合不同的 ETW 事件追蹤結果：

```
tracerpt C:\TEMP\systemevents.etl C:\TEMP\Trace_ETW.etl -o
C:\TEMP\ETW_Merged.csv -of CSV
```

若直接點擊 .etl 檔案，可透過 Windows Performance Analyzer (wpa.exe)[10] 工具程式開啟，以圖形介面的方式呈現 ETW 事件追蹤結果。

7.2.3 使用擴充事件追蹤 blocking

接下來說明如何透過擴充事件追蹤鎖定與被鎖定。以往，追蹤 blocking 的方式有很多種，包含利用 sp_who、sp_who2、動態管理檢視或是透過先前介紹的工具程式，例如：活動監視器或 SQL Trace/Profiler 都可以觀察 blocking。若要監控長時間的 blocking，一般會選擇 SQL Trace/Profiler 或擴充事件。

要 SQL Server 在 SQL Trace/Profiler 或擴充事件中追蹤 blocking 狀態，需要使用下列程式碼設定「blocked process threshold」組態，這裡設定被鎖定 15 秒以上需觸發 blocking 事件。

```
--必須先設定 blocked process threshold，開啟進階選項伺服器組態選項
sp_configure 'show advanced options', 1
RECONFIGURE ;
```

---

[10] 「Windows 效能分析器 (WPA)」工具可建立事件追蹤的圖形和資料表，以供 Windows (的 ETW) 事件記錄 Windows 效能記錄器 (WPR)、Xperf 或評定平臺中執行的評量。WPA 可以開啟任何事件追蹤記錄 (ETL) 檔案進行分析。下載網址：https://go.microsoft.com/fwlink/p/?LinkId=526740

```
GO

--blocked process threshold 官方建議至少設在 5 以上
sp_configure 'blocked process threshold', 15
RECONFIGURE ;
GO

--關閉進階選項伺服器組態選項
sp_configure 'show advanced options', 0
RECONFIGURE ;
```

SQL Server 的 blocked process threshold 組態以秒為單位，指定產生已封鎖處理序事件的臨界值。預設為 0，表示不會對被封鎖的處理序觸發任何事件。

接著執行以下語法，在 tempdb 建立 dbo.t1 資料表，並透過 Begin Transaction 開啟交易，並鎖定資料表 30 秒：

```
USE [tempdb]
GO
DROP TABLE IF EXISTS dbo.t1

CREATE TABLE dbo.t1 (RowID int identity primary key)
GO
BEGIN TRANSACTION
    INSERT INTO dbo.t1 DEFAULT VALUES
    WAITFOR DELAY '00:00:30'
COMMIT
```

接著，在 SSMS 中開啟另一個 T-SQL 視窗執行以下語法，查詢資料表 dbo.t1：

```
USE [tempdb]
GO
SELECT * FROM dbo.t1
```

若要透過 SQL Trace/Profiler 追蹤，可在事件選取範圍勾選「Blocked Process report」，如下圖所示。

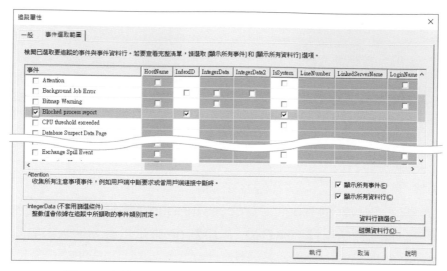

圖 7.56 透過 SQL Trace/Profiler 追蹤鎖定與被鎖定問題

當追蹤到 blocking 事件時，SQL Server Profiler 的 TextData 內容會以 XML 格式呈現 Blocking 與 Blocked 的相關資訊，如下圖所示。

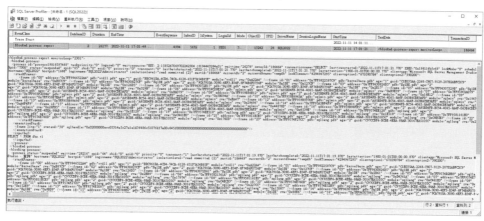

圖 7.57 透過 Profiler 檢視被鎖定的相關資訊

針對相同的問題，改以擴充事件追蹤，首先是建立工作階段：

```
IF EXISTS (SELECT * FROM sys.server_event_sessions WHERE name = 'Trace_Blocking')
    DROP EVENT SESSION Trace_Blocking
    ON SERVER;
GO
```

```
CREATE EVENT SESSION Trace_Blocking
ON SERVER
ADD EVENT sqlserver.blocked_process_report
ADD TARGET package0.ring_buffer(SET MAX_MEMORY=2048)
WITH (MAX_DISPATCH_LATENCY = 5 SECONDS)
GO
ALTER EVENT SESSION Trace_Blocking ON SERVER STATE=START
```

或是透過介面新增 blocked_process_report 事件,如下圖所示。

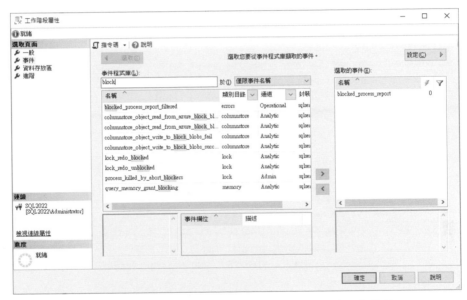

圖 7.58 新增 blocked_process_report 事件到工作階段

完成建立擴充事件的 Trace_Blocking 工作階段後,可直接點選右鍵查看「監看即時資料(L)」,或透過下列範例程式擷取事件內容。

範例程式 7.15:檢視 ring_buffer 目標所偵測到的 blocing 事件

```
SELECT
    n.value('(event/@name)[1]', 'varchar(50)') AS event_name,
    n.value('(event/@package)[1]', 'varchar(50)') AS package_name,
    DATEADD(hh,
        DATEDIFF(hh, GETUTCDATE(), CURRENT_TIMESTAMP),
```

```
 n.value('(event/@timestamp)[1]', 'datetime2')) AS [timestamp],
 ISNULL(n.value('(event/data[@name="database_id"]/value)[1]', 'int'),
 n.value('(event/action[@name="database_id"]/value)[1]', 'int')) as
[database_id],
 n.value('(event/data[@name="database_name"]/value)[1]', 'nvarchar(128)') as
[database_name],
 n.value('(event/data[@name="object_id"]/value)[1]', 'int') as [object_id],
 n.value('(event/data[@name="index_id"]/value)[1]', 'int') as [index_id],
 CAST(n.value('(event/data[@name="duration"]/value)[1]', 'bigint')/1000000.0 AS
decimal(6,2)) as [duration_seconds],
 n.value('(event/data[@name="lock_mode"]/text)[1]', 'nvarchar(10)') as
[file_handle],
 n.value('(event/data[@name="transaction_id"]/value)[1]', 'bigint') as
[transaction_id],
 n.value('(event/data[@name="resource_owner_type"]/text)[1]', 'nvarchar(10)')
as [resource_owner_type],
 CAST(n.value('(event/data[@name="blocked_process"]/value)[1]',
'nvarchar(max)') as XML) as [blocked_process_report]
FROM
(   SELECT td.query('.') as n
    FROM
    (
        SELECT CAST(target_data AS XML) as target_data
        FROM sys.dm_xe_sessions AS s
            JOIN sys.dm_xe_session_targets AS t ON s.address =
            t.event_session_address
        WHERE s.name = 'Trace_Blocking' AND t.target_name = 'ring_buffer'
    ) AS sub
    CROSS APPLY target_data.nodes('RingBufferTarget/event') AS q(td)
) as tab
GO
```

其結果如下圖。

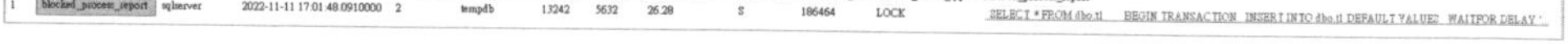

	event_name	package_name	timestamp	database_id	database_name	object_id	index_id	duration_seconds	file_handle	transaction_id	resource_owner_type	blocked_process_report
1	blocked_process_report	sqlserver	2022-11-11 17:01:48.0910000	2	tempdb	13242	5632	26.28	S	186464	LOCK	SELECT * FROM dbo.t1 BEGIN TRANSACTION INSERT INTO dbo.t1 DEFAULT VALUES WAITFOR DELAY '...

圖 7.59 透過語法檢視 bloking 事件

7.2.4 使用擴充事件追蹤死結

　　若要追蹤一段時間所發生的死結事件，SQL Server 2005 後較常使用的工具為前一章所介紹的 SQL Trace/Profiler 工具，SQL Trace/Profiler 除了可追蹤死結發生的各項事件之外，也可將捕捉到的死結透過 xml 格式呈現死結圖形（deadlock graph）。

　　上述功能在擴充事件中也能完成，包含擷取 xml_deadlock_report 事件以獲得死結的相關資訊，並以圖形呈現其因果關係。透過詳細資料視窗檢視，並以 T-SQL 的 XQuery 進一步分析，可協助管理者排解死結。

　　以下簡單地說明在「擴充事件」中建立工作階段，偵測死結的發生以及檢視死結圖形。在「物件總管」視窗中，滑鼠右鍵點選「擴充事件」建立新的工作階段。在工作階段中加入 xml_deadlock_report 事件，如下圖所示。

圖 7.60　在新增的工作階段中加入 xml_deadlock_report 事件

接著,在「資料儲存區」選擇將追蹤結果存放在 event_file 目標中,指定 *.xel 檔案路徑。上述操作步驟,也可透過以下 T-SQL 指令碼完成。

```
CREATE EVENT SESSION [Trace_Deadlock] ON SERVER
ADD EVENT sqlserver.xml_deadlock_report(
    ACTION(sqlserver.database_id,sqlserver.database_name))
ADD TARGET package0.event_file
(SET filename=N'C:\TEMP\Trace_Deadlock.xel')
```

啟用擴充事件後,以滑鼠右鍵點選 Trace_Deadlock 工作階段,開啟「監看即時資料」視窗。接著製造死結事件,檢視偵測結果。在 Management Studio 的工具列上重複點選「新增查詢」按鈕;開啟兩個 T-SQL 語法的編輯視窗,在這兩條連接中依序執行下列語法,模擬死結發生的情境:

第一個新增查詢視窗執行連接 A。

```
BEGIN TRAN
 UPDATE dbo.Customers SET CompanyName='Alfreds'
 WHERE CustomerID='ALFKI'
```

第二個新增查詢視窗執行連接 B。

```
BEGIN TRAN
 UPDATE dbo.Customers SET CompanyName='Ana'
 WHERE CustomerID='ANATR'
```

上述程式碼執行完成後,再切回 A 連接視窗執行以下語法。

```
SELECT * FROM [dbo].[Customers] WHERE CustomerID ='ANATR'
```

然後 B 視窗內執行:

```
SELECT * FROM [dbo].[Customers] WHERE CustomerID='ALFKI'
```

以滑鼠右鍵點選擴充事件擷取到的 xml_deadlock_report 事件，可看到「詳細資料」視窗將多一個「死結」頁籤，提供管理者檢視死結圖形，如下圖所示。

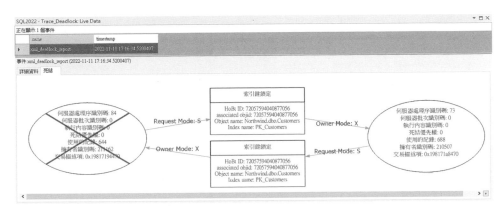

圖 7.61　在詳細資料視窗中檢視死結圖形

若要追蹤相關的 T-SQL 執行計畫，可在工作階段中增加以下三個事件。

■ query_post_compilation_showplan：以 XML 格式傳回在編譯 T-SQL 陳述式之後，所產生之預估執行計畫。

■ query_pre_execution_showplan：以 XML 格式傳回在編譯 T-SQL 陳述式之後，最佳化查詢時所產生之預估執行計畫。

■ query_post_execution_showplan：以 XML 格式傳回實際執行計畫，在執行 T-SQL 陳述式之後發生。

以 query_post_compilation_showplan 事件為例，在「詳細資料」視窗會多一個「查詢計畫」頁籤，提供管理者檢視相關的 T-SQL 陳述式查詢計畫，如下圖所示。

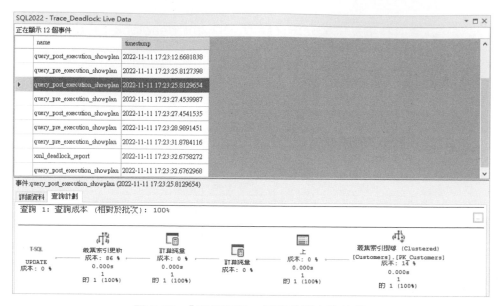

圖 7.62 「詳細資料」視窗檢視查詢計畫

在此提醒，使用上述事件可能會對效能帶來負擔，應盡量避免，只在短時間排解或監看特定問題時使用。

由於 SQL Server[11] 預設的「system_health」擴充事件工作階段已有收集 DeadLock 的資訊（事件為 xml_deadlock_report），所以無須額外針對死結建立工作階段，可以直接透過如下的語法查詢：

範例程式 7.16：透過語法預設的「system_health」擴充事件所收集 DeadLock 的資訊

```
SELECT c.query('.') xmlData,
c.value('(./@name)[1]','varchar(50)') name,
c.value('(./@id)[1]','varchar(50)') id,
c.value('(./@timestamp)[1]','datetime') timestamp,
```

11
  SQL Server 2008、SQL Server 2008 R2 的「system_health」預設是使用 ring_buffer 來記錄，SQL Server 2012 以上的版本預設則是使用 ring_buffer + event_file 來記錄，若 ring_buffer 使用滿的話（預設 4 MB），後續新事件將覆蓋最老的事件，可查詢 event_file 內紀錄。

```
c.value('(./data/value)[1]','varchar(50)') value
FROM
    (SELECT CAST(target_data as XML) errEvent
    FROM sys.dm_xe_session_targets dxst
        JOIN sys.dm_xe_sessions dxe ON dxst.event_session_address=dxe.address
    ) t cross apply
errEvent.nodes('//event[@name="xml_deadlock_report"]') n(c)
```

7.3 查詢存放區（Query Store）

SQL Server 2016 版後新增「查詢存放區（Query Store）」功能，它可以記錄資料庫中執行的查詢，其執行計劃變更所造成的效能相關的資料，藉此協助效能的優化及問題的排解。查詢存放區主要有兩個部分組成：一是執行計劃，就是為每次查詢所產生的執行計劃儲存在查詢存放區中，如果計劃更改，也將儲存新計劃；另一部分是效能指標，包含執行階段統計與等候統計資料，就是為每次查詢所耗用的 CPU、讀取和寫入等資源的歷程記錄資訊。

查詢存放區在經過各版本優化，預設擷取模式由原先的全部變更為自動，保留大小上限（MB）也從原有的 100 MB 改為 1000 MB，並提升查詢存放區的性能後，在 SQL Server 2022 起對新建立的資料庫預設啟用查詢存放區功能，則資料庫會自動擷取查詢、計劃及執行階段統計資料的記錄，儲存在系統資料表中供事後查閱，並可透過 SQL Server Management Studio 來呈現資訊。

SQL Server 2022 後查詢存放區新增存放「查詢提示（Query Hints）」，「查詢提示」，可用來影響資料庫引擎執行查詢的方式，一般是在 T-SQL 查詢語法透過「OPTION」子句指定。當 SQL Server 最佳化引擎提供的執行計畫有問題時，開發者可透過查詢提示針對效能問題修改執行方式。以往，需要重寫原始查詢文字。資料庫管理者或開發者

不一定能直接修改線上系統的 T-SQL 程式碼，以插入合適的查詢提示。管理者或開發者可強制指定計劃指南（Query Plan），但作法複雜而不易維護。

SQL Server 2022 後可針對查詢指定提示並保存在查詢存放區，當使用者執行相同查詢時，引擎會以此套用提示，複寫原始語句層級的提示和現有的計劃指南提示。因為提示是存在資料庫內，所重新開機和容錯移轉後仍得以存留。

查詢最佳化引擎利用查詢存放區提示可以動態調整執行計畫，例如：調低平行 CPU 數量（MAXDOP），再評估執行後的效果，來回調整到不傷該查詢效能的最低平行 CPU 數，省下同時使用的 CPU 提供給其他執行之作業，最佳化資源配置。此種不僅是靠事前的靜態資料分布統計找最佳執行計畫，還可以執行中調整作法並於事後記錄執行結果，數次回歸找尋最佳解，再將結果存放在查詢存放區，避免執行計畫清空或重啟系統造成流失最佳計畫，將讓 SQL Server 採用的執行計畫越來有效。

在 SSMS 的物件總管中，滑鼠右鍵選取資料庫然後點選「屬性」，在「資料庫屬性」對話窗切到「查詢存放區」頁面，查看目前查詢存放區的設定值，或是透過 sys.database_query_store_option 系統檢視表來查看查詢存放區的設定值。

圖 7.63 在資料庫屬性檢視「查詢存放區」的設定

在資料庫屬性的「查詢存放區」頁籤，可以看到下方簡單的圓形圖，呈現資料庫查詢存放區目前已使用及可用的磁碟空間。隨著應用程式存取資料庫，查詢存放區所儲存的資料也會愈來愈多。如達到查詢存放區的大小上限時，資料庫仍會繼續正常運行，但查詢存放區的作業模式會自動切換到唯讀模式，將不會再繼續擷取新的查詢效能資訊。因為查詢存放區可依保留時間自動清除過久的記錄，當有釋放出空間後，作業模式則會再自動切回讀寫模式。

可以透過下列語法查看查詢存放區的相關設定、儲存使用率及唯讀的原因。

範例程式 7.17：透過語法查詢存放區的儲存使用率及唯讀的原因

```
SELECT
    DB_NAME() as N'資料庫名稱',
    desired_state_desc as N'設定作業模式狀態',
    actual_state_desc as N'實際作業模式狀態',
    query_capture_mode_desc as N'擷取模式',
    FORMAT(current_storage_size_mb, 'N0') as N'當前儲存大小(MB)',
    FORMAT(max_storage_size_mb, 'N0') as N'大小上限(MB)',
```

```
    CAST(current_storage_size_mb AS FLOAT)/CAST(max_storage_size_mb AS FLOAT) N'
儲存使用率%',
    CASE
        WHEN readonly_reason = 1 THEN '資料庫為唯讀模式'
        WHEN readonly_reason = 2 THEN '資料庫為單一使用者模式'
        WHEN readonly_reason = 4 THEN '資料庫為緊急模式'
        WHEN readonly_reason = 8 THEN '資料庫是次要副本'
        WHEN readonly_reason = 65536 THEN '查詢儲存已達到 MAX_STORAGE_SIZE_MB 選項設
置的大小限制'
        WHEN readonly_reason = 131072 THEN '查詢儲存中不同語句的數量已達到內部記憶體限制'
        WHEN readonly_reason = 262144 THEN '等待保存到磁碟上的記憶體內記錄大小已達到內部
記憶體限制'
        WHEN readonly_reason = 524288 THEN '使用者資料庫已達到磁碟大小限制'
        ELSE ''
    END as N'唯讀的原因',
    stale_query_threshold_days as N'查詢擷取模式',
    size_based_cleanup_mode_desc as '以大小為基礎的清除模式',
    interval_length_minutes as N'統計資料收集間隔(分)'
FROM sys.database_query_store_options
```

查詢存放區擷取模式是指定查詢存放區的查詢擷取原則，分為下列四種模式：

- **全部**：記錄所有的查詢。在 SQL Server 2016 (13.x) 和 2017 (14.x) 版本啟用查詢存放區後，擷取模式預設為此選項。

- **自動**：忽略少執行、編譯和執行都不耗時的查詢。執行計數、編譯和執行階段持續時間的臨界值由系統內部決定。在 SQL Server 2022(16.x) 預設達到以下任何臨界值時，則儲存查詢詳細信息。

    □ 編譯 (TOTAL_COMPILE_CPU_TIME_MS)：1 秒

    □ 執行 CPU 時間 (TOTAL_EXECUTION_CPU_TIME_MS)：100 毫秒

    □ 執行次數 (EXECUTION_COUNT)：30 次

    此選項自 SQL Server 2019 (15.x) 開始為啟用查詢存放區後的預設選項。

- **無**：查詢存放區停止擷取新的查詢。建議謹慎使用「無」的擷取模式，除非特定狀況，否則請避免使用，以免錯失效能最佳化的機會。

- **自訂**：雖然預設擷取模式為「自動」，仍可依維運經驗自訂擷取原則來進一步調整查詢存放區擷取行為，可考量當資料庫非常大、單一且大量的存取行為，或資料庫有特定的大小及成長限制，以避免查詢存放區增加額外負荷。在 SQL Server 2019 (15.x) 後可使用 ALTER DATABASE ... SET QUERY_STORE 指令設定為自訂擷取模式。

查詢存放區的結構可大分三塊：存在記憶體的「計畫存放區（Plan Store）」和「執行階段統計資料存放區（Runtime Stats）」，以及在硬碟上的「查詢存放區」。示意圖如下：

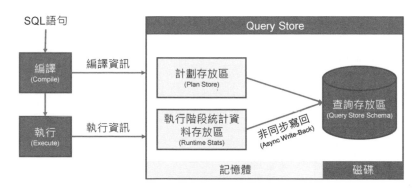

圖 7.64　當 SQL 語句的資訊如何寫入「查詢存放區」的方式

從最佳化引擎的記憶體擷取新查詢和計劃資料後，放入記憶體中的「快取存放區」，立即依序寫入至磁碟「查詢存放區」。而「執行階段統計資料存放區」以非同步的方式寫入至磁碟「查詢存放區」。保留在記憶體時間，以 SET QUERY_STORE 設定 DATA_FLUSH_INTERVAL SECONDS 選項所定義的值，也就是在「資料庫屬性」對話窗中「查詢」存放區頁籤的「資料排清間隔（分鐘）」，預設為 900 秒（15 分鐘），以平衡查詢擷取效能與資料可用性，減少額外 I/O 成本。

資料庫引擎並不會嚴格強制執行「大小上限（MB）」的限制，只有當資料寫入查詢存放區的磁碟時，才會檢查查詢存放區的磁碟使用量。查詢存放區會依設定自動刪除資料，也可使用在「資料庫屬性」的「查詢存放區」頁籤中「清除查詢資料」按鈕，或以下列語法清除查詢存放區所有資料：

```
ALTER DATABASE [QueryStoreDB] SET QUERY_STORE CLEAR;
```

透過 sys.query_store_runtime_stats 查詢執行時間、統計相關訊息時，會結合圖 6.64 所列記憶體和磁碟兩部分的資料呈現。

7.3.1 透過查詢存放區檢視效能

在資料庫啟用查詢存放區後，「物件總管」重新整理該資料庫的樹狀結構，會發現多了「查詢存放區」節點，其下有 SSMS 為查詢存放區提供的相關報表，如下圖。

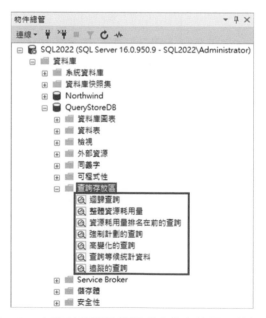

圖 7.65 在資料庫屬性檢視「查詢存放區」的設定

接下來，分別介紹 SQL Server Management Studio 提供查詢存放區的報表：

❖ 迴歸查詢（Regressed Queries）

找出查詢使用不同之執行計畫，用以觀察實際查詢所使用的計劃、成本與執行統計，評估是否需要修正或改善的效能。

當頻繁執行查詢時，可能因輸入不同的變數、資料基數已變更、建立、改變或刪除索引、更新統計資料…等等，導致查詢最佳化工具採用不同的執行計畫，不同的資源使用率和耗用時間，可以使用「回歸查詢」來分析，檢視特定期間內查詢語法使用的執行計劃，選擇有較好結果的執行計劃。透過「強制執行計劃」按鈕，強制引擎針對查詢採行的計劃，如下圖所示。

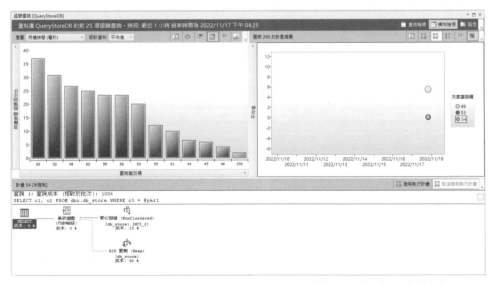

圖 7.66　在 SQL Server Management Studio 中使用回歸查詢來分析

同時，也能以 sp_query_store_force_plan 強制語法使用的執行計畫，或以 sp_query_store_unforce_plan 取消該查詢選取的執行計畫，範例語法如下。

```
--為查詢強制執行計畫
EXEC sp_query_store_force_plan @query_id = 8, @plan_id = 4;
GO
--為查詢移除強制執行計畫
EXEC sp_query_store_unforce_plan @query_id = 8, @plan_id = 4;
GO
```

❖ 整體資源耗用量（Overall Resource Consumption）

顯示時段內的資源耗用摘要，預設顯示總耗用時間、執行計數、CPU 時間和邏輯讀取，也可以透過右上角的「設定」選擇要顯示的圖表內容，分析特定查詢的資源耗用。

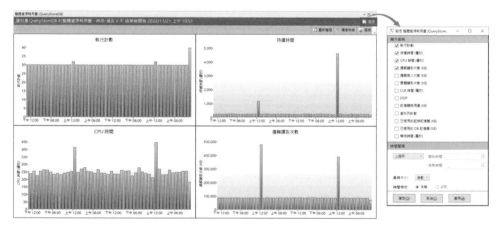

圖 7.67 在 SQL Server Management Studio 中使用整體資源耗用量

❖ 資源耗用量排名在前的查詢（Top Resource Consuming Queries）

顯示時段內對特定資料庫耗用資源（如 CPU 時間、記憶體、邏輯讀取等）的前 25 名查詢：

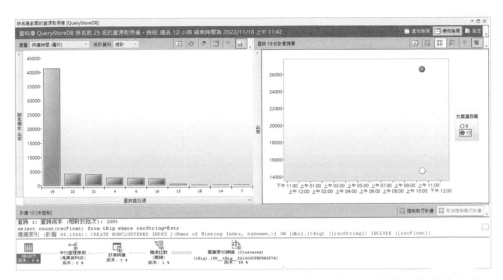

圖 7.68　在 SQL Server Management Studio 中使用資源耗用量排名在前的查詢

❖ 強制計劃的查詢（Queries With Forced Plans）

　　查詢存放區的特色就是能夠強制語法的執行計劃，此報表顯示各語法強制的執行計劃，以追蹤查詢的執行方式及強制計劃的執行結果，也可以定期檢視語法的強制執行計劃是否仍合適。

圖 7.69　在 SQL Server Management Studio 中使用強制計劃的查詢

❖ 高變化的查詢（Queries With High Variation）

參數化問題容易導致查詢語法執行計劃的耗用資源有大幅差異，造成語法回應時間時快時慢。此報表呈現效能高變化的語法，可分析有參數化問題的語法。

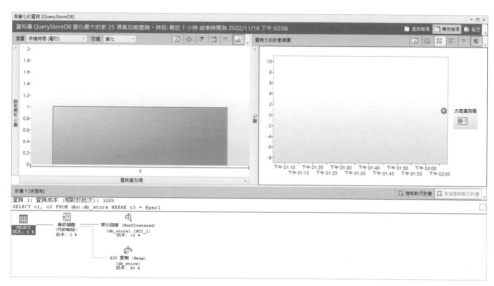

圖 7.70　在 SQL Server Management Studio 中使用高變化的查詢

❖ 查詢等候統計資訊（Query Wait Statistics）

分析資料庫中常用的等候類別，透過下鑽知道哪些查詢累積了該項等候類別，可依查詢識別看執行計劃摘要及計劃內容，以便評估與分析。

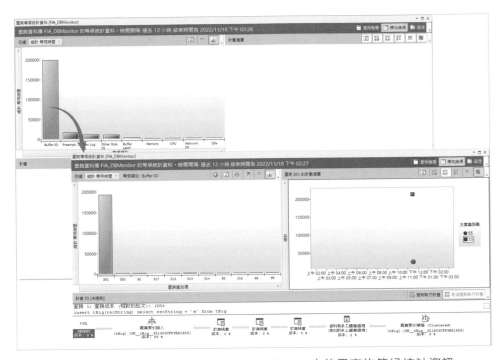

圖 7.71　在 SQL Server Management Studio 中使用查詢等候統計資訊

❖ 追蹤的查詢（Tracked Queries）

在「迴歸查詢」或「資源耗用量排名在前的查詢」報表中輸入查詢識別碼，可即時追蹤查詢的執行狀況，以觀察效能是否符合預期。

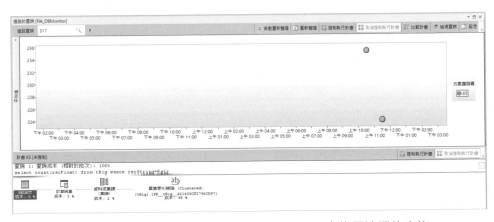

圖 7.72　在 SQL Server Management Studio 中使用追蹤的查詢

查詢存放區除了可以使用 SQL Server Management Studio 工具提供的報表進行分析外，也能透過 T-SQL 查詢追蹤的數據。

7.3.2 查詢存放區相關的檢視表

查詢存放區不斷地收集查詢與計劃相關的編譯和執行階段資訊，保存於資料表並透過檢視表分析數據。查詢存放區相關的檢視表分為四類：Query、Plan、Runtime Stats 和 Wait Stats。

表 7.2 查詢存放區相關的檢視表

檢視表	檢視表
sys.database_query_store_options	sys.query_store_query_hints
sys.database_query_store_internal_state	sys.query_store_query_text
sys.query_coNtext_settings	sys.query_store_query_variant
sys.query_store_plan	sys.query_store_replicas
sys.query_store_plan_feedback	sys.query_store_runtime_stats
sys.query_store_plan_forcing_locations	sys.query_store_runtime_stats_interval
sys.query_store_query	sys.query_store_wait_stats

相關的函數：sys.fn_stmt_sql_handle_from_sql_stmt。

相關的函數預存程序：

表 7.3 查詢存放區相關的預存程序

預存程序	預存程序
sp_query_store_clear_message_queues	sp_query_store_remove_plan
sp_query_store_consistency_check	sp_query_store_remove_query
sp_query_store_flush_db	sp_query_store_reset_exec_stats
sp_query_store_force_plan	sp_query_store_unforce_plan

接下來，透過範例說明上述查詢存放區相關的檢視表與預存程序。範例程式 7.18 查詢目前每句語法的執行次數、使用的執行計劃、耗用的 CPU 時間與總執行次數。

範例程式 7.18：每個語法的執行次數、使用的執行計劃、所耗用的 CPU 時間與總執行次數

```
SELECT q.query_id, qt.query_text_id,p.plan_id,
qt.query_sql_text,avg(rs.avg_cpu_time) AS avg_cpu_time,SUM(rs.count_executions)
AS total_execution_count
FROM sys.query_store_query_text qt
JOIN sys.query_store_query q ON qt.query_text_id = q.query_text_id
JOIN sys.query_store_plan p ON q.query_id = p.query_id
JOIN sys.query_store_runtime_stats rs ON p.plan_id = rs.plan_id
group by q.query_id, qt.query_text_id,p.plan_id, qt.query_sql_text
order by query_id,plan_id,avg_cpu_time
```

執行結果如下圖，其中查詢識別碼（query_id）164 使用了方案識別碼（plan_id）12 與 13，並呈現其平均 CPU 時間與總執行次數，可考慮採取強制執行計畫來改善查詢效能。

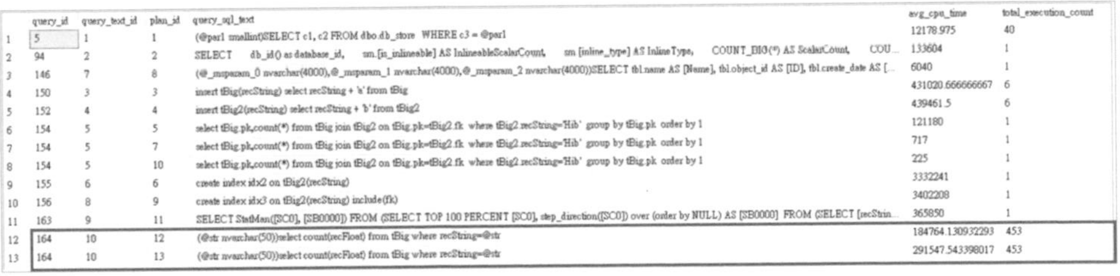

	query_id	query_text_id	plan_id	query_sql_text	avg_cpu_time	total_execution_count
1	5	1	1	(@par1 smallint)SELECT c1, c2 FROM dbo.db_store WHERE c3 = @par1	12178.975	40
2	94	2	2	SELECT db_id() as database_id, um.[is_inlineable] AS InlineableType, COUNT_BIG(*) AS ScalarCount, COU ...	133604	1
3	146	7	8	(@_msparam_0 nvarchar(4000),@_msparam_1 nvarchar(4000),@_msparam_2 nvarchar(4000))SELECT tbl.name AS [Name], tbl.object_id AS [ID], tbl.create_date AS [...	431020.666666667	6
4	150	3	3	insert tBig(recString) select recString + 'a' from tBig	6040	1
5	152	4	4	insert tBig2(recString) select recString + 'b' from tBig2	439461.5	6
6	154	5	5	select tBig.pk,count(*) from tBig join tBig2 on tBig.pk=tBig2.fk where tBig2.recString='Hib' group by tBig.pk order by 1	121180	1
7	154	5	7	select tBig.pk,count(*) from tBig join tBig2 on tBig.pk=tBig2.fk where tBig2.recString='Hib' group by tBig.pk order by 1	717	1
8	154	5	10	select tBig.pk,count(*) from tBig join tBig2 on tBig.pk=tBig2.fk where tBig2.recString='Hib' group by tBig.pk order by 1	225	1
9	155	6	6	create index idx2 on tBig2(recString)	3332241	1
10	156	8	9	create index idx3 on tBig2(recString) include(fk)	3402208	1
11	163	9	11	SELECT StatMan([SC0], [SB0000]) FROM (SELECT TOP 100 PERCENT [SC0], step_direction([SC0]) over (order by NULL) AS [SB0000] FROM (SELECT [recStrin...	365850	1
12	164	10	12	(@str nvarchar(50))select count(recFloat) from tBig where recString=@str	184764.130932293	453
13	164	10	13	(@str nvarchar(50))select count(recFloat) from tBig where recString=@str	291547.543398017	453

圖 7.73 每個語法的執行次數、使用的執行計劃、所耗用的 CPU 時間與總執行次數

強制執行計畫可方便調校查詢效能，較容易預測執行查詢的方式。然而，強制的提示或執行計畫並不保證一定可行。例如，執行計劃所參考的物件變更或卸除，強制執行計劃自然失敗。在此情況下，SQL Server 為查詢重新編譯執行計劃。強制失敗的原因會顯示在 sys.query_store_plan 中，下列查詢會傳回強制執行計畫的相關資訊與失敗的原因。

範例程式 7.19：使用強制執行計畫的相關資訊與強制執行計畫失敗的原因

```
SELECT Qry.query_id,Pl.plan_id,Txt.query_text_id,
Txt.query_sql_text,OBJECT_NAME(Qry.object_id) AS N'物件名稱',is_forced_plan N'強
制執行計畫',force_failure_count N'強制此計畫失敗的次數
',last_force_failure_reason_desc as N'強制執行計畫失敗的原因
',Qry.last_execution_time as N'上次執行時間'
FROM sys.query_store_plan AS Pl
JOIN sys.query_store_query AS Qry
    ON Pl.query_id = Qry.query_id
JOIN sys.query_store_query_text AS Txt
    ON Qry.query_text_id = Txt.query_text_id
where is_forced_plan=1; ;
```

查詢存放區使用強制執行計劃的限制，包含：Bulk Insert、參考外部資料表、分散式查詢或全文檢索作業、使用全域查詢等，另外，重新命名物件、停用或刪除索引也導致無法使用強制的執行計劃，重新編譯查詢語句。

在排除查詢語法的效能問題時，也可以透過查詢存放區的檢視表。範例程式 7.20 查看每個執行計劃與等待的統計，可了解查詢語法正在等待的資源。

範例程式 7.20：每個執行計劃與等待統計資訊的狀況

```
select w.wait_stats_id
    ,w.plan_id
    ,w.runtime_stats_interval_id
    ,w.wait_category
    ,w.wait_category_desc
    ,w.execution_type
    ,w.execution_type_desc
    ,w.avg_query_wait_time_ms
    ,w.min_query_wait_time_ms
    ,w.max_query_wait_time_ms
from sys.query_store_wait_stats w
inner join sys.query_store_plan p
    on w.plan_id=p.plan_id
```

瞭解每個執行計劃的等候狀況，如下圖所示。

	plan_id	wait_stats_id	query_id	query_sql_text	runtime_stats_interval_id	wait_category	wait_category_desc	total_query_wait_time_ms	last_query_wait_time_ms	avg_query_wait_time_ms	min_query_wait_time_ms	max_query_wait_time_ms
1	16	440	188	SELECT q.query_id, t.query...	7	15	Network IO	39	39	39	39	39
2	15	416	187	SELECT q.query_id, t.query...	7	15	Network IO	31	3	5.16666666666667	2	8
3	12	257	164	(@str nvarchar(50))select count(...	4	0	Unknown	212	0	0.38475499092559	0	34
4	12	258	164	(@str nvarchar(50))select count(...	4	1	CPU	649	0	1.17785843920145	0	150
5	12	261	164	(@str nvarchar(50))select count(...	4	4	Latch	10943	0	19.8602540834846	0	96
6	12	273	164	(@str nvarchar(50))select count(...	4	16	Parallelism	36077	53	65.475499092559	30	875
7	12	274	164	(@str nvarchar(50))select count(...	4	17	Memory	30	0	0.0544464609800363	0	0
8	12	305	164	(@str nvarchar(50))select count(...	5	0	Unknown	16	0	0.326530612244898	0	2
9	12	369	164	(@str nvarchar(50))select count(...	6	16	Parallelism	171	68	57	43	68
10	12	306	164	(@str nvarchar(50))select count(...	5	1	CPU	21	0	0.428571428571429	0	14
11	12	309	164	(@str nvarchar(50))select count(...	5	4	Latch	953	0	19.4489795918367	0	65
12	12	321	164	(@str nvarchar(50))select count(...	5	16	Parallelism	2412	52	49.2244897959184	34	98
13	12	322	164	(@str nvarchar(50))select count(...	5	17	Memory	2	0	0.0408163265306122	0	0
14	12	357	164	(@str nvarchar(50))select count(...	6	4	Latch	27	9	9	6	11
15	12	368	164	(@str nvarchar(50))select count(...	6	15	Network IO	88	67	29.3333333333333	9	67
16	13	281	164	(@str nvarchar(50))select count(...	4	0	Unknown	294	0	0.533575317604356	0	22
17	13	282	164	(@str nvarchar(50))select count(...	4	1	CPU	1214	0	2.2032667876588	0	168
18	13	285	164	(@str nvarchar(50))select count(...	4	4	Latch	1539	0	2.79310344827586	0	69
19	13	297	164	(@str nvarchar(50))select count(...	4	16	Parallelism	61181	79	111.036297640653	56	1805
20	13	298	164	(@str nvarchar(50))select count(...	4	17	Memory	227	0	0.411978221415608	0	13
21	13	329	164	(@str nvarchar(50))select count(...	5	0	Unknown	19	0	0.387755102040816	0	1
22	13	330	164	(@str nvarchar(50))select count(...	5	1	CPU	48	0	0.979591836734694	0	18

圖 7.74 每個執行計劃與等待統計資訊的狀況

總結一下，使用查詢存放區的常見情況包括：

- 強制執行計劃或提示以修正查詢忽快忽慢的狀況。
- 分析資源（CPU、I/O 及記憶體）耗用。
- 分析指定時段耗時查詢的統計，檢視執行計劃記錄，判斷使用資源狀況排除效能問題。
- 整理資源耗用與等候統計。

7.4 效能監視器（Performance Counter）

在 Windows Server 平台可使用系統提供的效能監視器（Performance Monitor），用於即時檢視或收集記錄檔追蹤，分析是否在整個系統中有哪些資源不足，或是系統的使用狀況和演變趨勢...等。效能計數器是指標，它本身不說明問題，某些背後隱藏的問題導致該指標的變化。因此，避免看到單一效能計數器的值就下定論，盡量建立推論．什麼原因導致該效能計數器有當下的值，若該原因為真，那同時哪些效能計數器該呈現什麼現象？建議再進一步分析與推論相關的計數器。

效能監視器能獲得證據以完成：

- 支持自己的假設，或是推翻理論另尋原因。

- 獲取電腦全盤的狀態，發現電腦發生了什麼（WHAT），以及為何（WHY）或如何（HOW）發生。

- 擷取電腦變化的狀態，有基準線以供比較是重要的，讓你可以知道什麼是正常，而什麼不是。如果無法獲取基準線，則尋找記錄中的變化，檢視計數器相對的值而非絕對的值，並與先前的使用經驗比較。

除了一般的硬體，如記憶體、硬碟、中央處理器乃至於網路等系統提供的效能計數器外，大部分微軟提供的伺服器軟體在安裝後，也會註冊它自身的效能計數器。SQL Server 會增加相當多種類的效能計數器提供查核，而這些效能物件皆以「SQLServer:」開頭。

在要擷取效能的記錄之前，盡量將不相關的，當下不需要的服務或作業先停掉，如系統掃毒、更新...等，尋找本身的瓶頸。而後再啟動重新記錄一次，了解交互作用的影響。如果需要調校的電腦可能會當機，則要採用遠端記錄，避免資料未記錄到就掛了。若網路有問題，當然需要在本機完成記錄。而一旦採用遠端監控，要先同步兩台機器的時間才好比對結果。可以在命令提示視窗中，透過以下的命令同步系統之間的時間：

```
NET TIME \\RemoteMachine /SET
```

此外，系統過於忙碌，也可能會無法記錄效能，則需先減輕負載或擴增運算力，再來找瓶頸。

小心效能問題可能並不直觀，例如：記憶體不足時，會連帶地影響硬碟和中央處理器。當新的資料要放到內容已滿的暫存區，則 SQL Server

內部負責將暫存區 dirty page[12] 內容寫到硬碟的 LazyWriter 程序就需要持續地執行，以釋放記憶體區塊，這會同時讓 CPU 與硬碟忙碌起來。也就是說，當 CPU 和硬碟效能不足時，有可能源頭是記憶體不足造成的。

　　若需要大量讀寫存在硬碟上資料庫內的資料，磁碟子系統的效能不佳，也一定會影響 SQL Server 效能。若你沒有充足的預算購置良好的儲存環境（例如：SSD/SAN/RAID…等），最好也多買幾顆硬碟，讓 tempdb 系統資料庫、交易記錄檔案、資料庫檔案，以及 Windows 作業系統用作虛擬記憶體的交換檔案分在不同的硬碟上，因為這幾種檔案的設計目的不同，存取的習性與頻率也不同，全放在同一顆硬碟上時，有可能因為多人存取資料庫，有的更新，有的查詢，或作業系統要配置虛擬記憶體，因此要同時存取這些硬碟檔案，導致碟頭忙碌地移動，讓硬碟的存取大多是隨機存取，無法循序而讓效能低落。因此建議將這些檔案分別放在不同的硬碟上。

　　硬碟的效能遲緩，可能導致資料庫的查詢耗時與資料異動延遲，這又造成交易要花較長的時間才能結束，進而讓鎖定的資源無法釋放，多人存取的系統彼此等待資源，進入大家都被延遲的慘況。

　　中央處理器效能若慢，周邊再快都是沒有用。但要注意的是，當下電腦的配置往往是中央處理器極快，但週邊緩慢運作，導致 CPU 無法有效發揮它的能力。避免一味地加強中央處理器或特定資源，要先分析瓶頸點。

---

[12] 記憶體資料頁(page)內容有增刪修，但尚未更新到資料庫檔案(.mdf、.ndf)，此種資料頁稱為 dirty page。一般會等背景自動發生的 checkpoint 事件，批次寫入資料庫檔案。但當記憶體不足，無法等待 checkpoint 事件，就會讓 LazyWriter 程序主動寫入硬碟。因此若 SQLServer:Buffer Manager 下的 Lazy Writes/sec 計數器長期值都大於零，且次數不少，可能代表記憶體不足。

　　就這幾年的實務經驗，因為 SQL Server 的 T-SQL 日益強大，越來越多的系統側重預存程序。此外，同時上線存取的量隨著網路的發達而大增，這導致 CPU 運算力的需求變重，讓 CPU 成為瓶頸。

　　一般來說，啟動背景效能監視器後，只要記錄資訊而不需要圖表的呈現。以較穩定的方式擷取電腦完整的狀態，由於在事前很難預料在判讀瓶頸時，會需要哪些資料，所以先盡量多記錄相關的計數器[13]。除了透過監視工具的「效能監視器」視窗觀察系統當下的情況外，最好還要透過「資料收集器集合工具」的「使用者定義」→「新增」→「資料收集器集合工具」記錄的方式，對系統作較長時間的監控。

　　執行效能監視器時間要長到足以抓取到問題，一般粗略的設定綱要如下：

- 記錄 2 小時－每 4 秒記錄一次。
- 記錄 1 天－每 30 秒記錄一次。
- 需要記錄 5 天－每 180 秒記錄一次。

　　時間間隔不要小於 4 秒，以免記錄這個動作本身就傷害電腦的效能，除非是要擷取磁碟 I/O 的效能，最高頻率也勿超過每 2 秒記錄一次。另外，為減輕對電腦長期的影響，依需求記錄特定時段就好，避免長期大量地收錄。

---

[13] 操作效能監視器時，可能是開啟程式後加入有需要的計數器，如 Processor、Memory 等，然後觀察一段時間，看看螢幕上的圖形表現如何。但該畫面預設呈現 100 秒鐘的系統狀況，因為當下只畫 100 個點，預設每秒鐘取一個點。因此只能解釋系統當下的特殊情形，無法看出系統長時間的趨勢變化。透過工具列上「內容(Ctrl-Q)」按鈕，或是直接在繪圖區以滑鼠右鍵點選，叫出的「系統監視程式內容」對話窗內之「一般」→「圖表元素」來設定，可以增長抽樣的頻率，呈現較久的系統執行情形。

如果需要的話，可以在命令提示列執行'diskperf-Y'[14] 以擷取邏輯磁碟的效能資訊。初次記錄時，在不傷及效能的前提下，僅可能地擷取所有的物件，以便對整個系統有一個全面性的概觀。

接下來，列出幾個效能調校時較常用到的物件，並說明各自代表的意義。由於系統的軟硬體進步快速，寫於紙上的絕對值可能意義不大，例如：磁碟的 IOPS（每秒執行 I/O 的次數）從幾年前的數百變成今日的十數萬到數十萬，絕對值有百倍的差異。資料庫用於交易型和分析型應用的行為模式幾乎顛倒，產業別對個別效能計數器可容許的邊界也不同，造成效能計數器在一個產業內的系統代表有問題，在另一個產業可能是常態。相同公司的某個效能技術在 ERP 系統合理，在 Data Warehouse 有問題。一切都需要你自己累積比較的經驗，比較個別系統正常、異常時的差異，比較系統間的數值差異，以此建立合理的計數值範圍。

中央處理器

中央處理器（以下簡稱 CPU）是系統效能的核心，不管其他的子系統（如記憶體、硬碟、網路等）是如何的強悍，只要 CPU 能力不足、運算慢，就什麼都不用談。可持續監控以判定其使用率是否在正常範圍。持續偏高的 CPU 使用率，首先要看是哪個應用程式造成，如 SQL Server 使用率高，還是其他程式（也許是主機中毒或防毒，或系統升級、備份造成的）。

---

[14] diskperf–y 指令啟動「邏輯磁碟」計數器。為了提高系統的效能，在完成檢視或不需要再監測時可以關閉，關閉指令是 diskperf–n。

此外，偏高的 CPU 使用率可能顯示應用程式的設計或使用不良，或許應用程式最佳化（Optimize）後可降低 CPU 的使用率。代表的效能計數器如下：

表 7.4 評估 CPU 使用率具代表性的效能計數器

效能計數器名稱	說明
Processor：% Processor Time	CPU 執行非閒置執行緒的時間百分比，常用來綜觀 CPU 的使用狀況。計算方式是：先計算某個取樣區間中，處理器執行閒置處理程序花費的時間百分比，再以 100%減去這個比率。
Processor：% Privileged Time	CPU 執行 Windows 核心指令的時間百分比，例如：SQL Server 執行 I/O 行為，當 Physical Disk 計數器值很高時，Privileged Time 數值相對提高，可考慮換用較有效率的磁碟子系統（也許是記憶體不足一直在使用硬碟資源），提高整體的處理能力。
Processor：% User Time	處理器用於執行使用者處理序（執行應用程式，例如 SQL Server）的時間百分比。
System：Processor Queue Length	等候處理器時間的執行緒數目。當執行緒所需的處理器循環超過可用數量時，就會形成處理器瓶頸。假如連續監控的過程中，此數值長時間達處理器數量 2 倍以上，則可能面臨處理器瓶頸，例如：一台資料庫伺服器 CPU 有兩顆十核，則此整體數值不應超過 2*10*2＝40 為佳。

記憶體

記憶體是 SQL Server 重要的硬體資源，使用資料庫一段時間後效能低落，可能硬體瓶頸就是「記憶體」，因為持續累計資料量而需要更大的記憶體。可持續監控以判定記憶體使用是在正常範圍內。例如:觀察主機沒有任何處理序缺少或消耗太多的記憶體，也許不是 SQL SERVER 消耗記憶體，而是裝在同台機器上的 Analysis Services、Integration

Services、Reporting Services...等造成的。下表提供判斷 SQL SERVER 的記憶體是否有瓶頸之代表計數器：

表 7.5 評估記憶體使用率具代表性的效能計數器

效能計數器名稱	說明
Memory：Available Mbytes	Available Bytes/Available Kbytes/Available Mbytes：當下仍閒置可立即使用的實體記憶體總數（呈現時，分別以 1 位元組、千位元組和百萬位元組為單位）。
Memory：Committed Bytes	已使用的虛擬記憶體數量，其值為使用中的實體記憶體加上虛擬記憶體的總量，單位是位元組。如果 Committed Bytes 的數量超過系統中實體記憶體的數量，則代表需要 hard page fault 機制運作，也就是大量實體記憶體與硬碟之間的資料切換。
Memory：Pages/sec	代表 hard page faults 的數量，每秒產生多少分頁到硬碟的虛擬記憶體。其值是 Pages Input/sec 和 Pages Output/sec 兩個計數器的總合。它具有指標意義，越多分頁發生，表示主機是處於繁忙的狀態，所以不該長時間處於很大的值，平均值建議是介於 0~20 之間。有值不一定代表有問題，因為 Windows 有很多的機制在自我調節時都會做分頁切換，如系統對檔案和網路的快取。如果某個程式已經十分忙碌，但是該程式還有大量的分頁切換就有問題。
SQL Server: Memory Mgr: Memory Grants Pending	此數值呈現 SQL SERVER 需要記憶體時等待狀況，記憶體充足時此數值恆為 0，非常直觀，所以建議值是 0。
SQL Server: Buffer Manager: Lazy writes/sec	Lazy writes 是更新 BUFFER 的功用。所以當 SQL SERVER 感到記憶體不足時會觸發 Lazy writes，將過久沒有重新使用到的 DATA PAGE 或執行計畫至記憶體清除，以讓給需要的來使用。反之如果記憶體充裕，Lazy writes 是很少被觸發。故此數值越低越好，建議值是 20 以下

效能計數器名稱	說明
SQL Server: Buffer Manager:Buffer cache hit ratio	從資料暫存區讀出而非從硬碟讀出所佔的比例，這個值越高越好，若長時間低於 95%，需要檢視 SQL Server 使用記憶體的方式。
SQL Server: Page life expectancy	在沒有參考之下，分頁存留在緩衝集區的秒數。隨著資料庫的用途不同，這個值也不同，絕對值意義不大。例如：分析型系統載入資料進集區後就留在那，留存秒數大。但交易型系統常常增刪修不同的資料，留存秒數小。基本上每個系統有自己的定數，需要比較校能足與不足時，這個值的差異，以分析是否瓶頸點在記憶體。

磁碟

伺服器上的服務依賴作業系統執行 I/O，I/O 子系統包含系統匯流排（System Bus）、磁碟控制卡（Disk Control Card）、磁碟（Disk）、磁帶機（Tape Drive）、光碟機（CD-ROM Drive）...等多項設備，磁碟 I/O 也是造成系統瓶頸的主要原因且牽涉問題龐雜，尤其是 SAN 架構，因 SAN 經過的路徑都有可能是瓶頸，如 HBA 卡、光纖線、交換機或後端儲存設備...等。NAS 也有相似的狀況，且兩者都是多個應用系統共通存取，可能某個系統突然佔據大量 I/O，傷到了其他共用此儲存系統的應用程式。

硬碟子系統是大型資料系統必然的效能瓶頸，因為它是整個系統中運作最慢的部分，尤其是資料庫伺服器，若不斷新增、修改、刪除和查詢資料庫，則硬碟子系統效能好且記憶體足夠，整體才有效能。代表計數器如下：

表 7.6 評估磁碟子系統使用率具代表性的效能計數器

效能計數器名稱	說明
PhysicalDisk：% Disk Time	可監看資料庫所屬磁碟處理讀取/寫入活動的時間百分比。若 % Disk Time 計數器值很高（超過 85%），請檢視 Physical Disk：Current Disk Queue Length 計數器來觀察有多少系統要求正在等候磁碟存取。
PhysicalDisk：Avg.Disk Queue Length	衡量實體磁碟陣列（Disk Array）的壓力，可監看資料庫所屬磁碟陣列等候的 I/O 要求數，此數值不應持續超過實體磁碟數的 2 倍，也就是說一組磁碟陣列中每一磁碟的 Avg. Disk Queue Length 超過 2 以上，例如：一組 5 個獨立磁碟所構成的容錯陣列（RAID）的值不應超過 10 以上為佳。
LogicalDisk: Avg.Disk sec/Transfer	Windows 進行一次磁碟 I/O 所消耗的時間，單位是秒。一般理想狀態是要小於 0.01 秒甚至更少。

使用 Current Disk Queue Length 和 % Disk Time 計數器的數值來偵測磁碟子系統內的瓶頸，如果這兩者的值一直很高，又 LogicalDisk: Avg.Disk sec/Transfer 值也很高，可考慮：

■ 使用較快的磁碟機。

■ 將一些檔案移至其他磁碟或伺服器。

■ 如使用 RAID，為 RAID 陣列新增其他磁碟機。

如果 LogicalDisk: Avg.Disk sec/Transfer 值很低可考慮搭配評估記憶體使用率具代表性的效能計數器所列監控項目，檢查是否有記憶體不足之現象。

若使用 RAID 裝置，% Disk Time 計數器可能顯示大於百分之百的數值。若是如此，使用 PhysicalDisk：Avg.Disk Queue Length 計數器來決定平均有多少系統要求在等候磁碟存取。

I/O 為瓶頸的系統會讓磁碟經常處於作用中。監看 Memory：Page Faults/sec 計數器可確認磁碟活動並非分頁（Page）所造成。在 Windows 伺服器中，可能造成分頁的原因有：

- 處理序（Process）設定使用太多記憶體。
- 檔案系統（File System）活動。

此外，也可以比較 PhysicalDisk:Disk Reads/sec 和 Disk Writes/sec，這代表著 IOPS。當 I/O 忙碌或透過壓測，與其他系統比較最大值的合理範圍。

磁碟與記憶體運作方式不同的是，記憶體的趨勢是緩慢變化，不太會忽高忽低，而是漸漸耗盡或釋放，但硬碟存取是短暫的峰值，不管是記憶體交換到硬碟、SQL Server 寫入資料，乃至於一般的檔案運作，大都批次讀寫。讀寫完畢該工作就完畢，並不像記憶體會被應用程式長期持有，尤其是 SQL Server 一旦使用記憶體，除非作業系統記憶體不足否則不需還給作業系統。

7.4.1 使用圖形介面收錄效能計數器

接下來，透過實作練習收集 2 小時記錄，並每 4 秒記錄一次，來介紹效能監視器。

啟動 Windows 效能監視器，點選「開始」→「電腦管理」→「效能」或點選「開始」後，在「搜尋」或「執行」方塊中輸入 perfmon，然後按 ENTER。

在「資料收集器集合工具」→「使用者定義」節點上按下滑鼠右鍵，並點選快速選單中的「新增」→「資料收集器集合工具」後，輸入新的

「資料收集器集合工具」名稱：SQLServerPerformance 後，點選「手動建立」，如下圖所示。

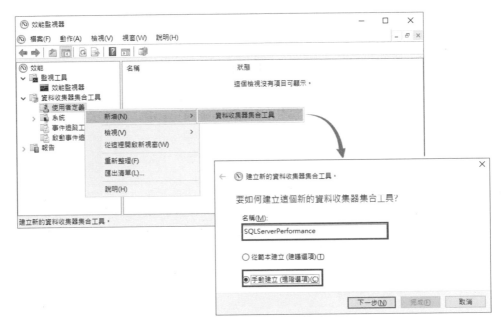

圖 7.75　建立新的資料收集器集合工具

　　再按「下一步」按鈕，在「要包含哪些資料類型」頁面選取「建立資料記錄」中的「效能計數器」項目，然後按下「下一步」按鈕，如下圖所示。

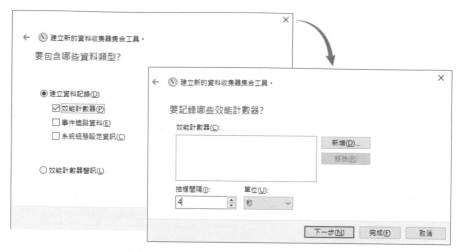

圖 7.76 建立新的資料收集器集合工具包含效能計數器

在效能瓶頸未明確時，很難知道要記錄哪些效能計數器，此時要多選一些相關的計數器。在此依序列出較常用的計數器。

檢視伺服器狀態：

■ Memory： Pages/sec 、 Available Mbytes 、 Page Faults/sec 、 Committed Bytes

■ Processor：% Processor Time、%Privileged Time、User Time

■ PhysicalDisk：% Disk Time、Avg. Disk Queue Length、Current Disk Queue Length

■ LogicalDisk：% Free Space、Avg.Disk sec/Transfer

■ System：Processor Queue Length

■ Paging File：%Usage

■ Network Interface(Network card)：Bytes Total/sec、Output Queue Length

當掌握了伺服器執行過程中的各效能狀態後，可以透過下列效能物件進一步對 SQL Server 伺服器分析其可用性，檢測是否應用軟體效能不足。

- SQL Server：Access Methods 的 Full Scans/sec

- SQL Server：BufferManager 的 Buffer Cache Hit Ratio、Lazy writes/sec

- SQL Server：Databases 的 Transaction/sec

- SQL Server：General Statistics 的 User Connections

接著列出幾個分析資料庫可用性的效能物件，例如：資料庫交易記錄檔空間不足，就會影響可用性。所以一併列出監控交易記錄檔的計數器：

- SQL Server：Databases 的 Percent Log Used、Log Growths、Data File(s) Size (KB)

- SQL Server：SQL Errors 的 Errors/sec

  使用下列計數器可判斷 SQL Server 服務的可用性。

- SQL Server：Locks 的 Lock Requests/sec、Lock Waits/sec 及 Number of Deadlocks/sec

- SQL Server：Memory Manager 的 Total Server Memory(KB)、Memory Grants Pending

- SQL Server：SQL Statistics 的 Batch Requests/sec、SQL Compilations/sec、SQL Re-Compilations/sec

- SQL Server：User Settable 的 Query

依序點選可用的計數器後按「新增」，如下圖左邊所示，按「確認」後，列出新增的效能計數器，如下圖右邊，同時更改「抽樣間隔」為 4 秒。

圖 7.77 新增的計數器畫面

確認完新增的效能計數器，按「下一步」按鈕，輸入儲存位置後，按「下一步」點選「立即啟動這個資料收集器集合工具」後，按「完成」，如下圖所示。

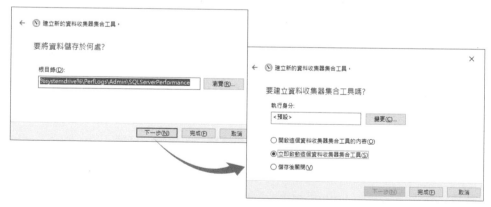

圖 7.78 資料收集器集合工具諸存位置及立即啟動

在每次記錄完成後，可以直接點選資料收集器集合工具的記錄檔案查看。

單一次的效能追蹤記錄通常無法包含所有需要的資訊，後續可能要多次記錄資料。另外，在存放方式上尚有其他的考量，例如每個記錄存成一個檔案，在記錄停止後，下次開啟新的檔案。檢查記錄檔案所花的硬碟空間，避免因為記錄資料而耗完硬碟空間。

若某個記錄檔內容太大，而你只需要其中重要的部分，可以重新建立記錄（Re-logging）。記錄檔最大極限 1 gigabyte（GB），而單一記錄檔太大也很難處理，可行的記錄檔大小應該在 100 megabytes（MB）左右，建議取 50 MB。若需要長時間記錄，可以利用效能監視器的排程，定時停掉再重起記錄，以分成多個記錄檔。

對於已經完成的記錄檔案可以重新整理，挑選出有問題的時間範圍與計數器，另存成不同的格式，供進一步的整合分析，其作法步驟如下圖所示。

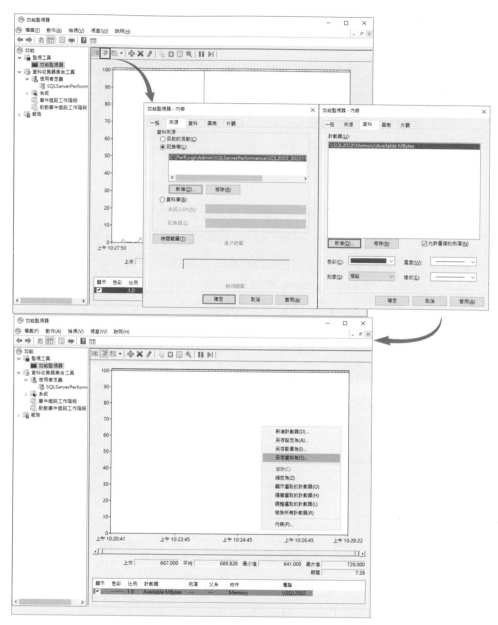

圖 7.79 將已經完成的效能記錄檔案重新整理，另輸出成不同的格式

也可以透過 Relog.exe 工具程式在命令提示列完成相同的動作。命令執行範例如下：

```
relog SQLPerformance.blg -f CSV -o SQLPerformance.csv
```

在範例中，原始記錄效能的檔案名稱是 SQLPerformance.blg，而該檔案以二進位格式存放效能記錄資料，在此將結果轉存成逗號分隔的一般文字檔，也就是預設給 Excel 看的.csv 檔案，可以直接透過 Excel 開啟檢視、分析並製做分析圖表。

如果要監控的電腦很多台的時候，就需要逐一設定，可以透過指令列取得所有系統中可用的效能計數器，並另存於文字檔。

```
typeperf -q -o PerfmonCounters.txt
```

取得的 PerfmonCounters.txt 共有數千種效能計數器物件，挑選適當的計數器後，可以將上述計數器清單另存成一個文字檔，方便後續載入作業。

7.4.2 使用 Logman 指令收錄效能計數器

透過命令列工具程式 Logman，以指令的方式設定與管理效能監視器：

```
logman create counter SQL_PerfMon -cf PerfmonCounters.txt
```

執行過上列指令後，就會自動在效能監視器的「效能」→「資料收集器集合工具」→「使用者定義」下方新增一個 SQL_PerfMon，如下圖所示。

圖 7.80 透過指令列 Logman 新增效能監視器的設定

透過命令列工具程式 Logman 可以方便地管理效能監視器，例如：透過指令列查詢 SQL_PerfMon 收集內容資訊，並轉出成檔案：

```
logman query SQL_PerfMon>> c:\SQL_PerMon.txt
```

啟動已建立的資料收集器：

```
logman start SQL_PerfMon
```

停止正在執行的資料收集器：

```
logman stop SQL_PerfMon
```

錄製完一段時間的系統執行狀況後，接著是呈現以及替記錄檔繪圖。在檢視資料時，應先繪製全部記錄的圖表，以了解整體的趨勢。對於相同記錄檔可以繪製多個圖表，以避免單一圖表呈現過多的訊息。為不同的計數器設定不同的值域範圍（range），若要突顯圖表中某個計數器的線條，可以在下方區塊選到該線條後按快捷鍵 CTRL＋H。

檢視圖形時，利用時間範圍 slider 來取得特定趨勢時段的細節，並利用鍵盤的左右箭頭一次移動一個點。

當要分析記錄所得的資料時，釐清某些模式，以及異常之高低計數值，這有助於了解什麼是 "正常" 值以建立基準線。如果計數器呈現某個問題，尋找其他的證據以支持你的理論，例如：

■ % Processor Time 的值持續很高，是哪個程式或作業在耗用 CPU？核心模式還是使用者模式耗用 CPU？是間歇的還是持續？固定會發生還是偶發？是否有伴隨耗盡其他的硬體資源（例如：記憶體、硬碟、網路）？

■ SQL Server Total Server Memory 持續飆高不一定是 memory leak。Buffer Pool 一旦配置，就不會主動歸還給作業系統，不管記憶體分頁內的資料是否被清空刪除。

若懷疑是 SQL Server 造成的效能耗用，可同時檢視 SQL Trace/Profiler 或擴充事件的追蹤檔案、SQL DMV、errorlog、Windows 事件紀錄，或其他相關資訊，有助於解釋你在效能記錄所看到的現象。當特定的計數值走高時：

■ SQL Trace/Profiler 或擴充事件是否同時擷取到值得注意的現象？是否有大量的批次存取、 recompile 和 compile 事件？

■ 是否有特別的查詢或批次工作在執行？

■ 是否在 errorlog、Windows 事件紀錄中看到任何錯誤或訊息？

7.4.3　使用效能計數器與 Profiler 綜合分析

「效能監視器」可與 SQL Server Profiler 工具整合追蹤進而分析結果，透過圖形交互參照呈現，提供使用者更便利的分析環境。在上述的章節中，已經說明使用 SQL Profile 與 Performance Counter 的部分，在此直接說明兩個工具結合的應用。接下來介紹如何將效能監視器所追蹤之計數器數值匯入到 Profiler 一併分析。

首先，在執行 Profiler 的追蹤事件時，為了能與系統監視器資料保持正確的相互關聯，追蹤時必須包含 StartTime 與 EndTime 的資料行；再開啟系統的效能監視器，同時設定並進行錄製的工作。兩個工具的啟動時間必須不可以差太久，否則兩個檔案無法配對。

將 SQL Server Profiler 與效能監視器的檔案存檔後，在 SQL Server Profiler 中，重新開啟儲存的追蹤檔案或追蹤資料表，再點選主選單的「檔案」→「匯入效能資料」選項，在「開啟檔案」視窗選取效能監視器檔案，如下圖所示。

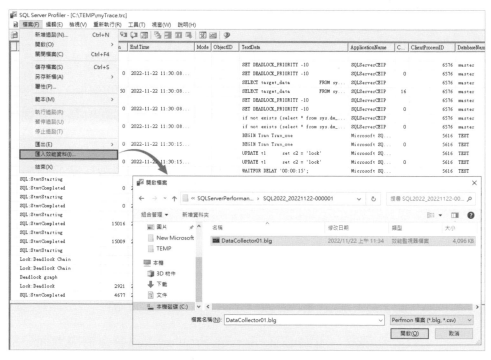

圖 7.81　在 SQL Profile 中開啟效能監視器檔案

　　檔案開啟後，出現「[效能計數器限制]對話方塊」框，此時出現可選擇的效能計數器是在錄製時所儲存的，在這邊選擇全部已儲存的物件，如下圖所示。

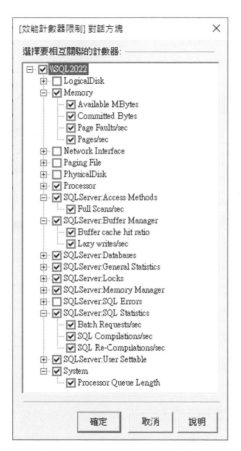

圖 7.82 [效能計數器限制]對話方塊框的效能計數器

即可看到如下圖的結果。

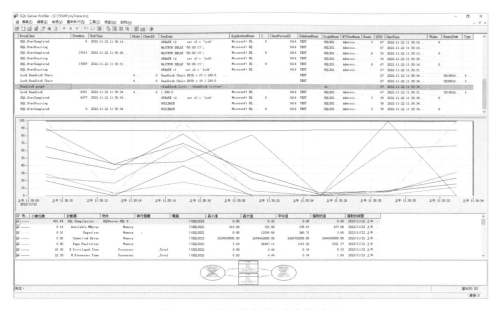

圖 7.83 匯入效能資料後的結果

　　當然，Profiler 和「效能監視器」兩者需要同時錄製，也就是兩個輸出的結果其時間欄位內容需要重疊，否則就沒有比較的意義了。在上圖中，透過滑鼠點選最上方窗格內的事件，在中間的視窗中便會呈現你所選擇錄製；當時伺服器效能計數器的值，兩者之間是連動的，可以滑鼠在效能計數器的圖形區拖曳，拉出一個區段後放手，Profiler 就會自動擴張這個區間，以呈現細節。用滑鼠在最上方 SQL 事件的區塊點選任一筆在效能計數器所選擇時間區段外的記錄，便又會自動還原整個時間。據此可以判讀該執行語法與伺服器資源使用的因果關係。

7.5　資源管理員（Resource Governor）

　　在上述章節提到的都是跟監控有關的工具，此節說明管理 SQL Server 工作負載和系統資源耗用量的部分。

自從 SQL Server 2008 版後增加了「資源管理員（Resource
Governor）」功能，讓資料庫管理師可以控管伺服器上的硬體資源之使
用，並對前述的問題，提供了解決方案。在 SQL Server 2016 版後與外
部資源的結合（例如執行 R 指令碼），在資源管理員的部分，除了以往
的資源集區外，新增了一個外部資源集區，故外部處理序會預設使用外
部資源集區。

7.5.1 資源管理員架構

資源管理員讓管理人員可以配置各個應用程式使用的 CPU、記憶體
資源與實體 IO，以有效運用硬體資源。資源管理員提供以下的功能：

- 在資源集區設定可使用的 CPU 使用量與記憶體配置量。
- 在工作負載群組設定其「相對重要性」。
- 使用分類函數，將各個連線（在 SQL Server 內稱為「工作階段
  （session）」），分類到指定的工作群組。
- 可監視在資源集區、工作負載群組內的資源使用量。

資料庫管理人員可以利用資源管理員來解決資源使用上的相關問
題，例如：

- 處理失控的查詢（runaway query）：失控的查詢是指需要耗費長時
  間來執行的程式，甚至超過「查詢最佳化工具（query optimizer）」
  所判斷的預期執行時間，造成系統資源被耗盡，嚴重超載。例如：
  因故造成無窮迴圈運算等。
- 因為資源爭用（resource contention），導致無法預估執行作業的
  效能：這是因為在伺服器上，多半是混雜不同類型的工作負載，例
  如：要保障運算力的重要系統，耗用大量運算力的系統，基本上要
  隔離分開，若同時在同一台伺服器執行運算，將爭用系統資源，導
  致效率不彰與無法預估其執行效能。

■ 設定各個工作負載的執行優先權（priority）：在資源管理員內，可以指定工作負載的相對重要性，藉此設定工作負載內的某程式之優先權高於其他的程式。在發生資源爭用時，能優先提供資源給此程式來執行。這裡要說明的是，指定相對重要性為「HIGH」時，是提高分配到的 CPU 運算量，而不是讓此程式先執行完成後，才執行「相對重要性」為「MEDIUM」或「LOW」的程式。

■ 針對 DBCC CHECKDB、備份資料庫…等耗損高 IO 作業，限制使用 IO 資源，以避免影響正常系統運作。在部分案例裡，磁碟 I/O 仍是運算瓶頸，例如：查詢沒有使用到索引，造成「資料表掃描（TABLE SCAN）」等，導致其他程式沒有足夠的磁碟 I/O 資源可用。

■ 為了防止一或多個「記憶體最佳化資料表」取用 SQL Server 的所有資源，以及避免其他記憶體使用者耗用記憶體最佳化資料表所需的記憶體，可以針對具有記憶體最佳化資料表的資料庫（In-Memory OLTP）建立另一個資源集區來管理記憶體耗用量。

若是由連線登入、進行分類與運作處理等觀點來看，其運作處理流程，簡述如下，並請參見下圖所示。

■ 應用程式連線登入到 SQL Server「執行個體」。

■ 系統自動利用分類函數，對各個工作階段進行分類，分配到指定的工作負載群組。

■ 各個工作組群組依據其上層的資源集區所配置的系統資源，提供給各個工作階段使用。

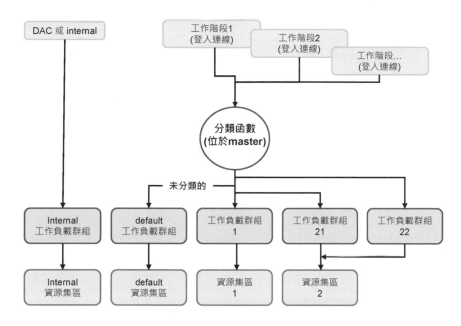

圖 7.84 資源管理員的運作處理流程

以下為資源管理員內相關物件的架構，請參見下圖所示。

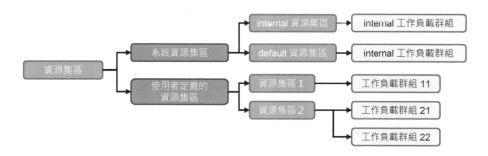

圖 7.85 資源管理員的物件架構

在上圖中，資料庫管理師可以建立多個資源集區，而在各個資源集區下，建立多個所需的工作負載群組。

❖ 設定資源管理員的組態

資源管理員提供兩種狀態設定：啟用或停用。預設資源管理員的狀態是停用。設定資源管理員需使用 CONTROL SERVER 權限，檢視資源管理員屬性則需要 VIEW SERVER STATE 權限。對資源管理員所執行的組態變更不會立即生效。也就是說，變更資源管理員的組態設定，需要等中繼資料複製到記憶體才能發揮作用。

大部分的組態變更都可以即時發揮功用，但多是影響新建立的工作階段，現有的工作階段可能不受影響，請參見下表的整理。

表 7.7 調整組態設定對「工作階段」的影響

元件	說明
分類函數	變更分類函數，將影響新建立的工作階段，但不影響現有的工作階段。
資源集區	若為長時間執行的工作階段可能會受到此項變更的影響。新建立的工作階段將受到影響。
工作負載群組	現有的工作階段不會受到影響，但是新建立的工作階段將受到影響。
分類函數	變更分類函數，將影響新建立的工作階段，但不影響現有的工作階段。

若啟用資源管理員後停用，將產生以下的影響：

■ 系統一併停用分類函數、資源集區與工作負載群組等設定。

■ 現有的工作階段將不再受到資源管理員管理。

建置資源管理員的流程，如下：

1. 先建立「資源集區」，設定可使用的實體資源，如 CPU 和記憶體。

2. 再建立「工作負載群組」，設定其「相對重要性」。

3. 最後，建立「分類函數」，用來將各個「工作階段」歸類到指定的「工作負載群組」。

❖ 資源集區

所謂的資源集區（Resource Pool）是指此 SQL Server 執行個體可使用的硬體資源，目前可用於分配的硬體資源是：CPU 使用量、記憶體配置量，實體 I/O 的使用量。例如：伺服器上有 16 GB 的記憶體，但因伺服器上還有其他服務需要記憶體，故設定此「執行個體」僅能使用其中 12 GB 的記憶體，則在資源集區內，也僅能分配此 12 GB 的記憶體。

在資源集區內，預設已經建立了兩個系統資源集區，分別是：「default（預設）」與「internal（內部）」，以及兩個工作負載群組，分別是：「default（預設）」與「internal（內部）」，請參見下圖所示。

圖 7.86 內建的「系統資源集區」與其「工作負載群組」

在資源集區部分，可以分成以下的類別：

- internal 資源集區。

- default 資源集區。

- 使用者定義的資源集區。

internal 資源集區

「internal 資源集區」是指 SQL Server 本身所耗用的系統資源，在 internal 資源集區內，僅包含 internal 工作負載群組，不可以變更此資源集區設定。

internal 資源集區的資源耗用量沒有限制，在此資源集區內任何負載都被視為 SQL Server 運行所需的資源負載，而且當 internal 資源集區資源不足時，資源管理員將向其他資源集區直接索取資源，即便是違反了其他資源集區上所設定的資源配置。internal 資源集區與 internal 工作負載群組的資源使用量，與使用者工作階段可使用的資源使用量是分開計算的（以百分比方式計算）。專用管理員連接（DAC）的工作階段，自動隸屬於 internal 資源集區內的 internal 工作負載群組，資源管理員不會對專用管理員連接進行資源負載控制。

default 資源集區

預先定義的第一個使用者資源集區。預設在 default 資源集區內，僅包含一個 default 工作負載群組。管理人員無法刪除此預設資源集區，但可變更此資源集區的設定，在 default 資源集區下，還可以再建立使用者定義的工作負載群組。

此外，就是使用者定義的資源集區，以 T-SQL 建立資源集區語法如下：

```
CREATE RESOURCE POOL pool_name
[ WITH
    ( [ MIN_CPU_PERCENT = value ]
    [ [ , ] MAX_CPU_PERCENT = value ]
     [ [ , ] CAP_CPU_PERCENT = value ]
     [ [ , ] AFFINITY {SCHEDULER = AUTO | (Scheduler_range_spec) | NUMANODE =
(NUMA_node_range_spec)} ]
    [ [ , ] MIN_MEMORY_PERCENT = value ]
    [ [ , ] MAX_MEMORY_PERCENT = value ]
    [ [ , ] MIN_IOPS_PER_VOLUME = value ]
    [ [ , ] MAX_IOPS_PER_VOLUME = value ] )
]
[;]

Scheduler_range_spec::=
{SCHED_ID | SCHED_ID TO SCHED_ID}[,…n]
NUMA_node_range_spec::=
{NUMA_node_ID | NUMA_node_ID TO NUMA_node_ID}[,…n]
```

- pool_name 為資源集區的名稱。可以是英數字元，最多 128 個字元，必須在 SQL Server 執行個體中唯一，且符合識別碼的規則。

- MIN_CPU_PERCENT：預設值為 0，允許的範圍 0 至 100。當 CPU 出現競爭時，為資源集區中的所有要求，指定保證最小平均 CPU 用量。

- MAX_CPU_PERCENT：預設值為 100，允許的範圍 0 至 100。當出現 CPU 競爭時，指定所有要求在資源集區中可用的最大平均 CPU 用量。

- CAP_CPU_PERCENT：預設值為 100，允許的範圍 0 至 100。指定資源集區中所有要求都將接收的 CPU 用量硬體上限。

- CAP_CPU_PERCENT 與 MAX_CPU_PERCENT 不同之處在於，與集區相關聯的工作負載可以使用高於 MAX_CPU_PERCENT 值但不高於 CAP_CPU_PERCENT 值。

■ 將資源集區附加至特定排程器。

■ AFFINITY SCHEDULER = <定義排程器(scheduler)範圍> 會將資源集區對應至 SQL Server 排程器識別碼，其識別碼可查詢 sys.dm_os_schedulers 系統檢視的 scheduler_id 欄位。

AFFINITY NUMANODE = <定義 NUMA 結點範圍>，資源集區會使用 SQL Server 排程器 NUMA 節點或節點範圍對應之實體 CPU。NUMA 結點之編號可以如下語法查詢：

```
SELECT osn.memory_node_id AS [numa_node_id], sc.cpu_id, sc.scheduler_id
FROM sys.dm_os_nodes AS osn
INNER JOIN sys.dm_os_schedulers AS sc
    ON osn.node_id = sc.parent_node_id
    AND sc.scheduler_id < 1048576;
```

■ MIN_MEMORY_PERCENT：預設值為 0，允許範圍 0 至 100。指定為此資源集區所保留的最小記憶體數量。

■ MAX_MEMORY_PERCENT：預設值為 0，允許範圍 0 至 100。指定在此資源集區中，可要求伺服器記憶體總量。

■ MIN_IOPS_PER_VOLUME：預設值是 0，允許範圍 0 至 $2^{31}-1$ (2,147,483,647)，0 表示集區沒有最小臨界值。指定為資源集區保留每個磁碟區（volume）的每秒 I/O 作業數（IOPS）最小值。

■ MAX_IOPS_PER_VOLUME：預設值為 0，允許的範圍 0 至 $2^{31}-1$（2,147,483,647），0 代表無限定臨界值。指定資源集區使用每個磁碟區每秒 I/O 作業數（IOPS）的最大值。

所有集區之 MAX 的值必須分別大於或等於 MIN 的值。

使用 T-SQL 變更現有資源管理員的資源集區組態

可以如下 T-SQL 修改現有使用者定義之資源集區，若是針對"default"集區，名稱必須加上引號（" "）或方括號（[ ]）才能避免與保留字 DEFAULT 衝突。

```
ALTER RESOURCE POOL { pool_name | "default" }
[WITH
    ( [ MIN_CPU_PERCENT = value ]
    [ [ , ] MAX_CPU_PERCENT = value ]
    [ [ , ] CAP_CPU_PERCENT = value ]
    [ [ , ] AFFINITY {SCHEDULER = AUTO | (Scheduler_range_spec) | NUMANODE =
(NUMA_node_range_spec)}]
    [ [ , ] MIN_MEMORY_PERCENT = value ]
    [ [ , ] MAX_MEMORY_PERCENT = value ]
    [ [ , ] MIN_IOPS_PER_VOLUME = value ]
    [ [ , ] MAX_IOPS_PER_VOLUME = value ] )
]
[;]

Scheduler_range_spec::=
{SCHED_ID | SCHED_ID TO SCHED_ID}[,...n]
NUMA_node_range_spec::=
{NUMA_node_ID | NUMA_node_ID TO NUMA_node_ID}[,...n]
```

使用 T-SQL 卸除使用者定義的資源集區語法如下：

```
DROP RESOURCE POOL pool_name
```

如果資源集區包含工作負載群組，則無法卸除該資源集區。注意，無法卸除資源管理員的 default 或內部集區。

❖ **外部資源集區**

從 SQL Server 2016 版開始，例行的 SQL Server 作業會有 default 資源集區，而外部處理序（例如執行 R 指令碼）會有預設的外部資源集區，而外部資源集區可分成以下類別：

■ default 資源集區

■ 使用者定義的資源集區

使用者可定義外部集區以規範外部處理序的資源。針對機器學習服務將用來管理 rterm.exe、BxlServer.exe 及其所衍生的其他處理序。

使用 T-SQL 建立外部資源集區語法如下：

```
CREATE EXTERNAL RESOURCE POOL pool_name
[ WITH (
    [ MAX_CPU_PERCENT = value ]
    [ [ , ] AFFINITY CPU =
            {
                AUTO
            | ( <cpu_range_spec> )
            | NUMANODE = ( <NUMA_node_id> )
            } ]
    [ [ , ] MAX_MEMORY_PERCENT = value ]
    [ [ , ] MAX_PROCESSES = value ])
]

<CPU_range_spec> ::=
{ CPU_ID | CPU_ID  TO CPU_ID } [ ,...n ]
```

■ MAX_CPU_PERCENT：預設值為 100，允許的範圍 0 至 100。當出現 CPU 競爭時，指定所有要求在資源集區中將擁有的最大平均 CPU 用量。

■ AFFINITY CPU = AUTO | (<CPU 範圍規格>)外部資源集區指定特定的 CPU_ID 標識的 CPU。其預設值為 AUTO。

- MAX_MEMORY_PERCENT：預設值為 0，允許的範圍 0 至 100。指定在此資源集區中，可供要求所用的伺服器記憶體總量。

- MAX_PROCESSES：預設值為 0。允許用於外部資源集區的程式之最大數目。

同樣可以用 T-SQL 語法變更或是卸除現有資源管理員的外部資源集區組態。其語法與上述資源集區相似，在此不再另行說明，可以參考微軟線上叢書[15]。

❖ 設定資源集區可用的系統資源

在每個資源集區上，採取百分比來設定可用的資源：

- CPU 的 MIN 與 MAX。

- 記憶體的 MIN 與 MAX。

要提醒的是，MIN 值是指保證可用的最小資源量，MAX 值是指最大可用的資源量。因為 MIN 值是採保證可用的設計，所以在各資源集區內，其 MIN 的總和不得超過 100%，請參見下圖所示。

---

[15] 用 T-SQL 語法變更現有的資源管理員外部資源集區組態：https://learn.microsoft.com/zh-tw/sql/t-sql/statements/alter-external-resource-pool-transact-sql?redirectedfrom=MSDN&view=sql-server-ver16。
用 T-SQL 語法卸除現有的資源管理員外部資源集區組態：https://learn.microsoft.com/zh-tw/sql/t-sql/statements/drop-external-resource-pool-transact-sql?redirectedfrom=MSDN&view=sql-server-ver16。

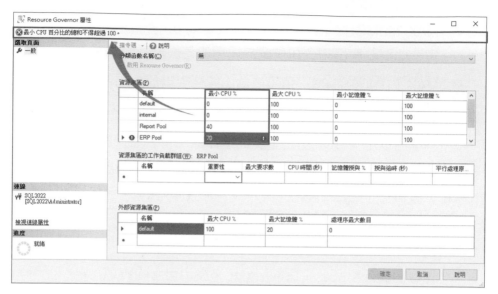

圖 7.87 各個「資源集區」的 CPU 之 MIN 值，總和超過 100%的限制

在上圖中，不管 CPU 或是記憶體，其 MIN 值都有加總起來不得超過 100%的限制。在 CPU 使用量的 MAX 值部分，則建議設在 MIN 值與 100% 之間的合理值，資源管理員對 MAX 值沒強制檢查，這是因為 MAX 值是指最大可使用的資源量，而非保證可用的資源量。

設定記憶體的 MAX 值時，可使用「效能監視器」觀察，參見下圖所示。

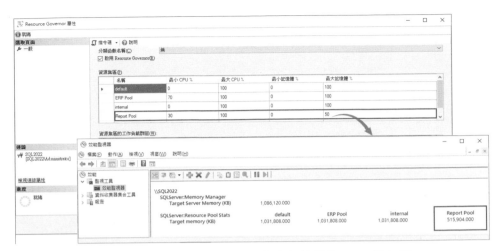

圖 7.88 使用「效能監視器」觀察記憶體的 MAX 設定值

在上圖中，設定 SQL Server 執行個體的最大記憶體為 1024 MB，資料庫管理師可以使用效能計數器：Target Server Memory（KB），觀察 SQL Server 伺服器可用的動態記憶體總數。使用資源管理員建立新的資源集區：Report Pool，並設定記憶體的 MAX 值為 50%，使用在 SQL Server:Resource Pool Stats 物件下的 Max memory（KB）與 Target memory（KB）效能計數器，將觀察到 Report Pool 資源集區可擁有的最大記憶體數量（以 KB 為單位），與此資源集區正嘗試取得的目標記憶體數量（以 KB 為單位），約略是「最大伺服器記憶體」的一半。

在設定記憶體的 MIN 值部分，請參見下圖所示。

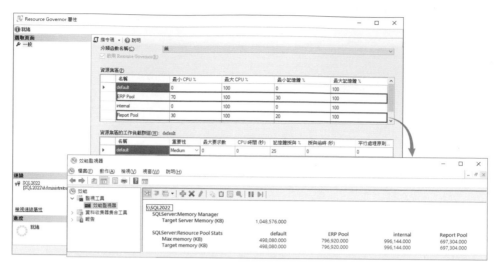

圖 7.89 使用「效能監視器」觀察設定記憶體的 MIN 值

在上圖中，使用資源管理員建立 ERP Pool 與 Report Pool 資源集區，並分別設定記憶體的 MIN 值為 30%、20%。利用效能監視器觀察到 ERP Pool 與 Report Pool 資源集區最大可用的記憶體約是：796 MB、996 MB，但 default 資源集區最大可用的記憶體僅剩下約 498 MB。MIN 值是指保證最小可用的資源量，而在 ERP 與 POS 資源集區，已經分別設定 MIN 值，所以 default 資源集區剩下 100-(30＋20)＝50(%) 可以使用。

在圖 7.89 中，所顯示各個資源集區最大可用的記憶體，實際上，並非此資源集區所能夠使用的最大記憶體配置量，這是因為所有的資源集區都是由資源管理員所控制，而在資源集區內，又細分為兩個部分：

■ 資源集區彼此不會重疊使用之資源，是 MIN 值保證最小可用之功能。

■ 另外是與其他資源集區共用，用於支援最大可能的資源耗用量。

關於在資源集區共用的部分，是指可用資源的使用範圍（前提是如果資源可使用的話）。也就是說，當資源被耗用時，它們就會移至指定的資源集區內，而且無法被共用。但當指定的資源集區沒有任何要求後，則釋放此資源集區的資源給其他資源集區使用，以改善資源的使用率。

若要計算出各個資源集區實際有效的 MAX 值，可以參見以下的公式：

- min(X,Y)代表較小的 X 和 Y 值
- Sum(X)代表所有集區之 X 值的總和
- 全部共用的% = 100 - sum(MIN %)
- 有效的 MAX % = min(X,Y)
- 共用的% = 有效的 MAX % - MIN %

在以下的範例中，建立兩個使用者自訂的「資源集區」，並且分別設定了 MIN 值為 20%與 50%，MAX 值為 100%與 70%，請參見下表的說明。

表 7.8　計算有效的 MAX 值與共用的%

集區名稱	MIN 值	MAX 值	計算出有效的 MAX 值	計算出共用的%	說明
dcfault	0	100	30	30	計算出有效的 MAX 值：min(100,100-(20+50)) = 30。 計算出共用的%：計算出有效的 MAX 值 - MIN = 30 - 0 = 30。
集區 1	20	100	50	30	計算出有效的 MAX 值：min(100,100-50) = 50。 計算出共用的%：計算出有效的 MAX 值 - MIN = 50 - 20 = 30。
集區 2	50	70	70	20	計算出有效的 MAX 值：min(70,100-20) = 70。 計算出共用的%：計算出有效的 MAX 值 - MIN = 70 - 50 = 20。

　　延續表 7.8，若增建一個「資源集區」：集區 3，設定其 MIN 值為 5%，MAX 值為 100%，則其他「資源集區」有效 MAX 值與共用 % 部分，系統將自動進行調整，請參見下表的說明。

表 7.9 計算有效的 MAX 值與共用的%

集區名稱	MIN 值	MAX 值	計算出有效的 MAX 值	計算出共用的%	說明
default	0	100	25	25	計算出有效的 MAX 值：min(100,100-(20+50+5)) = 25。 計算出共用的%：計算出有效的 MAX 值 - MIN = 25 - 0 = 25。
集區 1	20	100	45	25	計算出有效的 MAX 值：min(100,100-(50+5)) = 45。 計算出共用的%：計算出有效的 MAX 值 - MIN = 45 - 20 = 25。
集區 2	50	70	70	20	計算出有效的 MAX 值：min(70,100-(20+5)) = 70。 計算出共用的%：計算出有效的 MAX 值 - MIN = 70 - 50 = 20。
集區 3	5	100	30	25	計算出有效的 MAX 值：min(100,100-(20+50)) = 30。 計算出共用的%：計算出有效的 MAX 值 - MIN = 30 - 5 = 25。

　　在此要提醒的是，在表 7.8 與表 7.9 中，並未包含 internal 資源集區，這是因為 internal 資源集區的資源耗用量沒有限制，也無法設定其 MIN 值與 MAX 值。以下列舉數種特殊的資源集區之情境：

- 每個資源集區皆明確指定 MIN 值,而且其加總值為 100%時,各資源集區有效的 MAX 值就等於 MIN 值。這就相當於將伺服器的資源,劃分成許多獨立非重疊的部分一樣。

- 若將每個資源集區的 MIN 值設定為 0%,而 MAX 值都設定為 100%時,則每個資源集區將會爭用全部可用的資源。

資源管理員與 CPU

資源管理員管理 CPU 資源的方式,是調配 SQL Server 執行個體所能使用的全體 CPU 資源,平均分散給每個 CPU 排程器(scheduler)來處理。請注意,是以平均分散的方式來配置。所以在工作階段上所執行的程式,是否能以平行處理方式,執行多個執行緒,將會影響到資源管理員的分配方式,例如:在多核心 CPU 的環境上,設定兩個「資源集區」的 MAX 值分別為 40%、50%,但是在工作階段上所執行的程式,卻僅能使用到單一 CPU 排程器來執行。在此情況下,即便程式耗用大量 CPU 資源,但卻因為其他 CPU 排程器都沒有受到資源負載的影響,所以工作階段上的程式仍然無法善用 CPU。再假設僅有兩顆 CPU 但設定了 3 個資源集區,各有一條連接執行極耗 CPU 資源且以單一執行緒執行的工作,則排程分配時,某個集區可能霸占了一顆 CPU,以超過所設定的 MAX 值方式來執行。

如果能夠以平行處理方式使用多條執行緒,或是有多條連接並行提出需求,則可以明顯看到資源管理員所發揮的管控功能。

上述說明都未包含實體 IO 的部分,在撰寫本章時(2022/12)SSMS 19 預覽版本都還未能在介面設定,仍需透過 T-SQL 語法。

❖ 工作負載群組

工作負載群組（Workload Group)類似於工作階段的容器。SQL Server 執行個體依據使用者設計的分類函數，將各個工作階段套用到指定的工作負載群組內。

在資源集區下，可建立多個工作負載群組，以效能監視器來觀察工作負載群組的資源耗用量。使用者定義的工作負載群組也可以由現行的資源集區，移動到另一個資源集區下。請參見下圖所示。

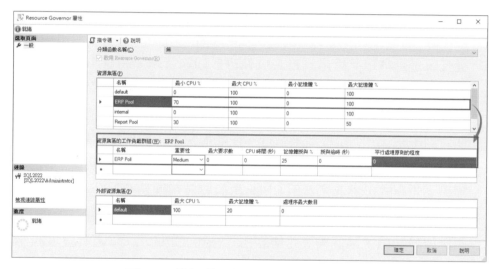

圖 7.90 檢視「工作負載群組」的設定介面

預設資源管理員定義了兩個工作負載群組，「default」與「internal」。雖然管理者無法調整 internal 工作負載群組，仍可監視其資源耗用量。當符合以下條件，工作階段要求將配置到 default 工作負載群組下：

■ 沒有分類函數，或是未符合分類函數之準則的工作階段。

■ 分類將其歸到不存在的工作負載群組，可能是分類函數寫錯，或該工作負載群組被刪除。

■ 發生一般分類失敗。

建立工作負載群組語法如下：

```
CREATE WORKLOAD GROUP group_name
[ WITH
    ( [ IMPORTANCE = { LOW | MEDIUM | HIGH } ]
      [ [ , ] REQUEST_MAX_MEMORY_GRANT_PERCENT = value ]
      [ [ , ] REQUEST_MAX_CPU_TIME_SEC = value ]
      [ [ , ] REQUEST_MEMORY_GRANT_TIMEOUT_SEC = value ]
      [ [ , ] MAX_DOP = value ]
      [ [ , ] GROUP_MAX_REQUESTS = value ] )
  ]
[ USING { pool_name | "default" } ]
```

group_name 是使用者定義工作負載群組的名稱。group_name 是英數字元，最多可有 128 個字元，同時須符合識別碼的規則，且在 SQL Server 執行個體中須是唯一的。

以下說明在工作負載群組可設定的屬性，請參見下表所示。

表 7.10　「工作負載群組」可設定的屬性

屬性名稱	說明
重要性	參數：IMPORTANCE 各要求在「工作負載群組」中的相對重要性，預設值為 MEDIUM。可設定為 LOW、MEDIUM 與 HIGH。相對重要性的範圍為本機，且在同一個「資源集區」中的「工作負載群組」，不影響其他資源集區中的工作負載群組。僅適用於 CPU 分配量。
記憶體授與 %	參數：REQUEST_MAX_MEMORY_GRANT_PERCENT 指定單一要求可由資源集區中獲取的記憶體最大數量。這個百分比相對於在資源集區內所指定的「最大記憶體 %(MAX_MEMORY_PERCENT)」之大小。輸入值在 2019 版後可為浮點數。依線上叢書的說明，允許的值範圍從 0 至 100。預設為 25。 若將值設定為 0，在此工作負載群組會防止執行 SORT 和 HASH JOIN 等查詢運算。

屬性名稱	說明
	建議不要將輸入值設定大於 70，如果有其他的並行查詢正在執行，則伺服器可能沒有足夠的記憶體來因應其他並行查詢的處理，最後，這可能導致其他查詢逾時，產生錯誤 8645：「等候記憶體資源來執行資源集區 xxx 中的查詢時發生逾時。請重新執行查詢」。
	如果查詢記憶體需求超過這個參數所指定的限制，伺服器會執行以下作業：
	• 如果是使用者定義的工作負載群組，伺服器會嘗試減少查詢的平行處理原則程度，直到記憶體需求低於此限制，或是調整平行處理原則程度等於 1 來處理。如果查詢記憶體需求仍然大於此限制，將會發生錯誤 8657：「無法取得 xxx KB 的記憶體授權，因為它超過工作群組 xxx 和資源集區 xxx 中的最大組態限制。請連絡伺服器管理員，以提高記憶體使用限制」。
	• 如果是內部和預設的工作負載群組，伺服器會允許查詢取得所需的記憶體。
	• 請注意，如果伺服器沒有足夠的實體記憶體，上述兩種情況都會導致查詢逾時，產生錯誤 8645。
CPU 時間（秒）	參數：REQUEST_MAX_CPU_TIME_SEC
	要求可以使用的最大 CPU 時間量（以秒為單位）。輸入值須為正整數。預設值為 0，代表沒有限制。資源管理員不會在超過最大 CPU 時間時，阻止要求繼續執行。但會觸發對應的事件，在 SQL Server Profiler 或 SQL 追蹤「Errors and Warnings 事件類別目錄」下的「CPU Threshold Exceeded 事件類別」，可呈現資源管理員偵測到超出 CPU 臨界值的查詢。
	順帶一提，在 SSMS 管理介面上，看到的屬性是：「CPU 時間（秒）」，但在 CREATE WORKLOAD GROUP 陳述式，使用的參數是：REQUEST_MAX_CPU_TIME_SEC，而且在 SQL Server 線上叢書的文件裡，多半也使用「最大 CPU 時間」這個詞彙。
授與逾時（秒）	參數：REQUEST_MEMORY_GRANT_TIMEOUT_SEC
	指定查詢等候記憶體授權（指工作緩衝區記憶體（work buffer memory）），變成可用的記憶體之最大等待時間（以秒為單位）。預設值為 0，根據查詢成本使用內部計算來判斷最大時間。若是到達記憶體授權的逾時值時，查詢不一定會失敗。通常是太多查詢並行執行時，查詢才會失敗。否則，查詢可能只會得到最小的記憶體授權，導致此查詢效能降低。

屬性名稱	說明
平行處理原則的程度	參數：MAX_DOP 指定平行處理的最大 CPU 使用數（degree of parallelism，DOP）。允許的值範圍從 0 至 64，預設值是 0，將使用全域設定，也就是執行個體上的「平行處理原則的最大程度（max degree of parallelism）」設定值。 關於平行處理原則的最大程度（MAX_DOP）設定，採取以下的方式處理： • 查詢提示的 MAX_DOP 選項最優先，只要沒有超過工作負載群組的 MAX_DOP，就使用查詢提示的 MAX_DOP。 • 查詢提示的 MAX_DOP 會複寫 sp_configure 的「max degree of parallelism」設定值。 • 工作負載群組的 MAX_DOP 會複寫 sp_configure 的「max degree of parallelism」。 • 如果查詢在編譯時間被標示為序列（serial，MAX_DOP = 1），則不管工作負載群組或 sp_configure 設定為何，都無法在執行階段將該查詢變回平行處理。 • 設定平行處理原則的最大程度（MAX_DOP）後，在授與記憶體不足的壓力下，僅能其降低平行度。
最大要求數目	參數：GROUP_MAX_REQUESTS 指定在「工作負載群組」執行時，其所允許的最大同時要求數。輸入值須為正整數。預設值為 0，表示不限制其要求數量。

變更現有資源管理員的工作負載群組組態，並選擇性地將其指派給資源管理員資源集區，定義語法：

```
ALTER WORKLOAD GROUP { group_name | "default" }
[ WITH
    ([ IMPORTANCE = { LOW | MEDIUM | HIGH } ]
      [ [ , ] REQUEST_MAX_MEMORY_GRANT_PERCENT = value ]
      [ [ , ] REQUEST_MAX_CPU_TIME_SEC = value ]
      [ [ , ] REQUEST_MEMORY_GRANT_TIMEOUT_SEC = value ]
      [ [ , ] MAX_DOP = value ]
      [ [ , ] GROUP_MAX_REQUESTS = value ] )
]
[ USING { pool_name | "default" } ]
```

卸除現有使用者定義的資源管理員工作負載群組，定義語法：

```
DROP WORKLOAD GROUP group_name
```

❖ 分類函數

當連線登入時，資源管理員將利用分類函數（Classifier Function），將各個工作階段分派到指定的工作負載群組內。分類函數是使用者定義的純量函數（scalar function），內含指派工作階段給工作負載群組的程式邏輯。以下是分類函數的特性與注意事項：

■ 建置在 master 系統資料庫內。

■ 應設計為「結構描述繫結函數」，利用 WITH SCHEMABINDING 子句，可將函數與它參考的資料庫物件之結構繫結在一起。例如，資料表、檢視及其他使用者自訂函數，嘗試更改或卸除任何被參考的物件將會失敗。

■ 在資源管理員內，僅能使用一個使用者定義函數作為分類函數。

■ 系統針對每個新的工作階段，使用此分類函數評估，即便有啟用了「連接共用（connection pooling）」機制也一樣。

■ 如果是分類函數無法歸類的工作階段，可能傳回 NULL 或是不存在的群組名稱，將分配這些工作階段到 default 工作負載群組。若分類函數因故分類失敗，這些工作階段也將被分配到 default 工作負載群組。

要提醒的是：

建議啟用「專用管理員連接（DAC）」。因為專用管理員連接不受資源管理員的限制，可用來監視和疑難排解分類函數。依據預設值，僅能在 SQL Server 執行個體本機上執行專用管理員連接，不允許以遠端網

路連線方式執行專用管理員連接。特別在容錯移轉叢集（Cluster）環境上，記得啟用專用管理員連接。

　　管理人員可以使用介面區組態或是 sp_configure 預存程序，設定啟用「remote admin connections」選項，在遠端機器上透過專用管理員連接登入 SQL Server 執行個體。如果發生連專用管理員連接也無法處理的疑難排解，可改用單一使用者模式來啟動此執行個體，再停用此分類函數。

在分類函數內使用系統函數

　　在分類函數中可以搭配使用以下的系統函數，用來識別各個工作階段之特性：

表 7.11　搭配使用的系統函數

系統函數	說明
HOST_NAME()	傳回工作站名稱。
APP_NAME()	傳回目前工作階段的應用程式名稱。
SUSER_NAME()	傳回使用者的登入識別名稱。
SUSER_SNAME()	傳回與安全性識別碼（SID）相關聯的登入名稱。
IS_SRVROLEMEMBER()	目前 SQL Server 登入者是否為固定伺服器角色的成員。
IS_MEMBER()	目前使用者是否屬於某個資料庫角色（包括資料庫固定角色或使用者自訂角色，但不包括伺服器角色），或 Windows 網域群組的成員。
LOGINPROPERTY()	可以使用 DefaultDatabase 與 DefaultLanguage，傳回此登入帳戶的預設資料庫與預設語言。
ORIGINAL_DB_NAME()	傳回使用者在資料庫連接字串中指定的資料庫名稱。 例如：使用 sqlcmd -d 選項（發出 USE database）或 ODBC 連接所指定的資料庫（初始目錄 databasename）。

系統函數	說明
CONNECTIONPROPERTY()	傳回連接屬性的相關資訊，例如：實體傳輸通訊協定、登入帳戶的驗證配置（例如：SQL、NTLM、KERBEROS 等）、目標伺服器的 IP 位址、連接的目標伺服器 TCP 埠、用戶端的位址等。

使用 HOST_NAME()、APP_NAME()系統函數是能回傳相關資料，但是，用戶端應用程式也可以設定連接字串內的工作站名稱、應用程式名稱，而且可提供不正確的資料。所以，請勿依賴 HOST_NAME()、APP_NAME()當作安全檢核。以下為建置分類函數的流程：

■ 建立使用者定義的純量函數。

■ 向資源管理員註冊此函數為分類函數。

■ 更新資源管理員在記憶體中的組態設定。可以使用 SSMS 管理工具，或是執行 ALTER RESOURCE GOVERNOR RECONFIGURE 陳述式。

■ 使用專用管理員連接進行疑難排解。

由於每條連接建立時都會先呼叫分類函數，其效能耗用可能造成瓶頸，使用分類函數查詢資料表的最佳做法：

■ 除非絕對必要，否則不要查詢資料表。如有需要查詢資料表，考慮用編碼的方式將整個資料表寫入函數中；不過需要與分類函數的複雜度和資料變更相互平衡。

■ 注意查詢資料庫的 I/O 執行。

1. 使用 TOP 1 只傳回一個資料列。

2. 減少資料表中的資料列和欄位數目。

3. 資料表的資料量越少越好，最好不要超過 8K，也就是一個頁面（Page）即可容納。

4. 透過索引涵蓋要搜尋的資料行。

5. 如果透過聯結使用多個資料表，可考慮反正規化為單一資料表。

■ 避免在查詢資料表時進行封鎖。

1. 使用 NOLOCK 避免鎖定，或是在函數中使用最大值 1000 毫秒的 SET LOCK_TIMEOUT。

2. 資料表必須在 master 資料庫中（master 資料庫是在用戶端電腦嘗試連線時，唯一保證必定已經復原的資料庫）。

3. 使用結構描述完整的物件名稱。資料庫名稱並非必要，因為一定要是 master 資料庫。

4. 資料表沒有觸發程序。

5. 如果要更新資料表內容，必須使用快照隔離等級交易避免造成資料表的 LOOK。使用 NOLOCK 防止這種情況發生。

■ 如有可能變更資料表內容時，請停用分類函數。

執行分類的登入程序：

啟用「資源管理員」後，每個「工作階段」登入包含以下程序：

■ 登入驗證。

■ 執行 logon 觸發程序（若有定義 logon 觸發程序）。

■ 執行分類。

開始分類時，資源管理員就會執行分類函數，並使用此函數所傳回的值，將要求放至適當的工作負載群組。分類函數會延長登入時間，任何過度複雜的函數都可能會導致登入逾時或降低連接的速度。

7.5.2 觀察資源管理員的運作與使用注意事項

在建置好資源管理員之後，取得各個工作負載群組和資源集區的執行期間統計資料，以管理資源管理員。收集執行統計資料，可讓管理者分析資源管理員的組態設定，是否符合預期的規劃，並及早偵測出可能的問題以便更正，確保持續進行可靠且可預測的作業。在本節中，將一併討論使用資源管理員的注意事項。

❖ 監控資源管理員運作

在使用資源管理員時，可用以下的方式觀察：

■ 效能計數器

■ SQL 追蹤事件

■ 動態管理檢視與目錄檢視

效能計數器

管理者可用以下的效能物件來收集工作負載群組和資源集區的統計資料，請參見下表的說明：

表 7.12 可使用的效能計數器

效能計數器名稱	說明
SQLServer:Workload Group Stats	每個使用中的工作負載群組之統計資料，例如：在此工作負載群組中執行的要求數目、要求的 CPU 使用量、被封鎖的要求數目等。
SQLServer:Resource Pool Stats	每個使用中的資源集區之統計資料，例如：要求的 CPU 使用量、可擁有的最大記憶體數量、每秒逾時的記憶體授權數目等。

管理者也可用動態管理檢視 sys.dm_os_performance_counters 來查詢計數器的現行值。

SQL 追蹤事件

以下表列「資源管理員」可使用的 SQL 追蹤事件：

表 7.13　可使用的 SQL 追蹤事件

事件名稱	說明
CPU Threshold Exceeded	指出資源管理員偵測到某個查詢已經超過 REQUEST_MAX_CPU_TIME_SEC 中的 CPU 臨界值。 此事件的偵測間隔為五秒。也就是說，如果某個查詢超過指定的 CPU 臨界值限制達五秒以上，就會產生此事件。不過，如果某個查詢超過指定的臨界值少於五秒，根據查詢的時間和上一次偵測的時間，可能會導致遺漏偵測。
PreConnect:Starting	LOGON 觸發程序或資源管理員的分類函數已開始。
PreConnect:Completed	LOGON 觸發程序或資源管理員的分類函數已完成。

動態管理檢視與目錄檢視

以下列舉數個常用的動態管理檢視與目錄檢視，可用於觀察工作負載群組和資源集區的統計和組態資料。兩者最大的差異在於，目錄檢視是用來查詢儲存在中繼資料（資料表）內的組態設定，若要檢視現行在記憶體上的組態設定與統計資料，請使用動態管理檢視，請參見表 7.13 與表 7.14 的說明：

表 7.14　與資源管理員有關的目錄檢視

名稱	說明
sys.resource_governor_configuration	資源管理員之組態。
sys.resource_governor_resource_pools	資源集區之組態。
sys.resource_governor_workload_groups	工作負載群組之組態。
sys.resource_governor_external_resource_pools	外部資源集區之組態。

表 7.15 與「資源管理員」有關的「動態管理檢視」

名稱	說明
sys.dm_resource_governor_configuration	資源管理員目前在記憶體中的組態狀態。
sys.dm_resource_governor_resource_pools	資源集區目前狀態之相關資訊：組態與其統計資料。
sys.dm_resource_governor_workload_groups	工作負載群組的統計資料以及目前在記憶體中組態。
sys.dm_resource_governor_resource_pool_volumes	有關每個磁碟的當前資源集區 IO 統計信息。
sys.dm_resource_governor_resource_pool_affinity	追蹤資源集區相似性。

❖ 資源管理員的限制條件與注意事項

資源管理員有以下的限制條件：

■ 資源管理員僅用於 SQL Server Database Engine，無法用於 Analysis Services、Integration Services 和 Reporting Services。

■ 資源管理員是以 SQL Server 執行個體為管理單位。個別的執行個體需要分別設定資源管理員。

■ 資源管理員可以配置的硬體資源是：CPU 與記憶體，但控制磁碟 I/O 資源部分僅限於使用者作業，而非系統工作，且無法設定內部資源集區的 IO 臨界值。

■ OLTP 類型的查詢通常持續時間很短，使用 CPU 的時間不一定夠長以套用限制。這可能會影響 CPU 使用量百分比的統計資料。

■ 不適合建置過多的資源集區，請善用在資源集區建立資源群組做分類。在目前版本上，至多可以自行建立 62 個資源集區，若將內建的「default」與「internal」兩個「系統資源集區」一併計算，至多可以使用 64 個資源集區來設計與規劃資源分配。但是資源群組部分，則無此限制。資源集區數量超過限制的錯誤提示請參見下圖所示。

圖 7.91　建立超過容量限制的「資源集區」，所遇到的錯誤訊息

　　最後提醒一點，所有資源集區和工作負載群組的名稱都是公開的。因此，建立資源集區和工作負載群組時，建議選擇不會透露在伺服器上執行之應用程式本質的名稱，以維護資源集區和工作負載群組的名稱安全性。

7.6　結語

　　熟悉 SQL Server 提供的監控工具後，當追蹤或排除問題時，可以使用不同的工具分析與取得相關資訊。

- SQL Server Profilcr 可將資料庫執行的狀況全部記錄下來，可以提供給 Database Engine Tuning Advisor 進一步分析這些工作負載的詳細資料，並提供一組最佳的索引、索引檢視和資料分割建議。 或利用重新執行的方式，執行錄製的追蹤發現以可能的問題。

- SQL Server 擴充事件（Extended Events）具有可高度擴充及設定的基礎結構，可讓使用者視需要收集許多或部分的資訊來排除或識別問題。

- 查詢存放區（Query Store）可記錄「執行計劃」歷程、統計資料等資訊，協助找出造成的效能差異，以排解效能問題。

整合分析效能計數器與 Profiler 或擴充事件，以及 Windows 事件。複雜的問題往往不僅要分析 SQL Server 端可能的問題，還需整合作業系統與應用程式之情況，才能找到癥結點。

資源管理員對於資料庫管理師而言，能夠提升對於資料庫引擎的管控，進一步分配硬體資源給各個工作階段，以避免優先等級較低的應用程式耗用完所有的系統資源。

SQL Server 高可用性

在現今多變複雜的企業環境中，傳統僅提供增刪修查的資料庫系統，不足以應付各類的商業需求。儲存十倍於以往的資料量，資料庫系統仍要能讓管理人員輕鬆地執行維護與營運，縮短應用程式的開發時間與成本，還要高可用、安全，讓決策人員能夠鑑古知今，分析資料，進而釋放資料的潛能。

隨著資訊系統進入到生活中的分分秒秒，商業行為無分晝夜地持續地進行，如何提升資訊系統的「穩定」及「可用」，早已成為 IT 重要的課題。而「可用性」之高低對客戶滿意度是極重要的指標，對企業商譽有莫大的影響，例如：當你要去 ATM 領錢或著利用網路銀行轉帳，乃至於滑手機、玩手遊或觀賞視訊，結果出現「停止服務」，這時你可能氣炸了，說不定就此對這企業的滿意度大打折扣。資訊系統的「可用性」，其目的就是確保不因系統突發狀況而遲延服務。

資訊系統停止服務的原因很多，如人為失誤、硬體或軟體故障、天然災害、駭客入侵...等，而資料庫系統又是企業 IT 服務的核心，一旦資料庫糸統停擺，所帶來的衝擊及損失難以想像。資料庫系統的「高可用性」設計及規劃需花時間及精神去思考，持續地教育訓練與演練。

SQL Server「永不停機（Always On）」技術提供多種選項，可將停機時間降至最低。本章先討論資訊系統「可用性」的需求及規劃，進而說明 SQL Server 所提供「高可用性」解決方案及相關技術。

8.1 可用性概述

以下說明何謂可用性、可用性的計算方式、影響可用性的因素、提高可用性的解決方案等，讓你對「可用性」的觀念有基本的認識。

8.1.1 何謂可用性

一般 IT 人員是以伺服器運行狀況來看「可用性」，若以企業服務的角度而言，這種定義似乎不夠貼切。因為無論伺服器的運行狀態為何，只要無法提供服務，或效能不足造成應用程式回應時間過慢，這系統就無法使用，則「可用性」就遭質疑。如此，當資料庫管理師（DBA）在思考資料庫系統的「可用性」時，應該從前端使用者的角度來思考「可用性」，設計出來的「可用性」較貼切使用者的需求。

一般可用性的高標為 99.999%，5 個 9 表示資料庫主機可提供非常穩定的服務，但就算無法達到 5 個 9 的高可用性，也不代表一定有問題。而這數值是如何計算的呢？請參見如下公式：

```
A = (F - R) / F
```

- A = 可用度

- F = 平均運作時間

- R = 平均修復時間

所以 5 個 9，就是每年停機時間需小於 5 分鐘 16 秒。

　　由公式可知，「平均運行時間」與「平均修復時間」是計算「可用性」的兩大元素，而「可用性」的高低主要取決於「平均修復時間」，也就是當發生災難時，需花多少時間修復系統並上線，DBA 面臨的挑戰是「平均修復時間」。

　　DBA 常會苦惱要用哪種技術最貼近企業要求，進而符合「服務層級合約（S.L.A-Service Level Agreement）」[1]的目標，這是大學問。DBA 首先要有藍圖，才能初步勾勒出「可用性」的設計框架，如圖 8.1。

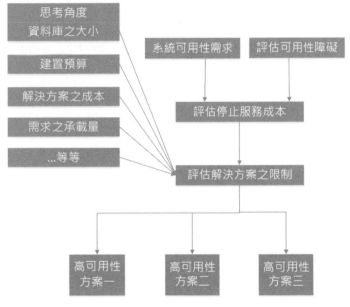

圖 8.1　高可用性方案評估

---

[1]　「服務水準協議（Service Level Agreement，SLA）是雙方（「客戶-業者」或「業者-業者」）所協商出的契約，以提升組織的「IT 服務管理（IT Service Management，ITSM）」績效。若沒有協議服務水準，則服務需求者與提供者雙方，將無法就所提供及執行的服務達成共識，這會衍生許多 IT 服務執行與管埋的爭議。換句話說，所有 IT 服務計畫及作業，都是在 SLA 的基礎上逐步展開和持續改善，因此明確地量化 SLA 文件，將是提升 IT 服務品質及績效的第一步。而「可用性」是 SLA 其中一項協議，一般測量「可用性」指標多以 Recovery Point Objective (RPO)及 Recovery Time Objective (RTO)為基準。

所有的服務都來自於需求，如果把系統的「可用性」當成服務，它的需求來源是「商業需求」。一旦需求確認，要評估建置所面臨的問題，例如：預算、IT 的成本、停止服務的成本...等，經過評估後才選擇適當的「高可用性」技術。

8.1.2　影響可用性的因素

在討論「可用性」的規劃及技術之前，首先要了解什麼是造成資訊系統無法正常運作的原因，此稱為「可用性障礙（ Barrier to Availability ）」，就如同人生病一樣，要找出病灶，才能預防與治療，而系統的「可用性」也是一樣，要知道「可用性障礙」才能提出保護之道。常見的原因如下：

■　硬體故障或毀損

　　硬體故障或毀損是常見的問題。資料庫系統首重的「零件」是儲存系統（磁碟及磁碟控制卡），雖然許多伺服器都有熱抽換的磁碟機或磁碟控制卡，但熱抽換的磁碟機並不具備保護功能，而是要磁碟陣列（RAID）組態，才能保護磁碟機。

　　磁碟控制卡如果只有單個，一旦發生異常，也會造成資料庫系統停擺，所以應設計容錯機制。許多企業都把資料庫系統的資料放置於具高保護性的儲存設備，以降低因磁碟毀損所造成的災害。但處理器（CPU）、記憶體（MEMORY）也會故障，或許發生機率低，但最好另存備品待命。

■　應用程式錯誤

　　無法讓使用者得到所需的資料，是屬於應用程式錯誤的範圍。而線上應用程式發生錯誤的常見原因是系統環境變更，管理此類錯誤的第一步是設計變更管理程序或組態管理，以回復到未發生錯誤前的設定。許多程式開發人員或營運人員沒有經過適當的變更流程，就去設定或異動系統，到最後，都不知道異動了什麼，想追問題也追

不到。設計一套良好的變更管理程序,以了解變更歷程,有助於診斷問題,並迅速將系統恢復。

■ 使用者操作錯誤

使用者犯錯是造成資料庫系統無法提供服務的原因之一,這也是最難防範的,因為使用者錯誤是非技術性問題,關乎整個企業內控及教育。以下分兩種類型

□ 不當的系統操作

這原因是可避免的,但要從企業內控做起,如完善伺服器存取管控流程,避免未經授權人員登入系統操作,就如同設定門禁,不准閒雜人等進入。正確系統操作手冊,系統的防呆措施,避免因錯誤的操作行為引起系統異常。

□ 不當的資料庫行為

例如,刪錯資料表、資料庫,DML 指令下錯等,這些行為對資料庫系統仍是有效的交易。但資料有錯或資料遺失,商用服務則不能持續進行,例如產生出來的年度報表或使用者要查的資料發生異常。這要從企業內控做起,例如完善資料庫存取管控流程,降低未經授權人員登入資料庫操作而引發的錯誤。

而要能從人為錯誤救回系統,最重要的是備份與還原的機制。

此外,高可用性與災難復原(Disaster Recovery)思考的角度不同,高可用性談的是以下兩點:

■ 復原時間(Recovery Time Objective RTO):花多久時間才可以回復上線?必要資料要花多少時間回復?若 RTO 是 5 分鐘,代表中午 12 點系統損毀,12 點 5 分使用者可以重新上線使用。

■ 復原點(Recovery Point Objective RPO):要回到災難前的哪個時間點?可接受多少資料遺失?若 RPO 是 5 分鐘,代表中午 12 點系統損毀,資料可以回復到 11 點 55 分。

而災難復原一般談的是大型天災（如地震、海嘯、水災）人禍（如戰爭、越南排華運動時砸毀整個工廠、火災、類似 SARS/COVID-19 的傳染疾病、區域停電...等），導致整個區域，整座機房無法使用，需要異地重啟系統。而本章談的是高可用性，異地備援則超出了範圍。

此外，考量高可用性與異地備援時，要先考量保護範圍，及其所對應的技術，由小至大分別為：

- 紀錄：歷史資料表（Temporal table）、複寫
- 資料表：Bulk Copy
- 資料庫：備份/還原，資料庫快照、鏡像、可用性群組
- SQL Server 執行個體：容錯移轉叢集
- 作業系統：虛擬機 Live migration、虛擬機容錯移轉叢集
- 應用系統：除了資料庫外，尚需備援應用程式，例如透過負載平衡達到應用程式伺服器的高可用性，以及目錄服務，如 AD 的 DC 同步，乃至於郵件服務、檔案伺服器...等。
- 機房

本章要談的是 SQL Server 內的高可用性，超過此範圍的，例如虛擬機的備援、儲存子系統的異地抄寫、各種備援系統的產品與規劃等，則不在此討論。

8.1.3 提高可用性的思考方向

以上說明造成「可用性障礙」的相關原因，接著針對這些問題去思考如何解決。以下建議幾種模式來幫助 DBA 選擇解法，以符合使用者期待的「可用性」。並介紹 SQL Server「永不停機（Always On）」相關技術及運用情境：

❖ 硬體問題產生資料庫異常

1. 思考備援等級

可依「硬體問題造成可用性障礙」及「使用者期待的可用性」兩方面來看。

硬體問題造成可用性障礙：安裝備援機以預防正式機發生硬體異常。

使用者期待的可用性：

- 「可用性」要求較高：跟使用者簽定的 Service Level Agreement (SLA) 要求較高。例如：資料庫停止服務時間為一分鐘或幾分鐘內。則考慮選擇「熱備援（hot standby）」等級，其備援特色如下：

    □ 備援伺服器擁有主要伺服器的資料

    □ 與主要伺服器交易一致

    □ 自動偵測主要伺服器的狀況與自動移轉服務

- 「可用性」要求較低：跟使用者簽定的 SLA 要求不高。例如：資料庫可停止服務時間為幾小時[2]。則考慮選擇「暖備援（warm standby）」或者「冷備援（cold standby）」等級，各別特色如下：

    暖備援

    □ 備援伺服器擁有主要伺服器的資料，不一定與主要伺服器的資料完全一致

    □ 需要人為偵測主要伺服器狀態與手動轉移服務

---

[2] 資料庫系統停止服務時間之長短，需要與相關使用者討論並確定，甚至簽訂 SLA，並根據系統重要性、資料庫大小來判斷所選擇的方案是否符合需求。例如：資料庫大小各為 300GB 與 100MB，其恢復的解決方式就相異，如果是 300GB，SLA 簽定十五分鐘，就不能使用「冷備援」，需考慮「熱備援」或「暖備援」；反之 100M 資料庫大小，或可選擇「冷備援」來做備援方案，這些狀況都是要被考慮的。

冷備援

- ☐ 還原資料的備份
- ☐ 有作業系統和相關軟體的備份

2. SQL Server 相關技術

熱備援

- ☐ 可用性群組--同步模式（Availability Group Synchronous Mode）
- ☐ 叢集服務（Failover Clustering）
- ☐ 資料庫鏡像--高可用度模式（Database Mirroring-High Availability）

暖備援

- ☐ 可用性群組—非同步模式（Availability Group Asynchronous Mode）
- ☐ 交易記錄檔傳送（Log Shipping）
- ☐ 資料庫鏡像--高保護模式（Database Mirroring-High Protection）、高效能模式（Database Mirroring-High Performance）

冷備援

- ☐ 備份與還原（Backup & Restore）
- ☐ 卸離（Detach），複製（Copy），附加（Attach）

❖ 應用程式問題產生資料庫資料異常

1. 思考方向

- ■ 嚴密的測試：盡可能模擬系統上線之狀況，並進行相關驗證。

■ 規劃程式上線流程：了解變更歷程有助於問題診斷，並迅速將系統恢復。

■ 定期資料備份並思考保留期限：與使用者討論資料保存期限，方能利用備份還原技術，救回應用程式造成的資料遺失或錯誤。

2. SQL Server 相關技術

■ 備份與還原

■ 交易記錄檔傳送

■ 資料庫快照（Database Snapshots）

■ SQL Server 2016 版後可採用系統自動記錄歷程的 Temporal Table

❖ 使用者有意或無意造成的問題，產生資料庫資料異常

1. 思考方向

　　因下錯指令而造成資料錯誤或遺失資料。屬於資料面的問題，須考慮如何恢復資料，建議如下：

■ 定期備份資料並思考保留期限：與使用者討論資料保存期限，方能利用備份還原技術補回遺失或錯誤的資料。

■ 流程管控：設計完善的資料庫管控流程，降低未經授權人員登入資料庫，操作資料而導致錯誤。

2. SQL Server 相關技術

■ 備份與還原

■ 交易記錄檔傳送

■ 資料庫快照

■ SQL Server 2016 版後可採用系統自動記錄歷程的 Temporal Table

用 RTO 和 RPO 的觀點來分析如上所述 SQL Server 所提供的各項解決方案,「同步模式可用性群組」、「容錯轉移」與「同步資料庫鏡像」在復原點及復原時間均能達到最佳的表現,備援類型是「熱備援」。

相反地,「卸離、複製、附加」及「備份/還原」在復原點及復原時間延遲最多,備援類型為「冷備援」。而介於兩者之間,「非同步模式可用性群組」、「非同步資料庫鏡像」、與「記錄傳送」的備援類型為「暖備援」。

綜合上述,整理如表 8.1,幫助 DBA 選擇適當的 SQL Server「高可用性」技術:

表 8.1 備援技術整理

SQL Server 可用性技術	保護對象	備援等級	保護範圍
容錯叢集	硬體	熱	執行個體
資料庫鏡像(高可用度模式)	硬體	熱	資料庫
可用性群組(同步模式)	硬體	熱	資料庫
可用性群組(非同步模式)	硬體	暖	資料庫
交易記錄檔傳送	硬體/應用程式/使用者	暖	資料庫
資料庫鏡像(高保護模式)	硬體	暖	資料庫
資料庫鏡像(高效能模式)	硬體	暖	資料庫
資料庫快照	應用程式/使用者	冷	資料庫
卸離,複製,附加	硬體/應用程式/使用者	冷	資料庫
備份/還原	硬體/應用程式/使用者	冷	資料庫,Filegroup/File
歷史資料表(Temporal Table 搭配備份)	應用程式/使用者	冷	記錄

8.1.4 SQL Server 可用性技術

SQL Server「永不停機（Always On）」的相關功能，增強對系統和硬體的保護，降低「計劃停機（Planned Downtime）」與「非計劃停機（Unplanned Downtime）」次數與恢復時間。本章著重於「非計畫性停機」來介紹 SQL Server Always On 相關技術，簡述如下：

1. 容錯轉移叢集（Failover Clustering）

「容錯轉移叢集」是 Windows 作業系統提供的高可用性功能，可保護整個執行個體，不只是保護資料庫而已。多台伺服器（稱為「節點」）共享磁碟陣列，放置服務要使用的資料。一個節點發生故障，自動地容錯移轉，在另一節點啟動該服務，但客戶端應用程式必須重新連接到切換後的伺服器。

2. 資料庫鏡像（Database Mirroring）

提高資料庫可用性的技術。主要資料庫發生異動時，這些異動也隨之自動傳送至鏡像資料庫。當主要伺服器發生故障時，前端應用程式可自動轉移至鏡像伺服器[3]，其應用程式無須進行任何改變。

3. 可用性群組（Availability Group）

支援一組可分散在多個地點，一起容錯移轉的多個使用者資料庫。可用性群組支援一組主要的資料庫，複製一到八組對應的次要資料庫。透過資料庫鏡像複製資料的技術；同步或非同步地將主要資料庫的變更內容傳送到次要資料庫。搭配叢集服務判讀錯誤與容錯移轉。

---

[3] 至目前的 SQL Server 2022 版依然可用，但微軟強調未來的 SQL Server 版本將移除這項功能。請避免在新的系統中使用，並規劃修改目前使用此架構的應用程式。可改用 Always On 可用性群組。

4. 記錄傳送（Log Shipping）

「記錄傳送」是按時間週期排程執行，傳遞主要伺服器的交易記錄備份；並復原到待命伺服器。因此，主要伺服器異動的資料傳至待命伺服器會有時間延遲。此延遲可能會導致資料損失，但許多環境下，延遲反倒可解決使用者造成的錯誤。而待命伺服器也可作為唯讀報表伺服器，以降低主要伺服器的工作負擔。

由於不同的 SQL Server 版本支援不同的可用性功能，你可以參考 SQL Server 2022 版的線上說明：

```
https://learn.microsoft.com/zh-tw/sql/sql-server/editions-and-components-of-sq
l-server-2022?view=sql-server-ver16#rdbms-high-availability
```

由於相關技術太過繁複與龐大，我們將以專書討論 SQL Server 高可用性，本章僅稍對 Windows 叢集環境下的 SQL Server 2022 可用性群組做操作性地說明。

8.2 可用性群組

從 SQL Server 2012 開始，企業版新增「Always On 可用性群組（Availability Group）」功能，以下統稱「可用性群組」，提供企業多一種高可用的選擇。

從 SQL Server 2016 版開始，標準版也開始支援「可用性群組」，官方正式名稱為「基本可用性群組（Basic Always On availability group）」，但由於功能有所限制，在建置前務必確認限制後的功能是否能滿足需求：

- 只支援 1 個主要複本與 1 個次要複本。
- 次要複本上沒有讀取能力。

■ 次要複本上沒有備份。

■ 次要複本上沒有完整性檢查。

■ 一個基本可用性群組只支援一個可用性資料庫。

■ 基本可用性群組無法升級至進階可用性群組,必須卸除群組後重新建立。

■ 只有 SQL Server 標準版才支援基本可用性群組。

詳細資訊可以參考以下官網的說明:

```
https://learn.microsoft.com/zh-tw/sql/database-engine/availability-groups/wind
ows/basic-availability-groups-always-on-availability-groups?view=sql-server-ve
r16
```

隨著 SQL Server 版本的更新,「可用性群組」的功能也不斷在提升與強化,整理如表 8.2,幫助 DBA 了解各版本 SQL Server「可用性群組」的功能:

表 8.2 「可用性群組」新增功能或強化整理

SQL 版本	「可用性群組」的新增功能或強化
SQL Server 2012	• 第一個支援「可用性群組」功能的 SQL 版本。[4] • 最大複本數為 4 個。
SQL Server 2014	• 最大複本數增加至 8 個。 • 次要複本在叢集只剩單一節點的狀態下,仍可提供唯讀的服務。
SQL Server 2016	• 新增「基本可用性群組」功能給標準版的 SQL Server 2016 • 新增「自動植入」做為初始化次要複本的新功能。 • 新增唯讀複本的負載平衡設定。

---

[4] 僅企業版支援。

SQL 版本	「可用性群組」的新增功能或強化
	• 新增分散式可用性群組架構。 • 新增支援無網域與獨立網域的 Windows 環境。 • 可用性群組中的資料庫支援分散式交易。[5] • 支援將複寫的散發資料庫加入到可用性群組。[6]
SQL Server 2017	• 支援 Linux 平台。 • 新增讀取級別可用性群組架構。[7] • 可用性群組中的資料庫支援分散式交易。 • 新增認可所需的同步次要複本數目下限設定。
SQL Server 2019	• 最大同步次要複本數增加至 5 個。 • 新增次要到主要複本讀取/寫入連線重新導向路由。[8] • 支援點對點交易式複寫。[9] • 支援與 Azure SQL Managed Instance 的使用者資料庫同步。[10]

---

[5] 需更新至 SQL Server 2016 SP2 以上版本。

https://learn.microsoft.com/zh-tw/sql/database-engine/availability-groups/windows/configure-availability-group-for-distributed-transactions?view=sql-server-ver16

[6] 不支援合併、點對點複寫的散發資料庫。

https://learn.microsoft.com/zh-tw/sql/database-engine/availability-groups/windows/configure-replication-for-always-on-availability-groups-sql-server?view=sql-server-ver16

[7] 不支援自動容錯移轉。

https://learn.microsoft.com/zh-tw/sql/database-engine/availability-groups/windows/read-scale-availability-groups?view=sql-server-ver16

[8] 需要設定 AP 連接字串屬性搭配。

https://learn.microsoft.com/zh-tw/sql/database-engine/availability-groups/windows/secondary-replica-connection-redirection-always-on-availability-groups?view=sql-server-ver16

[9] 需更新至 SQL Server 2019 CU13 以上

https://learn.microsoft.com/zh-tw/sql/relational-databases/replication/transactional/peer-to-peer/single-availability-group?view=sql-server-ver16

[10] 需更新至 SQL Server 2019 CU15 以上，但僅支援容錯移轉至 Azure SQL Managed Instance。

https://learn.microsoft.com/zh-tw/azure/azure-sql/managed-instance/managed-instance-link-feature-overview?view=azuresql

SQL 版本	「可用性群組」的新增功能或強化
SQL Server 2022	新增自主可用性群組架構。 分散式可用性群組支援認可所需的同步次要複本數目下限設定。 支援與 Azure SQL Managed Instance 的使用者資料庫同步，並支援雙向的容錯移轉。

8.2.1 概述

「可用性群組」支援一組可分散在多個地點（包括雲端），一起容錯移轉的多個使用者資料庫，這也是為何名稱內有「群組（Group）」。可用性群組支援一組主要的資料庫，複製一到八組對應的次要資料庫。

一組可用性資料庫總稱「可用性複本（Availability Replica）」，內含兩種類型：

- 一個「主要複本（Primary Replica）」。

- 一到八個「次要複本（Secondary Replica）」，包含數個同步認可次要複本。

前者為可讀寫的主要資料庫，後者是一組唯讀或不可讀寫的次要資料庫，當作可用性群組的容錯移轉目標。可用性群組會在可用性複本層級容錯移轉，在資料庫層級針對一組資料庫提供備援。

資料庫發生問題，例如資料庫因為硬碟損毀導致資料檔案遺失，而變得可疑或交易記錄損毀，在 SQL Server 2016 版後，提供資料庫層級的錯誤偵測與移轉，之前的版本因為偵測的是執行個體層級，也就不會容錯移轉。

主要複本提供主要資料庫讓用戶端讀/寫，資料庫層級的「資料同步處理（Data Synchronization）」程序中，主要複本會將各個主要資料庫

的交易記錄傳送到每個次要資料庫。主要資料庫和各個連接的次要資料庫之間各自同步資料。因此，某個次要資料庫暫停或失敗，將不影響其他次要資料庫。主要複本內同一組資料庫中某個資料庫也可以暫停或失敗，而不影響其他資料庫。其資料同步架構如圖 8.2 所示：

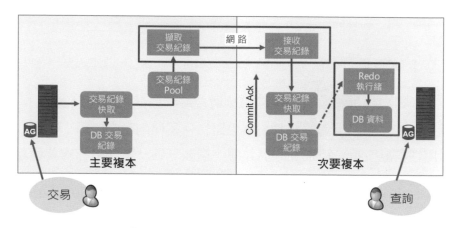

圖 8.2 可用性群組在複本間同步資料

可用性複本有「可用性模式」屬性，決定次要複本將交易記錄寫入磁碟前，主要複本是否等待次要複本認可交易。以此分成兩種模式：「非同步認可模式」（Asynchronous-Commit Mode） 和「同步認可模式」（Synchronous-Commit Mode）。

- **同步認可模式**：主要複本等候同步認可（commit）次要複本；確認它也已完成寫入交易記錄才回應前端應用程式完成交易。這代表使用者收到認可的交易，就會受到完整保護，但因為要同時完成主要和次要複本上的交易寫入，導致延遲完成交易。

- **非同步認可模式**：主要複本完成交易後，直接回覆前端程式，而不等候非同步次要複本寫入記錄。非同步認可模式允許次要資料庫落後主要資料庫，因此可能於發生災難時，資料尚未傳遞到次要複本，而使用者端以為已經完成的交易，在容錯移轉後才發現資料遺失。

除了提升可用性外，可用性群組可以設定一或多個次要複本唯讀存取，以減輕主要複本的查詢負載，並設定在次要複本備份資料庫，同樣是卸載對主要資料庫備份的負載。

若要既具備高可用性，又可以減輕主要複本查詢的負載，建議建立三個複本組成可用性群組。主要複本與一個同步認可的複本提供高可用性，再與一個非同步認可的複本提供查詢的負載平衡。讓唯讀查詢的複本負載很重時，也不會拖慢主要複本完成交易的效率。當然，這會讓整體 SQL Server 的購置成本大幅提高☹

8.2.2 建立及設定可用性群組

在本小節中，簡單建置一組 Windows Server 容錯移轉叢集（以下簡稱 WSFC 叢集）架構下的 SQL Server 可用性群組。

❖ 設定 Windows 容錯移轉叢集服務

在 WSFC 叢集架構下的 SQL Server 可用性群組，其 SQL Server 執行個體所在之 Windows 作業系統必須加入容錯移轉叢集服務，SQL Server 執行個體與 Windows 容錯移轉叢集服務的安裝沒有先後順序，但在啟用可用性群組時，需要兩者都裝好。

要啟用 WSFC 叢集服務需新增角色及功能，安裝者必須擁有本機電腦的 Administrators 群組成員資格，並對 Active Directory 有建立物件和管理物件權限。啟用 Windows 容錯移轉叢集服務的設定如圖 8.3 所示：

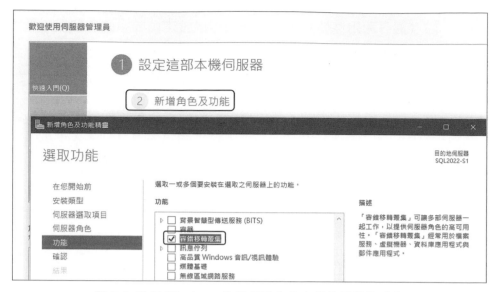

圖 8.3 啟用 Windows 作業系統上的容錯移轉叢集功能

啟用 Windows 作業系統上的容錯移轉叢集功能後，開啟「容錯移轉叢集管理員」並輸入要加入叢集的 Windows 節點，如圖 8.4 所示：

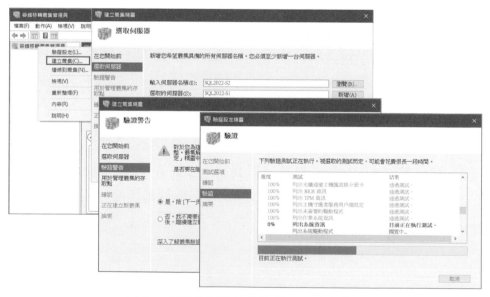

圖 8.4 透過容錯移轉叢集管理員建立叢集

　　「建立叢集精靈」會先叫起「驗證設定精靈」，確定將要加入叢集的 Windows 節點符合叢集需求。而後再回到「建立叢集精靈」賦予叢集名稱，而後建立先前所選擇的節點所組成的叢集，如圖 8.5 所示：

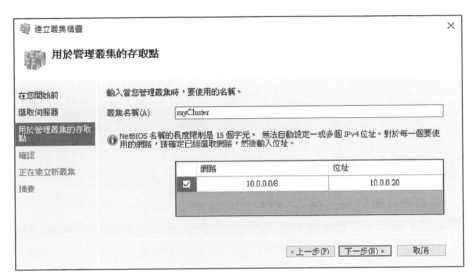

圖 8.5　賦予 Windows 叢集名稱與 IP

　　當 SQL Server 執行個體所在的 Windows 作業系統加入叢集後，要再啟用每個可用性複本的 SQL Server 執行個體之 Always On 可用性群組，之後才能建立及設定任何可用性群組。如圖 8.6 所示：

圖 8.6　透過 SSCM，啟用 SQL Server 執行個體的 Always On 可用性群組功能

一旦設定支援 Always On 可用性群組功能後，SQL Server 執行個體必須重新啟動才能生效。如果要刪除然後重新建立 WSFC 叢集，必須先停用該 WSFC 叢集上的可用性複本執行個體，建好 WSFC 叢集後重新啟用 SQL Server 可用性群組。

設定完畢後，可透過執行個體的屬性判斷 Always On 可用性群組是否已啟用，如圖 8.7 所示：

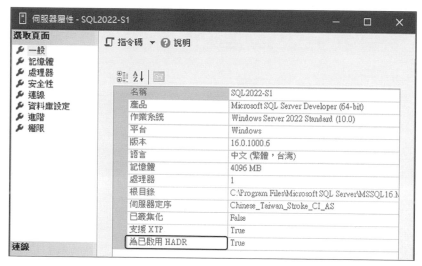

圖 8.7 透過執行個體的屬性確認是否啟用可用性群組功能

在「物件總管」中，以滑鼠右鍵按一下伺服器執行個體，然後按一下「屬性」。於「伺服器屬性」對話方塊中，「一般」頁籤的「為已啟用 HADR」屬性會顯示「True（啟用）」或「False（停用）」。

或是查詢「SERVERPROPERTY」陳述式：

```
SELECT SERVERPROPERTY ('IsHadrEnabled');
```

查詢結果回傳「1（啟用）」或「0（停用）」。

❖ 設定 Windows 容錯移轉叢集的仲裁者

WSFC 叢集架構下的伺服器（稱為節點），在節點主機離線或相關服務有異常時，透過仲裁機制，一般採用節點間的投票，將相關服務移轉到獲得多數票的節點主機上，這也就是所謂的自動容錯移轉機制。

WSFC 叢集架構下至少需要有 3 票，才能使自動容錯移轉機制正常運作，所以當 WSFC 叢集架構只有 2 台節點主機時，最簡單的方式就是使用「檔案共用見證」來成為仲裁的第 3 票。

請先在節點主機以外的伺服器建立共用資料夾，然後授予「叢集電腦物件」完全控制的權限，請參照圖 8.8：

圖 8.8　設定共用資料夾的存取權限

共用資料夾的存取權限設定完成後，就可以透過容錯移轉叢集管理員來進行叢集仲裁的設定，請參照圖 8.9：

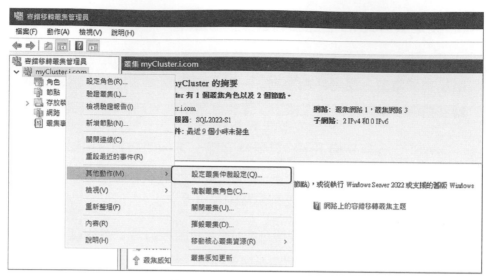

圖 8.9　設定叢集仲裁設定

請參照圖 8.10，選擇「進階仲裁設定」之後，按「下一步」：

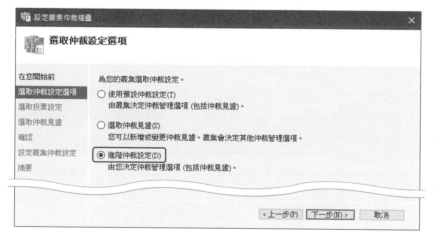

圖 8.10　選取叢集仲裁設定選項

請參照圖 8.11，選擇「所有節點」之後，按「下一步」：

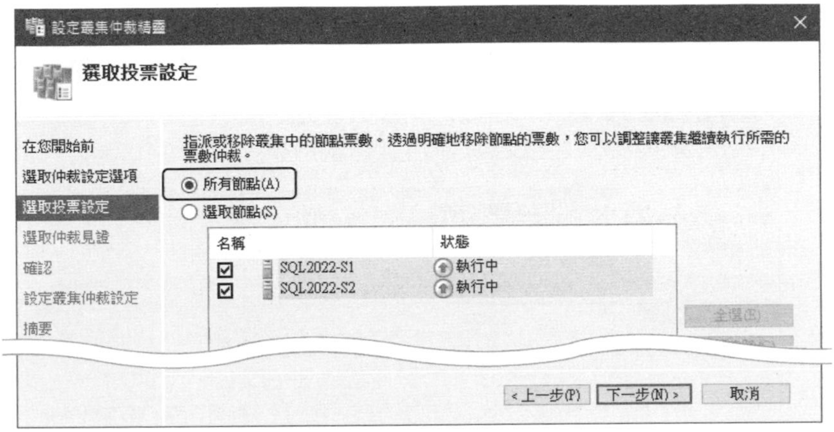

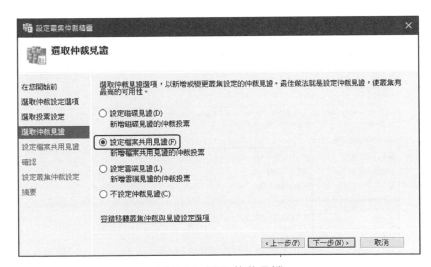

圖 8.11 選取投票設定

請參照圖 8.12，選擇「設定檔案共用見證」之後，按「下一步」：

圖 8.12 選取仲裁見證

請參照圖 8.13，填入已完成權限設定的共用資料夾路徑之後，按「下一步」：

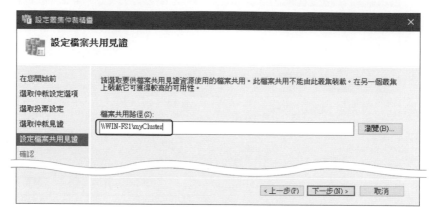

圖 8.13 設定檔案共用見證

請參照圖 8.14，確認叢集仲裁的設定之後，按「下一步」即可開始進行設定：

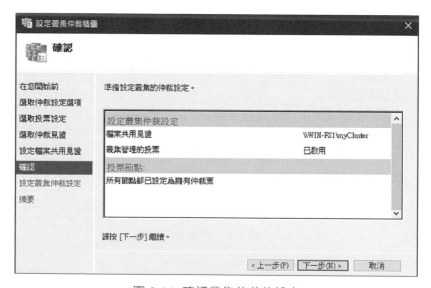

圖 8.14 確認叢集仲裁的設定

如圖 8.15 所示,完成叢集的仲裁設定,按「完成」即可關閉視窗。

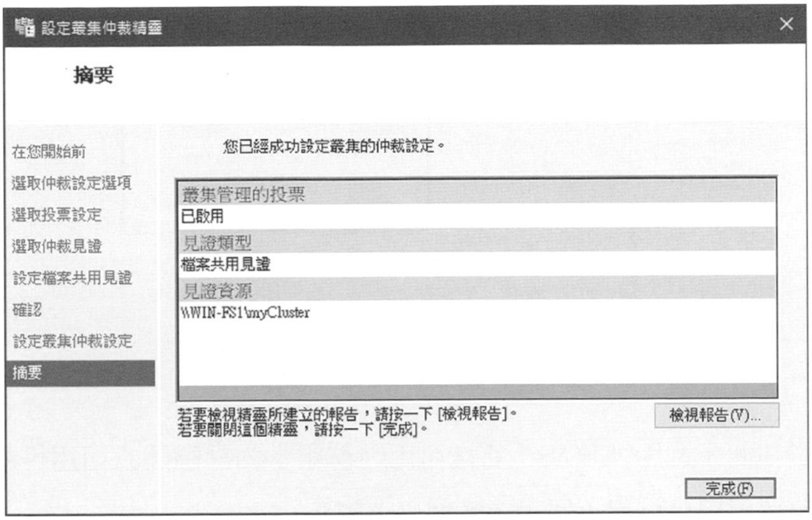

圖 8.15 完成叢集的仲裁設定

❖ 建置 SQL Server 可用性群組

若要確認建置可用性群組必須符合的條件,可以參照如下的網址:

```
https://learn.microsoft.com/zh-tw/sql/database-engine/availability-groups/wind
ows/prereqs-restrictions-recommendations-always-on-availability?redirectedfrom
=MSDN&view=sql-server-ver16
```

啟用 SQL Server 執行個體的可用性群組後,透過「物件總管」連接到主要複本的 SQL Server 執行個體,展開「Always On 高可用性」節點。滑鼠右鍵點選「可用性群組」節點,然後選取「新增可用性群組精靈」選項。

使用「新增可用性群組精靈」建立可用性群組。設定好要裝載可用性複本的 SQL Server 執行個體後,選擇要加入至新可用性群組的資料庫,這些資料庫必須先有完整備份,且「復原模式」是「完整」。設定畫面如圖 8.16 所示:

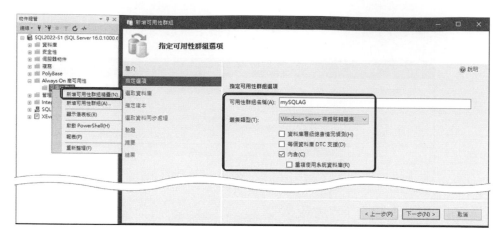

圖 8.16　新增可用性群組精靈

在此，利用 SSMS「新增可用性群組」對話窗建立可用性群組。於「新增可用性群組」對話窗完成以下設定：

指定名稱

在「指定名稱」步驟的「可用性群組名稱」欄位輸入有效的 SQL Server 識別碼，且在 WSFC 叢集的所有可用性群組中是唯一的。可用性群組名稱的最大長度為 128 個字元。

叢集類型

「叢集類型」包含以下三種類型，可視作業環境來進行選擇：

■ Windows Server 容錯移轉叢集

SQL Server 服務與 WSFC 叢集服務充分整合的架構，支援可用性群組的自動與手動容錯移轉，此架構從 SQL Server 2012 就開始支援，是最常見的架構。

進行可用性群組的手動容錯移轉時，可以透過 SSMS 的精靈或 T-SQL 指令，在單一介面進行。

■ 外部

適用於非 Windows Server 的外部容錯移轉叢集架構（例如：Linux
的 Pacemaker），支援可用性群組的自動與手動容錯移轉。

此架構由於 SQL Server 服務無法與外部叢集服務溝通，因此進行可
用性群組的手動容錯移轉時，需要透過外部叢集的指令來達成。

■ 無

不依賴任何的容錯移轉叢集架構，因此只支援可用性群組的手動容
錯移轉。

進行可用性群組的手動容錯移轉時，可以透過 SSMS 的精靈或 T-SQL
指令，在單一介面進行。

以下是可用性群組的屬性，可視環境需求進行勾選：

■ 資料庫層級健康情況偵測

SQL Server 2016 後新增的「資料庫層級健康狀況偵測」功能，勾選
此項目後，若某個資料庫出現錯誤，會將可用性群組進行容錯移轉。

■ 每個資料庫 DTC 支援

自 SQL Server 2016 SP2 開始支援的功能，若可用性群組的資料庫
需要進行跨資料庫的分散式交易，可勾選此項目。

■ 內含

SQL Server 2022 新增的功能，也可稱此功能為「自主可用性群組」，
勾選此項目時，可用性群組會創建自己專屬的 master 和 msdb 系統
資料庫（名稱會自動以 <AG 名稱>_maste 與 <AG 名稱>_msdb 的
方式命名），可使登入帳戶、SQL Server Agent 排程...等系統資料
庫物件進行同步。

■ 重複使用系統資料庫

如果準備重建目前的自主可用性群組，勾選此項目，可以將已卸離的自主系統資料庫（<AG 名稱>_maste 與<AG 名稱>_msdb）掛載並重複使用。

選取資料庫

如圖 8.17 所示，進入「選取資料庫」步驟時，精靈會先確定可以加入可用性群組的資料庫，並呈現不合必要條件的原因。可以當下改正目標資料庫不符的狀況後，點選下方的「重新整理」按鈕，讓精靈再次檢查該資料庫是否可加入。

資料庫是否可加入可用性群組的詳細說明，可參考以下官網中的說明：

```
https://learn.microsoft.com/zh-tw/sql/database-engine/availability-groups/wind
ows/prereqs-restrictions-recommendations-always-on-availability?view=sql-serve
r-ver16#PrerequisitesForDbs
```

勾選此可用性群組欲包含的資料庫。若是「Integration Services 目錄」使用的資料庫，須於「密碼」欄位輸入建立資料庫時所賦予的密碼。若對話窗驗證指定的資料庫不符合可用性群組的必要條件，將無法點選「下一步」按鈕。

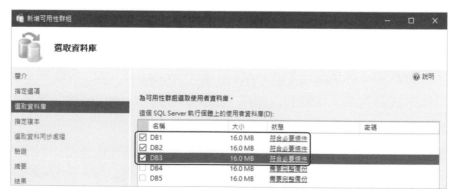

圖 8.17 選擇加入可用性群組的資料庫

指定複本

如圖 8.18 所示，在「指定複本」步驟的「複本」頁籤中，按一下「加入複本」並輸入要裝載次要複本的 SQL Server 執行個體名稱。對話窗會嘗試連接到這些執行個體。如果指定不正確的伺服器名稱，次要複本會加入但無法連接。

「要認可的必要同步處理次要」是指需要有幾個次要複本完成交易寫入，主要複本才會認可交易完成，請務必讓該值小於「同步認可複本數目」/ 2。

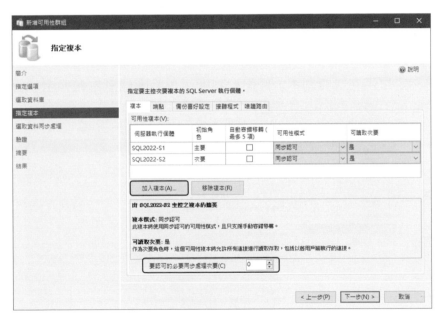

圖 8.18　指定可用性群組的複本

如圖 8.19 所示，在「指定複本」步驟的「端點」頁籤中，確認可用性群組用來通訊、傳輸同步資料的 URL 以及通訊埠號資訊是否正確，若不想使用預設的通訊埠號（5022），也可以在此處進行調整。

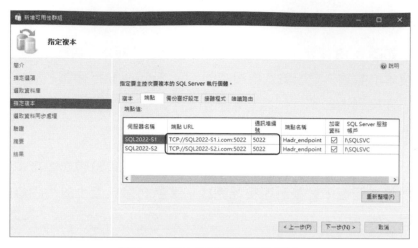

圖 8.19 指定可用性群組的端點

如圖 8.20 所示,在「指定複本」步驟的「備份喜好設定」頁籤中,可指定是否在次要副本上備份資料庫,以及哪個副本較適合執行備份,可降低主要節點的備份負載。

圖 8.20 指定是否在次要副本上備份資料庫,以及哪個副本較適合執行備份

如圖 8.21 所示，在「指定複本」步驟的「接聽程式」與「唯讀路由」頁籤中，可以指定可用性群組的「DNS 名稱」、「通訊埠」和「DHCP」或「靜態 IP」，以及唯讀路由，在《第 8.2.3 節：可用性群組管理》會討論此部分，這裡可以先略過設定。

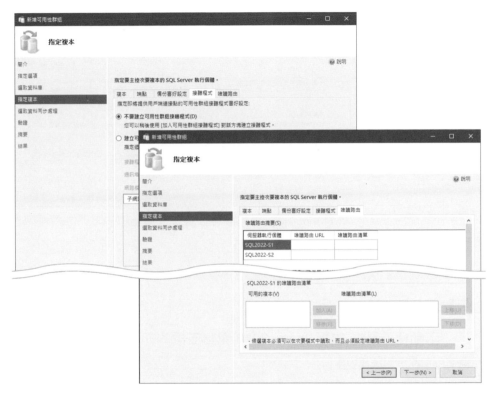

圖 8.21　指定接聽程式與唯讀路由

選取初始化資料同步處理

如圖 8.22 所示，加入可用性群組的複本資料庫在資料同步前需要初始化，可視環境的條件來選擇適合的選項。

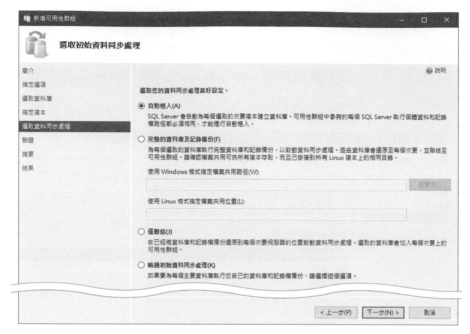

圖 8.22　選取資料同步處理喜好設定

各選項的執行步驟與說明如下：

自動植入

自動植入是從 SQL Server 2016 開始支援的初始化功能，SSMS 精靈會自動依下列步驟進行：

step01　SQL Server 使用虛擬設備介面（VDI）進行備份，如圖 8.23 所示。

step02　將 VDI 備份透過端點的網路設定，以網路串流的方式傳送到複本。

step03　複本進行串流的備份還原，如圖 8.24 所示。

step04　將複本還原完成的資料庫加入可用性群組。

　　自動植入是單一執行緒的程序，最多可以處理 5 個資料庫，如果待加入可用性群組的資料庫大小與數量都不多時，選擇自動植入幾乎不需要其他額外的設定，是一個相對容易與方便的選項。

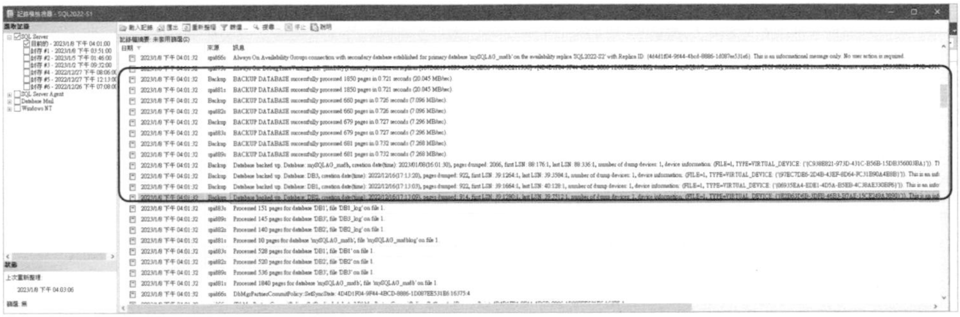

圖 8.23　SQL Error Log 中的 VDI 備份記錄

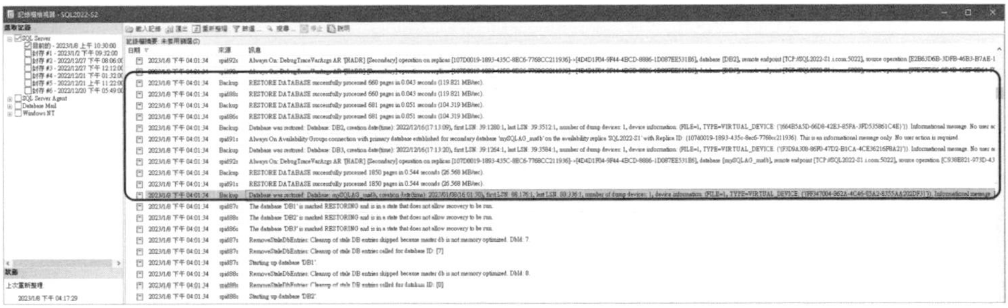

圖 8.24　SQL Error Log 中的 VDI 還原記錄

完整的資料庫及記錄備份

　　選擇「完整的資料庫及記錄備份」時，SSMS 精靈會自動依下列步驟進行：

step01　進行資料庫完整備份與交易記錄備份，並儲存於指定的共用路徑下。

step02　複本讀取指定的共用路徑下的備份檔案，進行完整與交易記錄還原。

_{step}**03** 將複本還原完成的資料庫加入可用性群組。

此選項會需要使用到共用路徑，請注意主體與複本的 SQL 服務帳戶需有存取共用路徑的權限。

僅聯結

選擇「僅聯結」時，SSMS 精靈僅會將資料庫加入可用性群組，請注意手動的項目，並依下列步驟進行：

_{step}**01** 手動：進行主體的資料庫完整備份與交易記錄備份。

_{step}**02** 手動：進行複本的資料庫完整與交易記錄還原，並指定復原狀態為「NORECOVERY」，如圖 8.25 所示。

圖 8.25 手動進行可用性群組複本的資料庫還原

_{step}**03** 精靈：將複本的資料庫加入可用性群組。

執行此選項需要先完成 2 個「手動」的項目，如果環境中的資料庫大小較大，並且已有定時執行的完整備份與交易記錄備份排程，就可以使用已完成的最新完整備份 + 後續的交易記錄備份在複本進行還原，並搭配此選項來完成初始化。

略過初始資料同步處理

「略過初始資料同步處理」的步驟剛好與「僅聯結」相反,SSMS 精靈會先將主體的資料庫加入可用性群組,後續複本資料庫的備份與還原仍需要手動執行,執行步驟如下:

step01 精靈:將主體的資料庫加入可用性群組。

step02 手動:進行主體的資料庫完整備份與交易記錄備份。

step03 手動:進行複本的資料庫完整與交易記錄還原,並指定復原狀態為「NORECOVERY」。

step04 手動:複本的資料庫加入可用性群組,如圖 8.26 所示。

圖 8.26 手動將複本的資料庫加入可用性群組

此選項適合複本資料庫的初始化尚無法就緒時進行，後續仍需進行 3 個「手動」的項目，才能讓可用性群組的資料同步運行。

若可用性群組是屬於「自主可用性群組」，請先將複本的 mySQLAG_master 與 mySQLAG_msdb 加入可用性群組後，再將其他的使用者資料庫加入。

如圖 8.27 所示，完成所有設定的驗證後，精靈會提供總結報告，呈現將要執行的各項設定，若沒有過驗證，則必須排除錯誤才可進行下一步。

圖 8.27　確認可用性群組驗證的結果

如圖 8.28 所示，按下「完成」即可開始進行可用性群組的設定，精靈會自動連結到不同的 SQL Server 執行個體完成設定。

若點選右下角的「指令碼」按鈕，則可以產生精靈實際連結到各個節點時，將會執行的 T-SQL 語法，可以據此了解實際執行多項設定的步驟。

圖 8.28　確認可用性群組的設定

　　精靈完成設定後，會如圖 8.29 呈現順利完成的訊息，可以按「關閉」按鈕結束設定。

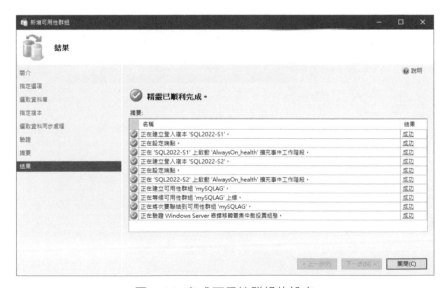

圖 8.29　完成可用性群組的設定

建置完畢後,可以在主要節點選擇「顯示儀表板」,來觀察整組可用性群組的狀況,如圖 8.30 所示:

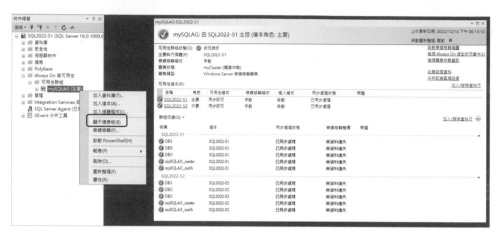

圖 8.30 顯示儀表板

可以點儀表板右上角的「檢視叢集仲裁資訊」,來觀察前面所設定的檔案共用見證是否正確,如圖 8.31 所示:

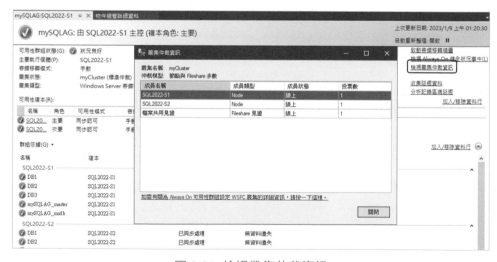

圖 8.31 檢視叢集仲裁資訊

8.2.3 可用性群組管理

接下來簡單說明管理可用性群組可能會遇到的議題。

❖ 用戶端存取

用戶端透過可用性群組的「接聽程式（Listener）」，可在容錯移轉時，自動存取可用性群組內當下提供服務的資料庫。接聽程式是用戶端可連接的「虛擬網路名稱（Virtual Network Name VNN）」，以便存取可用性群組之主要或次要複本中的資料庫。讓用戶端不需要知道欲連接的 SQL Server 實體執行個體名稱或 IP，即可連接至可用性複本。

可用性群組接聽程式是由「網域名稱系統（Domain Name System DNS）」、「接聽程式名稱」、「通訊埠」以及一或多個「IP 位址」所組成，只支援 TCP 通訊協定。接聽程式的 DNS 名稱在網域中和在 NetBIOS 中必須是唯一的。設定畫面如圖 8.32 所示：

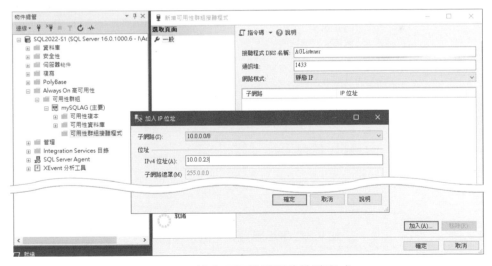

圖 8.32 設定可用性群組的接聽程式

當建立新的可用性群組接聽程式時，它會成為 Windows 叢集中「虛擬網路名稱」、「虛擬 IP (Virtual IP)」，以及可用性群組相依性的資源。

用戶端使用 DNS 將 VNN 解析為多個 IP 位址，然後嘗試連接到每個位址，直到連接要求成功或逾時為止。透過「容錯移轉叢集管理員」和「DNS 管理員」觀察如圖 8.33、圖 8.34 所示：

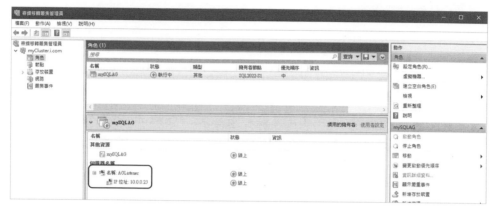

圖 8.33 容錯移轉叢集管理員中的接聽程式資訊

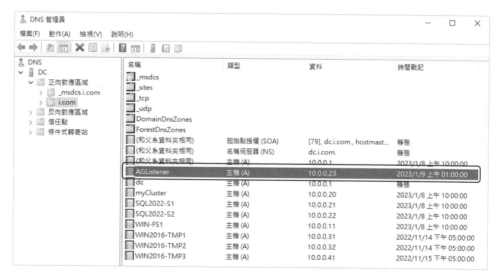

圖 8.34 DNS 管理員中的接聽程式資訊

如果可用性群組位於單一子網路，可以考慮設定所有的可用性群組接聽程式 IP 位址使用 DHCP。這可簡化設定，但不應在線上正式環境使用 DHCP。因為在停機時，如果 DHCP IP 租用過期，則需要額外的時間

來重新註冊接聽程式 DNS 名稱與相關聯的新 DHCP IP 位址。額外的時間將會造成用戶端連接失敗。

在實際執行環境中,建議使用靜態 IP 位址。此外,在可用性群組橫跨多重子網路網域的多個子網路時,必須使用靜態 IP 位址。可用性群組接聽程式不支援混合網路組態和跨子網路的 DHCP。因為當發生容錯移轉時,動態 IP 可能會過期或釋出而傷及高可用性。

通訊埠可用 SQL Server 預設的 1433,讓用戶端連接字串不需指定埠號。此外,因為每個「接聽程式」都有自己的虛擬網路名稱,所以單一 WSFC 上的多個可用性群組接聽程式通訊埠都能設為 1433。

也可以自訂通訊埠號,但在連接字串要明確告知目標通訊埠。此外,也需要在防火牆上開通該通訊埠。不管通訊埠號設定為何,都需要確定該組 IP 與埠號未與與其他服務衝突。

若要透過接聽程式存取主要複本,連接字串要指定接聽程式的 DNS 名稱。如果可用性群組主要複本容錯移轉,現有連接會先中斷。用戶端重新嘗試連接時,接聽程式會導向至新的主要複本。以 ADO.NET(System.Data.SqlClient)為例,基本連接字串範例如下:

```
Data Source=tcp: AGListener,1433; Initial Catalog=DB1; Integrated Security=SSPI
```

使用接聽程式做為連接字串的資料來源的好處,可以在可用性群組容錯移轉後,重新連線到主要複本,不必再修改連接字串的資料來源。

此外,接聽程式還可以搭配可用性群組中的路由設定,進行讀寫分流的連線導向,達到 SQL Server 服務的負載平衡效果。

❖ 唯讀路由

若想透過接聽程式連接到唯讀次要複本，需為一或多個可讀取的次要複本設定「唯讀路由（read-only routing）」，主要複本的「讀取意圖」用戶端連接會重新導向至可讀取的次要複本。此外，如果主要複本在某個 SQL Server 執行個體上離線，而且在另一個 SQL Server 執行個體上新的主要複本變為上線，可用性群組接聽程式會將用戶端連接到新的主要複本，如圖 8.35 所示：

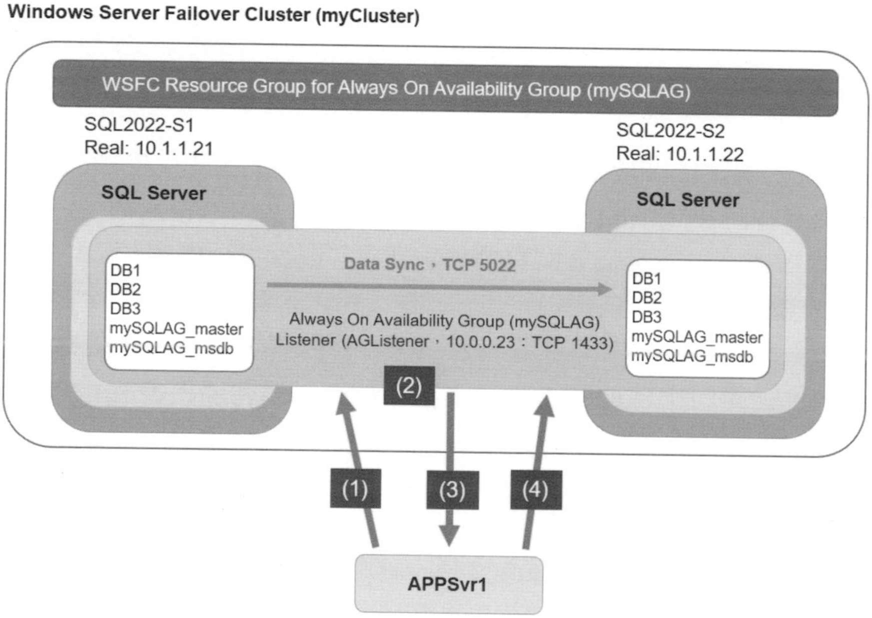

(1) 用戶端請求與接聽程式連線，並被路由導向到主要角色。
（連接字串：ApplicationIntent＝ReadOnly, Server＝'AGListener', Database＝'DB1'）
(2) 主要角色檢查傳入連線的屬性，並檢查路由列表中定義的角色。
（ApplicationIntent 的值、指定的 Database 是否在可用性群組中）
(3) 主要角色將路由 URL 發送回用戶端。
(4) 用戶端將連線請求重新定向到提供的路由 URL。

圖 8.35　唯讀路由導向圖

　　「唯讀路由」將對接聽程式的連接繞送至設為允許唯讀的次要複本。只有在下列條件成立時，參考「可用性群組接聽程式名稱」的連接才會自動路由至唯讀複本：

■　至少一個次要複本設定為唯讀存取，而且每個唯讀次要複本和主要複本都設定為支援唯讀路由。

■　連接字串參考可用性群組接聽程式，而且連接的「應用程式意圖（Application Intent）」設定為唯讀，例如，透過在 ODBC 或 OLEDB連接字串使用屬性：

```
Application Intent=ReadOnly
```

　　若要為可用性複本設定唯讀路由，DBA 必須針對每個要設為「可讀取次要複本」的可用性複本，完成下列設定（只在次要角色之下才有效）：

■　「可讀取次要」屬性必須設定為「僅限讀取意圖」或「是」。如圖8.36 所示：

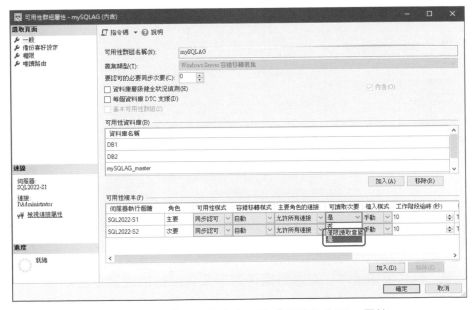

圖 8.36　設定「可用性複本」的「可讀取次要」屬性

■ 必須指定唯讀路由 URL。可透過 MODIFY REPLICA WITH 子句指定 SECONDARY_ROLE 選項，如下所示：

```
SECONDARY_ROLE ( READ_ONLY_ROUTING_URL ='TCP:// 系統位置:通訊埠')
```

唯讀路由 URL 的參數如下：

□ 系統位置：這是明確識別目的地電腦系統的字串，例如系統名稱、完整網域名稱或 IP 位址。

□ 通訊埠：SQL Server 執行個體資料庫引擎所使用的通訊埠編號。

可以透過以下指令或 SSMS 的 UI 介面來完成設定（如圖 8.37）：

```
ALTER AVAILABILITY GROUP [mySQLAG]
MODIFY REPLICA ON N'SQL2022-S1' WITH
(SECONDARY_ROLE (READ_ONLY_ROUTING_URL = N'TCP://  SQL2022-S1.i.com:1433'));
```

圖 8.37 設定唯讀路由 URL

■ 對於每個複本，必須設定作為主要角色時的唯讀路由清單。指定一或多個伺服器名稱做為路由目標。若要設定主要角色的唯讀路由，

可透過 MODIFY REPLICA WITH 子句指定 PRIMARY_ROLE 選項，
如下所示：

```
PRIMARY_ROLE ( READ_ONLY_ROUTING_LIST =('執行個體名稱' [ ,...n ] ))
```

其中，「執行個體名稱」標識可用性群組中唯讀次要複本。

可以透過以下指令或 SSMS 的 UI 介面來完成設定（如圖 8.38）：

```
ALTER AVAILABILITY GROUP [mySQLAG]
MODIFY REPLICA ON N'SQL2022-S1' WITH
(PRIMARY_ROLE (READ_ONLY_ROUTING_LIST=('SQL2022-S2', 'SQL2022-S1')));
```

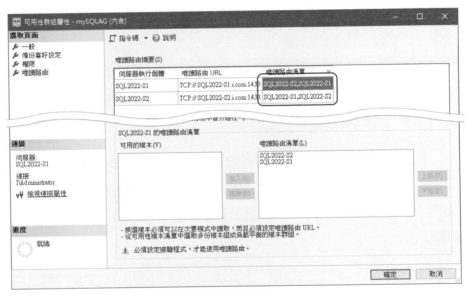

圖 8.38 設定唯讀路由清單

■ 應用程式若要採用唯讀路由，讓執行查詢的工作自動重導到唯讀複
本，其連接字串須具備以下幾點：

　□ 指定資料源必須是接聽程式，而非執行個體的實體名稱，例如：
Data Source＝AGListener。

　　□　連接的資料庫必須加入可用性群組，例如：Initial Catalog＝db。

　　□　經由連接字串屬性（ADO.NET 是「ApplicationIntent」而 OLE DB 是「Application Intent」，OLE DB 兩個字中間多了空白字元），用戶端應用程式可表明要存取可讀寫或唯讀的可用性群組資料庫複本。若要使用唯讀路由，在連接到可用性群組接聽程式時，用戶端必須使用連接字串中設為唯讀的應用程式意圖。例如：ApplicationIntent＝ReadOnly。如果沒有唯讀的應用程式意圖，連接會被導向至主要複本的資料庫。

　　須注意的是，若以 SQL Server 2012 版以後的 Provider 存取舊版 SQL Server 執行個體，若指定唯讀應用程式意圖，會自動忽略而連接照常進行。

　　若未設定 ApplicationIntent，預設值為 ReadWrite，或直接連接到主要複本的 SQL Server 執行個體，而不使用可用性群組接聽程式名稱，則不會使用唯讀路由。

　　雖然可用性群組接聽程式支援容錯移轉重新導向和唯讀路由，但用戶端連接仍可以直接參考 SQL Server 執行個體，而不透過可用性群組接聽程式，這與 SQL Server 容錯移轉叢集一定要透過虛擬伺服器名稱/IP 存取不同。

　　對 SQL Server 執行個體來說，透過可用性群組接聽程式還是執行個體端點存取並沒有差別。SQL Server 執行個體會確認目標資料庫的狀態，並依據可用性群組的組態決定是否允許連接。例如，用戶端應用程式連接到 SQL Server 執行個體，存取可用性群組內的資料庫，若目標資料庫處於主要狀態並已上線，連接就會成功。反之，如果目標資料庫處於離線或轉換狀態，則資料庫連接就會失敗。

當可用性群組發生容錯移轉時，現有的連線會中斷，用戶端必須建立新連接，重試直到主要資料庫恢復上線為止，才能繼續使用相同的主要資料庫或唯讀次要資料庫。

設定完成後，可以使用 SSMS 進行唯讀路由的連線導向測試：

■ 情境 (一) 伺器名稱指定接聽程式，不加其他連線參數，如圖 8.39：

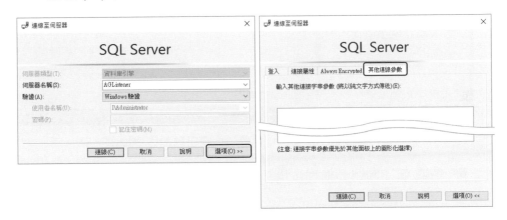

圖 8.39 情境 (一) 測試接聽程式與唯讀路由

連線成功後，新增查詢視窗執行以下語法取得目前連線的伺服器名稱資訊，可以發現連線導向至目前的主要複本，如圖 8.40 所示：

```
SELECT @@SERVERNAME
```

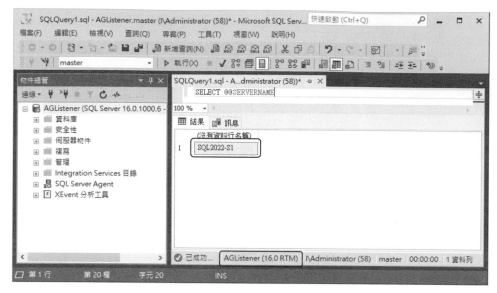

圖 8.40 情境 (一) 連線導向至目前的主要複本

■ 情境 (二) 伺器名稱指定接聽程式,加入以下連線參數,如圖 8.41:

```
ApplicationIntent=ReadOnly; Database=DB1
```

圖 8.41 情境 (二) 測試接聽程式與唯讀路由

連線成功後，新增查詢視窗執行以下語法取得目前連線的伺服器名稱資訊，可以發現連線導向至目前的唯讀複本，如圖 8.42 所示：

```
SELECT @@SERVERNAME
```

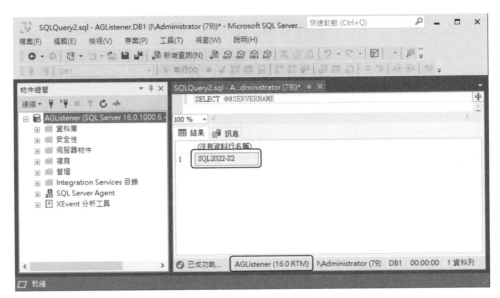

圖 8.42 情境 (二) 連線導向至目前的次要複本

❖ 讀寫路由

可讀寫路由是從 SQL Server 2019 開始支援的功能，無論連接字串中指定的資料來源為接聽程式或實際的伺服器名稱（可讀寫路由可以不需要有接聽程式的設定），都會將用戶端應用程式連線導向至主要複本。

由於目前最新版本的 SSMS 19.0.2 尚未提供 UI 的設定介面，所以可用性群組的可讀寫路由僅能透過指令的方式進行調整：

```
ALTER AVAILABILITY GROUP [mySQLAG]
MODIFY REPLICA ON N'SQL2022-S1' WITH
(PRIMARY_ROLE (READ_WRITE_ROUTING_URL='TCP://SQL2022-S1.i.com:1433'));
```

■ 情境 (三) 伺器名稱指定「次要複本的主機名稱」，加入以下連線參
數，如圖 8.43：

```
ApplicationIntent=ReadWrite; Database=DB1
```

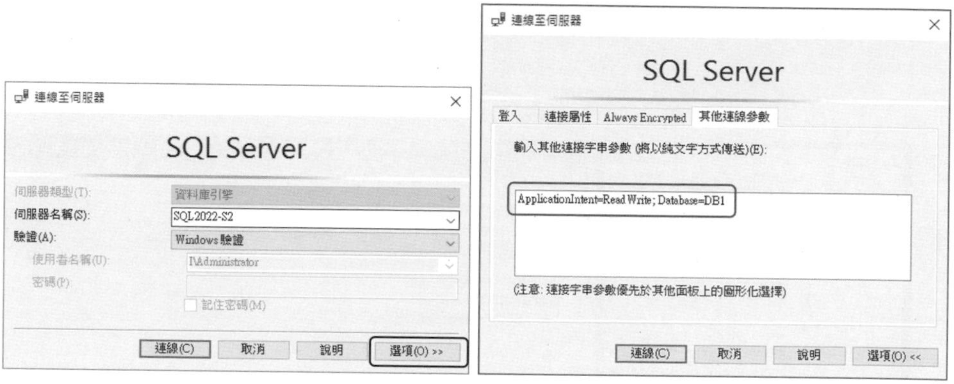

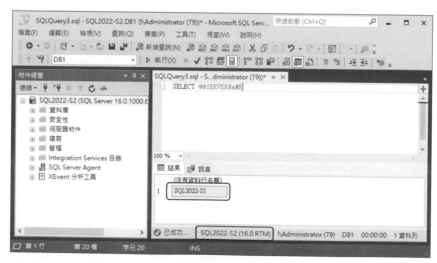

圖 8.43 情境 (三) 測試讀寫路由

連線成功後，新增查詢視窗執行以下語法取得目前連線的伺服器名
稱資訊，可以發現連線導向至目前的主要複本，如圖 8.44 所示：

```
SELECT @@SERVERNAME
```

圖 8.44 情境 (三) 連線導向至目前的主要複本

❖ 備份

資料庫須定期備份，透過可用性群組可在次要資料庫備份交易記錄和「僅限複製（Copy_Only）」的完整備份，這可減輕備份作業可能對主要節點 I/O 和 CPU（啟用備份壓縮）的負荷。

因為次要節點的資料庫唯讀，而僅限複製備份不會影響記錄檔鏈結或清除記載「差異式備份」的點陣圖。此外，次要複本不支援差異備份。

交易記錄備份（BACKUP LOG）只支援一般記錄備份，在次要複本的記錄備份不支援 COPY_ONLY 選項。無論其可用性模式為何（同步認可或非同步認可），橫跨任何複本（主要或次要）上所做的記錄檔備份可確保記錄檔鏈結一致，且一併釋放所有節點的交易記錄空間，使其可被重用。若要在次要複本備份資料庫，次要複本必須能夠與主要複本通訊，而且必須處於 SYNCHRONIZED 或 SYNCHRONIZING 狀態。

不可對可用性群組的主要或次要資料庫執行還原（RESTORE）。否則會得到類似以下的錯誤：

```
Msg 3104, Level 16, State 1, Line 2
資料庫 'db' 已設定資料庫鏡像或已加入可用性群組，因此無法在該資料庫上操作 RESTORE。如果您要還
原資料庫，請使用 ALTER DATABASE 移除鏡像或從可用性群組中移除資料庫。
```

在次要複本上執行備份需要讓各個節點決定是否應該在自己這個節點執行備份作業，其程序邏輯較為複雜。若要解決這個問題，請依照以下方式設定執行備份作業的位置：

■ 設定可用性群組，指定在哪些可用性複本執行備份。每個可用性複本都是執行備份的候選複本，為每個可用性資料庫建立判讀指令碼的備份作業。

■ 若要設定在次要複本備份，於「物件總管」中，連接到主要複本的伺服器執行個體（次要節點無法設定，將會呈現灰色），按一下伺服器名稱以展開伺服器樹狀目錄。依序展開「Always On 高可用性」和「可用性群組」節點。點選想要設定其備份喜好的可用性群組，然後選取「屬性」。

在「可用性群組屬性」對話方塊中，選取「備份喜好設定」頁面。如圖 8.45 所示：

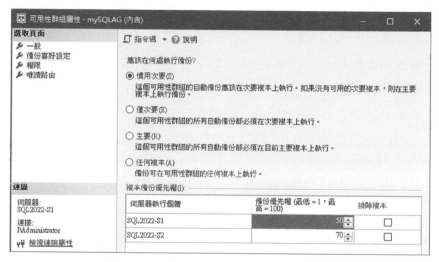

圖 8.45 設定可用性群組備份的優先喜好

設定下方「複本備份優先權」，當群組有多個次要複本可執行備份時，需要靠此處的優先權來決定最適合執行備份者。

當透過「維護計畫」來備份可用性群組內的資料庫時，其設定畫面如圖 8.46 所示：

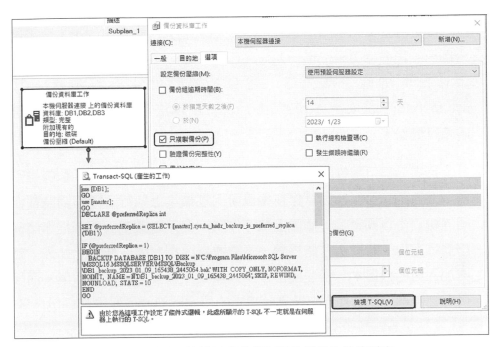

圖 8.46 透過維護計畫備份可用性群組內的資料庫

其產生的 T-SQL 語法約略如下：

```
use [DB1];
GO
use [master];
GO
DECLARE @preferredReplica int

SET @preferredReplica = (SELECT
[master].sys.fn_hadr_backup_is_preferred_replica('DB1'))

IF (@preferredReplica = 1)
BEGIN
    BACKUP DATABASE [DB1] TO  DISK = N'C:\Program Files\Microsoft SQL
Server\MSSQL16.MSSQLSERVER\MSSQL\Backup\DB1_backup_2023_01_09_165438_2445064.b
ak' WITH  COPY_ONLY, NOFORMAT, NOINIT,  NAME =
N'DB1_backup_2023_01_09_165438_2445064', SKIP, REWIND, NOUNLOAD,  STATS = 10
END
GO
```

從維護計畫產生的 T-SQL 語法可以看到先檢查當下的複本是否最適合備份,再執行實際的備份語法。因此,當有多個備份候選複本,要設定彼此間的備份優先權,避免各節點彼此權重相等,導致 sys.fn_hadr_backup_is_preferred_replica 無法判讀而沒有一個候選複本執行備份。

透過參與可用性群組的 SQL Server 執行個體都執行相似的維護計畫,上述語法可以相同排程在每個可用性複本上執行。所有節點都作相同的檢查,以判斷哪一個應該執行作業,但只有其中一個排程作業會實際進行備份。若發生容錯移轉,不需要修改指令碼或作業。此外,如果再加入可用性複本,管理備份作業只需要複製或排程備份作業,而移除可用性複本,只需從原先裝載該複本的伺服器執行個體刪除備份作業。

上述語法以 master.sys.fn_hadr_backup_is_preferred_replica 系統函數判讀是否在該節點上備份,判讀的準則依據圖 8.22 中「應該在何處執行備份?」下方可用性群組的自動備份選項,以及各節點的備份優先權,設定內容說明如下:

- **慣用次要**:預設選項,指定在次要複本上進行備份,但若主要複本是當下唯一可存取的複本,則仍備份主要複本。

- **僅次要**:不在主要複本上執行備份。如果當下主要複本是唯一可存取的複本,經由上述語法會因 if 判讀而無法備份,但仍可對主要複本直接執行 Backup 語法來完成備份。

- **主要**:在主要複本備份。針對次要複本上無法執行的備份,例如差異備份,須採用這個選項。

- **任何複本**:指定選擇要執行備份的複本時,忽略可用性複本的主/次要角色。但備份作業仍可能會評估其他因素,例如每個可用性複本的備份優先權,搭配其操作狀態和連接狀態。

透過「複本備份優先權」方格來變更可用性複本的備份優先權。其資料行說明如下：

■ **伺服器執行個體**：各可用性複本的 SQL Server 執行個體名稱。

■ **備份優先權**：指定在該複本上執行備份的優先權（相對於相同可用性群組中的其他複本）。值域是從 0 到 100 間的整數，1 表示最低優先權，100 最高。透過 fn_hadr_backup_is_preferred_replica 函數可以判讀所在執行個體的資料庫是否在當下擁有最高優先權。

■ **排除複本**：決定是否絕對不要選擇這個可用性複本來執行備份。例如，永遠不在遠端可用性複本備份。

❖ **容錯移轉**

在可用性群組中，可用性複本的主要角色和次要角色通常可以互換，稱為「容錯移轉（Failover）」。當主要複本的軟硬體出了問題，由次要複本快速、正確地接手提供服務，這是建置可用性群組的主要目的。

容錯移轉的方式有三種：自動、手動和強制（有遺失資料的可能）。次要複本支援的容錯移轉方式取決於「可用性模式（同步/非同步認可）」，而針對同步認可模式，則取決於主要複本和目標次要複本上的「容錯移轉模式（手動/自動）」。

透過 SSMS 手動容錯移轉，如圖 8.47 所示：

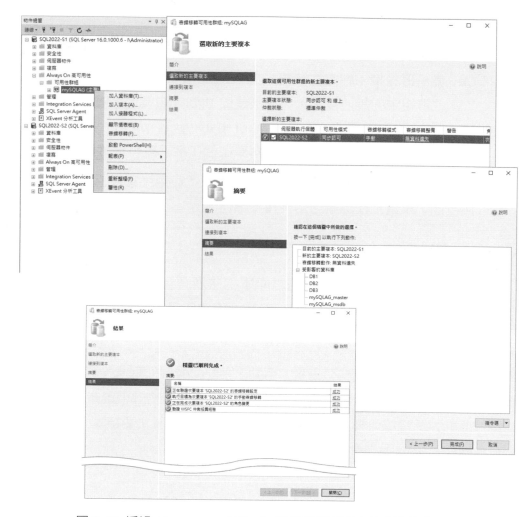

圖 8.47 透過 Management Studio 容錯移轉到指定的次要複本

點選右下角的 Script 按鈕可以發現實際是對移轉目標的次要複本執行如下的 T-SQL 指令：

```
:Connect SQL2022-S2
ALTER AVAILABILITY GROUP [mySQLAG] FAILOVER;
```

如果當下目標次要複本與主要複本已同步處理，同步認可模式支援兩種容錯移轉方式：「已規劃的手動容錯移轉（Planned Manual Failover）」和「自動容錯移轉（Automatic Failover）」。

這些容錯移轉方式取決於容錯移轉夥伴上的「容錯移轉模式屬性（Failover Mode Property）」設定。如果容錯移轉模式在主要或次要複本上設為「手動」，則只能對該次要複本手動容錯移轉。如果容錯移轉模式在主要和次要複本上都設為「自動」，則主/次要複本同時支援自動和手動容錯移轉。

- **已規劃的手動容錯移轉（保證資料完整性，不會遺失資料）**：在 DBA 發出容錯移轉命令，使同步處理的次要複本轉換到主要角色，而主要複本轉換到次要角色。手動容錯移轉要求主要複本和目標次要複本都在同步認可模式下執行，而且次要複本必須已經同步。

- **自動容錯移轉（保證資料完整性，不會遺失資料）**：自動容錯移轉是為了回應主要角色發生錯誤。當先前的主要複本再度可用時，會轉成次要角色。自動容錯移轉要求主要複本和目標次要複本都在同步認可模式下執行，而且容錯移轉模式設為「自動」。 此外，目標次要複本必須已經同步、擁有 WSFC 仲裁，而且符合可用性群組之容錯移轉原則所指定的條件。

  「SQL Server 容錯移轉叢集執行個體（FCI）」不支援依照可用性群組自動容錯移轉，因此任何由 FCI 裝載的可用性複本只能設定為手動容錯移轉。

  請注意，如果在已同步處理的次要複本上發出強制容錯移轉命令，次要複本的行為會與規劃的手動容錯移轉相同。

- **強制手動容錯移轉（可能會遺失資料）**：要移轉到非同步認可模式下的次要複本，只能手動「強制容錯移轉（Forced Failover）」，這可能會遺失資料。除非沒有同步的次要複本可供容錯移轉，強制

容錯移轉是災難復原最後不得不的選項。透過 SSMS 強制容錯移轉的畫面如圖 8.48 所示：

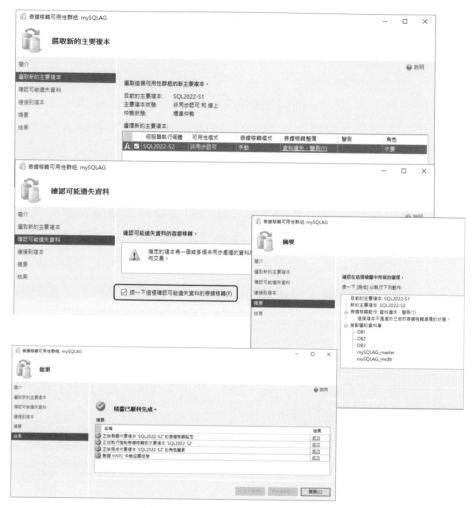

圖 8.48　透過 SSMS 強制手動容錯移轉

```
:Connect SQL2022-S2
ALTER AVAILABILITY GROUP [mySQLAG] FORCE_FAILOVER_ALLOW_DATA_LOSS;
```

由於是強制容錯移轉，容錯移轉目標會變成新的主要複本。剩餘次要複本中的次要資料庫會暫停同步，必須以手動方式繼續。

當之前的主要複本變成可用複本時，會轉換為次要角色，造成之前的主要資料庫變成次要資料庫並轉換到「暫停資料同步處理（SUSPENDED）」狀態，若可用性群組內有其他的複本，也會一併進入暫停的狀態，需要分別針對個別資料庫回復資料同步。其 SSMS 的設定畫面如圖 8.49 所示：

圖 8.49 強制容錯移轉後針對個別資料庫回復資料同步

在示範環境中，以如下的 T-SQL 語法要求各複本上的資料庫回復資料同步：

```
:connect SQL2022-S1
ALTER DATABASE [DB1] SET HADR RESUME;
ALTER DATABASE [DB2] SET HADR RESUME;
ALTER DATABASE [DB3] SET HADR RESUME;
ALTER DATABASE [mySQLAG_master] SET HADR RESUME;
ALTER DATABASE [mySQLAG_msdb] SET HADR RESUME;
GO
```

若強制移轉到非同步認可的副本上，因為它與其他複本間仍維持非同步關係，這對維繫高可用性不佳，若要改變「可用性模式」與「容錯移轉模式」，可以點選可用性群組節點，而後透過「屬性」視窗更改複本節點的特性。

若要查詢各複本間的狀態，可以透過 sys.dm_hadr_database_replica_states 系統動態管理檢視，範例如下：

```
SELECT ag.name,repl.replica_server_name, DB_NAME(database_id) databaseName,
 is_local, is_primary_replica, synchronization_state_desc,
is_commit_participant,
 synchronization_health_desc, database_state_desc, is_suspended, suspend_reason,
 suspend_reason_desc, recovery_lsn, truncation_lsn, last_sent_lsn, last_sent_time,
 last_received_lsn, last_received_time, last_hardened_lsn, last_hardened_time,
 last_redone_lsn, last_redone_time, log_send_queue_size, log_send_rate,
 redo_queue_size, redo_rate, filestream_send_rate, end_of_log_lsn,
 last_commit_lsn, last_commit_time, low_water_mark_for_ghosts,
secondary_lag_seconds
FROM sys.dm_hadr_database_replica_states s
    JOIN sys.availability_replicas repl on s.replica_id=repl.replica_id
    JOIN sys.availability_groups ag ON repl.group_id = ag.group_id
WHERE ag.name='mySQLAG'
ORDER BY 2,3
```

此外，可以透過如下的系統函數判讀當下的執行個體是否為該可用性群組內的資料庫的主要節點：

```
sys.fn_hadr_is_primary_replica(<可用性群組內的資料庫名稱>)
```

回傳 1 代表是，0 代表不是。若輸入不存在的資料庫名稱，則回傳 NULL。

最後，須注意的是只要有任何次要資料庫暫停同步，主要資料庫上的交易記錄空間就無法釋放重用。

由於可用性群組要看整組多個複本間的同步狀態，以及仲裁判讀可接手的複本，這已超過本章的範圍，可以參考如下的資源以進一步了解：

```
https://blogs.msdn.microsoft.com/Always
Onpro/2014/11/11/determine-availability-group-synchronization-state-minimize-d
ata-loss-when-quorum-is-forced/

http://blog.sqlauthority.com/2016/02/27/sql-server-Always
On-availability-group-stuck-in-resolving-state-for-longtime/

https://learn.microsoft.com/en-us/sql/database-engine/availability-groups/wind
ows/perform-a-forced-manual-failover-of-an-availability-group-sql-server?redir
ectedfrom=MSDN&view=sql-server-ver16
```

8.3 結論

SQL Server 可用性群組若執行在 WSFC 叢集架構下，WSFC 叢集服務是否穩定運作會影響到可用性群組的狀態，而網路的品質則是影響 WSFC 叢集服務穩定運作的重要環節之一，如果環境內的網路常常會有瞬斷的情形，建議詢求專業的團隊釐清問題所在，較不建議調整容許檢測信號錯誤的上限值，因為根本的問題並未獲得解決。

當選擇某項熱備援的技術當作資料庫高可用性的主要方案後，可以再搭配「交易記錄傳送」將重要的使用者資料庫複製到異地，單純提供災難復原的保障。

最後，表列規劃高可用性方案需要考量的面向，提供參考：

■ 設定保護範圍與目標

■ 選擇合適的硬體

■ 提供合適的備援硬體

■ 選擇合適的 Windows 作業系統

- 選擇合適的 SQL Server 版本

- 提供相容的設施

- 設計有高可用性的流程

- 指定受過完整訓練，有企圖心的工程師。

- 定期演練，並重新檢視系統高可用性隨著環境變遷，在當時可能遇到的挑戰。

每每新聞報導重大資訊系統損毀，造成許多問題之際，總讓我們覺得需探討為何備援系統也一併失效，畢竟這些大型系統損毀而後見諸各大媒體，在建置之初定都有考量到備援。但往往在網路上搜尋不到對備援系統為何失效的深入討論，無法作為借鏡至為可惜。

在此表列系統無法長期維持高可用性的障礙，或許在你規劃高可用性時可以預想當真正災難來臨時，現今的規劃是否可以派上用場：

- 會發生系統無法使用的因素太多，組合的新舊軟硬體技術太雜，又變動快速，需要整個 IT 團隊腦力激盪，分析各種可能性與解法：

  □ 天災、人禍、安全漏洞、效能不足…

  □ 系統間整合的不相容

- 人員流動，但無法維持長期的教育訓練。

- 系統變異，但未重新規劃高可用性。

- 發生災難的時間距離建置時間久遠，發生災難時，軟硬體的原廠支援都不足。畢竟原廠的工程師若是年輕新人，往往只會被指派學習最新的產品。但發生災難的都是古早版本。

- 長期維持高可用性的成本高於災難所造成的損失。

資料庫複寫

在現今各種企業運算環境中，分散式資料處理的需求極為廣泛。舉例來說：某公司的資料剛開始可能集中存放在一台 SQL Server。隨著公司的成長，業務量與使用者均逐年增加，應用系統需要處理的資料也會與日俱增。數年後，資料庫必定不敷使用。因此原來一台 SQL Server 的資料必須分散存放在多台 SQL Server，不僅可以提高應用系統整體效能，資料庫的容錯能力也相對提升 — 這是分散式資料處理的優點之一。

此外，多套系統間可能需要同步部分的資料，或是企業分支機構讓系統分散在各地，為了使用者可以就近取得資料…等諸多因素，讓資料庫彼此間需要交換資料。

然而，分散式運算也不完全是企業應用系統的靈丹妙藥；原因在於資料過於分散，若規劃不當，也很容易造成管理上的問題。

針對分散式資料處理，SQL Server 提供優良的資料複寫機制。只要瞭解運作原理，熟悉各種複寫工具的組態方式，就可以管理複雜的 SQL Server 資料庫複寫環境。

本章將針對 SQL Server 的資料庫複寫機制探討下列議題：

- 複寫簡介

  □ 複寫模型的三種主要角色

  □ 各種複寫代理程式的用途

- 三種主要的複寫方式與實作

- 常見複寫錯誤判讀與處理

9.1 複寫簡介

9.1.1 何謂資料庫複寫

複寫（Replication）是將某些資料產生複本，然後傳送到其他地方。當資料來源被更改，只要重新傳送（這個動作可視為資料同步），就可以讓來源與目的資料維持一致。反之，如果未進行資料同步，來源與目的地就會發生「時間延遲」問題。如何規範合理的時間延遲也是實作複寫機制要考慮的重點之一，絕對不要誤以為資料同步可以立刻、即時地完成，畢竟這與系統整體效能有關，可能時快時慢。

規劃資料庫複寫以前，先回答下面幾個簡單問題：

- 來源與目的是否為同一個 SQL Server 執行個體？

- 來源與目的是否為異質性資料庫？（例如資料來源為 Oracle，目的為 SQL Server）

- 欲複寫的資料量有多少？

- 資料來源的異動情況是否頻繁？是否在整個複寫拓樸中造成效能問題？

- 需複寫整個資料庫，還是針對某個資料表？

- 複寫動作是否需要持續執行？如果利用排程定期執行，可以接受的時間延遲有多長？

- 網路穩定與否？

- 相較於透過批次排程的 ETL 作業，哪項技術較適合同步？

- 複寫拓樸為何？環狀、星狀還是網狀？

仔細思考這些問題可讓你重新檢視目前 SQL Server 資料庫環境，也有助於規劃良好的複寫架構。

9.1.2 複寫機制的三種角色

研究 SQL Server 複寫機制以前，先介紹其三種角色：發行者（Publisher）、散發者（Distributor）、訂閱者（Subscriber）。

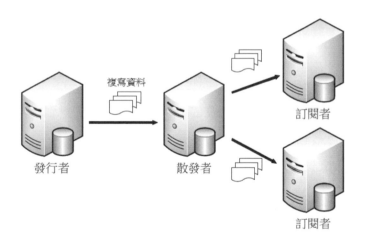

圖 9.1 複寫機制三種角色的互動關係

❖ 發行者

在 SQL Server 複寫環境中，發行者就是複寫資料的來源。在發行者設定哪些資料要被複寫時，是利用「發行集（Publication）」與「發行項（Article）」來定義。

■ 發行集：包含一個以上的發行項。SQL Server 傳送複寫資料時，是以發行集為單位。

■ 發行項：定義欲複寫的資料內容。一般來說，複寫資料均來自於發行者的資料表，而發行項可以來自：資料表、檢視、預存程序，甚至使用者自訂函數的回傳結果。

舉例來說，可以在發行者的 Sales 資料庫建立一份發行集（Sales_publication1），內含兩個發行項：Customer 與 Orders。這兩個發行項的資料內容分別來自於 Customer 與 Orders 資料表。

❖ 散發者

散發者用於儲存各類型複寫的中繼資料與紀錄，並透過代理程式各司其職，將紀錄確實從發行者傳送到訂閱者。

下節中會針對各代理程式進一步說明用途與啟動時機。

❖ 訂閱者

訂閱者向發行者索取所需的發行集，相同的發行集可以複寫至多個訂閱者，且訂閱的內容將完全相同。

因應不同的需求，SQL Server 提供兩種訂閱方式：

■ 發送訂閱（Push Subscription）：由散發者的「散發代理程式」負責將發行集內容傳送給訂閱者，優點是能夠集中管理訂閱者的同步資料處理，資料即時性較佳；缺點是散發者的系統負擔較重。

■ 提取訂閱（Pull Subscription）：由訂閱者上的「散發代理程式」主動向散發者索取發行集資料。優點是散發者的系統負擔較輕，網路可以斷線，在訂閱端連上網路時再發起同步，且可以匿名訂閱。缺

點是要在不同的訂閱者端分別定義代理程式的執行時機，無法集中管理。

9.1.3 複寫代理程式的種類與用途

❖ 快照集代理程式

此代理程式在發行者上執行，用於產生「快照集（Snapshot）」。快照集其實是由多個檔案組成，包括：發行項的結構資訊、發行項匯出的資料等。針對已建立發行集的資料表，其快照集可以在訂閱者 "複製" 出對應的資料表，其內容與發行項定義的內容相同。

（《第 9.2.1 節：設定散發者》將說明如何指定快照集資料夾）

❖ 紀錄讀取器代理程式

此代理程式用於交易式複寫。發行項對應的資料表上有變動，紀錄讀取器代理程式會取出這些交易紀錄，由散發代理程式負責傳送給訂閱者。

❖ 散發代理程式

在快照式複寫與交易式複寫中，此代理程式負責將快照集內容與交易紀錄傳送到訂閱者。隨著訂閱種類不同，散發代理程式的執行位置也會不同：

- 發送訂閱：在「散發者」上執行散發代理程式。
- 提取訂閱：在「訂閱者」上執行散發代理程式。

❖ 合併代理程式

此代理程式用於合併式複寫。將初始快照集傳送給訂閱者，並負責發行者與訂閱者的同步。如果兩者更新資料時發生衝突，也由合併代理程式負責調解。合併代理程式預設會先將訂閱者更改的資料上傳給發行者，再從發行者下載更新後的資料到訂閱者。

❖ 佇列讀取器代理程式

「佇列讀取代理程式（Queue Reader Agent）」使用於可更新訂閱的交易式複寫。如果訂閱者更改了資料，相對應的交易紀錄會先存放在佇列。待此代理程式從佇列讀取交易紀錄後，再傳送回發行者。

9.1.4 三種主要的複寫方式

SQL Server 支援的複寫方式主要分為三種：快照式複寫（Snapshot Replication）、交易式複寫（Transactional Replication）、合併式複寫（Merge Replication），後續將在各節說明並實作。

❖ 快照式複寫

快照式複寫是最基本的複寫方式。其運作方式為：

1. 透過快照代理程式將發行集中各發行項的結構資訊以及資料分別轉換成一或多個檔案，總稱快照集。
2. 散發代理程式將快照集傳送至訂閱者。
3. 訂閱者以快照集內容同步。

❖ 交易式複寫

交易式複寫是針對異動的交易紀錄進行同步，其運作方式為：

1. 訂閱者一般先執行初始化作業，此初始化是利用「快照式複寫」。

2. 當發行項的結構資訊或資料異動時，由紀錄讀取代理程式從交易紀錄中讀取變更，並組成呼叫預存程序的語法存入散發資料庫中。

3. 散發代理程式將這些語法傳送至訂閱者。

4. 訂閱者執行語法完成同步。

❖ 合併式複寫

「合併式複寫」允許發行者與訂閱者皆更動資料，在訂閱者修改的資料會傳送回發行者。由於發行者與訂閱者均可異動資料並同步至對方，因此其同步機制相對複雜，例如發行者與訂閱者更改同一筆資料，極有可能產生合併衝突（Merge Conflict），此時會由合併代理程式排除衝突，而排除的準則將依據所設定的優先權，來判定以發行者或是訂閱者的修改為準。

正因為有合併衝突的可能，會導致被捨棄動作的一方，對預期的資料結果產生誤判，須謹慎規劃與使用合併式複寫。

9.1.5 常見的 SQL Server 資料庫複寫模型

在認識何謂發行者、散發者與訂閱者以及其互動關係後，可更進一步思考實務上如何規劃三種角色的資料複寫架構。

❖ 類型 1：單一散發者，多個訂閱者

第一種複寫模型是 一或多台發行者，透過同一台散發者將發行集傳送給多台訂閱者。

　　圖 9.2 是此複寫模型的兩種實作，左側的複寫模型是一台發行者（同時為散發者）將發行集傳送給兩台訂閱者；右側的複寫模型則是兩台發行者共用另一台散發者。

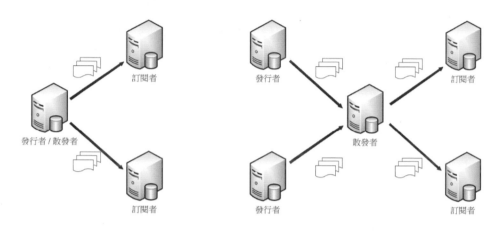

圖 9.2　單一散發者，多台訂閱者

❖ 類型 2：多個發行者，單一訂閱者

　　第二種複寫模型是：多台發行者（同時為散發者）各自將發行集傳送給同一台訂閱者。

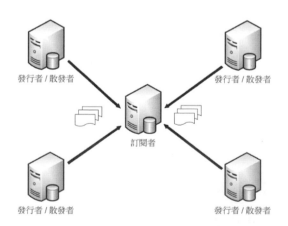

圖 9.3　多台發行者/散發者，單一訂閱者

❖ **類型 3：多個發行者，彼此傳送與接收複寫資料**

第三種複寫模型是：多台發行者（同時為散發者）互相執行複寫工作。每台 SQL Server 伺服器除了自己傳送發行集給其他伺服器，也會訂閱其他發行者的發行集。

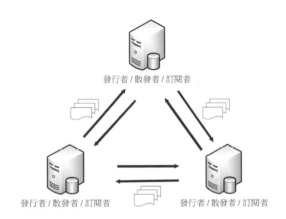

圖 9.4 多台發行者，彼此傳送與接收複寫資料

上述三種複寫模型是在實務管理中較常見的組態方式，也可以視實際需要調整或延伸其組態。

9.1.6 建立資料庫複寫的基本步驟

組態資料庫複寫以前，必須先決定發行者、散發者、訂閱者所在伺服器為何，並選擇適當的複寫方式。

以下是在 SQL Server 2022 實作資料庫複寫的三項基本步驟，我們將在之後的小節針對各種複寫做細部的討論：

1. 組態散發者，建立散發資料庫

2. 在發行者建立發行集

3. 在訂閱者新增訂閱

為了方便 DBA 組態各項複寫工作，SQL Server 搭配的 SSMS 也提供多種複寫組態工具。表 9.1 列出本章將介紹的各項複寫工具。

表 9.1　SSMS 提供的複寫組態及管理工具

複寫組態及管理工具	主要工作
散發精靈	組態散發者，建立散發資料庫
新增發行集精靈	建立發行集，可過濾發行項的內容
新增訂閱精靈	在訂閱者新增發送訂閱或提取訂閱
停用發行暨散發精靈	移除發行者與散發者的功能
複寫監視器	追蹤各種複寫代理程式的執行細節

9.2　散發者組態設定

作為散發者的 SQL Server 伺服器必須具備兩點：

1. 擁有「散發資料庫」，此為 SQL Server 自行建立的系統資料庫。

2. 啟動 SQL Server Agent 服務。

在本章後續內容，將以圖 9.5 的複寫模型來說明如何實作 SQL Server 資料庫複寫：

■ SQL Server 伺服器 SQL2022A 與 SQL2022B 上分別安裝一個執行個體（服務名稱均為預設的 MSSQLSERVER），後續皆由伺服器名稱表示執行個體。

■ 將 SQL2022A 組態為散發者，然後在 AdventureWorks 資料庫內建立發行集。

■ 將 SQL2022B 組態為訂閱者，複寫資料放在 AdventureWorksSub 資料庫。

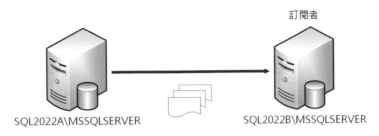

訂閱者

SQL2022A\MSSQLSERVER　　　　　　　　　SQL2022B\MSSQLSERVER

圖 9.5　本章說明複寫機制所使用的資料庫環境

9.2.1　設定散發者

可以利用「散發精靈」組態散發者，並建立「散發資料庫」。執行散發精靈以前，應先確認以下幾點：

■　欲擔任散發者的 SQL Server 伺服器（或執行個體）為何？

■　哪些 SQL Server 伺服器為發行者？

■　散發者與發行者是否為同一台 SQL Server 伺服器？

執行「散發精靈」的方式為：

step01　在 SQL Server Management Studio 的「物件總管」內，選取「複寫」資料夾。

step02　按下滑鼠右鍵，執行「設定散發」。

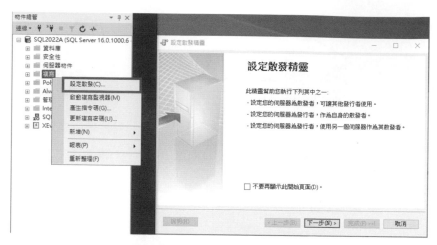

圖 9.6　執行散發精靈

以下是「散發精靈」各步驟的摘要說明。

❖ 步驟 1：決定做為散發者的 SQL Server 伺服器

散發精靈會要求欲擔任散發者的 SQL Server 伺服器為何？預設是將本機 SQL Server 執行個體組態為散發者。或者，指定其他已成為散發者 SQL Server 伺服器。

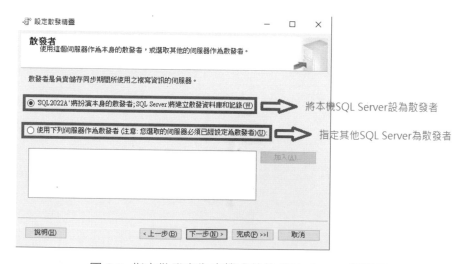

圖 9.7　指定散發者為本機或其他 SQL Server 伺服器

❖ **步驟 2：指定「快照集資料夾」**

選擇複寫資料快照集之檔案路徑存放位置，設定方式分為兩種：

■ 如果散發者為本機 SQL Server 伺服器，預設是\Program Files\
Microsoft SQL Server\<「instance」>\MSSQL\ReplData 目錄。

■ 如果散發者為遠端 SQL Server 伺服器，或有遠端的提取訂閱者，快
照集資料夾必須指定為 UNC 路徑，例如\\<「電腦名稱」>\repldata。
（如圖 9.8 範例）

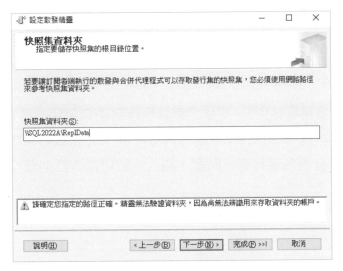

圖 9.8　指定快照集資料夾位置

❖ **步驟 3：建立「散發資料庫」**

此資料庫用來存放中繼資料、交易式複寫需要傳送的交易紀錄，以
及其他複寫方式的歷程紀錄。

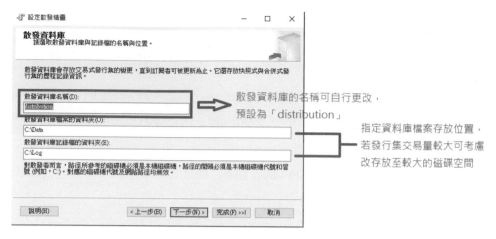

圖 9.9　設定散發資料庫的名稱與檔案位置

❖ 步驟 4：指定哪些「發行者」可使用此「散發者」

在散發精靈結束前，可指定哪些發行者能夠使用此散發者。以圖 9.10 為例，將本機 SQL Server 組態為散發者，因此散發精靈會自動將本機 SQL Server 視為發行者。點選「加入」鈕可加入其他發行者。

圖 9.10　加入可使用此散發者的其他發行者

❖ **步驟 5：執行散發者建立組態工作**

在「精靈動作」設定頁，可以選擇是否立刻設定散發者，或是將先前的組態過程儲存為指令碼檔案，未來再執行。

在「完成精靈」頁面確認所有組態資訊以後，按下「完成」將開始組態散發者，並顯示步驟過程的狀態。

圖 9.11　確認並執行散發者組態工作

9.2.2 停用散發者與發行者

針對已組態為散發者的 SQL Server，可利用「停用發行暨散發精靈」執行下列工作：

step**01**　移除散發資料庫，停用該伺服器的散發者組態。

^{step}**02** 如果散發者與發行者為同一台伺服器,可決定是否維持該伺服器的發行者組態,並保留之前建立的發行集。或者,同時移除發行者與散發者之組態。

執行該精靈的方式為:

^{step}**01** 連接至已組態為散發者的 SQL Server 執行個體,開啟物件總管。

^{step}**02** 選取「複寫」資料夾,按下滑鼠右鍵後執行「停用發行暨散發」。

圖 9.12 停用散發者與發行者

❖ 步驟 1:選擇是否停用發行

如果發行者與散發者位於同一台 SQL Server,啟動「停用發行暨散發精靈」以後,可以選擇一併停用發行者的功能,或是保留發行者的組態資訊(包括已建立的發行集)。

以圖 9.13 為例,選取「在這個伺服器上停用發行」,不僅會移除散發資料庫,也會移除所有已建立的發行集與訂閱資料。

圖 9.13　選擇是否停用發行者的功能

❖ 步驟 2：執行停用發行與散發組態工作

在「精靈動作」設定頁，可以選擇是否立刻移除散發者與發行者組態，或是將先前的組態過程儲存為指令碼檔案，未來再執行。

在「完成精靈」頁面確認欲執行的工作項目以後，按下「完成」，並顯示其執行結果。

圖 9.14　執行「停用發行暨散發精靈」

9.3 快照式複寫

在第 9.1.4 節基本介紹了快照式複寫，而選擇快照式複寫時需考慮那些項目呢：

■ 發行集資料被修改的頻率

　修改頻率較低的情況下可考慮選擇快照式複寫。

■ 使用者是否可接受從發行者到訂閱者間的資料延遲

　由於快照式複寫的資料延遲往往較久，必須確定資料延遲時間能滿足使用者業務上的需求。

■ 發行集資料量大小

　當發行集較大時，往往需要有更大的空間存放快照集檔案，另外也需定期清理快照集存放資料夾，以避免磁碟空間不足。

■ 短時間內產生大量交易

　若短時間內有大量交易產生，例如大量新增又大量刪除，往往造成交易式複寫效能不足的情況，若總體資料量不大，或可考慮使用一次性的快照式複寫來得好。

本章節將利用前面章節所建立的散發者來建立快照式複寫。

9.3.1 建立快照式複寫流程

SQL Server 提供的「新增發行集精靈」可協助定義發行集的內容，例如：

■ 指定發行集種類

■ 欲複寫的資料表或其他資料庫物件

■ 選擇欲複寫的欄位，或是過濾資料列

未來訂閱者也將以發行集為單位，向發行者訂閱欲複寫的資料。

執行「新增發行集精靈」的方式：

step01 在「物件總管」內，展開「複寫」資料夾。

step02 選取「本機發行集」後點選滑鼠右鍵，執行「新增發行集」。

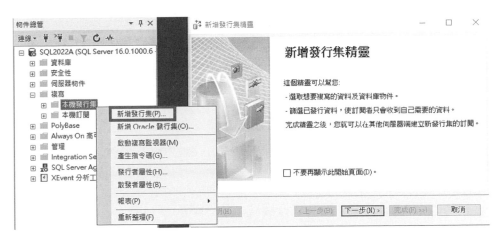

圖 9.15 執行「新增發行集精靈」

以下是「新增發行集精靈」各步驟摘要說明。

9.3.2 建立快照式發行集

❖ 步驟 1：選擇發行集資料庫

發行集無法涵蓋不同資料庫，也無法建立在系統資料庫上！如果要複寫的資料位於不同資料庫，就要分別建立發行集。在此範例中使用 AdventureWorks 做為發行集。

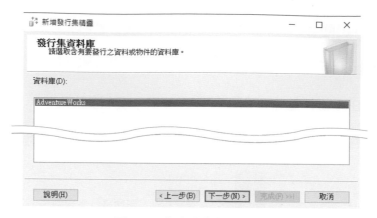

圖 9.16 指定發行集資料庫

❖ 步驟 2：選擇發行集類型

選擇適當的發行集類型。SQL Server 2022 提供下列四種發行集類型：

■ 快照式發行集：每次執行複寫，發行集的資料會全部傳送至訂閱者。

■ 交易式發行集：不管是透過快照集或備份讓發行者和訂閱者資料一致後，未來只會將異動紀錄（包括增、刪、修資料，或是更改資料表結構）傳送至訂閱者。訂閱端一般不修改複寫的發行集內容。

■ 點對點發行集：在多個節點中互相同步，彼此互為發行者及訂閱者的關係，且各自為自身的散發者。

■ 合併式發行集：當發行集的資料傳送至訂閱者後，允許發行者與訂閱者同時修改資料。如果偵測到衝突情況，將由「合併代理程式」啟動衝突解決器處理。

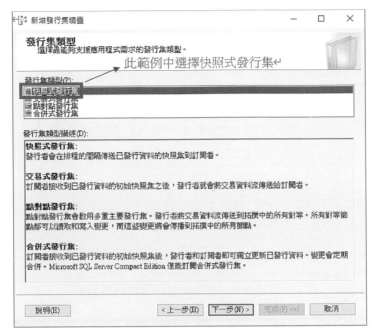

圖 9.17 選擇快照式發行集

此步驟選擇的發行集類型會影響後續設定項目。先以第一種「快照式發行集」為例，說明建立發行集的方式。

❖ **步驟 3：選擇發行項（資料表、檢視、預存程序、使用者定義函數）**

「發行集」可包含一個以上的「發行項」，發行項可指定為：

■ 資料表（可以是整個資料表，或資料表內部分資料）

■ 預存程序

■ 檢視與索引檢視

■ 使用者定義函數

如圖 9.18 所示：在「發行項」頁面的『發行的物件』窗格，可以選取欲建立為發行項的資料物件。

圖 9.18 選擇欲發行的資料庫物件

若資料庫物件較多，可在選完物件後，勾選「僅顯示清單中已被核取的物件」，這時只有被選取為發行項的物件會顯示在『發行的物件』窗格。

圖 9.19 定義發行項與相對應的資料庫物件

在圖 9.19 僅呈現資料表、檢視、使用者定義函數是因為範例資料庫內只有這三種物件可做發行項。

❖ 步驟 4：篩選發行項的內容

針對每個發行項，可利用三種方式篩選資料：

- 水平篩選：利用 WHERE 子句來限制欲複寫的資料，不符合查詢條件的資料將不會被複寫。

- 垂直篩選：在 SELECT 述句內指定欲複寫的欄位，未列出的欄位不複寫。

水平與垂直篩選 除了在 SELECT 述句內指定欲複寫的欄位，也利用 WHERE 子句限制欲複寫的紀錄。

圖 9.20 說明上述三種方式的篩選結果。

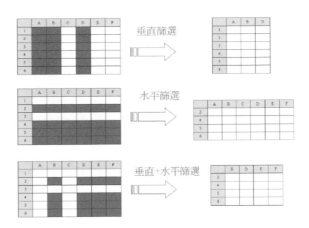

圖 9.20　發行項內容的三種篩選方式

如欲對發行項垂直篩選，可參見下列方式：

step01 在「發行項」頁面勾選要複寫的欄位，按「下一步」進入「篩選資料表的資料列」頁面。（如圖 9.21 左側「發行項」頁面）

step02 在「篩選資料表的資料列」頁面，不用加入額外的篩選條件（水平篩選用），直接按「下一步」即可。（如圖 9.21 右側「篩選資料表的資料列」頁面）

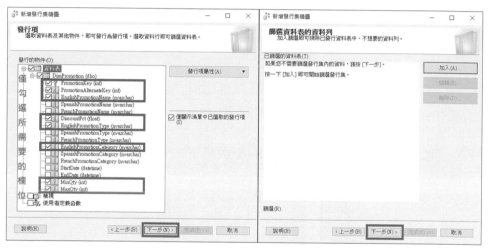

圖 9.21　指定欲複寫的欄位（垂直篩選發行項的內容）

如欲水平篩選發行項，可參見下列方式：

step01 在「發行項」頁面選取欲複寫的資料表或其他物件。

step02 在「篩選資料表的資料列」頁面，點選「加入」，開啟『加入篩選』視窗。

step03 在『加入篩選』視窗內，選擇欲加入 WHERE 子句篩選條件的資料表，然後編輯「篩選陳述式」窗格內的 SELECT 陳述式。

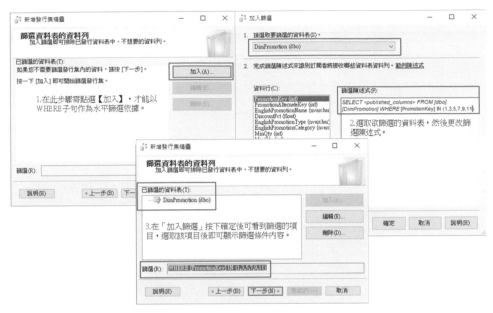

圖 9.22　指定欲複寫的紀錄（水平篩選發行項的內容）

❖ 步驟 5：指定代理程式的執行時機與執行帳戶

發行集內容定義完成後，接著是指定產生快照集的時機。快照集一般由下列項目組成：

- 在目的資料庫建立資料表和其主鍵的 SQL 指令碼。

- 在訂閱者可能要先執行的前置作業，例如刪除訂閱端已經存在的資料表前，需要先移除關聯的語法。

- 發行集的匯出資料。

在「快照集代理程式」頁面，如果勾選「立即建立快照集，並保留快照集為可使用狀態，以初始化訂閱」，稍後快照集代理程式將產生快照集，並存放在指定目錄（即為組態散發者時指定的快照集資料夾）。將使用此快照集來初始化訂閱者。如果需要另外定義快照集的排程，可以勾選「排程快照集代理程式在下列時間執行」進行設定。

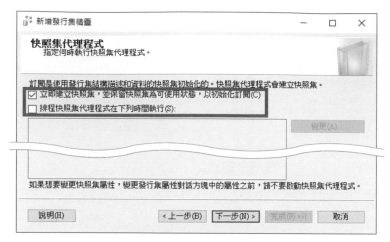

圖 9.23　設定快照集代理程式執行時間

　　此外，為了執行快照集代理程式，需指定權限足夠的 Windows 帳戶或 SQL Server Agent 服務所使用的 Windows 帳戶，以存取檔案和提供發行集的 SQL Server。在此範例中，使用 SQL Server Agent 帳戶。

圖 9.24　設定快照集代理程式的安全性帳戶資訊

❖ **步驟 6：執行建立發行集作業**

在「精靈動作」設定頁，可以選擇是否立刻建立發行集，或是將先前的組態過程儲存為指令碼檔案，未來再以該指令碼建立發行集。

在最後的「完成精靈」頁面，必須命名新的發行集。確認所有組態資訊之後，按下「完成」鍵開始建立發行集，並顯示各步驟的執行細節。

圖 9.25　設定快照集代理程式的安全性帳戶資訊

9.3.3　調整發行集或發行項屬性

建立發行集以後，如果需要變更內容，可以在『發行集屬性』視窗調整各項設定，方式如下：

step01　在物件總管內，展開「複寫」下的「本機發行集」。

step02　選取欲更改的發行集，按下滑鼠右鍵後執行「屬性」。

step03　在各種設定頁面內檢視或變更發行集設定。

（在發行集的任何改變，需要重新初始化後才能生效）。

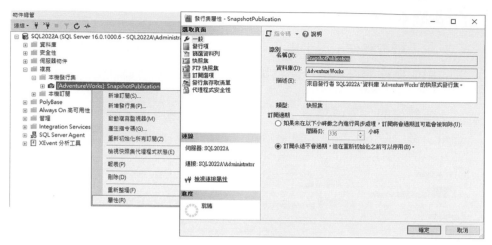

圖 9.26　發行集屬性視窗

以圖 9.27 為例，選取「發行項」頁面時，可以在右側窗格內檢視或變更此發行集所包含的發行項。此處的「發行項」頁面與「新增發行集精靈」的「發行項」頁面相同。（參見圖 9.19）。

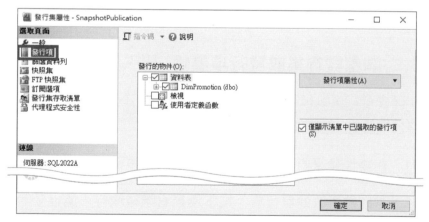

圖 9.27　檢視某發行集的發行項組態設定

9.3.4 刪除發行集

若不再需要複寫整個發行集中所有發行項，可參見下列方式刪除發行集：

step01 在物件總管內，展開「複寫」下的「本機發行集」。

step02 選取欲刪除的發行集，按下滑鼠右鍵後執行「刪除」。

step03 確認刪除發行集。

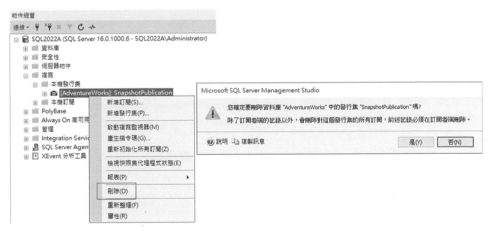

圖 9.28 刪除發行集

9.3.5 建立訂閱者

建立發行集後，再為訂閱者資料庫新增訂閱。當訂閱發生時，發行集的資料將會傳送到訂閱者。「新增訂閱精靈」可以協助組態訂閱者，並執行下列工作：

- 指定發行集。

- 選擇複寫（發行集）的訂閱方式：發送或提取訂閱。

- 組態訂閱資料庫。

啟動「新增訂閱精靈」的方式為：

step01 在物件總管內，展開「複寫」資料夾。

step02 選取「本機訂閱」後，滑鼠右鍵點選「新增訂閱」。

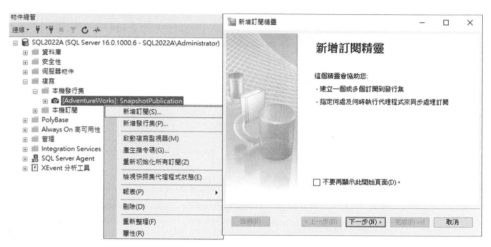

圖 9.29 執行「新增訂閱精靈」

<illegalchar>🔊</illegalchar> **NOTE** ···

本範例中，已事先在 SQL2022B\MSSQLSERVER 執行個體上建立 AdventureWorks 資料庫。它將成為訂閱資料庫，用來存放發行者傳送過來的複寫資料。

以下為「新增訂閱精靈」各步驟的摘要說明。

❖ **步驟 1：選擇發行者與發行集**

進入「發行集」頁面時，如果下方「資料庫與發行集」未顯示任何內容，代表目前的 SQL Server 執行個體並未建立發行集。可以參見下列步驟選取發行集：

step01　在「發行集」下拉列表，選取「<尋找 SQL Server 發行者>」。

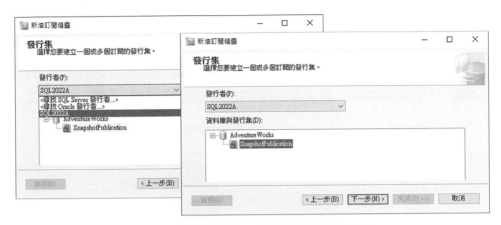

圖 9.30 選擇發行者，以及欲複寫的發行集

❖ 步驟 2：選擇發行集的傳送方式

在「散發代理程式位置」頁面需指定複寫資料的傳送方式，分為兩種：

■ 發送訂閱（本範例使用此傳送方式）

■ 提取訂閱

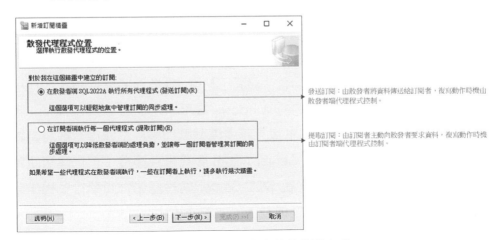

圖 9.31 指定複寫資料的傳送方式

❖ 步驟 3：指定訂閱者

選定傳送方式後，接著指定訂閱者與存放複寫資料的訂閱資料庫為何。以圖 9.32 為例，訂閱者為 SQL2022B\MSSQLSERVER，訂閱資料庫為 AdventureWorks。如果未事先建立訂閱資料庫，可以選擇「訂閱資料庫」下方列表的「＜新增資料庫＞」，立刻建立一個新資料庫。

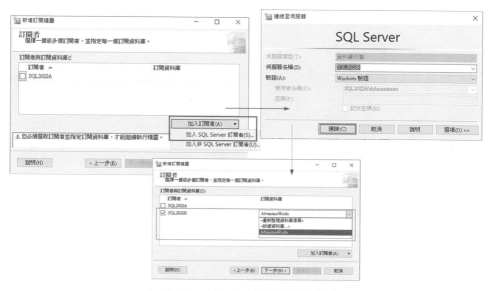

圖 9.32 指定訂閱者與訂閱資料庫

❖ 步驟 4：設定散發代理程式安全性

在「散發代理程式安全性」頁面，點選 ⋯ 按鈕將開啟設定代理程式帳戶視窗。需指定權限足夠的 Windows 帳戶，或 SQL Server Agent 服務所使用的 Windows 帳戶；並以「藉由模擬處理帳戶」連接至散發者與訂閱者。本範例中採用 SQL Server Agent 服務帳戶連接，但仍建議使用權限足夠的 Windows 帳戶，在 SQL Server 執行個體同時執行多種作業而發生錯誤時，憑特定帳戶名稱判定可能的原因。

圖 9.33 設定散發代理程式的安全性

❖ 步驟 5：設定同步排程

在「同步排程」頁面需指定各代理程式的排程時間，可設定為：

1. 連續執行

2. 僅在需要時執行

3. 「＜定義排程＞」

設定同步排程時，請注意下列兩點：

1. 同步排程如果設為「連續執行」，發行者與訂閱者之間的時間延遲
   最短，但是散發者的系統負擔相對較重。

2. 各複寫代理程式都是由 SQL Server Agent 服務所管，為了避免複寫
   作業異常，請確定 SQL Server Agent 服務的啟動方式為自動，該服
   務的登入帳戶也必須擁有適當的權限。

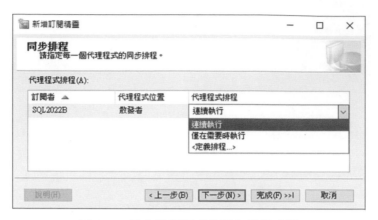

圖 9.34 設定代理程式的同步排程時機

❖ 步驟 6：設定訂閱初始化時機

在發行集傳送到訂閱者以前，應該先在訂閱者的資料庫內建立相對應的資料表，才能在複寫作業執行時正確存放資料。

在「初始化訂閱」頁面可決定是否自動在訂閱者執行初始化。如果勾選「初始化」核取方塊，可指定初始化時機為下列兩者：

- 立即：當「新增訂閱精靈」執行時，立刻初始化訂閱端
- 第一次同步處理：在複寫代理程式第一次同步時，先初始化再複寫資料。

圖 9.35　設定訂閱資料的初始化時機

❖ 步驟 7：執行建立訂閱者作業

在「精靈動作」設定頁，可選擇是否立刻新增訂閱，或是將先前的組態過程儲存為指令碼檔案，未來再以該指令碼新增訂閱。

在最後的「完成精靈」頁面，確認所有組態後，按下「完成」將開始新增訂閱，並顯示執行細節。

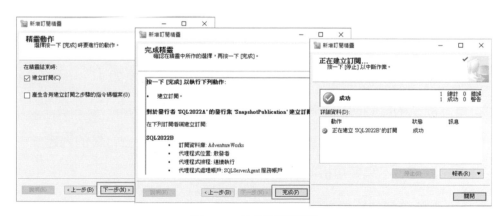

圖 9.36　執行新增訂閱

❖ 步驟 8：檢視訂閱者初始化結果

由於步驟 6 將訂閱資料的初始化時機設為「立即」。一旦新增訂閱結束，便立刻初始化，可在訂閱端檢視初始化的結果（如圖 9.37）。

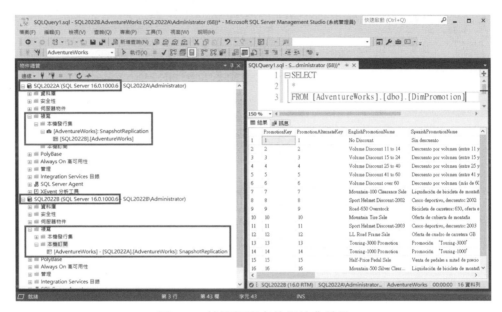

圖 9.37 檢視訂閱者的初始化結果

9.3.6 移除訂閱者

在某些情況下，可能需要移除先前建立的訂閱，如：

■ 原來的訂閱已經過期或失效

■ 原發行項所對應的資料表結構變更，連帶影響發行集的內容

■ 訂閱者不需要再接收發行者的資料

刪除訂閱的方式為：

step01 在「訂閱者」中，從物件總管選取「複寫」資料夾下方的「本機訂閱」。

step02　選取欲刪除的訂閱，滑鼠右鍵點選「刪除」。

圖 9.38　從發行集中刪除訂閱者

執行刪除以前，SSMS 會提醒：訂閱者資料庫的資料仍維持原狀，不會因為訂閱資訊不存在而被移除。此外，如果正在進行複寫，移除訂閱將導致複寫發生錯誤。

9.4　監控複寫活動

在前面幾節中，介紹了幾種重要的複寫組態精靈。這些精靈可以協助 DBA 設定複寫，卻無法監控複寫的執行細節。

為了管理與監控各複寫代理程式的執行狀況並排除問題，SQL Server 提供管理複寫作業的利器─「複寫監視器」。其主要用途為：

■　檢視所有發行者定義的發行集，以及各發行集的訂閱情況

■　監控每個複寫代理程式的執行狀態與歷程紀錄

■　呈現每項複寫作業的動作訊息

■　針對特定事件顯示警告訊息（例如延遲時間太長，或訂閱即將過期）

啟動「複寫監視器」的方式為：

step01 在「物件總管」內，選取「複寫」資料夾。

step02 滑鼠右鍵執行「啟動複寫監視器」。

複寫監視器的左側窗格會顯示目前的發行者有哪些，以及每個發行者上已建立的發行集。點選發行集之後，右側窗格可檢視其所有訂閱，以及相關代理程式的執行狀態。

圖 9.39 啟動複寫監視器，檢視發行集相關的代理程式

📢 **NOTE** ••

隨著發行集種類不同，複寫監視器的顯示頁籤也會有所調整。例如：在複寫監視器左側窗格選取的是「交易式發行集」，右側窗格會新增「追蹤 Token」頁籤。

以圖 9.40 為例，在左側窗格選取 AdvendureWork 發行集：SnapshotRaplication 之後，右側窗格的「所有訂閱」頁籤會顯示此發行集的所有訂閱與執行狀態；滑鼠左鍵雙擊某個訂閱將顯示「散發者到訂閱者歷程紀錄」。

圖 9.40 檢視某發行集的訂閱情況,以及代理程式的執行歷程

　　若在「所有訂閱」的頁籤中,對某個訂閱按下滑鼠右鍵執行「屬性」,即可看到該訂閱的相關設定(如圖 9.41)。若需要更換處理帳戶,可在此頁面進行。

圖 9.41 訂閱屬性

　　點選「代理程式」頁籤，按下滑鼠右鍵執行「屬性」後，即看到快照代理程式的作業屬性（如圖 9.42）。其他代理程式也可透過此方法設定其屬性。

圖 9.42　代理程式屬性

　　接下來的小節中，也將利用「複寫監視器」來觀察其他類型的複寫執行狀況。

9.5　交易式複寫

　　和快照式複寫最大的不同在於，交易式複寫是累加的，適用時機如下：

1. 整體資料量很大。

2. 發行端資料變更需要立即傳給訂閱者，應用程式無法接受過長的資料延遲。

相較於快照式複寫，「交易式複寫」提供較有效率的資料同步方式，其基本原理為：

1. 利用「快照式複寫」或備份/還原初始化訂閱者。

2. 發行者如果異動資料，由「紀錄讀取代理程式」讀出相關交易紀錄，轉成呼叫預存程序的語法存到散發資料庫，由「散發代理程式」將這些語法傳送到訂閱者執行。

3. 訂閱者利用交易紀錄與發行者同步。

   僅管交易式複寫往往較符合企業應用，但限制也比快照式複寫多：

1. 確保存放交易紀錄檔案的磁碟有足夠空間

   當資料庫被設定為發行者後，若交易紀錄未被「紀錄讀取代理程式」讀出，將無法釋放其佔用的交易紀錄檔空間。因此交易紀錄檔需要更多的空間供複寫暫存。

2. 確保散發資料庫有足夠空間

   當交易紀錄被傳送至發散資料庫後，會保存到所有訂閱者都同步為止。發生大量交易時，可能造成散發者資料庫空間不足。

3. 發行集資料表需有主鍵

   所有被選入發行集中的資料表需有主鍵設定，否則作為發行項。

4. 當資料表被設定為發行項後，將無法執行以下作業：

   □ 刪除資料表

   □ 刪除主鍵

   □ 重新命名資料表

   □ Truncate 資料表

9.5.1 設定交易式複寫

交易式複寫的設定步驟與快照式複寫相同,僅在設定發行者時需選取交易式複寫(如圖 9.43)。而定閱者的設定和快照式複寫大致相同。

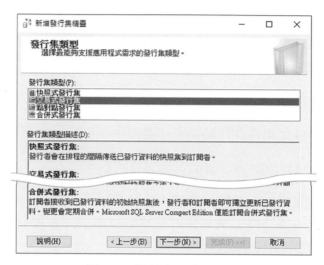

圖 9.43 選擇交易式發行集

在示範發行集的部分,一樣用 SQL2022A\MSSQLSERVER 中的 AdventureWorks 做為發行集資料庫。其中選用 DimPromotion 資料表(如圖 9.44)。

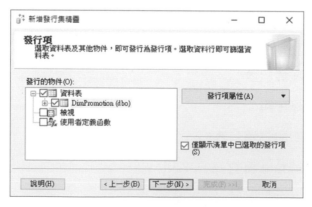

圖 9.44 選擇資料表

如需對資料表進行垂直或水平篩選，可參照《第 9.3.2 節：建立快照式發行集》中 [步驟 4] 之說明。範例中，不勾選「立即建立快照集」（如圖 9.45），稍後手動產生快照集來觀察代理程式執行狀態。

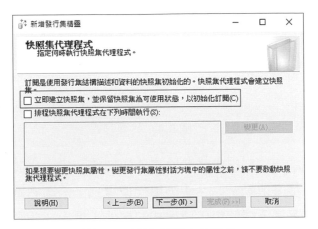

圖 9.45　不立即建立快照集

完成後，可以看到新的發行集圖示出現在本機發行集中。

圖 9.46　交易式發行集

後續可依照《第 9.3.5 節：建立訂閱者》的步驟建立訂閱者，完成後啟動複寫監視器，如下圖 9.47「代理程式」分頁中，可以發現和快照式複寫不同，多出了記錄讀取代理程式。如同《第 9.5 節：交易式複寫》中所提到，交易式複寫的初始化預設是透過快照代理程式先產生快照集並初始化，接著透過記錄讀取代理程式產生語法，再以散發代理程式傳送交易紀錄。

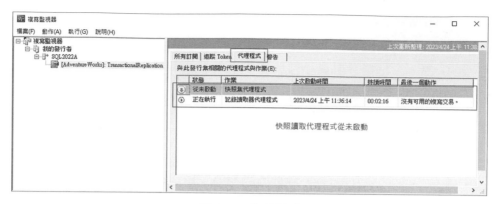

圖 9.47 代理程式

　　由於先前建立發行集時並未產生快照集，因此快照集代理程式的狀態顯示為「從未啟動」。在快照集代理程式上滑鼠右鍵選擇「啟動代理程式」。接著透過快照集代理程式的欄位「最後一個動作」，可觀察產生快照集的情況。

圖 9.48 手動啟動代理程式

快照集產生完畢後，訂閱端會開始初始化。透過散發者到訂閱者紀錄，可以觀察初始化。

圖 9.49　散發者到訂閱者紀錄

完成初始化後，透過下列語法在發行者變更資料。

```
USE AdventureWorks
GO
UPDATE dbo.DimPromotion SET DiscountPct = 0.75 WHERE PromotionKey = 2
GO
```

並透過 SQLCMD 模式執行下列語法，觀察發行者與訂閱者間同步資料的情況：

```
:connect SQL2022A
SELECT * FROM [AdventureWorks].[dbo].[DimPromotion] WHERE PromotionKey = 2

:connect SQL2022B
SELECT * FROM [AdventureWorks].[dbo].[DimPromotion] WHERE PromotionKey = 2
```

執行結果約略如下：

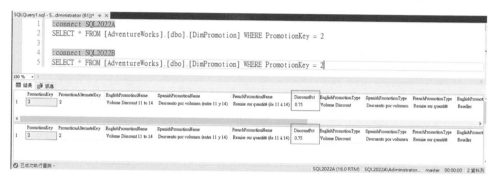

圖 9.50 比對發行者與訂閱者資料

9.5.2 變更與重新初始化發行集

當複寫運作一陣子後，往往需要變更發行集。可以滑鼠右鍵點選發行集，透過「發行集屬性」來變更。以圖 9.51 為例，新增 dbo.Product 及 dbo.ProductCategory 兩張資料表，按下「確定」後觀查訂閱者。過一陣子後，會發現變更並未套用到訂閱者。原因在於，所有的變更均須要「重新初始化」後方能生效。

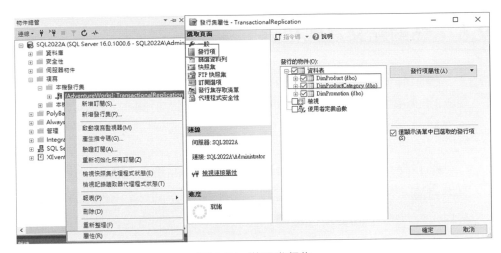

圖 9.51　變更發行集

　　若需要重新初始化，可右鍵點選訂閱者後選擇「重新初始化」（如圖 9.52），接著按下「標示為重新初始化」，在訂閱端即可看到新增的資料表。

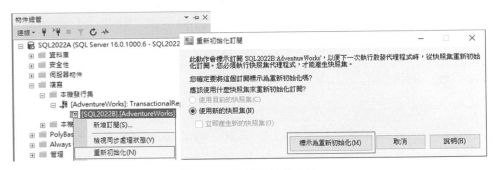

圖 9.52　重新初始化訂閱

　　若資料表較大，往往需一段時間初始化，在此情況下，我們建議另建發行集，而不要在原本的發行集上變更，以免影響訂閱端的應用程式運作。

9.6 點對點交易式複寫

點對點複寫是以交易式複寫為基礎，每個節點都同時身兼「發行者（Publisher）」、「散發者（Distributor）」和「訂閱者（Subscriber）」，接近即時地複寫變更。

點對點交易式複寫較適合用在某台伺服器更新資料，另外的伺服器提供查詢，讀寫分流以分散負載，延展讀取作業。若多個節點同時修改資料，在設計整個資料存取體系時，應避免可能發生的衝突。例如，只在某個節點上更新特定範圍的紀錄，各地應用程式僅修改局部資料。亦即，台北的應用程式只改台北的記錄，台中的只改台中。否則在資料列彼此傳播到其他節點時，點對點交易式複寫並未提供完整的更新衝突或遺失處理。如果應用程式需要複雜的衝突偵測與解決功能，請使用合併式複寫（merge replication）。

另外，在複寫變更時，時間上一定會有延遲。若藉由點對點交易式複寫實作多 SQL Server 執行個體的負載平衡，而前端程式需要立即看到變更，則可能會發生資料不一致的問題。

SQL Server 2008 後，點對點複寫新增了衝突偵測選項，減緩因為未偵測到的衝突所導致的問題，包括不一致的應用程式行為和遺失更新。啟用該選項時，預設會讓變更衝突導致散發代理程式觸發嚴重錯誤，直到以手動方式解決衝突，並讓拓撲之間的資料變成一致。

請注意，在具多個節點的拓撲中，資料庫都會發行及訂閱所有其他資料庫。最終，所有的增、刪、修都會傳播到所有節點。讓其中一或多個節點失敗時，系統仍然可用。雖然點對點複寫可向外延展讀取作業，但是拓撲的效能會類似於單一節點的效能。因此，新增節點以求可用性和延展性時，須考慮效能以及部署與管理的複雜度。

參與點對點複寫的設計要求如下：

■ 所有資料庫都包含相同的結構描述和資料。

■ 物件名稱、物件結構描述和發行集名稱都應相同。

■ 發行集允許複寫結構描述變更（這是預設值）。不支援資料列和資料行篩選。

■ 資料表與其他物件不能包含在單一發行集資料庫的其他點對點發行集中。

■ 建立任何訂閱前，必須先啟用點對點複寫的發行集。

■ 訂閱必須使用備份或藉由「僅支援複寫」選項進行初始化。

■ 不建議使用識別（Identity）欄位。使用識別時，必須手動管理指派每個參與資料表的範圍。

點對點複寫支援交易式複寫的核心功能，但不支援以下選項：

■ 使用快照集進行初始化和重新初始化。

■ 資料列和資料行篩選。

■ 時間戳記資料行。

■ 非 SQL Server 發行者或訂閱者。

■ 立即更新和佇列更新訂閱。

■ 匿名訂閱。

■ 部分訂閱。

■ 共用的散發代理程式。

■ 散發代理程式參數 -SubscriptionStreams 和記錄讀取器代理程式參數 -MaxCmdsInTran。

■ 發行項屬性 @destination_owner 和 @destination_table。

9.6.1 設定點對點交易式複寫

如同前小節提到的，點對
點交易式複寫要求節點需同時
擔任複寫中的三個角色，同
時，資料表有相同的結構描述
和資料，因此依《第 9.2.1 節：
設定散發者》將各節點設定為
散發者，再透過備份還原的方
式在不同的節點上建立三個資
料庫，如圖 9.53 所示。

圖 9.53 在三個節點建立資料庫

接著在 SQL2022A 中新增發行集時，選取「點對點發行集」，其餘步
驟和交易式發行集相同，完成後即可在本機發行集中看到新建的發行集。

在發行集上按右鍵後點選「屬性」，可在訂閱選項中看到點對點複寫相關的設定，其中「偵測到衝突後繼續複寫」的預設值為「False」，在此將其更改為「True」後按下「確定」。（如圖9.54）

圖 9.54　衝突設定

在發行集上按右鍵點選「設定點對點拓樸」，「下一步」後選擇發行集。

圖 9.55　選擇發行集

接著，拓樸圖中右鍵點選「加入新的對等節點」連結至 SQL2022B，選取資料庫後，設定「對等建立者識別碼」，此處需注意識別碼不能重複，完成後可看到拓樸圖上新增 SQL2022B 節點。接著重複將 SQL2022C 也加入（如圖 9.56）。

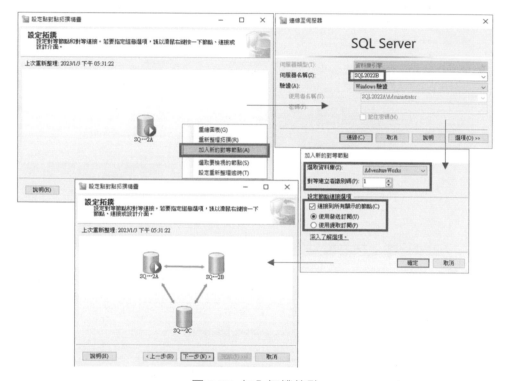

圖 9.56　加入拓樸節點

接著設訂發行者至散發者，以及散發者到訂閱者所使用的帳號，在此範例中，使用系統管理者帳號做為服務帳號（如圖 9.57）。

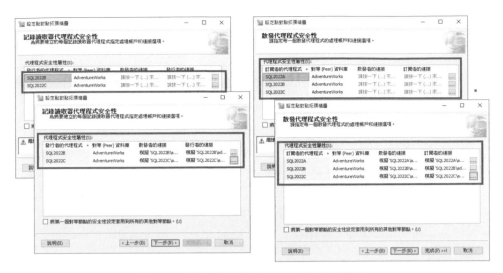

圖 9.57　設定代理程式的安全性帳戶資訊

　　下一步決定初始化的方式，由於之前使用備份還原的方式建立新的節點，因此在此範例中選取第一個選項（如圖 9.58），「下一步」按下「完成」即開始初始化，確認全部項目均成功後，即完成點對點交易式複寫設定。

圖 9.58　設定完點對點交易式複寫

　　嘗試在 SQL2022A 中使用下列語法更新一筆資料，接著透過 SQLCMD 模式同時查尋各節點的資料，如圖 9.59 所示，交易已經被複寫至所有節點。

```
UPDATE [AdventureWorks].[dbo].[DimPromotion] SET DiscountPct = 0.02 WHERE
PromotionKey = 2
```

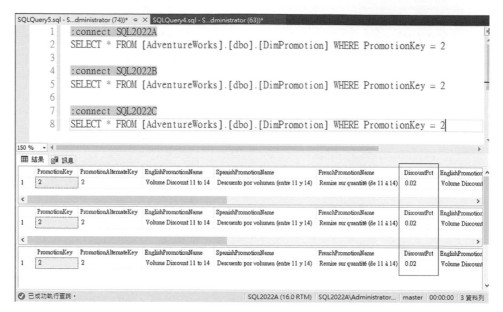

圖 9.59 資料完成同步

SQL Server 2008 後，如果點對點交易式複寫中的節點需要維護，或是整個系統需要升級，可以很容易地將該節點移出拓樸，透過以下範例簡單測試。

首先在 SQL2022A 執行下列程式碼，在 100 秒內對 DimPromotion 資料表新增資料。

```
DECLARE @i datetime = GETDATE(), @j datetime
SET @j = DATEADD(SECOND,100,@i)
WHILE @i < @j
BEGIN
   DECLARE @k int
   SELECT @k = MAX(PromotionAlternateKey)+1 FROM
[AdventureWorks].[dbo].[DimPromotion]
   INSERT INTO [AdventureWorks].[dbo].[DimPromotion]( [PromotionAlternateKey],
[StartDate]) VALUES (@k,GETDATE())
```

```
      WAITFOR DELAY '00:00:05'
      SET @i = GETDATE()
END
```

同時開始進行節點的移除。和前一小節步驟相同，先在發行集上右鍵選擇「設定點對點拓樸」。選擇發行集後，即可看到前小節所設定的拓樸圖。此範例選 SQL2022C 滑鼠右鍵將其移除，如圖 9.60 所示，由於在點對點複寫中，所有的節點均互為訂閱者，因此新增和移除節點，均需連線至各節點套用相關變更。完成移除節點後，可看到拓樸圖上的 SQL2022C 已經被移除。

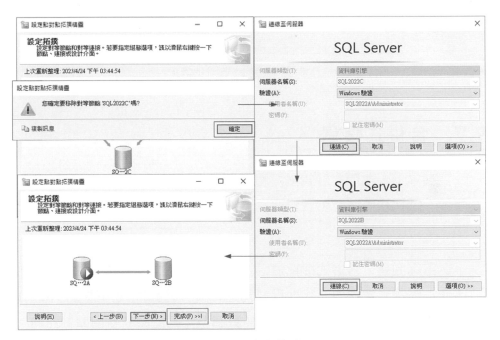

圖 9.60 移除節點

節點移除後，透過 SQLCMD 觀察各節點同步的情形（如圖 9.61），會發現 SQL2022A 和 SQL2022D 的結果相同，但由於 SQL2022C 被移除了，所以 SQL2022C 的資料沒有和 SQL2022A、SQL2022B 同步。

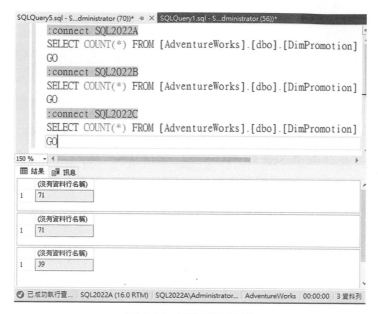

圖 9.61　節點同步情形

9.7　合併式複寫

　　基本上，啟用合併式複寫和交易式複寫類似，在設定完發行集資料庫後，透過快照將初始資料傳送至訂閱者，再在發行者和訂閱者間交換隨後變更的資料列。

　　不同的是，合併式複寫透過「快照代理程式」與「合併代理程式」運作。當資料透過快照代理程式初始化後，各節點間再透過合併代理程式同步。合併式複寫允許發行者和數個不同的訂閱者各自異動資料。

❖ 合併式複寫需考慮下列的情況

■　多個訂閱者彼此會各自更新資料，且需要彼此互相同步。

■　訂閱者可離線變更資料，連線後再同步資料。

■ 可能會發生衝突，需要預先設定好衝突的解決方案 ，或人為介入。

■ 應用程式需要淨資料變更，即資料最終變更的結果。中間的中繼變更不需被傳送至各訂閱者及發行者。

9.7.1 衝突偵測與解決

當各節點的資料可以交叉同步時，衍生出的問題是：當不同的節點同時異動同筆資料時，會產生怎樣的結果呢？

在合併式複寫架構下，被選為發行集的資料表，會自動新增一個 UNIQUEIDENTIFIER 資料型態欄位。為了要讓合併代理程式進行追蹤，合併式複寫會將此欄位加入至發行集資料表中，以便在相同紀錄同時發生變異時，以此欄位合併。倘若資料表中原本就存在此屬性的欄位，則不會再新增額外的欄位。

當同筆資料在不同節點間，等待同步的週期中都有異動時，我們稱此情況為衝突。在合併式複寫中，代理程式透過 MSmerge_contents 系統資料表來偵測是否發生衝突。當異動一筆資料列時，會在這張系統資料表中留下紀錄，而合併代理程式在執行合併之前，會檢查此系統資料表來確認是否有衝突發生，確認同一時間沒有其他節點進行資料異動後，才進行資料的合併。倘若偵測到衝突發生時，則進行衝突解決。

合併式複寫提供數種衝突解決模式，預設作法如下：

■ 衝突發生在發行者與訂閱者之間時，保留發行者的變更，捨棄訂閱者的變更。

■ 當兩個訂閱者的變更衝突時，保留先將此傳送至發行者的變更，捨棄另一訂閱者的變更。

由於合併式複寫常需要偵測及解決衝突,所以效能上較其他複寫差一些。若訂閱者常要離線作業,也需考慮連線時的合併作業是否影響發行者及訂閱者。

在後續的範例中將實作合併式複寫並測試衝突。

9.7.2 實作合併式複寫

❖ 步驟 1:設定發行集

在本節範例中,一樣延續前小節使用的三個節點 SQL2022A,SQL2022B 和 SQL2022C。其中設定 SQL2022A 為發行者,SQL2022B 及 SQL2022C 為訂閱者,並實際產生衝突觀察其結果。

合併式複寫的發行集設定方式和前述章節相同,僅需要在選擇發行集類型時選擇合併式發行集即可(如圖 9.62)。接著在訂閱者類型中選擇 SQL Server 2008(含)以後版本。此範例中,使用 DimProduct,DimProductCategory 及 DimProductSubcategory 等三個資料表。

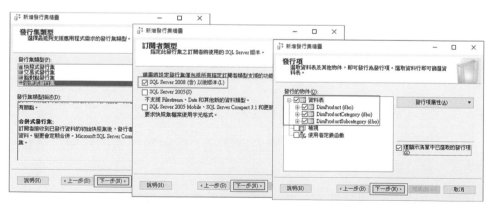

圖 9.62 選擇合併式發行集並設定發行項

接著設定精靈會提醒要加入 Uniqueidentifer 欄位到發行集資料表中。由於在合併式複寫的架構下，同一筆紀錄在不同節點都將被視為不同紀錄，因此需加入 Uniqueidentifer 識別，在衝突發生時也將靠此欄位來解決衝突。

但需注意加入此欄位可能造成的風險，如圖 9.63 所示：

- 造成沒有資料行清單的 INSERT 陳述式無法執行

- 增加資料表的大小

- 增加產生第一個快照集的時間

接著命名發行集並完成後，即可在「本機發行集」看到合併式複寫發行集。

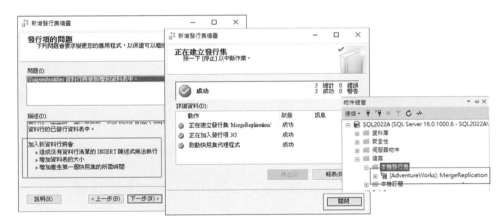

圖 9.63　合併式發行集的注意事項

❖ 步驟 2：設定訂閱者

在新增的發行集上按右鍵，選擇新增訂閱，勾選加入 SQL2022B 及 SQL2022C 兩個節點，如圖 9.64。

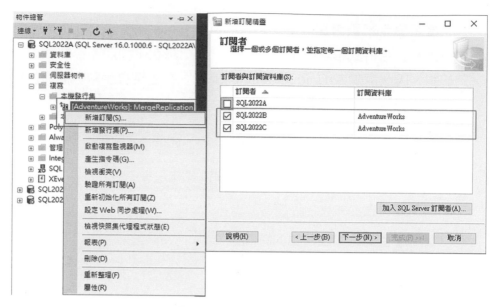

圖 9.64 新增兩個訂閱者

設定完服務帳號後會進入衝突解決優先權的頁面（如圖 9.65）。其中將訂閱者分為兩種類型：

■ 伺服器：當希望不同的訂閱者擁有不同的優先權時，可選用此類型，數值越大者表示優先權越前面。

■ 用戶端：訂閱者擁有相同優先權，在衝突中先與發行者合併者獲勝。

' 在本範例中，將 SQL2022B 及 SQL2022C 設定為用戶端。

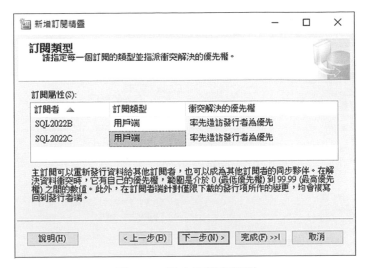

圖 9.65 設定訂閱者類型

　　排程設定的選項和前小節一樣，分為「連續執行」、「僅在需要時執行」以及「定義排程」。在此將排程設定為每分鐘執行一次，方便後續測試衝突時觀察。

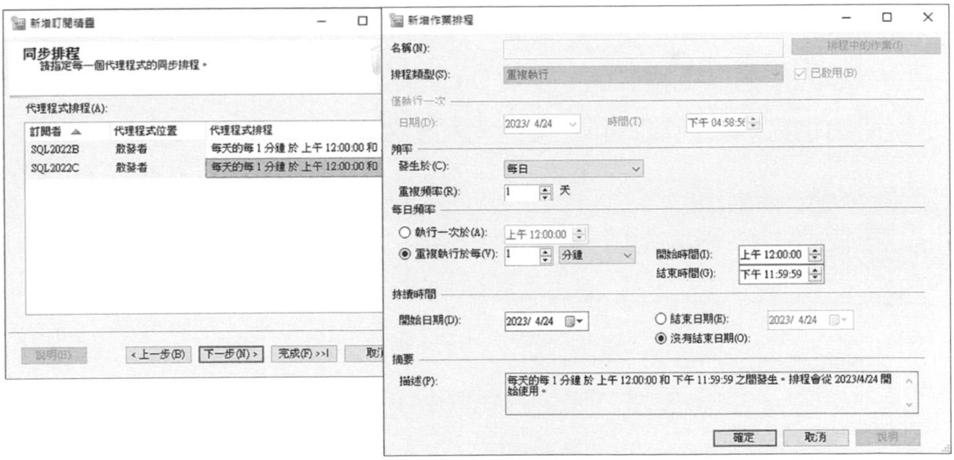

圖 9.66 定義排程

設定完成後，即可在訂閱者中看到多出兩個新節點。

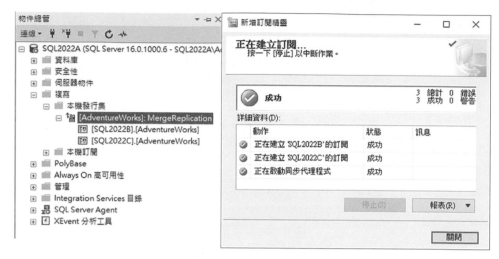

圖 9.67　新增訂閱完成

❖ 步驟 3：衝突測試

在此小節中將實際產生衝突，並觀察合併式複寫如何運作。

首先透過以下程式碼，觀察 DimProduct 資料表的第一筆資料。由於剛初始化完成，所以資料在發行者和訂閱者都會相同，如圖 9.68。

```
:CONNECT SQL2022A
SELECT ProductKey,Color FROM [AdventureWorks].[dbo].[DimProduct] WHERE
ProductKey = 1
GO


:CONNECT SQL2022B
SELECT ProductKey,Color FROM [AdventureWorks].[dbo].[DimProduct] WHERE
ProductKey = 1
GO


:CONNECT SQL2022C
SELECT ProductKey,Color FROM [AdventureWorks].[dbo].[DimProduct] WHERE
ProductKey = 1
```

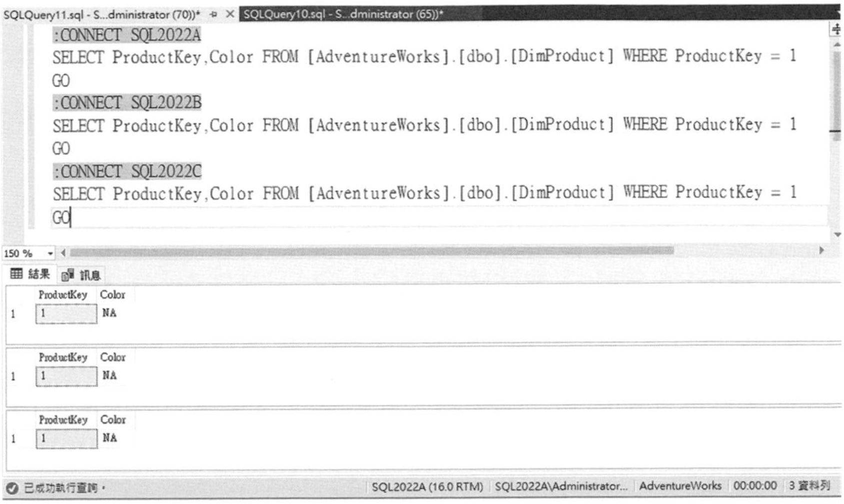

圖 9.68 資料在發行者和訂閱者均相同

接著同時對發行者及兩個訂閱者異動資料,程式碼如下,並查詢各自更新結果,如圖 9.69。

```
:CONNECT SQL2022A
UPDATE [AdventureWorks].[dbo].[DimProduct] SET Color = 'Black' WHERE ProductKey = 1
SELECT ProductKey,Color FROM [AdventureWorks].[dbo].[DimProduct] WHERE
ProductKey = 1
GO
:CONNECT SQL2022B
UPDATE [AdventureWorks].[dbo].[DimProduct] SET Color = 'Red' WHERE ProductKey = 1
SELECT ProductKey,Color FROM [AdventureWorks].[dbo].[DimProduct] WHERE
ProductKey = 1
GO
:CONNECT SQL2022C
UPDATE [AdventureWorks].[dbo].[DimProduct] SET Color = 'Blue' WHERE ProductKey = 1
SELECT ProductKey,Color FROM [AdventureWorks].[dbo].[DimProduct] WHERE
ProductKey = 1
GO
```

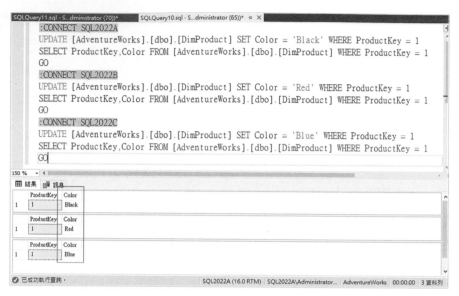

圖 9.69 Color 在發行者與訂閱者均不相同

由於前一小節透過排程定義每分鐘執行，因此一分鐘後再觀察一次發行者和訂閱者的資料，如圖 9.70，會發現已經合併資料，因為訂閱類型為「用戶端」，因此訂閱者的資料合併後與發行者相同。

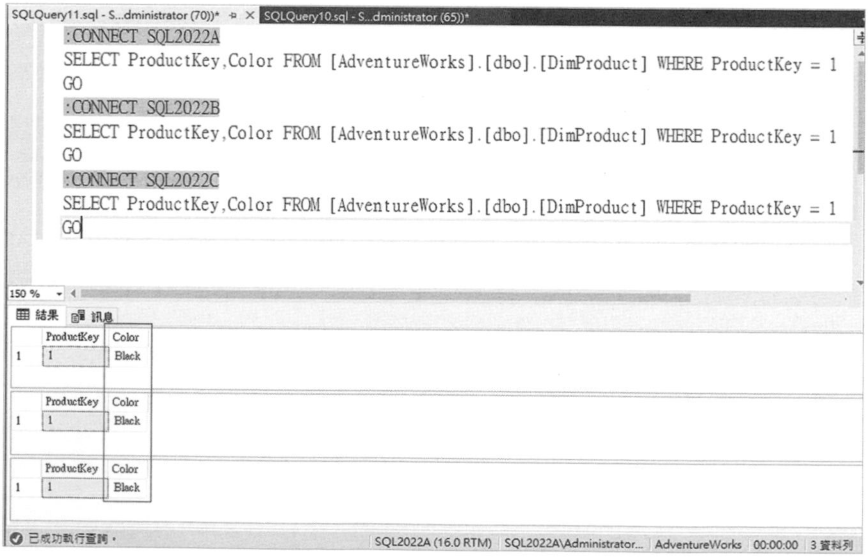

圖 9.70 合併後三者資料均相同

　　自動針測且解決衝突的功能雖然方便，但常某訂閱端的資料異動成功後，卻又因為發生衝突而被更新為別的內容，可能導致程式對預期結果判斷產生問題，因此合併式複寫的使用須謹慎規劃。

　　若是要檢視衝突的過程，可以在發行集上按右鍵，啟動「檢視衝突」。接著就可以看到發生衝突的資料表，後面括號中為衝突的數量（如圖 9.71）。

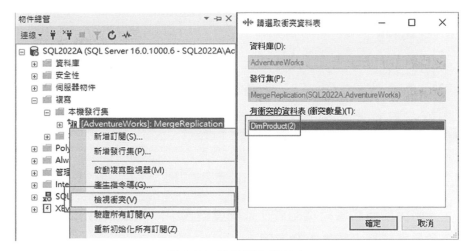

圖 9.71　檢視衝突資料表

接著可以看到衝突失敗者，並有機會決定是否要重新「提交失敗者」，將資料改以原先失敗者的值取代（如圖 9.72）。

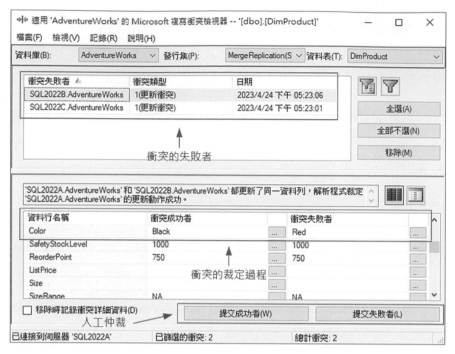

圖 9.72 衝突檢視器

衝突的資料會持續記載在系統資料表中,需要人為清除這些紀錄,
避免長期累積大量的衝突歷程。

整合 Azure

本書介紹的是 SQL Server，並非微軟 Azure 雲端提供受管理的 SQL 服務，而本章是輔助了解本書其他章節 SQL Server 延伸對 Azure 平台的功能為主。因為要說明這些功能，必須先介紹 Azure 上相關的架構與技術。然而微軟 Azure 雲的功能浩繁且變動極快，不僅是功能內容、名稱乃至於首頁與管理畫面，都有可能隨時變動。因此本章僅是通則概念，實際用法仍要靠你自行參考相關書籍、線上說明並至雲上探索。

在討論 SQL Server 於微軟 Azure 雲端架構的運作方式前，需要簡單了解雲端平台供應商如何分類其提供的服務。

10.1 可用的 Azure SQL 服務類型

一個資訊系統要能運行，其組成架構如圖 10.1：

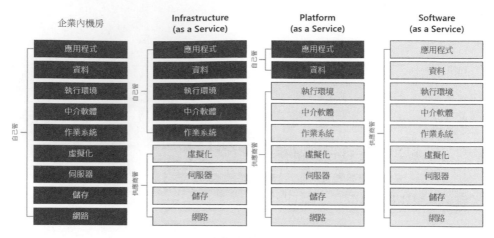

圖 10.1 雲端供應商提供之服務類型

　　根據你或供應商所要管理的組件多寡，一般將服務類型大分：
Infrastructure as a Service IaaS、Platform as a Service PaaS 與 Software
as a Service SaaS。圖 10.1 深色的區塊就是選擇某種類型服務時，使用
者要自行管理的部分。例如：選擇了 PaaS，需要自行管理「應用程式」
和「資料」兩塊，其餘交由微軟負責。

　　微軟 Azure 至今（2022/12 月）為 SQL Server 提供了三種服務：虛
擬機內的 SQL Server、Azure SQL 資料庫、Azure SQL 受控執行個體。
讓使用者可以最大化地沿用既有的 SQL Server 存取、管理經驗。又可依
照不同的需求，搭配不同類型的服務：

- IaaS：以虛擬機方式在 Azure 內完整安裝 SQL Server，這與在企業
  內安裝的 SQL Server 相同，選擇某個版本 SQL Server 安裝，依然
  以 SQL Server 稱之。當需要完整整合的 SQL Server 服務，例如
  Reporting Services、Integration Services 或 Analysis Services…
  等，會需要採用此種，若是應用程式要綁定特別版本的 SQL Server，
  與新版 SQL Server 不相容，也要用虛擬機裝該版 SQL Server。

- PaaS：提供了兩種形式的 SQL Server 服務

  □ Azure SQL 資料庫：提供單一 SQL Server 資料庫，讓快速開發應用程式的團隊可以立刻使用到 SQL 資料庫。換句話說，較適合新開發且執行在 Azure 的應用程式，例如：建立一個「Web 應用程式」，所需的單一資料庫就搭配「Azure SQL 資料庫」。整體系統皆執行於 Azure 內，一致、簡單、有效。

  □ Azure SQL 受控執行個體（Managed Instance）：提供與企業內 SQL Server 最相近的 PaaS 架構服務。前述的「Azure SQL 資料庫」僅有一個資料庫，因此無法支援透過系統資料庫才能提供的能力；例如：經由三節物件名稱（<資料庫名稱>.<結構名稱>.<物件名稱>）跨資料庫存取、SQL Server Agent Job、Linked Server、Database Mail…等。因此從企業內的 SQL Server 要搬到 Azure 上，除了 IaaS 的虛擬機外，最接近的架構是「Azure SQL 受控執行個體」。

從圖 10.1 可以看到 IaaS 與 PaaS 架構下，使用者所負的管理責任。就 DBA 而言，本來即是負責作業系統以上 SQL Server 所有的管理，所以將虛擬機放在 Azure 內執行 SQL Server，其管理作業差異不大，而監控與備份機制也可以考慮搭配「Windows SQL Server IaaS 代理程式擴充功能（Windows SQL Server IaaS Agent Extension）」；整合進 Azure 相對應的機制內，相關說明請參考網址：

https://learn.microsoft.com/zh-tw/azure/azure-sql/virtual-machines/windows/sql-server-iaas-agent-extension-automate-management?view=azuresql&tabs=azure-powershell

在虛擬機內，若要透過 SQL Server Agent Services 延續舊有的維運與管理，可套用舊有的規範作法。

但若採用的是 PaaS 架構，不再採用「伺服器（Server）」這個稱謂，一律使用「服務（Service）」命名。不屬於任何 SQL Server 版本，也就是無法對應成 SQL Server 2022、2019...等版本，其升級引擎版本、上修補程式...等維護版本的作業一律由微軟完成，微軟稱其採用「長青（evergreen）[1]」版。而高可用性、備份/還原、維護資料庫、索引、統計...等，將由 Azure 執行。當然，若覺得平台做得不夠，仍可以自行透過 Azure 提供的服務，定義排程工作。

一般自行透過 Windows 作業系統監控的效能計數器、事件檢視器則要換成 Azure 為不同服務提供的效能分析方式，或共通的「監視器紀錄（Azure Monitor Log Analytics）」。各種紀錄可以統一存放到 Azure Log Analytics workspace 中，而後透過其自有的查詢語言 Kusto Query Language (KQL)檢視紀錄。

雲平台強調的是擴增或縮小運算力的彈性，因此計價主要取決於資源的使用量，其概念是「租用」，與企業內的「擁有」不同。雲平台的計價基本精神是「用多少，付多少」。特別強調設定初始規格啟動服務後，可隨需求動態調整。而建置 PaaS 的「Azure SQL 資料庫」時，其基本設定選項如圖 10.2 所示：

---

[1] 雖說是長青版，但實際透過 @@version 和 DatabasePropertyEx(<資料庫名稱>, 'Version')還是可取得執行個體和資料庫的版號。以 2022/12 在東南亞資料中心查詢 Azure SQL 資料庫，得到：「Microsoft SQL Azure (RTM) - 12.0.2000.8 Oct 18 2022 13:24:45」和 948。查詢受控執行個體與其內的資料庫得到：「Microsoft SQL Azure (RTM) - 12.0.2000.8 Sep 30 2022 04:45:23」和 948。

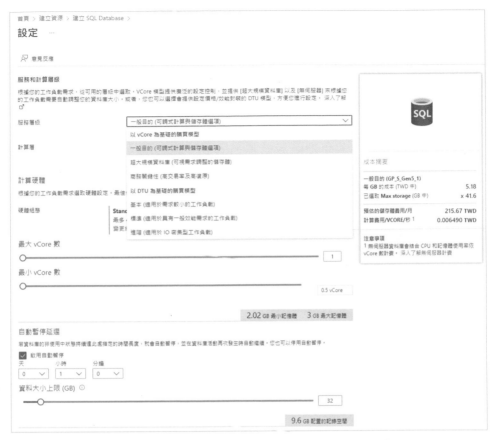

圖 10.2 建立相關服務時,可以動態調整資源用量

在設定「Azure SQL 資料庫」和「受控執行個體」時,都有「vCore」購買模型,而 SQL Database 尚有另一種購買模型稱為「DTU(database transaction unit)」。分別簡單說明如下:

■ 以 vCore 為基礎,可再細分以下的服務層級,實際規格可以參照: https://learn.microsoft.com/zh-tw/azure/azure-sql/database/service-tiers-sql-database-vcore?view=azuresql

□ 一般目的（General Purpose）：通用運算力，較便宜的價格，取 CPU、記憶體、硬碟彼此平衡，提供保留運算力的「已佈建（provisioned）」和臨時準備運算力的「無伺服器（serverless）」兩種模式。

當選擇「無伺服器」模式時，若資料庫服務一段時間未執行任何作業後，會自動釋放資源，也不計算費用。但一旦釋放資源後，應用程式再次呼叫資料庫服務時，會依設定重新啟用資源，而當下這次呼叫會傳回錯誤。

「無伺服器」模式採以秒計費，乘以一個月份的總秒數後，將發現若持續使用一個月，其費用高過「已佈建」模式。換句話說，此模式適用於週期時間內，服務多處於停用狀態，例如：用在測試、使用者接受度測試…等情境。

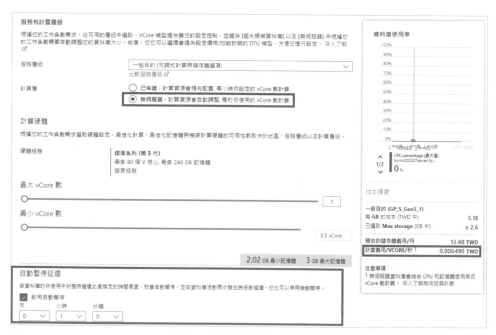

圖 10.3 vCore 購買模型下的「無伺服器」模式會在一段時間未執行任何作業後，自動釋放資源

□ 商務關鍵性(Business Critical):支援「記憶體最佳化(In-Memory OLTP)」、「唯讀副本（ read-only replica ）」…等功能，且每顆 CPU 搭配更多的記憶體，以及本機 SSD 硬碟，整體提供更高的效能，並有更好的高可用性。

□ 超大規模資料庫（Hyperscale）:提供「多運算節點（compute node ）」的水平擴充模式，與僅直接加大單機規格以提升運算力的作法不同。此種模式可以提供遠多於前兩種模式的運算力與儲存資料量。其架構示意圖如圖 10.4 所示：

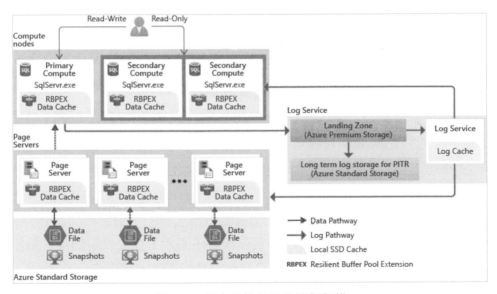

圖 10.4　超大規模伺服器運行架構

一直以來，交易為主的 SQL Server 都是採用 SMP(Symmetric Multi Processing)架構，當運算力不足時，就在單一主機增加特定的資源，例如：CPU、RAM、Disk…等，多顆 CPU 的平行運算靠匯流排溝通，共享彼此的記憶體，這讓多執行緒的協同平行作業透過作業系統、應用程式平台（如 SQL Server）與開發架構（Framework）的輔助，而變得較為容易。

而此處用於交易的超大規模伺服器變成了 MPP（Massively Parallel Processing）架構，MPP 架構在增加運算力時，是增加以網路連接的伺服器，彼此不共享記憶體[2]。

「超大規模伺服器」架構依 SQL Server 的運算特徵，分成了三大部分：

- 計算（Compute node）：亦即關聯式引擎，負責處理語言、查詢與交易。透過此處存取超大規模資料庫。計算節點具有本機 SSD 型快取，稱為「復原緩衝集區延伸模組（Resilient Buffer Pool Extension RBPEX）」資料快取。RBPEX 可減少從遠端「頁面伺服器」擷取資料的需求。

  超大規模資料庫有一個「主要計算節點（Primary compute node）」，處理讀寫與交易。一或多個「次要計算節點（Secondary compute node）」，用於容錯移轉，並提供唯讀查詢。

- 頁面伺服器（Page server）：以往存放 mdf/ndf 資料庫檔案改成可「相應放大（Scale-out）」的儲存引擎子系統。每個「頁面伺服器」都負責資料庫部分的「資料頁（page）」，且有一個複本，用於備援與可用性。其工作是提供計算節點的資料頁，並隨著交易更新資料而更新資料頁。亦即，從「交易紀錄（transaction log）服務」依紀錄更新內容，讓資料頁保持最新狀態。

---

[2] 以往 SQL Server 系列產品只有用在分析的資料倉儲才採用此種架構，因為分析用的資料倉儲不做單筆紀錄之增/刪/修，資料庫內資料表採大型量值（Fact）資料表/維度（Dimension）資料表的星狀架構，與交易式的三階正規設計不同。

- 紀錄服務（Log service）：接受「主要計算複本」變更資料的交易紀錄。然後，「頁面伺服器」會從「紀錄服務」取得交易紀錄並套用變更。此外，「次要複本」也會從「紀錄服務」接收紀錄，並只更新其緩衝集區或本機 RBPEX 快取中的資料頁，避免從快取讀到老舊的紀錄。

  交易紀錄會推送至 Azure 儲存體中的長期儲存體，亦即幾乎無限的空間，因此不需經常截斷交易紀錄。超大規模資料庫的紀錄大小幾乎為無限，但單一交易無法產生超過 1 TB 的紀錄。盡量避免大型交易，以符合此限制。

■ 以 DTU(Database Transaction Unit)為基礎，這是早期 Azure SQL Database 服務推出時所提供的計價模式，而後再增加前述的 vCore 模式，現今微軟比較推 vCore 模式。

微軟依自行定義的公式給予平衡 CPU、記憶體和磁碟三者運算力的一個數值。避免使用者在購置企業內自家機器時，往往大幅強化某項運算力而未配置相對應的其他周邊，導致該種運算力多餘。例如：買了大量新規格的 CPU，而記憶體或磁碟跟不上，導致空有 CPU 也無事可做，都在等記憶體配置或磁碟 I/O。

而微軟對 DTU 數值，例如：5、10、20、50、100、200…等，或是如何賦予計算公式都未解釋，但可以簡單認知 DTU 數值 10 的整體運算力是 5 的兩倍，100 是 10 的 10 倍。你可以簡單依預算選擇一個量值，當運算力不足時，再於「計算＋儲存體」選擇要擴增的 DTU 量值。另外，調整 DTU 需要幾秒的停機時間，並非完全無感。

實際規格可以參照：https://learn.microsoft.com/zh-tw/azure/azure-sql/database/service-tiers-dtu?view＝azuresql。DTU 購買模型再細分以下的服務層級：

□ 基本（basic）：DTU 僅有 5，資料量最大 2GB

□ 標準（standard）：最大 DTU 到 3000，資料量最大 1TB

□ 進階（premium）：最大 DTU 到 4000，資料量最大 4TB

建「Azure SQL 資料庫」時，除了以單一資料庫配置資源外，也可以選擇採用「SQL 彈性集區（elastic pool）」，不管 DTU 或 vCore 模型皆支援。當建立彈性集區時，會賦予總體最大的儲存空間與運算力，而非單一資料庫可使用的資源。所有配置到相同集區內的資料庫共享該集區的資源，因此建立資料庫時只需要選擇集區，而不再設定 DTU 或 vCore 的運算力大小。

若你的商業模式是要提供不同的客戶使用相同的服務，例如 POS、CRM、財會、人資...等，但每個客戶有自己的資料庫服務，在不同時段有些客戶用的運算力多些，而另一部分客戶的尖峰運算力落在其他時段，則可以考慮把多個客戶的資料庫放在一個彈性集區內。需小心的是：配置在同一集區內的多個使用者資料庫不應存在可能用完所有資源的超大用量者，這種使用者最好還是獨立用自己的資料庫。

當要在 Azure 上建置資源時，例如本章所討論的虛擬機、Azure SQL 資料庫...等，有多種方式可以做到，在此表列常用的三種：

■ 以視覺化界面；靠滑鼠點選與鍵盤輸入完成設定：透過 https://portal.azure.com/網址所提供的入口網頁完成。最為直觀與快速上手，但不利於大量部署與自動化管控。

■ 以 Azure Resource Manager（ARM）範本部署：透過 json 格式的 ARM 範本，搭配變數與 PowerShell 腳本或 az 命令列指令完成自動化部署，可一次部署多套資源。

■ 以 PowerShell 腳本或 az 命令列指令，以程式化的方式部署：可配合商業邏輯，做到細緻的管控與大量部署。

由於本章僅針對 Azure 上 SQL Server 應用做廣泛入門的介紹，因此皆採用第一種方式說明建置與設定。

在建立與使用 Azure SQL 資料庫時，雖然主要使用的是資料庫，但背後仍有個「邏輯伺服器（logical server）」，作為多個 Azure SQL 資料庫的管理點。邏輯伺服器與企業內的 SQL Server 或 Azure 受控執行個體不同，在邏輯伺服器層級，僅可以管理「登入（Login）」、防火牆規則、稽核規則、威脅偵測原則和自動容錯移轉群組。

須先有邏輯伺服器，才能在其中建立 Azure SQL 資料庫。單一邏輯伺服器內的所有資料庫都會與邏輯伺服器存在相同的地理區域。

當建立邏輯伺服器時，會設定登入帳戶和密碼，該帳戶擁有伺服器上 master 系統資料庫的系統管理權限，以及在該伺服器上建立之所有使用者資料庫的系統管理權限。此初始帳戶是「SQL 登入帳戶」。Azure SQL 資料庫支援兩種驗證模式：SQL 和 Azure Active Directory，但不支援一般企業內用的 Windows/Active Directory 驗證。

「Azure SQL 資料庫」與其背後的邏輯伺服器的設定頁面如圖 10.5：

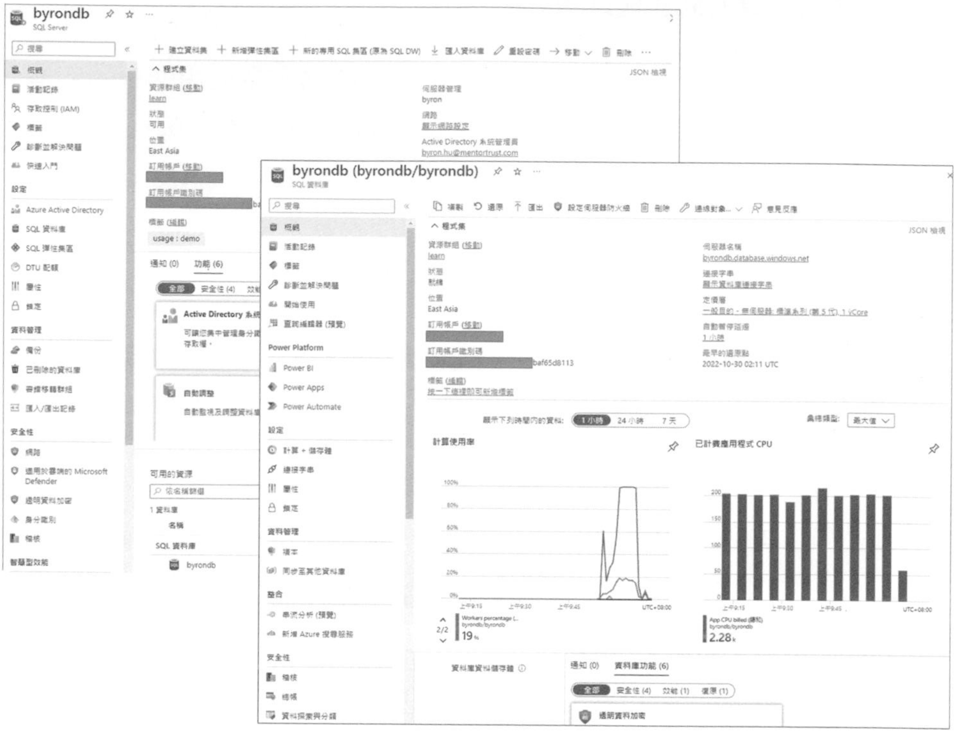

圖 10.5　Azure SQL 資料庫與其背後的邏輯伺服器

圖 10.5 故意呈現兩個設定網頁，讓你可以簡單比較功能列表，下層頁面呈現的是虛擬「SQL Server」，前方的是「SQL 資料庫」管理頁面。虛擬「SQL Server」上仍可建立多個資料庫，但應用程式存取以個別資料庫為主，並不能整合查詢同一虛擬 SQL Server 上的兩個資料庫，也就是不像受控執行個體或虛擬機內的 SQL Server 可以透過三節名稱跨資料庫存取。

10.2　備份與高可用性

當服務以 PaaS 方式部署建置時，多稱之為「受管理（managed）」，意涵一般日常的管理，例如備份、監控、警示、高可用性...等，都交給微軟 Azure 工程師。

Azure SQL Database 和受控執行個體都會自動完成備份，預設的備份策略如下：

- 每週「完整」備份。
- 每 12 或 24 小時的「差異」備份一次。
- 「交易紀錄」備份大約每 10 分鐘一次。

備份的頻率是預先設定好的，除了差異備份外，沒有提供更改的方式。但可以設定保留備份的原則：

圖 10.6　設定保留原則，如備份的時間長度、長期保留作法

　　企業內的應用系統若要遵循法規或有其特定商務用途，要求「Azure SQL 資料庫」和「SQL 受控執行個體」自動備份保留其備份超過 7-35 天。可使用「長期保留（Long-term Retention LTR）」功能，指定「Azure SQL 資料庫」和「SQL 受控執行個體」完整備份儲存在 Azure「Blob 儲存體」中，並設定最多保存 10 年。

　　此外，可將備份（包含前述的 LTR）還原為虛擬伺服器上新的資料庫，並非覆蓋舊有已經存在的資料庫。針對備份，「Azure SQL 資料庫」和「SQL 受控執行個體」都只能以此另建資料庫，並非用來覆蓋原資料庫。由於產出的備份完全由微軟管理，使用者不會取到備份檔。

　　受控執行個體可以搭配「認證（Credential）」和 COPY_ONLY 選項備份到 Azure Blob 儲存體上，透過類似如下的語法：

```
use master
GO
create credential [https://byronstorage2.blob.core.windows.net/backup]
with identity = N'SHARED ACCESS SIGNATURE',
secret = N'<從 blob storage 產生的共用存取簽章>'
GO
--不支援 Managed Instance 預設啟用的 TDE 功能，因為其鑰匙存在 master，若要啟動 TDE，需
客戶自控金鑰
Alter database db set encryption Off
go
use db
drop database encryption key
go
backup database db
to url = 'https://byronstorage2.blob.core.windows.net/backup/db.bak'
with copy_only;
```

　　此備份只能還原到 Azure 受控執行個體，在 SQL Server 2019 版以前，無法用於一般企業內或虛擬機內的 SQL Server，但可以還原到 SQL Server 2022。反之，一般企業內或虛擬機內的 SQL Server 備份可以還原到「受控執行個體」，但無法用在「Azure SQL Database」。

從版本差異的考量，這似乎合理，因為 SQL Server 的舊版備份可以還原到新版，例如，從 SQL Server 2012 版本的備份可以還原到 SQL Server 2022，但反過來不行。而 Azure 上「受控執行個體」版本較新，自然能還原 SQL Server 2022 以及之前版本的備份。

各版本 SQL Server 支援的資料庫版本可以參考以下網址：

https://sqlserverbuilds.blogspot.com/2014/01/sql-server-internal-database-versions.html

2022/12 月從 SQL 受控執行個體建立的資料庫產生備份檔，以如下語法觀察其版本：

```
restore headeronly from disk='c:\temp\db.bak'
```

從圖 10.7 的 DatabaseVersion 欄位可以看到該資料庫的版號為 948。

BackupName	BackupDescription	BackupType	ExpirationDate	Compressed	Position	DeviceType	UserName	ServerName	DatabaseName	Database Version
db-完整 …	NULL	1	NULL	0	1	2	byron	byronmi.00a63da7ec02.database.windows.net	db	948

圖 10.7 從備份查詢資料庫版號

還原「Azure SQL 受控執行個體」資料庫備份到 SQL Server 2022 版時，可以看到將 948 升到 957 的一連串訊息：

```
將資料庫 'db' 從版本 948 轉換為目前版本 957。
資料庫 'db' 正在執行從版本 948 升級到版本 949 的步驟。
...
資料庫 'db' 正在執行從版本 955 升級到版本 956 的步驟。
資料庫 'db' 正在執行從版本 956 升級到版本 957 的步驟。
```

有趣的是將 SQL Server 2022 備份的資料庫還原到 Azure SQL 受控執行個體時，可以維持其 957 版本，亦即在 Azure SQL 受控執行個體內資料庫可以有多個版本（就此例可以同時看到 948 和 957 兩個版本）。不知這在未來受控執行個體與新版 SQL Server 分別繼續新增功能後，是

否還可以維持彼此交換備份與還原，或是維持一個範圍內的伺服器版本之間交換資料庫備份版本。

若需要雙向建立資料庫與複製資料，且同時支援 Azure SQL 資料庫和「受控執行個體」，可以透過 SSMS 提供的「匯出資料層應用程式」功能，產生內含結構定義與資料的 zip 壓縮檔，而後再以「匯入資料層應用程式」功能在目的資料庫建立物件後，以 bcp 匯入資料。以此方式就可以跨 SQL Server 版本，不管是從舊的版本移轉到新的版本，或是反向，皆可以複製資料庫。

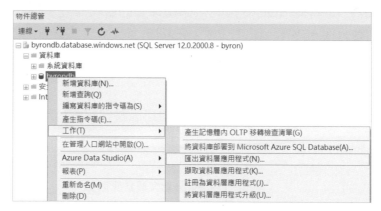

圖 10.8 以「匯出資料層應用程式」產生內含結構定義與資料的壓縮檔

「Azure SQL 資料庫」服務沒有 Agent Job，也不像在虛擬機內有「Windows Task Scheduler」，一般會採用「Azure Automation runbooks」。Azure 平台為不同的使用者技術背景提供了很多選擇，我們覺得「Azure Automation runbooks」較適合既有的 Windows/SQL Server 管理者建置自動化排程工作。雖然 Azure 平台也提供了「Azure SQL Elastic jobs」，但可能至今還是預覽版，並未有完整的使用者介面，且設定語法也較為繁瑣，不若「Azure Automation runbooks」易於上手。

針對高可用性的要求，Azure 從基礎架構的建置就提供了容錯、備援的機制。但因使用者就 IaaS、PaaS 管控的層級不同，仍有需要注意的點。

針對 IaaS 而言，作業系統以下的高可用性由微軟提供，使用者只需要付費就可以簡單地選擇方案，完成容錯與備援。但在虛擬機內的 SQL Server 是使用者自己建置與管控，其高可用性機制就要靠使用者自己完成，不管是採用 SQL Server「可用性群組（Availability Group）」、「容錯移轉叢集（Failover Cluster）」還是「交易紀錄傳送（Log Shipping）」，皆需要使用者自行規劃與建置。微軟無法自動建置與管理到作業系統內的軟體平台。

而 PaaS 架構的「Azure SQL 資料庫」或「SQL 受控執行個體」則由微軟提供高可用性，依使用者付費選擇的方案提供不同的高可用性與災難復原方案。應用程式開發者須了解方案的特性，依此撰寫存取 SQL 資料庫的連線方式即可。

然而目前 Azure 為「SQL 資料庫」或「SQL 受控執行個體」提供的高可用性機制仍不脫「可用性群組（Availability Group）」、「容錯移轉叢集（Failover Cluster）」之近似架構，這兩種機制都未同步記憶體內資料，當發生錯誤而導致容錯移轉時，使用者的應用程式需要重新嘗試連結。發生錯誤的當下；正在執行的作業皆會失敗，應用程式再度連結到接手的節點後，需要重新再執行該作業。

除了依據「服務層級」（vCore、DTU 所提供的不同層級）所配套的高可用機制外，還可以選擇「異地副本（geo-replication）」功能。「異地副本」透過抄寫交易紀錄，從主要「副本（replica）」指定抄寫至多四份到不同地理區域的 Azure 資料中心。採非同步抄寫機制，避免影響主要副本的效能，且副本端可以提供查詢，提供整體系統讀/寫分流的選項，並將資料帶到使用者身邊，適合跨國企業在異地的資料查詢。

圖 10.9 設定 Azure SQL 資料庫的異地副本

透過「異地副本」可以手動「強制容錯移轉」，因為「異地副本」沒有類似 SQL 叢集的虛擬機器名稱；或可用性群組的接聽程式功能，所以移轉後需要手動調整應用程式的連線字串，以指向並存取新的主要資料庫。

「Azure SQL 受控執行個體」今年（2022）新增「受控執行個體連結（Managed Instance link）」功能，簡化雲/地間的高可用設定，從企業內的 SQL Server 執行個體建立「分散式可用性群組（distributed availability groups）」到 Azure SQL 受控執行個體。目前（2022/12）提供的功能如下：

■ 單向複寫（SQL Server 2017 - 2019）：將資料從 SQL Server 同步到「Azure SQL 受控執行個體」。發生災害時可手動容錯移轉至「Azure SQL 受控執行個體」，但此後便中斷連結，目前不支援容錯回復。

■ 災害復原（SQL Server 2022 版後）：除了將資料從虛擬機內或地端 SQL Server 同步到「Azure SQL 受控執行個體」、在發生災難時手動容錯移轉至「Azure SQL 受控執行個體」，並可在解除災害後容錯回復至 SQL Server。這項功能目前（2022/12）處於有限的公開預覽狀態，使用者必須註冊。

相關操作可以參考如下網址：https://www.youtube.com/watch?v=TAw3cFt4ias

10.3 安全

Azure 提供的服務都在遠端異地，若要與企業內的系統整合，須透過網際網路連結，除了直接走 Azure 提供的網際網路存取點外，可以選擇以下較為安全的連線方式：

■ 點對站虛擬私人網路（Point-to-site virtual private network VPN）：建立於 Azure 虛擬網路與自己網路中的單一電腦。想要與虛擬網路建立連線的電腦，須個別設定連線。適合開始測試使用 Azure 者或個別的開發人員，因為它幾乎不需要變更現有的企業網路。使用者的電腦與 Azure 虛擬網路之間的通訊，透過加密通道在網際網路間傳送。

■ 站對站虛擬私人網路（Site-to-site virtual private network VPN）：透過企業內的 VPN 裝置與 Azure 虛擬網路的「Azure VPN 閘道」建立，可讓企業內有權的資源存取虛擬網路。而 VPN 裝置與 Azure VPN 閘道之間的通訊，會在網際網路間透過加密通道傳送。

■ Azure ExpressRoute：透過 ExpressRoute 合作夥伴（例如中華電信），建立企業網路與 Azure 之間的專屬私人連線，讓流量不經由網際網路傳送。因為走專線，此方式或許有最高的安全性、穩定與效能，但也是最貴的。

相關內容可以參考：https://learn.microsoft.com/zh-tw/azure/virtual-network/virtual-networks-overview

由於上述的連接方式都與設定和管理網路有關，超出本書範圍。在此不走上述三種方式，僅透過網際網路端點存取，以簡單說明防火牆和認證。

10.3.1 認證

由於網際網路開放與共享的特性，雖然 Azure 的目錄服務取名為「Azure Active Directory（以下簡稱 Azure AD）」，與企業內的 Active Directory 名稱近似，其認證方式與企業內走 Kerberos 協定的「Windows Server Active Directory」有根本上差異。

在 Azure 另外提供「Active Directory Domain Services」以對應企業內使用的 Active Directory。「Active Directory Domain Services」和「Azure AD」底層走的協定差異如表 10.1 所示：

表 10.1 Active Directory 與 Azure Active Directory 間的差異

	Active Directory Domain Services	Azure Active Directory
認證	NTLM 和 Kerberos	OpenID Connect、SAML、OAuth
群組	提供	提供
物件階層	X.500	不支援
程式查詢	LDAP	AD Graph API (REST API)

由於實際運作機制迥然不同，Azure SQL 整合驗證是針對 Azure AD，並非企業內的 Active Directory。透過 Azure Active Directory Connect 從企業內同步 Active Directory 帳戶到 Azure AD 後，再設定 Azure SQL 所信任的帳戶。Azure AD 架構與技術本身、管理帳戶與群組、查詢物件、授權與監控…等議題也超過本書的範圍，接下來僅簡單介紹設定 Azure SQL 資料庫如何使用 Azure AD 的帳戶[3]。

建置 Azure SQL 資料庫後方的邏輯伺服器後，預設只有一個系統管理員帳戶，該帳戶為整部邏輯伺服器的系統管理員。可以用 Azure AD 帳

---

[3] 在虛擬機或企業內安裝的 SQL Server 2022 版後也首次支援 Azure AD 帳號，但因為我們尚未有實務經驗，在此不討論。

戶建立第二個系統管理員帳戶。該帳戶會成為伺服器 master 資料庫中的自主資料庫使用者。系統管理員帳戶在各使用者資料庫中都是 db_owner 角色的成員，並以 dbo 使用者的身分進入每個使用者資料庫。

　　簡單說明設定 Azure AD 帳戶的方式，在「SQL Server」頁面上，選取「Active Directory 系統管理員」或是左方工具列中的「Azure Active Directory」連結，設定步驟如圖 10.10 所示：

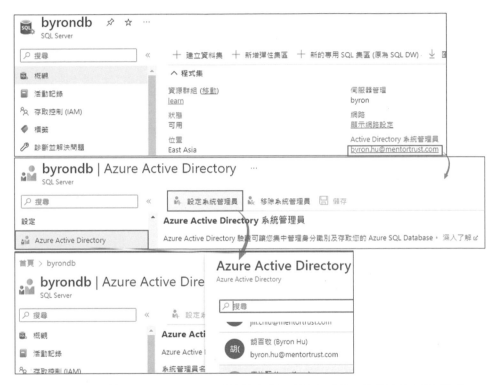

圖 10.10　進入「Active Directory 系統管理員」頁面，選取「系統管理員帳戶」

　　在「Azure Active Directory」窗格中，可搜尋或選取要成為系統管理員的使用者或群組。呈現灰色的使用者或群組無法選取，因為他們不支援成為 Azure AD 系統管理員。如圖 10.10 設定邏輯伺服器可用的 Azure AD 系統管理員，些許時間後，新的系統管理員就會出現在「Active

Directory 系統管理員」連結。若要移除 Azure AD 系統管理員，可在「Azure Active Directory」頁面頂端，選取「移除系統管理員」，然後選取「儲存」。

指定「Active Directory 系統管理員」後，也等於為資料庫後方的邏輯伺服器建立 Azure AD 登入，就可以建立所屬 Azure SQL 資料庫之 Azure AD 使用者。接下來就以圖 10.10 中的 byron.hu@mentortrust.com 管理員帳戶在 byrondb 資料庫中建立 Azure AD 使用者，

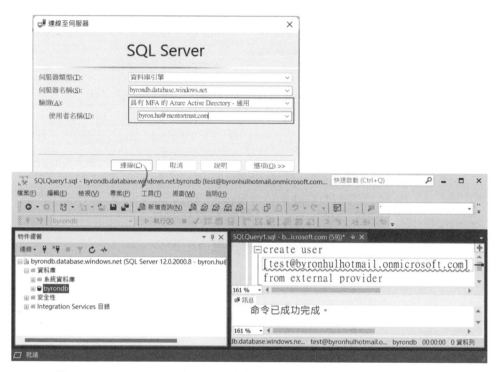

圖 10.11 以 Azure AD 系統管理員建立資料庫內的 Azure AD 使用者

在 T-SQL create user 語法透過 from external provider 指定帳戶是來自 Azure AD。一旦建立 Azure AD 使用者後，能賦予相關權限，也就可以該使用者存取資料庫。但這是建立在資料庫內的 user，並非登入，連接時要指定資料庫名稱，如圖 10.12 所示：

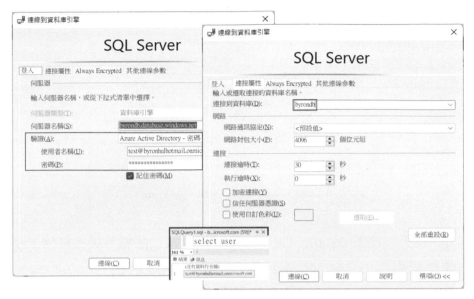

圖 10.12　以 Azure AD 使用者身分連接存取 Azure SQL 資料庫

　　此使用者的定義是存放在自建的使用者資料庫內，稱為「自主資料庫（contained database）」，無須透過 master 資料庫認證「登入（login）」再對應到個別資料庫的「使用者（user）」，而是直接存取指定的資料庫。其後的授權也是針對使用者賦予資料庫內的物件存取權力，與執行個體無關。

　　若想要相同的使用者可以存取虛擬伺服器上的多個資料庫，依然可以先在 master 資料庫建立「登入（login）」後，再切換到不同的使用者資料庫，而後透過 T-SQL 語法建立使用者：

```
create user <使用者名稱> for login <登入者名稱>
```

　　如此便可以相同的登入存取不同的使用者資料庫：

```
--依然可以在 master 執行建立資料庫
create database byrondb2
go
create login test with password='P@ssw0rd'
```

```
--透過 SSMS 上方工具列可用的資料庫下拉選單,手動切換到 byrondb,無法用 use byrondb 語法,
會有如下錯誤
/*
訊息 40508,層級 16,狀態 1,行 3
USE statement is not supported to switch between databases. Use a new connection
to connect to a different database.
*/
create user test for login test
select * from sys.sysusers --可以看到 test 的 sid
0x010600000000000064000000000000000000FD5E034F7A7AD243938919C9DF026305

--一樣在 byrondb2 上對應 login 建立 user,會是一樣 sid
```

此外,由於 Azure SQL 資料庫並沒有執行個體等級的角色,因此在虛擬伺服器的 master 資料庫內新增了兩個角色「dbmanager」和「loginmanager」,如圖 10.13 所示:

圖 10.13 master 資料庫內的角色新增 dbmanager 和 loginmanager

這兩個角色的用途如下：

- dbmanager：建立和刪除資料庫。建立資料庫的 dbmanager 角色成員變成該資料庫的擁有者，讓使用者以 dbo 身分連接到該資料庫，具有資料庫的所有權限。dbmanager 角色成員不一定有權存取他們不擁有的資料庫。

- loginmanager：建立及刪除存放在虛擬 master 資料庫的「登入」。

由於資料庫內的角色與權限特徵與一般 SQL Server 差異不大，我們留待《SQL Server 資訊安全》一書再完整說明。

10.3.2　防火牆

除了設定可存取的認證「登入」或「使用者」外，還需要設定防火牆規則，才能存取 Azure SQL 資料庫。防火牆可保護資料庫與伺服器，其設定規則有以下兩個層級：

- 伺服器層級 IP 防火牆規則：可讓使用者存取整部伺服器，也就是受伺服器管理的所有資料庫。這些規則儲存在 master 資料庫中。預設伺服器最多可設 256 條伺服器層級 IP 防火牆規則。如果啟用「允許 Azure 服務和資源存取此伺服器」設定，這算伺服器的一條防火牆規則。

- 資料庫層級 IP 防火牆規則：可針對每個資料庫（包括 master 資料庫）建立規則，存放在個別的資料庫中，藉由使用 T-SQL 陳述式來建立和管理規則，而且只能在設定第一個伺服器層級防火牆之後進行。如果資料庫層級防火牆規則指定的 IP 位址範圍是在伺服器層級防火牆規則的範圍外，只有資料庫層級範圍內的 IP 位址才可以存取該資料庫。預設最多建 256 條資料庫層級防火牆規則。

驗證兩種規則的先後順序邏輯如圖 10.14 所示：

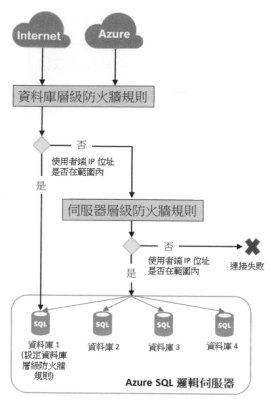

圖 10.14　設定 Azure SQL 邏輯伺服器或資料庫的防火牆規則

透過入口網站設定伺服器層級 IP 防火牆規則的畫面如圖 10.15 所示：

圖 10.15　透過首頁直接設定伺服器層級 IP 防火牆規則

可以直接點選「＋新增您的用戶端 IPv4 位置（xxx.xxx.xxx.xxx）」，將 Azure 端讀到使用者端的 IP 設為允許開放的位置。若要設定「資料庫層級 IP 防火牆規則」則需透過 T-SQL 語法，類似如下：

```
EXECUTE sp_set_database_firewall_rule N'test db
rule','xxx.xxx.xxx.88','xxx.xxx.xxx.88';
--查詢資料庫內已經設定的防火牆規則
select * from sys.database_firewall_rules
```

一旦設定好防火牆規則後，就可以從此網際網路位置直接存取 Azure 內的 SQL 資料庫，例如透過 SSMS 直接連到 Azure SQL 資料庫以管理與存取，一般的應用程式存取亦是如此，伺服器的位址指向 Azure SQL 資料庫背後的虛擬機器名即可。

應用程式所用的連線字串可參見資料庫的連線字串頁籤所提供的內容：

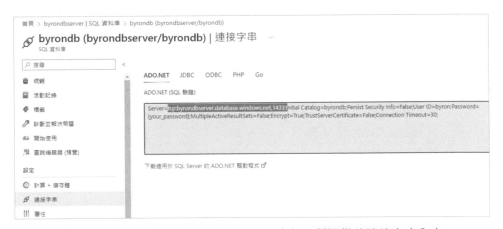

圖 10.16 Azure SQL 資料庫為應用程式存取所提供的連線字串內容

若防火牆未設定就直接透過網際網路嘗試連接，則會等到連線逾時後跳出錯誤。

10.4 紀錄與監控

在企業內管理 Windows 伺服器與 SQL Server 服務時,常看 Windows 效能計數器和事件檢視器以了解其執行狀況。不管是 SQL Server 的效能還是 Windows 平台的效能,統一可在效能計數器檢視,而各種事件與錯誤訊息也都透過 Windows 事件檢視器觀察。

Azure 平台類比的機制是「Azure 監視器(Monitor)」和「Log Analytics 工作區(workspace)」。但 Azure 需集中多台伺服器、多種服務、受管理的資源。既要在服務本身的頁面可以方便檢視屬於自己的紀錄,也要能在集中儲存紀錄處交叉比對多種服務的執行紀錄。

Azure 建立服務或資源後(例如此處的 Azure SQL 資料庫),會啟用「Azure 監視器」開始收集、分析及處理資料[4],這些資料可分成:「計量(metrics)」、「紀錄(log)」、「變更(change)」和「追蹤(trace)」四個類型。用以了解應用程式的執行狀況,識別對其影響的問題及其所依賴的資源。並可搭配 Azure 上其他服務,繼續完成視覺化呈現、分析、警示或自動化作業。Azure 監視器會自行儲存計量、紀錄及變更資料,追蹤則放在紀錄存放區(log store)。簡單說明這四種資料:

■ 計量:定期收集的數值,搭配時間戳記、名稱和一個以上標籤來識別,描述系統在某時間點的特質,如同一般在 Windows 平台所稱的效能計數器。可彙總計量、與其他計量比較,並分析時間段內的趨勢。計量儲存在時間序列資料庫中,該資料庫專為有時間戳記的資料最佳化。

---

[4] 除了來自 Azure 雲端的資料,也可以是來自企業內的遙測資料。

- 紀錄：系統內發生的事件。包含不同種類的資料，可以是具有時間戳記的結構化或自由格式文字。可能在環境發生事件時斷續建立紀錄，負載過重的系統通常產生較多的紀錄。紀錄儲存在 Azure 監視器紀錄存放區中。也可將紀錄分別存到個別的「Log Analytics 工作區」，用 Log Analytics 分析。Log Analytics 工作區是以 Azure 資料總管為基礎，提供分析引擎和 Kusto 查詢語言。

- 變更：是 Azure 應用程式和資源中發生的一系列事件。變更分析是以 Azure Resource Graph 為基礎建置的訂用帳戶層級可檢視性工具。變更分析與監視和診斷工具整合，以協助使用者瞭解哪些變更可能造成問題。啟用變更分析後，Azure Resource Manager 訂用帳戶會註冊 Microsoft.ChangeAnalysis 資源提供者。

- 分散式追蹤（Distributed tracing）：透過 Azure 建構的解決方案可能跨多個服務合作，可透過分散式追蹤分析「使用者要求（user request）」的相關系列事件，用來判斷應用程式行為，以及不同作業的效能。通常由分散式系統的個別元件建立紀錄，而追蹤則會測量整組元件的應用程式作業和效能。

  Azure 監視器中的分散式追蹤啟用 Application Insights SDK。追蹤資料會與 Application Insights 所收集的其他應用程式紀錄一起儲存在 Azure 監視器紀錄中。

Azure SQL 相關服務所產生的紀錄，包含資料庫引擎、平台計量、資源紀錄與 Azure 活動紀錄、處理方式…等，以及呈現分析的架構如圖 10.17 所示：

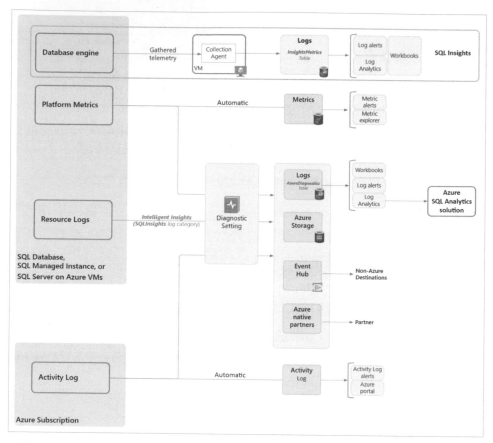

圖 10.17 Azure SQL 相關服務產生的各種紀錄整合 Azure 平台處理紀錄的方式

當透過「Azure 監視器」檢視 Azure SQL 資料庫的平台計量（platform metrics）資訊時，可以直接點選「監視」下的「計量」，就可以檢視一般的 CPU、記憶體、硬碟等資源使用狀況：

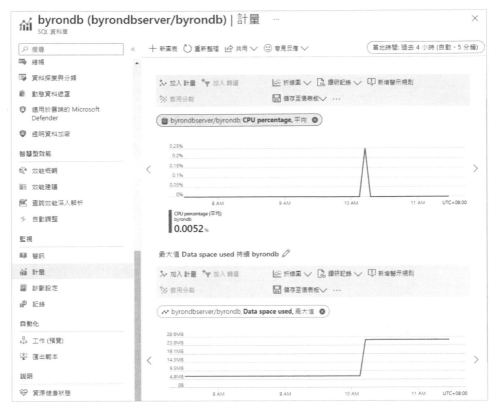

圖 10.18 透過 Azure 監視器檢視常用的計量，類比一般 Windows 伺服器內的效能
　　　　計數器

　　左方工具列點選「計量」後，右方就會自動出現內建的「計量瀏覽
器（metrics explorer）」，讓使用者容易透過圖形的方式搭配時間軸分
析這些量值。

　　若單純看一個服務的計量不足以分析整個系統，可以考慮集中存放
多個服務的計量，再搭配 Kusto 查詢語言分析。利用圖 10.17 中的「Log
Analytics 工作區（workspace）」，可存放 Azure 監視器和其他 Azure
服務（例如 Azure SQL 資料庫、適用於雲端的 Microsoft Defender...等）
的各種紀錄。使用者可以建立多個「Log Analytics 工作區」，每個工作
區都有自己的資料存放庫和設定，可以結合來自多個服務的資料。

建立「Log Analytics 工作區」的方式如圖 10.19 所示：

圖 10.19　建立 Log Analytics 工作區

　　「Azure 監視器（Monitor）」和其他 Azure 服務記錄資料時，可統一選擇某個先前建立好的「Log Analytics 工作區」，讓不同的服務可以將資料傳送至相同的工作區，集中存放與分析各種紀錄。或許 Azure 認定這是進一步的診斷，所以將設定傳送資料至「Log Analytics 工作區」的頁籤稱為「診斷設定」，如圖 10.20 所示：

圖 10.20 設定 Azure SQL 資料庫的各種營運資料集中存放到「Log Analytics 工作區」

　　完成設定將紀錄與計量送至「Log Analytics 工作區」後，要等一下才會生效，等多久說不準，但時間不算短。資料放入「Log Analytics 工作區」後，可以點選左方工具列的「記錄」，在右方頁面以 Kusto 查詢語言分析。

Azure SQL 結合上述的「Azure 監視器（Monitor）」以及「Log Analytics 工作區」收集並呈現基本的數值，前述在檢視這兩者時，都是在 Azure SQL 資料庫的頁面點選左方工具列。也可以直接在 Azure 入口網站搜尋「監視（Monitor）」檢視來自各種服務的數據，如圖 10.21：

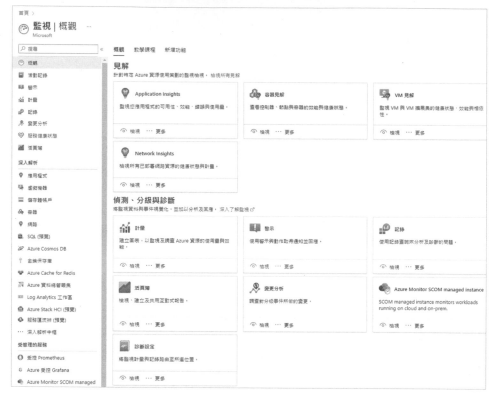

圖 10.21 以監視選取範圍，檢視來自不同定用帳戶、資源類型、位置的資料

　　同樣地，在 Azure 首頁搜尋「Log Analytics 工作區」，可以選擇特定的工作區後，再分析其內的紀錄：

圖 10.22　選擇特定的「Log Analytics 工作區」分析其內的紀錄

　　此外，進階的 T-SQL 查詢、資源等待、例外與錯誤…等分析，依然要靠引擎本身的機制，例如：系統檢視、查詢存放區與動態管理檢視（DMV）…等，DBA 透過 SSMS 等輔助工具或 T-SQL 來查詢並分析這些資訊。

10.5 自動化作業

SQL Server 和「Azure SQL 受控執行個體」都可以透過本書《第 6 章：自動化管理工作》介紹的 SQL Server Agent 服務完成自動執行的作業，但「Azure SQL 資料庫」沒有此服務，可以考慮 Azure 平台所提供的自動化服務作業。

Azure 平台為了不同的應用，提供了很多自動化執行作業的服務，例如 Azure Functions、Logic Apps，或是 Elastic Job…等，但在此單就容易上手，足夠執行日常維運資料庫各種作業之考量，說明如何使用「Azure 自動化帳戶（Automation）」。

在 Azure 首頁最上方的「搜尋資源、服務及文件」文字方塊輸入「Automation」或「自動化」後，皆可以在接下來的頁面建立「自動化帳戶」。而後建立執行 Runbook 內 PowerShell 腳本所需的「模組」和「認證」。其畫面選單如圖 10.23 所示：

圖 10.23　設定 Azure 自動化帳戶

　　先點選左邊選單中的「模組」頁籤，在右邊上方點選「加入模組」連結，在接下來的「加入模組」頁面選擇「按一下這裡以從資源庫瀏覽」連結。進入「瀏覽資源庫」頁面後，在上方搜尋文字方塊輸入 sql 字樣後按下 enter 鍵，可在更新後的模組列表選擇「SqlServer」模組，其後 PowerShell 腳本將用此模組來存取 Azure SQL 資料庫。點選該模組，並在接下來檢視該 SqlServer 模組頁面的下方，滑鼠點擊「選取」按鈕，選取 SqlServer 模組後回到「加入模組」頁面，最後要指定 PowerShell 的「執行階段版本」，整個設定流程如圖 10.24 所示：

圖 10.24　加入 SqlServer PowerShell 模組

接下來建立執行 PowerShell 腳本的 Runbook。在右方點選
「Runbook」後於左方窗格上方選取「建立 Runbook」。在「建立
Runbook」頁面鍵入此 Runbook「名稱」為「testSql」，而後選擇
「Runbook 類型」為「PowerShell」，PowerShell 的「執行階段版本」
為「7.1」，如圖 10.25 所示：

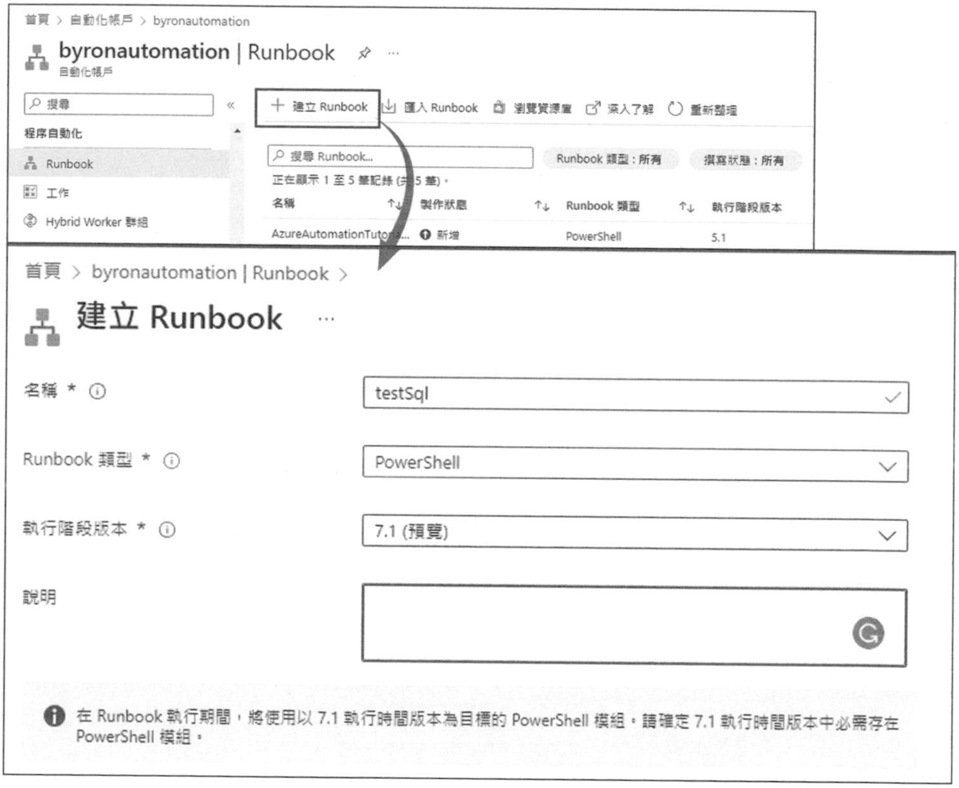

圖 10.25　建立執行 PowerShell 腳本指令的 Runbook

回到新建的 testSql Runbook 頁面後，在右方頁面點選上方的「編輯」，進入撰寫 PowerShell 腳本的頁面，如圖 10.26 所示：

圖 10.26 編輯、儲存、發行、測試 PowerShell 腳本

此處示範的 PowerShell 腳本語法如下：

範例程式 10.1：透過 PowerShell Invoke-Sqlcmd cmdlet 存取 Azure SQL 資料庫

```
$AzureSQLServerName = "byrondbserver.database.windows.net"
$AzureDatabase = "byrondb"
$Cred = Get-AutomationPSCredential -Name "byron"
$SQLOutput = $(Invoke-Sqlcmd -ServerInstance $AzureSQLServerName `
    -Username $Cred.Username -Password $Cred.GetNetworkCredential().Password `
    -Database $AzureDatabase -Query "select concat(@@SERVERNAME,'/',db_name(),
'/',user)" -Verbose)

Write-Output $SQLOutput
```

範例中透過 PowerShell 的「SqlServer」模組提供之「Invoke-Sqlcmd」cmdlet，對先前建立的 Azure SQL 資料庫執行 T-SQL 語法：

```
select concat(@@SERVERNAME,'/',db_name(),'/',user)
```

撰寫 PowerShell 腳本完畢後，點選上方的「測試窗格」，切換到「測試」頁面，而後點選「啟動」。稍等時間後，點選右上方的「重新整理作業串流」，最終應可看到回傳的伺服器名稱、資料庫名稱和使用者，如圖 10.27 所示：

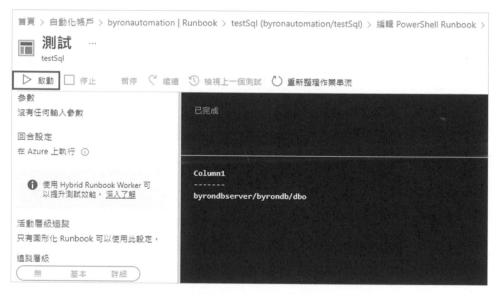

圖 10.27 測試 PowerShell 腳本執行結果

若沒有如圖 10.25 加入 SqlServer PowerShell 模組，則 PowerShell 的執行引擎將無法找到 Invoke-Sqlcmd cmdlet，因此會有如圖 10.28 的錯誤訊息：

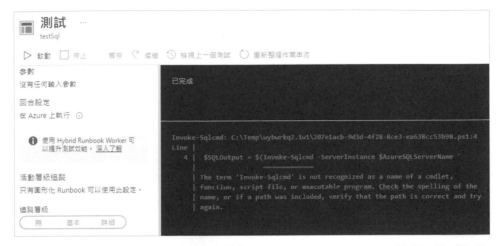

圖 10.28　未在執行 PowerShell 腳本前加入 SqlServer PowerShell 模組，造成無法理解 Invoke-Sqlcmd cmdlet 錯誤

若僅想簡單設定，讓 Azure SQL 資料庫可以透過 Azure 內的服務存取，可以不設定「私人存取」，直接勾選邏輯 SQL 伺服器的「網路」頁面下方之「允許 Azure 服務和資源存取此伺服器」。若沒有啟用此設定，會導致找不到伺服器的錯誤，如圖 10.29 所示：

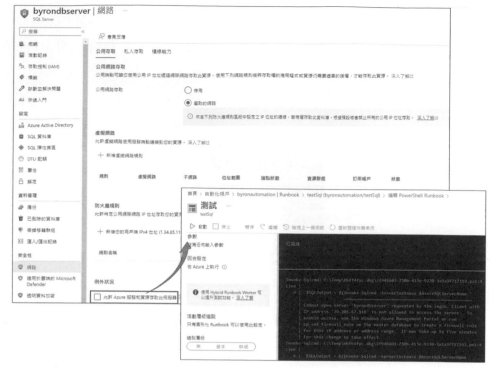

圖 10.29 開啟「允許 Azure 服務和資源存取此伺服器」選項，讓 Azure 內的服務可以直接存取

若測試沒有問題，需要在 Runbook 編輯器的上方工具列選擇「發行」，才可讓該 Runbook 自動地批次排程執行：

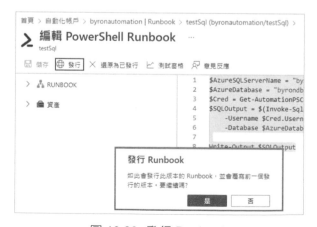

圖 10.30 發行 Runbook

發行 Runbook 後，可以設定「排程」讓自動化工作週期性執行，在特定 Runbook 的頁面左方工具列點選「排程」，選擇「排程 將排程連接至您的 Runbook」，再切換到「排程」頁面：

圖 10.31　設定 Runbook 依「排程」自動執行

圖 10.31 下方的「排程」頁面會出現以往建立的「排程」供選擇，或是點選上方加入排程按鈕，右方出現「新增排程」的定義畫面。

　　若要臨時執行作業，可以在圖 10.32 某個 Runbook 頁面左方工具列選擇「概觀」，在右方頁面點選上方的「啟動」，手動執行該 Runbook：

圖 10.32　啟動作業並檢視歷來的執行結果

　　一旦執行過作業後，除了「概觀」頁面下方「最近的作業」區塊列著執行結果，左方工具列選擇「工作」，在右方頁面也呈現著之前的執行結果。可以點選任一筆結果紀錄，都會進入該次執行的細節內容頁面。

SQL Server 管理實戰(適用 SQL Server 2022/2019)

作　　者：胡百敬 / 洪玉茹 / 周妙謙 / 姚巧玫
　　　　　林英豪 / 陳輝瑞
企劃編輯：江佳慧
文字編輯：江雅鈴
設計裝幀：張寶莉
發 行 人：廖文良

發 行 所：碁峰資訊股份有限公司
地　　址：台北市南港區三重路 66 號 7 樓之 6
電　　話：(02)2788-2408
傳　　真：(02)8192-4433
網　　站：www.gotop.com.tw
書　　號：ACD023200
版　　次：2023 年 08 月初版
建議售價：NT$800

國家圖書館出版品預行編目資料

SQL Server 管理實戰(適用 SQL Server 2022/2019) / 胡百敬，洪玉茹，周妙謙，姚巧玫，林英豪，陳輝瑞著. -- 初版. -- 臺北市：碁峰資訊，2023.08
　　面；　　公分
　　ISBN 978-626-324-581-5(平裝)
　1.CST：資料庫管理系統　2.CST：SQL(電腦程式語言)
312.7565　　　　　　　　　　　　　　　　112011593

讀者服務

● 感謝您購買碁峰圖書，如果您對本書的內容或表達上有不清楚的地方或其他建議，請至碁峰網站：「聯絡我們」\「圖書問題」留下您所購買之書籍及問題。(請註明購買書籍之書號及書名，以及問題頁數，以便能儘快為您處理)
http://www.gotop.com.tw

● 售後服務僅限書籍本身內容，若是軟、硬體問題，請您直接與軟體廠商聯絡。

● 若於購買書籍後發現有破損、缺頁、裝訂錯誤之問題，請直接將書寄回更換，並註明您的姓名、連絡電話及地址，將有專人與您連絡補寄商品。